O HOMEM E SEUS SÍMBOLOS

O HOMEM E SEUS SÍMBOLOS

CARL G. JUNG

CONCEPÇÃO
E ORGANIZAÇÃO

PARTICIPAÇÃO DE

John Freeman, M.-L. von Franz,
Joseph L. Henderson,
Jolande Jacobi, Aniela Jaffé

TRADUÇÃO DE

Maria Lúcia Pinho

Rio de Janerio, 2024

Copyright © 1964 Aldus Books Limited, Londres exceto o capítulo 2, intitulado "Os mitos antigos e o homem moderno", do dr. Joseph L. Henderson. Os direitos desse capítulo são expressamente negados à publicação nos Estados Unidos.

Copyright da tradução © 2018 por Casa dos Livros Editora LTDA. Todos os direitos reservados.

Título original: *MAN AND HIS SYMBOLS*

Todos os direitos desta publicação são reservados à Casa dos Livros Editora LTDA. Nenhuma parte desta obra pode ser apropriada e estocada em sistema de banco de dados ou processo similar, em qualquer forma ou meio, seja eletrônico, de fotocópia, gravação etc., sem a permissão do detentor do copyright.

Publisher: *Samuel Coto*
Editora executiva: *Alice Mello*
Editora: *Lara Berruezo*
Editoras assistentes: *Anna Clara Gonçalves e Camila Carneiro*
Assistência editorial: *Yasmin Montebello*
Revisão: *Rachel Rimas*
Design de capa: *Anderson Junqueira*
Diagramação: *Guilherme Peres*

Dados Internacionais de Catalogação na Publicação (CIP)
(Câmara Brasileira do Livro, SP, Brasil)

O Homem e seus símbolos / John
    Freeman...[et al.] ; concepção e organização Carl G. Jung ; tradução de Maria
Lúcia Pinho. -- 3. ed. -- Rio de Janeiro : HarperCollins Brasil, 2023.

    Outros autores: M.-L. von Franz, Joseph L.
    Henderson, Jolande Jacobi, Aniela Jaffé.
    Título original: Man and His Symbols
    ISBN 978-65-5511-026-5

    1. Simbolismo (Psicologia) I. Freeman, John. II. Franz, M.-L. von. III.
Henderson, Joseph L. IV. Jacobi, Jolande. V. Jaffé, Aniela. VI. Jung, Carl G.

23-161929   CDD-154.2

Índices para catálogo sistemático:
1. Simbolismo : Psicologia 154.2
Aline Graziele Benitez - Bibliotecária - CRB-1/3129

Os pontos de vista desta obra são de responsabilidade de seu autor, não refletindo necessariamente a posição da HarperCollins Brasil, da HarperCollins Publishers ou de sua equipe editorial.

HarperCollins Brasil é uma marca licenciada à Casa dos Livros Editora LTDA.

Todos os direitos reservados à Casa dos Livros Editora LTDA.
Rua da Quitanda, 86, sala 601A – Centro
Rio de Janeiro, RJ – CEP 20091-005
Tel.: (21) 3175-1030
www.harpercollins.com.br

INTRODUÇÃO:
JOHN FREEMAN

AS ORIGENS DESTE LIVRO, dada sua singularidade, são por si só interessantes, mesmo porque apresentam uma relação íntima entre o seu conteúdo e aquilo a que ele se propõe. Por isto, conto-lhes como ele veio a ser escrito.

Num dia da primavera de 1959, a BBC (British Broadcasting Corporation) convidou-me a entrevistar o dr. Carl Gustav Jung para a televisão inglesa. A entrevista deveria ser feita "em profundidade". Naquela época, eu pouco sabia a respeito de Jung e de sua obra, e fui então conhecê-lo em sua bela casa, à beira de um lago, perto de Zurique. Iniciou-se assim uma amizade que teve enorme importância para mim e que, espero, tenha trazido certa alegria a Jung nos seus últimos anos de vida. A entrevista para a televisão já não cabe nesta história a não ser para mencionar que alcançou sucesso e que este livro é, por estranha combinação de circunstâncias, resultado daquele sucesso.

Uma das pessoas que assistiram àquela entrevista foi Wolfgang Foges, diretor-gerente da Aldus Books. Desde a infância, quando foi vizinho dos Freud, em Viena, Foges era profundamente interessado na psicologia moderna. E enquanto observava Jung falando sobre sua vida, sua obra e suas ideias, pôs-se a lamentar que, enquanto as ideias gerais do trabalho de Freud eram bem conhecidas pelos leitores cultos de todo o mundo ocidental, Jung nunca conseguira chegar ao público comum e sua leitura era considerada extremamente difícil.

Na verdade, Foges é o criador de *O homem e seus símbolos*. Tendo captado pela TV o afetuoso relacionamento que me ligava a Jung, perguntou-me se não me uniria a ele para, juntos, tentarmos persuadir Jung a colocar algumas das suas ideias básicas em linguagem e dimensão acessíveis ao leitor não especializado no assunto. Entusiasmei-me com o projeto e, mais uma vez, dirigi-me a Zurique decidido a convencer Jung do valor e da importância de tal trabalho. Jung, no seu jardim, ouviu-me quase sem interrupção durante duas horas — e respondeu não. Disse-o de maneira muito gentil, mas com firmeza; nunca havia tentado, no passado, popularizar a sua obra, e não tinha certeza de poder fazê-lo agora com sucesso; e, de qualquer modo, estava velho, cansado e sem ânimo para empreender uma tarefa tão vasta e que lhe inspirava tantas dúvidas.

Os amigos de Jung hão de concordar comigo que ele era um homem de decisões firmes. Pesava cada problema com cuidado e sem pressa, mas quando anunciava uma resposta, esta era habitualmente definitiva. Voltei a Londres bastante desapontado e convencido de que a recusa de Jung encerrava a questão. E assim teria acontecido, não fosse a interferência de dois fatores que eu não havia previsto.

Um deles foi a persistência de Foges, que insistiu em mais um encontro com Jung antes de aceitar a derrota; o outro foi um acontecimento que ainda hoje me espanta.

O programa de televisão, como disse, obteve muito sucesso. Trouxe a Jung uma infinidade de cartas de todo tipo de gente, pessoas comuns, sem qualquer experiência médica ou psicológica, que ficaram fascinadas pela presença dominadora, pelo humor e encanto despretensioso daquele grande homem; pessoas que perceberam na sua visão da vida e do ser humano alguma coisa que lhes poderia ser útil. E Jung ficou feliz, não só pelo grande número de cartas (sua correspondência era imensa àquela época), mas também por terem sido mandadas por gente com quem normalmente não teria tido contato algum.

Foi nessa ocasião que teve um sonho muito importante para ele. (E, à medida que você for lendo este livro, compreenderá o quanto isto pode ser importante.) Sonhou que, em lugar de se sentar no seu escritório para falar a ilustres médicos e psiquiatras do mundo inteiro que costumavam procurá-lo, estava de pé num local público dirigindo-se a uma multidão de pessoas que o ouviam com extasiada atenção e que *compreendiam o que ele dizia...*

Quando, uma ou duas semanas depois, Foges renovou o pedido para que Jung se dedicasse a um novo livro destinado não ao ensino clínico ou filosófico, mas às pessoas que vão ao mercado, à feira, enfim, ao homem comum, Jung deixou-se convencer. Impôs duas condições. Primeiro, que o livro não fosse uma obra individual, mas sim coletiva, realizada em colaboração com um grupo dos seus mais íntimos seguidores por meio dos quais tentava perpetuar seus métodos e ensinamentos; segundo, que me fosse destinada a tarefa de coordenar a obra e solucionar quaisquer problemas que surgissem entre os autores e os editores.

Para não parecer que esta introdução ultrapassa os limites da mais razoável modéstia, deixem-me logo confessar que esta segunda condição me gratificou — mas moderadamente. Pois logo tomei conhecimento de que o motivo de Jung me haver escolhido fora, essencialmente, por considerar-me alguém de inteligência regular, e não excepcional, e também alguém sem o menor conhecimento aprofundado de psicologia. Assim, para Jung, eu seria o "leitor de nível médio" deste livro; o que eu pudesse entender haveria de ser inteligível para todos os interessados; aquilo em que eu vacilasse possivelmente pareceria difícil ou obscuro para alguns.

Não muito envaidecido com esta estimativa da minha função, insisti, no entanto, escrupulosamente (algumas vezes, receio, até a exasperação dos

INTRODUÇÃO

autores), que cada parágrafo fosse escrito e, se necessário, reescrito com tal clareza e objetividade que posso afirmar com certeza que este livro, no seu todo, é realmente destinado e dedicado ao leitor comum e que os assuntos complexos de que trata foram cuidados com rara e estimulante simplicidade.

Depois de muita discussão concordou-se que o tema geral deste livro seria o homem e seus símbolos. E o próprio Jung escolheu como seus colaboradores a dra. Marie Louise von Franz, de Zurique, talvez sua mais íntima confidente e amiga; o dr. Joseph L. Henderson, de São Francisco, um dos mais eminentes e creditados junguianos dos Estados Unidos; a sra. Aniela Jaffé, de Zurique, que além de ser uma experiente analista, foi secretária particular de Jung e sua biógrafa; e o dr. Jolande Jacobi, que é, depois de Jung, o autor de maior número de publicações do círculo junguiano de Zurique. Estas quatro pessoas foram escolhidas em parte devido ao seu conhecimento e à sua prática nos assuntos específicos que lhes foram destinados, mas também porque Jung confiava totalmente no seu trabalho escrupuloso e altruísta, sob a sua direção, como membros de um grupo. Coube a Jung a responsabilidade de planejar a estrutura geral do livro, supervisionar e dirigir o trabalho de seus colaboradores e escrever, ele próprio, o capítulo fundamental: "Chegando ao inconsciente".

O seu último ano de vida foi praticamente dedicado a este livro; quando faleceu, em junho de 1961, a sua parte estava pronta (terminou-a apenas dez dias antes de adoecer definitivamente) e já aprovara o esboço de todos os capítulos dos seus colegas. Depois de sua morte, a dra. Von Franz assumiu a responsabilidade de concluir o livro, de acordo com as expressas instruções de Jung. A essência de *O homem e seus símbolos* e o seu plano geral foram, portanto, traçados — e detalhadamente — por Jung. O capítulo que traz o seu nome é obra sua e de mais ninguém (fora alguns extensos comentários que facilitarão a compreensão do leitor comum), sendo, incidentalmente, escrito em inglês. Os capítulos restantes foram redigidos pelos vários autores, sob a direção e supervisão de Jung. A revisão final da obra completa, depois da morte de Jung, foi feita pela dra. Von Franz, com tal dose de paciência, compreensão e bom humor que nos deixou, a mim e aos editores, em inestimável débito.

Finalmente, quanto à essência do livro.

O pensamento de Jung coloriu o mundo da psicologia moderna muito mais intensamente do que percebem aqueles que possuem apenas conhecimentos superficiais do assunto. Termos como, por exemplo, "extrovertido", "introvertido" e "arquétipo" são todos conceitos seus que outros tomam de empréstimo e muitas vezes empregam erroneamente. Mas a sua mais notável contribuição ao conhecimento psicológico é o conceito de inconsciente — não como uma espécie de "quarto de despejos" dos desejos reprimidos (como é para Freud), mas como um mundo que é parte tão vital e real da vida de um indivíduo quanto o é o mundo consciente e "meditador" do ego. Além de infinitamente mais amplo e mais rico. A linguagem e as "pessoas" do inconsciente são os símbolos, e os meios de comunicação com este mundo são os sonhos.

Assim, um estudo do homem e de seus símbolos é, efetivamente, um estudo da relação do homem com o seu inconsciente. E como, segundo Jung, o inconsciente é o grande guia, o amigo e conselheiro do consciente, este livro está diretamente relacionado com o estudo do ser humano e de seus problemas espirituais. Conhecemos o inconsciente e com ele nos comunicamos (um serviço bidirecional) sobretudo por meio dos sonhos; e do começo ao fim deste livro (principalmente no capítulo de autoria de Jung) fica patente quanta importância é dada ao papel do sonho na vida do indivíduo.

Seria impertinente da minha parte tentar interpretar a obra de Jung para os leitores, muitos deles decerto mais bem qualificados para compreendê-la do que eu. A minha tarefa, lembremo-nos, foi simplesmente servir como uma espécie de "filtro de inteligibilidade", e nunca como intérprete. No entanto, atrevo-me a expor dois pontos gerais que, como leigo, parecem-me importantes e que possivelmente poderão ajudar a outros, também não especialistas no assunto. O primeiro desses pontos diz respeito aos sonhos. Para os junguianos, o sonho não é uma espécie de criptograma padronizado que pode ser decifrado por meio de um glossário para a tradução de símbolos. É, na verdade, uma expressão integral, importante e pessoal do inconsciente particular de cada um e tão "real" quanto qualquer outro fenômeno vinculado ao indivíduo. O inconsciente individual de quem sonha está em comunicação apenas com o sonhador e seleciona símbolos para seu propósito, com um sentido que diz respeito apenas a ele. Assim, a interpretação dos sonhos, por um analista ou pela própria pessoa que sonha, é para o psicólogo junguiano uma tarefa inteiramente pessoal e particular (e algumas vezes, também, uma tarefa longa e experimental) que não pode, em hipótese alguma, ser executada empiricamente.

Isso significa que as manifestações do inconsciente são da maior importância para quem sonha — o que é lógico, pois o inconsciente é pelo menos a metade do ser total — e oferece-lhe, quase sempre, conselhos ou orientações que não poderiam ser obtidos de qualquer outra fonte. Assim, quando descrevi o sonho de Jung dirigindo-se a uma multidão, não estava relatando um passe de mágica ou sugerindo que Jung fosse algum quiromante amador, e sim como, em simples termos de uma experiência cotidiana, Jung foi "aconselhado" pelo seu próprio inconsciente a reconsiderar um julgamento supostamente adequado feito pela parte consciente de sua mente.

Resulta disso tudo que sonhar não é assunto que o junguiano considere simples casualidade. Ao contrário, a capacidade de estabelecer comunicação com o inconsciente faz parte das faculdades do homem, e os junguianos "ensinam-se" a si próprios (não encontro melhor termo) a tornarem-se receptivos aos sonhos. Quando, portanto, o próprio Jung teve que enfrentar a decisão crítica de escrever ou não este livro, foi capaz de buscar recursos no consciente e no inconsciente para tomar uma decisão. E, em toda esta obra, você vai ver o sonho como um meio de comunicação direto, pessoal e significativo com aquele que sonha — um meio de comunicação que usa símbolos comuns a toda a humanidade, mas que os emprega sempre de modo inteiramente individual, exigindo para a sua interpretação uma "chave", também inteiramente pessoal.

O segundo ponto que desejo assinalar é a respeito de uma particularidade de argumentação comum a todos os que escreveram este livro — talvez a todos os junguianos. Aqueles que se limitam a viver inteiramente no mundo da consciência e que rejeitam a comunicação com o inconsciente prendem-se a leis formais e conscientes de vida. Com a lógica infalível (mas muitas vezes sem sentido) de uma equação algébrica, deduzem das premissas que adotam conclusões incontestavelmente inferidas. Jung e seus colegas parecem-me (saibam eles ou não disso) rejeitar as limitações desse método de argumentação. Não é que desprezem a lógica, mas evidenciam estar sempre argumentando tanto com o inconsciente quanto com o consciente. O seu próprio método dialético é simbólico e muitas vezes sinuoso. Convencem não por meio do foco de luz direto do silogismo, mas contornando, repisando, apresentando uma visão repetida do mesmo assunto cada vez de um ângulo ligeiramente diferente — até que, de repente, o leitor, que não se dera conta de uma única prova convincente, descobre que, sem perceber, recebeu e aceitou alguma verdade maior.

Os argumentos de Jung (e os de seus colegas) sobem em espiral por um assunto como um pássaro que voa em torno de uma árvore. No início, tudo o que vê, perto do chão, é uma confusão de galhos e folhas. Gradualmente, à medida que voa mais alto, os diversos aspectos da árvore formam um todo que se integra no ambiente em torno. Alguns leitores podem achar esse método de argumentação "em espiral" um tanto obscuro e até mesmo desordenado durante algumas páginas, mas penso que não por muito tempo. É um processo característico de Jung, e logo o leitor vai descobrir que está sendo transportado numa viagem persuasiva e profundamente fascinante.

Os capítulos deste livro falam por si mesmos e não pedem maiores explicações. O capítulo do próprio Jung apresenta o leitor ao inconsciente, aos arquétipos e símbolos que constituem a sua linguagem e aos sonhos através dos quais ele se comunica.

O dr. Henderson ilustra, no capítulo seguinte, o aparecimento de vários arquétipos da antiga mitologia, das lendas folclóricas e dos rituais antigos A dra. Von Franz, no capítulo intitulado "O processo da individuação", descreve o processo pelo qual o consciente e o inconsciente do indivíduo aprendem a conhecer, respeitar e acomodar-se um ao outro. Num certo sentido, esse capítulo encerra não apenas o ponto crucial de todo o livro, mas, talvez, a essência da filosofia de vida de Jung: o homem só se torna um ser integrado, tranquilo, fértil e feliz quando (e só então) o seu processo de individuação está realizado, quando consciente e inconsciente aprendem a conviver em paz e completando-se um ao outro. A sra. Jaffé, tal como o dr. Henderson, preocupa-se em demonstrar, na estrutura familiar do consciente, o constante interesse do homem — quase uma obsessão — pelos símbolos do inconsciente. Esses símbolos exercem no ser humano uma atração íntima profundamente significativa e quase alentadora, tanto nas lendas e nos contos de fadas que o dr. Henderson analisa quanto nas artes visuais que, como mostra a sra. Jaffé, nos divertem e deliciam num apelo constante ao inconsciente.

Por fim, devo dizer algumas breves palavras acerca do capítulo do dr. Jacobi, de certa forma um capítulo à parte neste livro. É, na verdade, a história resumida de um interessante e bem-sucedido caso de análise. É evidente o valor de tal capítulo em um trabalho como este, mas duas palavras de advertência fazem-se necessárias. Em primeiro lugar, como a dra. Von Franz ressalta, não existe exatamente uma análise junguiana típica, já que cada sonho é uma comunicação particular e individual, e dois sonhos nunca usam da mesma maneira os símbolos do inconsciente. Portanto, toda análise junguiana é um caso único, e seria ilusório considerarmos esta, retirada do fichário do dr. Jacobi (ou qualquer outra), como "representativa" ou "típica". Tudo o que se pode dizer sobre o caso de Henry e de seus sonhos por vezes sinistros é que são um bom exemplo da aplicação do método junguiano a um determinado caso. Em segundo lugar, quero observar que a história completa de uma análise, mesmo de um caso relativamente simples, ocuparia todo um livro para ser relatada. Inevitavelmente, portanto, a história da análise de Henry prejudica-se um pouco com o resumo feito. As referências, por exemplo, ao *I Ching* não estão bastante claras e emprestam-lhe um sabor de ocultismo pouco verdadeiro, por terem sido apresentadas fora do seu contexto global. Conclui-se, no entanto — e estou certo de que o leitor também há de concordar —, que, apesar destas observações, a clareza, sem falar no interesse humano, da análise de Henry muito enriquece este livro.

Comecei contando como Jung veio a escrever *O homem e seus símbolos*. Termino lembrando ao leitor quão extraordinária — talvez única — é a publicação desta obra. Carl Gustav Jung foi um dos maiores médicos de todos os

INTRODUÇÃO

tempos e um dos grandes pensadores do século XX. Seu objetivo sempre foi o de ajudar homens e mulheres a se conhecerem melhor para que, por meio deste conhecimento e de um refletido autocomportamento, pudessem usufruir vidas plenas, ricas e felizes. No fim de sua vida, que foi tão plena, rica e feliz como poucas conheci, ele decidiu empregar as forças que lhe restavam para endereçar a sua mensagem a um público maior do que aquele que até então alcançara. Terminou esta tarefa e a sua vida no mesmo mês. Este livro é o seu legado ao grande público leitor.

SUMÁRIO

17   I. CHEGANDO AO INCONSCIENTE
      Carl G. Jung

135   II. OS MITOS ANTIGOS E O HOMEM MODERNO
      Joseph L. Henderson

209   III. O PROCESSO DE INDIVIDUAÇÃO
      M.-L. von Franz

311   IV. O SIMBOLISMO NAS ARTES PLÁSTICAS
      Aniela Jaffé

371   V. SÍMBOLOS EM UMA ANÁLISE INDIVIDUAL
      Jolande Jacobi

419   CONCLUSÃO
      M.-L. von Franz

433   NOTAS

443   FONTES ICONOGRÁFICAS

CHEGANDO AO INCONSCIENTE

Carl G. Jung

Entrada do túmulo do faraó Ramsés III.

A IMPORTÂNCIA DOS SONHOS

O HOMEM UTILIZA A PALAVRA ESCRITA OU FALADA para expressar o que deseja comunicar. Sua linguagem é cheia de símbolos, mas ele também, muitas vezes, faz uso de sinais ou imagens não estritamente descritivos. Alguns são simples abreviações ou uma série de iniciais, como ONU, UNICEF ou UNESCO; outros são marcas comerciais conhecidas, nomes de remédios patenteados, divisas e insígnias. Apesar de não terem nenhum sentido intrínseco, alcançaram, pelo seu uso generalizado ou por intenção deliberada, significação reconhecida. Não são símbolos: são sinais, e servem apenas para indicar os objetos a que estão ligados.

O que chamamos símbolo é um termo, um nome ou mesmo uma imagem que nos pode ser familiar na vida cotidiana, embora possua conotações especiais além do seu significado evidente e convencional. Implica alguma coisa vaga, desconhecida ou oculta para nós. Muitos monumentos cretenses, por exemplo, trazem o desenho de um duplo enxó. Conhecemos o objeto, mas ignoramos suas implicações simbólicas. Tomemos como outro exemplo o caso de um indiano que, após uma visita à Inglaterra, contou aos seus amigos que os britânicos adoravam animais, isso porque vira inúmeros leões, águias e bois nas velhas igrejas. Não sabia (tal como muitos cristãos) que estes animais são símbolos dos evangelistas, símbolos provenientes de

uma visão de Ezequiel, que, por sua vez, é análogo a Horus, o deus egípcio do Sol, e seus quatro filhos. Existem, além disso, objetos como a roda e a cruz, conhecidos no mundo inteiro, mas que possuem, sob certas condições, um significado simbólico.

O que simbolizam exatamente ainda é motivo de controversas suposições.

Assim, uma palavra ou uma imagem é simbólica quando implica alguma coisa além do seu significado manifesto e imediato. Essa palavra ou essa imagem tem um aspecto "inconsciente" mais amplo, que nunca é precisamente definido ou inteiramente explicado. E nem podemos ter esperanças de defini-lo ou explicá-lo. Quando a mente explora um símbolo, é conduzida a ideias que estão fora do alcance da nossa razão. A imagem de uma roda pode levar nossos pensamentos ao conceito de um Sol "divino" mas, neste ponto, nossa razão vai confessar a sua incompetência: o homem é incapaz de descrever um ser "divino". Quando, com toda a nossa limitação intelectual, chamamos alguma coisa de "divina", estamos dando-lhe apenas um nome, que poderá estar baseado em uma crença, mas nunca em uma evidência concreta.

Por existirem inúmeras coisas fora do alcance da compreensão humana é que frequentemente utilizamos termos simbólicos como representação de conceitos que não podemos definir ou compreender integralmente. Esta é uma das razões por que todas as religiões empregam uma linguagem simbólica e se exprimem através de imagens. Mas esse uso consciente que fazemos de símbolos é apenas um aspecto de um fato psicológico de grande importância: o homem também produz símbolos, inconsciente e espontaneamente, na forma de sonhos.

À esquerda, três dos quatro evangelistas (baixo-relevo da catedral de Chartres) representados sob a forma de animais: o leão é Marcos, o boi, Lucas, a águia, João. Também aparecem como animais três dos filhos do deus egípcio Horus, acima (aproximadamente do ano 1250 a.C.). Animais e grupos de quatro são símbolos religiosos universais.

Representações do Sol exprimem, em muitas comunidades, a indefinível experiência religiosa do homem. Acima, decoração da parte posterior de um trono, do século XIV a.C. O faraó egípcio Tutancâmon está dominado por um disco solar. As mãos, em que terminam os raios, simbolizam a energia vivificante do Sol. À esquerda, um monge do Japão do século XX ora diante de um espelho que representa, no xintoísmo, o Sol divino.

À direita, átomos de tungstênio, aumentados dois milhões de vezes por um microscópio.
À extrema direita, as manchas ao centro da gravura são as galáxias mais distantes que podemos ver. Não importa até onde o homem estenda os seus sentidos, sempre haverá um limite à sua percepção consciente.

CHEGANDO AO INCONSCIENTE

Isso não é matéria de fácil compreensão, mas é preciso entendê-la se quisermos conhecer mais a respeito dos métodos de trabalho da mente humana. O homem, como podemos perceber ao refletirmos um instante, nunca percebe plenamente uma coisa ou a entende por completo. Ele pode ver, ouvir, tocar e provar. Mas a que distância pode ver, quão acuradamente consegue ouvir, o quanto lhe significa aquilo em que toca e o que prova, tudo isso depende do número e da capacidade dos seus sentidos. Os sentidos do homem limitam a percepção que este tem do mundo à sua volta. Utilizando instrumentos científicos ele consegue, em parte, compensar a deficiência dos sentidos. Consegue, por exemplo, aumentar o alcance da sua visão através do binóculo ou apurar a audição por meio de amplificadores elétricos. Mas a mais elaborada aparelhagem nada pode fazer além de trazer ao seu âmbito visual objetos ou muito distantes ou muito pequenos e tornar mais audíveis sons fracos. Não importa que instrumentos ele empregue; em um determinado momento há de chegar a um limite de evidências e de convicções que o conhecimento consciente não pode transpor.

Além disso, há aspectos inconscientes na nossa percepção da realidade. O primeiro deles é o fato de que, mesmo quando os nossos sentidos reagem a fenômenos reais e a sensações visuais e auditivas, tudo isso, de certo modo, é transposto da esfera da realidade para a da mente. Dentro da mente esses fenômenos tornam-se acontecimentos psíquicos cuja natureza radical nos é desconhecida (pois a psique não pode conhecer sua própria substância).

Assim, toda experiência contém um número indefinido de fatores desconhecidos, sem considerar o fato de que toda realidade concreta sempre tem alguns aspectos que ignoramos, uma vez que não conhecemos a natureza radical da matéria em si.

Há, ainda, certos acontecimentos de que não tomamos consciência. Permanecem, por assim dizer, abaixo do seu limiar. Aconteceram, mas foram absorvidos subliminarmente, sem nosso conhecimento consciente. Só podemos percebê-los em algum momento de intuição ou por um processo de intensa reflexão que nos leve à subsequente compreensão de que *devem* ter acontecido. E apesar de termos ignorado originalmente a sua importância emocional e vital, estas mais tarde brotam do inconsciente como uma espécie de segundo pensamento. Este segundo pensamento pode aparecer, por exemplo, na forma de um sonho. Geralmente, o aspecto inconsciente de um acontecimento nos é revelado por meio de sonhos, no qual se manifesta não como um pensamento racional, mas como uma imagem simbólica. Do ponto de vista histórico, foi o estudo dos sonhos que permitiu, inicialmente, aos psicólogos investigar o aspecto inconsciente de ocorrências psíquicas conscientes.

Fundamentados nessas observações é que os psicólogos admitem a existência de uma psique inconsciente, apesar de muitos cientistas e filósofos negarem-lhe a existência. Argumentam ingenuamente que tal pressuposição implica a existência de dois "sujeitos" ou (em linguagem comum) de duas personalidades dentro do mesmo indivíduo. E estão inteiramente certos: é exatamente isto o que ela implica. É uma das maldições do homem moderno esta divisão de personalidades. Não é, de forma alguma, um sintoma patológico: é um fato normal, que pode ser observado em qualquer época e em quaisquer lugares. O neurótico cuja mão direita não sabe o que faz a sua mão esquerda não é o caso único. Esta situação é um sintoma de inconsciência geral que é, inegavelmente, herança comum de toda a humanidade.

O homem desenvolveu vagarosa e laboriosamente a sua consciência, num processo que levou um tempo infindável, até alcançar o estado civilizado (arbitrariamente datado de quando se inventou a escrita, mais ou menos no ano 4000 a.C.). Esta evolução está longe da conclusão, pois grandes áreas da mente humana ainda estão mergulhadas em trevas. O que chamamos psique não pode, de modo algum, ser identificado com a nossa consciência e o seu conteúdo.

Quem quer que negue a existência do inconsciente está, de fato, admitindo que hoje em dia temos um conhecimento total da psique. É uma suposição evidentemente tão falsa quanto a pretensão de que sabemos tudo a respeito do universo físico. Nossa psique faz parte da natureza, e o seu enigma é, igualmente, sem limites. Assim, não podemos definir nem a psique nem a natureza. Podemos, simplesmente, constatar o que acreditamos que elas sejam e descrever, da melhor maneira possível, como funcionam. No entanto, fora de observações acumuladas em pesquisas médicas, temos argumentos lógicos de bastante peso para rejeitarmos afirmações como "não existe inconsciente". Os que fazem este tipo de declaração estão expressando um velho misoneísmo — o medo do que é novo e desconhecido.

Há motivos históricos para esta resistência à ideia de que existe uma parte desconhecida na psique humana. A consciência é uma aquisição muito recente da natureza e ainda está num estágio "experimental". É frágil, sujeita a ameaças de perigos específicos e facilmente danificável. Como os antropólogos já observaram, um dos acidentes mentais mais comuns entre os povos originários é o que eles chamam "a perda da alma" — que significa, como bem indica o nome, uma ruptura (ou, mais tecnicamente, uma dissociação) da consciência.

Entre esses povos, para quem a consciência tem um nível de desenvolvimento diverso do nosso, a "alma" (ou psique) não é compreendida como uma unidade. Muitos deles supõem que o homem tenha uma "alma do mato" (*bush soul*) além da sua própria, alma que se encarna num animal selvagem ou numa árvore com os quais o indivíduo possua alguma identidade psíquica. É a isso que o ilustre etnólogo francês Lucien Lévy-Bruhl denominou de "participação mística". Mais tarde, sob pressão de críticas desfavoráveis, renegou esta expressão, mas julgou que seus adversários é que estavam errados. É um fenômeno psicológico bem conhecido aquele de um indivíduo identificar-se, inconscientemente, com alguma outra pessoa ou objeto.

Essa identidade entre os povos originários toma várias formas. Se a alma do mato é a de um animal, o animal passa a ser considerado uma espécie de irmão do homem. Supõe-se, por exemplo, que um homem que tenha como irmão um crocodilo possa nadar a salvo num rio cheio desses animais. Se a alma do mato

"Dissociação" é um fracionamento da psique que provoca uma neurose. Encontramos um famoso exemplo deste estado na ficção, no romance *O médico e o monstro* (1886), de R.L. Stevenson. No livro, a "dissociação" de Jekyll se manifesta por meio de uma transformação física, e não (como na realidade) sob a forma de um estado interior psíquico. À esquerda, Mr. Hyde (no filme de 1932) – a "outra metade" do Dr. Jekyll.

for uma árvore, presume-se que a árvore tenha uma espécie de autoridade paterna sobre aquele determinado indivíduo. Em ambos os casos, qualquer mal causado à alma do mato é considerado uma ofensa ao homem.

Alguns povos originários acreditam que o homem tem várias almas. Esta crença traduz o sentimento de alguns povos de que cada ser humano é constituído de várias unidades interligadas, apesar de distintas. Isso significa que a psique do indivíduo está longe de ser seguramente unificada. Ao contrário, ameaça fragmentar-se muito facilmente sob o assalto de emoções incontidas.

Esses fatos, com os quais nos familiarizamos por meio dos estudos antropológicos, não são tão irrelevantes para a nossa civilização como parecem. Também nós podemos sofrer uma dissociação e perder nossa identidade. Podemos ser dominados e perturbados por nossos humores, ou tornarmo-nos insensatos e incapazes de recordar fatos importantes que nos dizem respeito e a outras pessoas, provocando a pergunta: "Que diabo se passa com você?". Pretendemos ser capazes de "nos controlarmos", mas o controle de si mesmo é uma virtude das mais raras e extraordinárias. Podemos ter a ilusão de que nos controlamos, mas um amigo facilmente poderá nos dizer coisas a nosso respeito de que não tínhamos a menor consciência.

Não resta dúvida de que, mesmo no que consideramos "um alto nível de civilização", a consciência humana ainda não alcançou um grau razoável de unidade. Ela ainda é vulnerável e suscetível à fragmentação. Essa capacidade

que temos de isolar parte de nossa mente é, na verdade, uma característica valiosa. Permite que nos concentremos em uma coisa de cada vez, excluindo todo o resto que também solicite a nossa atenção. Mas existe uma diferença radical entre uma decisão consciente, que separa e suprime temporariamente uma parte da nossa psique, e uma situação na qual isso acontece de maneira espontânea, sem o nosso conhecimento ou consentimento e mesmo contra as nossas intenções. O primeiro processo é uma conquista do ser civilizado, o segundo é aquela "perda da alma" dos primitivos que pode ser causa patológica de uma neurose.

Portanto, mesmo nos nossos dias, a unidade da consciência ainda é algo precário que pode ser facilmente rompido. A faculdade de controlar emoções, que, de certo ponto de vista, é muito vantajosa, seria, por outro lado, uma qualidade bastante discutível, já que despoja o relacionamento humano de toda a sua diversidade, de todo o colorido e de todo o calor.

É sob essa perspectiva que devemos examinar a importância dos sonhos — fantasias inconscientes, evasivas, precárias, vagas e incertas do nosso inconsciente. Para melhor explicar meu ponto de vista gostaria de contar como ele foi se desenvolvendo com o passar dos anos e como cheguei à conclusão de que os sonhos são o mais fecundo e acessível campo de exploração para quem deseja investigar as formas de simbolização do homem.

Sigmund Freud foi o pioneiro nessa matéria, o primeiro cientista a tentar explorar empiricamente o segundo plano inconsciente da consciência. Trabalhou baseado na hipótese de que os sonhos não são produto do acaso, mas que estão associados a pensamentos e problemas conscientes. Essa hipótese nada apresentava de arbitrária. Firmava-se na conclusão a que haviam chegado eminentes neurologistas (como Pierre Janet) de que os sintomas neuróticos estão relacionados com alguma experiência consciente. Parece mesmo que esses sintomas são áreas dissociadas da nossa consciência que, num outro momento e sob condições diferentes, podem tornar-se conscientes.

Os povos originários chamam de dissociação a "perda da alma". Acreditam que o homem tem uma "alma do mato", além da sua própria. Na extrema esquerda, um homem do povo Nyanga, do centro-oeste africano, usando uma máscara de calau, ave que ele identifica como a sua alma do mato.

À esquerda, diante de um painel, telefonistas fazem várias ligações simultâneas. Nesse tipo de ocupação, as pessoas "dissociam" parte da sua mente consciente para poder concentrar-se. Mas é um ato controlado e temporário, e não uma dissolução espontânea e anormal.

Antes do início do século XX, Freud e Josef Breuer haviam reconhecido que os sintomas neuróticos — histeria, certos tipos de dor e comportamento anormal — têm, na verdade, uma significação simbólica. São, como os sonhos, um modo de expressão do nosso inconsciente. E são igualmente simbólicos. Um paciente, por exemplo, que enfrenta uma situação intolerável pode ter espasmos cada vez que tenta engolir: "não consegue engolir" a situação. Em condições psicológicas análogas, outro paciente terá acesso de asma: ele "não pode respirar a atmosfera de sua casa". Um terceiro sofre de uma estranha paralisia nas pernas: não pode andar, isto é, "não pode continuar assim". Um quarto paciente, que vomita o que come, "não pode digerir" um determinado fato. Poderia citar inúmeros exemplos desse gênero, mas essas reações físicas são apenas uma das formas pelas quais se manifestam os problemas que nos afligem inconscientemente. Eles se expressam, com muito mais frequência, nos sonhos.

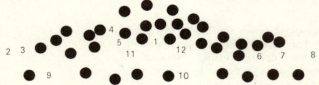

1 Sigmund Freud (Viena)
2 Otto Rank (Viena)
3 Ludwig Binswanger (Kreuziling)
4 A. A. Brill (Kanozuga)
5 Max Eitingon (Berlim)
6 James J. Putnam (Boston)
7 Ernest Jones (Toronto)
8 Wilhelm Stekel (Viena)
9 Eugen Bleuler (Zurique)
10 Emma Jung (Küsnacht)
11 Sandor Ferenczi (Budapeste)
12 C.G. Jung (Küsnacht)

Qualquer psicólogo que tenha ouvido várias descrições de sonhos sabe que os símbolos oníricos existem numa variedade muito maior que os sintomas físicos da neurose. Consistem, inúmeras vezes, de elaboradas e pitorescas fantasias. Mas se o analista que se defronta com este material onírico usar a técnica pessoal de Freud da "livre associação", vai perceber que os sonhos podem, com o passar do tempo, ser reduzidos a certos esquemas básicos. Essa técnica teve uma importante função no desenvolvimento da psicanálise, pois permitiu que Freud usasse os sonhos como ponto de partida para a investigação dos problemas inconscientes do paciente.

Freud fez a observação simples, mas profunda, de que se encorajarmos o sonhador a comentar as imagens dos seus sonhos e os pensamentos que elas lhe sugerem, ele acabará por "entregar-se", revelando o fundo inconsciente de seus males, tanto no que diz quanto no que deixa deliberadamente de dizer. Suas ideias poderão parecer irracionais ou despropositadas, mas, depois de certo tempo, torna-se relativamente fácil descobrir o que ele está querendo evitar, o pensamento ou a experiência desagradável que está reprimindo. Não importa como vai tentar camuflar tudo isso, o que quer que diga apontará sempre para o cerne das suas dificuldades. Um médico está tão habituado às dificuldades da vida que raramente está errado quando interpreta as insinuações do seu paciente como sintomas de uma consciência inquieta. E o que acaba por descobrir vai confirmar, infelizmente, as suas previsões.

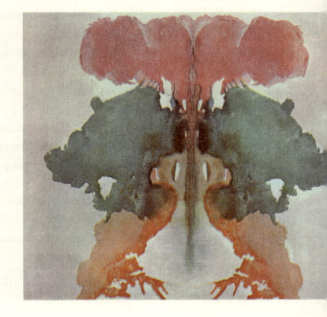

À esquerda, muitos dos precursores da psicanálise moderna, fotografados em 1911, no Congresso de Psicanálise de Weimar, Alemanha. A legenda identifica algumas das personalidades mais conhecidas.

À direita, o teste do "borrão de tinta", projetado pelo psiquiatra suíço Hermann Rorschach. O formato da mancha pode servir de estímulo a livres associações. Na verdade, qualquer forma irregular e acidental é capaz de desencadear um processo associativo. Leonardo da Vinci escreveu no seu *Caderno de notas*: "Não deve ser difícil a você parar algumas vezes para olhar as manchas de uma parede, ou as cinzas de uma fogueira, ou as nuvens, a lama e outras coisas no gênero nas quais (...) vai encontrar ideias verdadeiramente maravilhosas".

Até aqui nada se pode objetar contra a teoria de Freud sobre a repressão e a satisfação imaginária dos desejos como origens evidentes do simbolismo dos sonhos.

Freud atribui aos sonhos uma importância especial como ponto de partida para o processo da livre associação. Mas, depois de algum tempo, comecei a sentir que essa maneira de utilizar a riqueza de fantasias que o inconsciente produz durante o nosso sono era, na verdade, inadequada e ilusória. Minhas dúvidas surgiram quando um colega contou-me uma experiência que teve numa longa viagem de trem pela Rússia.

Apesar de não conhecer a língua e nem mesmo decifrar os caracteres do alfabeto cirílico, ele começou a divagar em torno das estranhas letras dos anúncios das estações por onde passava e acabou caindo numa espécie de devaneio, pondo-se a imaginar todo tipo de significação para aquelas palavras.

Uma ideia leva a outra e, naquele estado de relaxamento em que se encontrava, descobriu que essa livre associação despertara nele muitas lembranças antigas. Entre elas, ficou desagradavelmente surpreendido com a descoberta de alguns assuntos bem incômodos e há muito sepultados na sua memória — coisas que desejara esquecer e que conseguira fazê-lo *conscientemente*. Na verdade, ele chegou ao que os psicólogos chamariam de seus "complexos" — isto é, temas emocionais reprimidos capazes de provocar distúrbios psicológicos permanentes ou mesmo, em alguns casos, sintomas de neurose.

Este episódio alertou-me para o fato de que não seria necessário utilizar o sonho como ponto de partida para o processo da livre associação quando se quer descobrir os complexos de um paciente. Mostrou-me que podemos alcançar o centro diretamente de qualquer dos pontos de uma circunferência, a partir do alfabeto cirílico, de meditações sobre uma bola de cristal, de um moinho de orações dos lamaístas, de uma pintura moderna ou, até mesmo, de uma conversa ocasional a respeito de qualquer banalidade. O sonho não vai ser, neste particular, mais ou menos útil do que qualquer outro ponto de partida que se tome. No entanto, os sonhos têm uma significação própria, mesmo quando provocados por alguma perturbação emocional em que estejam também envolvidos os complexos habituais do indivíduo, que são pontos sensíveis da psique que reagem mais rapidamente aos estímulos ou perturbações externas. É por isso que a livre associação pode levar o indivíduo de um sonho qualquer aos pensamentos secretos mais críticos.

Nessa altura ocorreu-me, no entanto, que se até ali eu estivera certo, podia-se razoavelmente deduzir que os sonhos têm uma função própria, mais especial e significativa. Muitas vezes têm uma estrutura bem definida, com um sentido evidente indicando alguma ideia ou intenção subjacente — apesar de estas últimas não serem imediatamente inteligíveis. Comecei, pois, a considerar se não deveríamos prestar mais atenção à forma e ao conteúdo do sonho em vez de nos deixarmos conduzir pela livre associação de uma série de ideias para então chegar aos complexos, que poderiam ser facilmente atingidos também por outros meios.

Esse novo pensamento foi decisivo para o desenvolvimento da minha psicologia. A partir daquele momento desisti, gradualmente, de seguir as associações que se afastassem muito do texto de um sonho. Preferi, antes, concentrar-me nas associações com o próprio sonho, convencido de que o sonho expressaria o que de específico o inconsciente estivesse tentando dizer.

Tal mudança de atitude acarretou uma consequente transformação nos meus métodos, uma nova técnica que levava em conta todos os vários e amplos aspectos do sonho. Uma história narrada pelo nosso espírito consciente tem início, meio e fim; o mesmo não acontece com o sonho. Suas dimensões de espaço e tempo são diferentes. Para entendê-lo é necessário examiná-lo sob todos os seus aspectos — exatamente como quando tomamos um objeto desconhecido nas mãos e o viramos e reviramos até nos familiarizarmos com cada detalhe.

Talvez agora eu já tenha dito o suficiente para mostrar como, cada vez mais, foi aumentando a minha discordância em relação à livre associação como Freud a utilizara inicialmente. Eu desejava manter-me o mais próximo possível do sonho, excluindo todas as ideias e associações irrelevantes que ele pudesse evocar. É verdade que tais ideias e associações podem levar-nos aos complexos do paciente, mas eu tinha em mente um objetivo bem mais avançado do que a descoberta de complexos causadores de distúrbios neuróticos. Há muitos outros meios de identificação dos complexos: os psicólogos, por exemplo, podem obter todas as indicações e referências de que necessitam

Dois possíveis estímulos à livre associação: o disco de orações de um morador de rua do Tibete (acima) ou a bola de cristal de uma moderna quiromante de uma feira inglesa (à direita).

utilizando os testes de associação de palavras, perguntando ao paciente o que ele associa a um determinado grupo de palavras e estudando, então, as suas respostas. Mas para conhecer e entender a organização psíquica da personalidade global de uma pessoa é importante avaliar quão relevante é a função de seus sonhos e imagens simbólicas.

A maioria das pessoas sabe, por exemplo, que o ato sexual pode ser simbolizado por uma imensa variedade de imagens (ou representado sob forma alegórica). Cada uma dessas imagens pode, por um processo associativo, levar à ideia da relação sexual e aos complexos específicos que se incluem no comportamento sexual de um indivíduo. Mas, da mesma maneira, podemos descobrir esses complexos graças a um devaneio em torno de um grupo de letras indecifráveis do alfabeto russo. Fui, assim, levado a admitir que um sonho pode conter outra mensagem além de uma alegoria sexual, e que isso acontece por motivos específicos. Para ilustrar essa observação:

Um homem sonha que enfiou uma chave numa fechadura, ou que está empunhando um pesado pedaço de pau, ou que está forçando uma porta com um aríete. Cada um desses sonhos pode ser considerado uma alegoria, um símbolo sexual. Mas o fato de o inconsciente ter escolhido, por vontade própria, uma dessas imagens específicas — a chave, o pau ou o aríete —, é também da maior significação. A verdadeira tarefa é compreender *por que* a chave foi escolhida em lugar do pau, ou por que o pau no lugar do aríete. E vamos algumas vezes descobrir que não é um ato sexual que ali está representado, mas algum aspecto psicológico inteiramente diverso.

Uma das inúmeras imagens simbólicas ou alegóricas do ato sexual é a caça ao veado. À direita, detalhes de um quadro do pintor quinhentista alemão Cranach. As implicações sexuais com a caçada ao veado estão acentuadas em uma canção folclórica medieval chamada "O guardador":

Na primeira corça em que atirou ele não acertou.
A segunda que ele parou, ele beijou.
E a terceira fugiu para o coração de um jovem.
E ficou, oh, entre as verdes folhas.

CHEGANDO AO INCONSCIENTE

Concluí, seguindo essa linha de raciocínio, que só o material que é parte clara e visível de um sonho pode ser utilizado para a sua interpretação. O sonho tem seus próprios limites. Sua própria forma específica nos mostra o que a ele pertence e o que dele se afasta. Enquanto a livre associação, numa espécie de linha em zigue-zague, nos afasta do material original do sonho, o método que desenvolvi se assemelha mais a um movimento de circunvolução cujo centro é a imagem do sonho. Trabalho em torno da imagem do sonho e desprezo qualquer tentativa do sonhador para dela escapar. Inúmeras vezes, na minha atividade profissional, tive de repetir a frase: "Vamos voltar ao seu sonho. O que dizia o *sonho*?".

Um paciente meu, por exemplo, sonhou com uma mulher desgrenhada, vulgar e bêbada. No sonho ela parecia ser a sua esposa, embora, na vida real, o homem estivesse casado com uma pessoa inteiramente diferente. Aparentemente, portanto, o sonho era de uma falsidade chocante e o paciente logo o rejeitou como uma fantasia tola. Se, como médico, eu tivesse iniciado um processo de associação, ele inevitavelmente teria tentado se afastar o máximo possível da desagradável sugestão do sonho. Nesse caso, teria acabado por chegar a um dos seus complexos básicos — complexo que, possivelmente, nada teria a ver com sua mulher —, e nada saberíamos então a respeito do significado especial daquele determinado sonho.

O que queria, então, o seu inconsciente transmitir com aquela declaração obviamente inverídica? De certa forma, expressava claramente a ideia de uma mulher degenerada, intimamente ligada à vida do sonhador. Mas como a imagem era realmente inexata e não havia justificativa na projeção dela sobre a esposa do meu paciente, eu precisava procurar em outro lugar o que representaria aquela figura repulsiva.

Na Idade Média, muito antes de os filósofos terem demonstrado que trazemos em nós, devido à nossa estrutura glandular, ambos os elementos — o masculino e o feminino —, dizia-se que "todo homem traz dentro de si uma mulher". É esse elemento feminino, que há em todo homem, que chamei de *"anima"*. Esse aspecto "feminino" é, essencialmente, uma maneira secundária que o homem tem de se relacionar com o seu ambiente e sobretudo com as mulheres, e que ele esconde tanto das outras pessoas quanto de si mesmo. Em outras palavras, apesar de a personalidade visível do indivíduo parecer normal, ele poderá estar escondendo dos outros — e mesmo dele próprio — a deplorável condição da sua "mulher interior".

Foi o que aconteceu com meu paciente: o seu lado feminino não estava bem. E o seu sonho estava lhe dizendo: "Você está se comportando, em certos aspectos, como uma mulher degenerada", dando-lhe assim um choque proposital.

Uma chave na fechadura pode ser um símbolo sexual, mas não invariavelmente. À esquerda, detalhe do retábulo de um altar pelo artista quatrocentista flamengo Campin. A porta simbolizaria a esperança, a fechadura significaria a caridade, e a chave, o desejo de encontrar Deus. Acima, um bispo britânico ao consagrar uma igreja cumpre uma cerimônia tradicional batendo na porta com o báculo que, obviamente, não é um símbolo fálico, mas um símbolo de autoridade: o cajado do pastor. Não se pode dizer de nenhuma imagem simbólica que ela tenha um significado universal e dogmático.

Cabe dizer, no entanto, que não se deve concluir por esse exemplo que o nosso inconsciente esteja preocupado com sanções "morais". O sonho não pretendia dizer ao paciente que "se comportasse melhor": estava tentando simplesmente contrabalançar a natureza mal equilibrada da sua consciência, que alimentava a simulação do doente de ser sempre um perfeito cavalheiro.

É fácil compreender por que quem sonha tem tendência a ignorar e até rejeitar a mensagem do seu sonho. A consciência resiste, naturalmente, a tudo que é inconsciente e desconhecido. Já assinalei a existência, entre os povos originários daquilo a que os antropólogos chamam "misoneísmo", um medo profundo e supersticioso do novo. Ante acontecimentos desagradáveis, eles têm as mesmas reações do animal selvagem. O homem "civilizado" reage a ideias novas da mesma maneira, erguendo barreiras psicológicas que o protegem do choque trazido pela inovação. Pode-se facilmente observar esse fato na reação do indivíduo ao seu próprio sonho, quando ele é obrigado a admitir algum pensamento inesperado. Muitos pioneiros da filosofia, da ciência e mesmo da literatura foram vítimas desse conservadorismo inato dos seus contemporâneos. A psicologia é uma das ciências mais novas e, por tratar do funcionamento do inconsciente, encontrou inevitavelmente o misoneísmo na sua forma mais extremada.

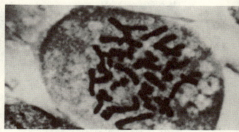

Anima é o elemento feminino no inconsciente masculino (tanto a *anima* quanto o *animus* do inconsciente feminino são discutidos no Capítulo III). Essa dualidade interior é simbolizada muitas vezes por uma figura intersexo, como a que está à esquerda, reproduzida de um manuscrito alquímico do século XVII. Abaixo, uma imagem física da "bissexualidade" psíquica do homem: uma célula humana com os seus cromossomas. Todo organismo tem dois grupos de cromossomas, um de cada um dos progenitores.

O PASSADO E O FUTURO NO INCONSCIENTE

ESBOCEI, ATÉ AQUI, alguns dos princípios em que me baseei para chegar à questão dos sonhos, pois quando se deseja investigar a faculdade humana de produzir símbolos, os sonhos são, comprovadamente, o material fundamental e mais acessível para isso. Os dois pontos essenciais a respeito dos sonhos são os seguintes: em primeiro lugar, o sonho deve ser tratado como um fato a respeito do qual não se fazem suposições prévias, a não ser a de que ele tem um certo sentido; em segundo lugar, é necessário aceitarmos que o sonho é uma expressão específica do inconsciente.

Dificilmente esses princípios serão expostos de maneira mais despretensiosa. E mesmo que algumas pessoas menosprezem o inconsciente, têm de admitir que é válido investigá-lo; o inconsciente está, no mínimo, no mesmo nível do piolho, que, afinal, desfruta do interesse honesto do entomologista. Se aqueles que possuem pouca experiência e escassos conhecimentos a respeito dos sonhos considerarem-nos apenas ocorrências caóticas sem qualquer significação, têm toda a liberdade de fazê-lo. Mas, se julgarmos o sonho um acontecimento normal (o que, na verdade, ele é), temos de ponderar que ou ele é causal — isto é, há uma causa racional para a sua existência —, ou, de certo modo, intencional. Ou ambos.

Vamos agora observar um pouco mais de perto os diversos modos pelos quais se ligam os conteúdos conscientes e inconscientes da nossa mente. Tomemos um exemplo com que estamos todos familiarizados: de repente, não conseguimos lembrar o que íamos dizer, embora instantes atrás o pensamento estivesse perfeitamente claro. Ou talvez queiramos apresentar um amigo

e o seu nome nos escape na hora de pronunciá-lo. Diremos que não conseguimos nos lembrar, mas, na realidade, o pensamento tornou-se inconsciente ou, pelo menos, momentaneamente separado do consciente. Ocorre o mesmo fenômeno com os nossos sentidos. Se ouvirmos uma nota contínua emitida no limite da audibilidade, o som parece interromper-se a intervalos regulares para começar de novo. Essas oscilações são causadas por uma diminuição e um aumento periódicos da nossa atenção, e não por qualquer alteração na nota.

Quando alguma coisa escapa da nossa consciência, essa coisa não deixou de existir, do mesmo modo que um automóvel que desaparece na esquina não se desfez no ar. Apenas o perdemos de vista. Assim como podemos, mais tarde, ver novamente o carro, também reencontramos pensamentos temporariamente perdidos.

Parte do inconsciente consiste, portanto, de uma profusão de pensamentos, imagens e impressões provisoriamente ocultos e que, apesar de terem sido perdidos, continuam a influenciar nossas mentes conscientes. Um homem desatento ou "distraído" pode atravessar uma sala para buscar alguma coisa. Ele para, parecendo perplexo; esqueceu o que buscava. Suas mãos tateiam pelos objetos de uma mesa como se fosse um sonâmbulo; não se lembra do seu objetivo inicial mas ainda se deixa, inconscientemente, guiar por ele. Percebe então o que queria. Foi o seu inconsciente que o ajudou a se lembrar.

O "misoneísmo", medo e ódio irracionais de ideias novas, foi um grande obstáculo à aceitação geral da psicologia moderna. A teoria evolucionista de Darwin também sofreu essa oposição — um professor norte-americano, chamado Scopes, foi julgado em 1925 por ter ensinado a evolução. Na extrema esquerda, o advogado Clarence Darrow defendendo Scopes. Ao centro, o próprio Scopes. Também contra Darwin é a caricatura, acima, à esquerda, de um número da revista inglesa *Punch*, de 1861. Abaixo, sátira ao misoneísmo pelo humorista americano James Thurber, cuja tia (segundo ele) tinha medo de que a eletricidade "estivesse vazando por toda a casa".

Se observarmos o comportamento de uma pessoa neurótica podemos vê-la fazendo muitas coisas de modo aparentemente intencional e consciente. No entanto, se a questionarmos, descobriremos que ou não tem consciência alguma das ações praticadas, ou então que pensa em coisas bem diferentes. Ouve mas está surda, vê mas está cega, sabe e parece ignorante. Esses exemplos são tão frequentes que o especialista logo compreende que aquilo que está contido inconscientemente no nosso espírito comporta-se como se fosse consciente, e que nunca se pode ter certeza, em tais casos, se pensamento, fala ou ação são conscientes ou não.

É esse tipo de comportamento que leva tantos médicos a rejeitarem as afirmações de pacientes histéricos como se fossem mentiras. Tais pessoas certamente arquitetam maior número de inexatidões do que a maioria de nós, mas "mentira" dificilmente será a palavra certa a empregar. De fato, o seu estado mental provoca uma conduta indecisa, já que a sua consciência está sujeita a eclipses imprevisíveis causados por interferências do inconsciente. Até mesmo as sensações táteis de tais pessoas podem revelar semelhantes flutuações perceptivas. A pessoa histérica pode, num determinado momento, sentir a agulha com que lhe picam o braço, e em outro nada sentir. Se for possível fixarmos sua atenção num determinado ponto, seu corpo inteiro pode ficar anestesiado até haver um relaxamento na tensão que causou aquele adormecimento dos sentidos. A percepção sensorial é, então, imediatamente restaurada. Durante todo o tempo, no entanto, o doente sabe, inconscientemente, o que lhe está acontecendo.

O médico observa claramente todo esse processo quando hipnotiza um paciente. É fácil demonstrar que o paciente registrou todos os detalhes. A picada no braço ou um comentário feito durante o eclipse da consciência podem ser lembrados tão exatamente como se não houvesse anestesia ou "esquecimento". Lembro-me de uma mulher que chegou à clínica em estado de completa letargia. Quando, no dia seguinte, recobrou a consciência, sabia quem era mas não sabia onde estava, nem como e por que ali se encontrava; não se lembrava sequer da data. No entanto, depois que eu a hipnotizei, disse-me por que ficara doente, como chegara à clínica e quem a recebera. Todos esses detalhes puderam ser comprovados. Ela foi capaz inclusive de dizer a hora em que chegara à clínica, porque havia um relógio no hall de entrada. Hipnotizada, sua memória mostrava-se tão clara como se tivesse estado totalmente consciente o tempo inteiro.

Quando se discute esse assunto traz-se, habitualmente, o testemunho da observação clínica. Por essa razão, muitos críticos alegam que o inconsciente e todas as suas sutis manifestações pertencem unicamente à esfera da psicopatologia. Consideram qualquer expressão do inconsciente um sintoma de neurose ou de psicose, que nada teria a ver com o estado mental normal. Mas os fenômenos neuróticos não são, de modo algum, produtos exclusivos de uma doença. São, na verdade, apenas exageros patológicos de ocorrências normais; e é apenas por serem exageros que se mostram mais evidentes do que seus correspondentes normais. Sintomas histéricos podem ser observados em qualquer pessoa normal, mas são tão reduzidos que em geral passam despercebidos.

O ato de esquecer, por exemplo, é um processo normal, em que certos pensamentos conscientes perdem a sua energia específica devido a um desvio da nossa atenção. Quando o interesse se desloca, deixa em sombra as coisas com que anteriormente nos ocupávamos, exatamente como um holofote que, ao iluminar uma nova área, deixa uma outra mergulhada em escuridão. Isso é inevitável, pois a consciência só pode conservar iluminadas algumas imagens de cada vez e, mesmo assim, com flutuações nessa claridade. Os pensamentos e ideias esquecidos não deixaram de existir. Apesar de não poderem se reproduzir à vontade, estão presentes num estado subliminar — para além do limiar da memória — de onde podem tornar a surgir espontaneamente a qualquer momento, algumas vezes anos depois de um esquecimento aparentemente total.

Refiro-me aqui a coisas que vimos e ouvimos conscientemente e que em seguida esquecemos. Mas todos nós vemos, ouvimos, cheiramos e provamos muitas coisas sem notá-las na ocasião, ou porque a nossa atenção se desviou, ou porque, para os nossos sentidos, o estímulo foi demasiadamente fraco para deixar uma impressão consciente. O inconsciente, no entanto, tomou nota de tudo, e essas percepções sensoriais subliminares ocupam importante lugar no nosso cotidiano. Sem percebermos, influenciam a maneira segundo a qual vamos reagir a pessoas e fatos.

Em casos pronunciados de histeria coletiva (antigamente chamava--se "estar possuído"), a consciência e a percepção sensorial comum parecem eclipsar-se. À esquerda, o frenesi de uma dança de espadas balinesa faz com que os dançarinos entrem em transe e, algumas vezes, voltem as suas armas contra si próprios. Na página seguinte, o rock'n'roll, em seu momento mais popular, parecendo provocar uma excitação análoga.

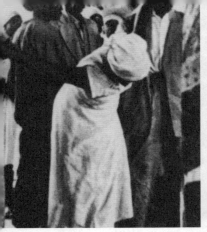

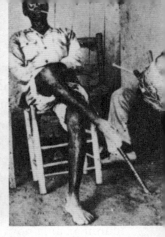

Entre os povos originários "estar possuído" significa que um deus ou demônio apossou-se de um corpo humano. Acima, à esquerda, uma mulher haitiana desmaia em êxtase religioso. Ao centro e à direita, haitianos possuídos pelo deus Gheda, que se manifesta sempre nesta posição — pernas cruzadas e cigarro na boca.

À direita, um culto religioso no Tennessee, Estados Unidos, em que segurar em serpentes venenosas faz parte de algumas cerimônias. A histeria é provocada pela música, pelo canto e por palmas. As serpentes passam de mão em mão (e algumas vezes os participantes são fatalmente mordidos pelas cobras).

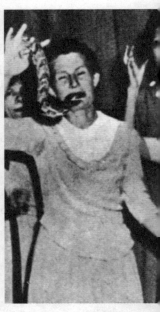

Um exemplo que considero particularmente significativo foi-me dado por um professor que havia passeado no campo com um dos seus alunos, absorvido em uma séria conversa. De repente, verificou que seus pensamentos estavam sendo interrompidos por uma série de inesperadas lembranças da sua infância, sem conseguir justificar tal distração. Nada do que até então estivera discutindo tinha qualquer ligação com aquelas lembranças. Olhando para o caminho percorrido, viu que haviam passado por uma fazenda quando surgira a primeira dessas recordações da sua infância. Propôs ao aluno que retornassem ao local onde se haviam iniciado aquelas fantasias. Chegando lá, sentiu cheiro de gansos e, imediatamente, percebeu que esse cheiro desencadeara a série de recordações.

Na sua juventude, ele vivera numa fazenda onde criavam-se gansos, e o odor característico do lugar lhe deixara uma impressão duradoura, apesar de adormecida. Ao passar pela fazenda naquela caminhada, registrara subliminarmente aquele cheiro, e essa percepção inconsciente despertou experiências há muito esquecidas da sua infância. A percepção foi subliminar porque a atenção estava concentrada em outra coisa qualquer, e o estímulo não fora forte o bastante para desviá-la, alcançando diretamente a consciência. No entanto, trouxe à tona lembranças "esquecidas".

Tal efeito de sugestão ou espécie de "detonação", de desencadeamento, é capaz de explicar o aparecimento de sintomas neuróticos e também de outras recordações benignas quando se vê alguma coisa, se sente um cheiro ou se ouve um som que lembre circunstâncias passadas. Uma jovem, por exemplo, pode estar trabalhando no seu escritório, aparentemente gozando de boa saúde e de bom humor. Momentos depois, pode estar com uma dor de cabeça terrível e revelar outros sinais de angústia. Sem que o percebesse conscientemente, ouvira a sirene distante de um navio, recordando-se inconscientemente da triste despedida de um homem de quem tentava se esquecer.

Os carrinhos miniatura que, neste anúncio, formam o logo da Volkswagen podem "detonar" no espírito do leitor recordações inconscientes de sua infância. Se forem lembranças agradáveis, o prazer estará associado (inconscientemente) ao produto e à marca.

Além do esquecimento normal, Freud descreveu vários casos de "esquecimento" de lembranças desagradáveis — recordações que estamos prontos para perder. Como observou Nietzsche, quando o orgulho está em jogo, a memória prefere ceder. Assim, entre as recordações perdidas encontramos várias cujo estado subliminar (e que não podemos reproduzir voluntariamente) se deve à sua natureza desagradável. Os psicólogos chamam isso de conteúdos *recalcados*.

Bom exemplo é o da secretária que tem ciúmes de uma das sócias do seu patrão. Frequentemente ela se esquece de convidar essa pessoa para reuniões, apesar de o nome estar nitidamente marcado na lista que utiliza. Se interpelada sobre esse fato, dirá, simplesmente, que se "esqueceu" ou que a "perturbaram" no momento. Jamais admite — nem para si mesma — o motivo real de sua omissão.

Muitas pessoas superestimam erroneamente o papel da força de vontade e julgam que nada poderá acontecer à sua mente que não seja por decisão e intenção próprias. Mas precisamos aprender a distinguir cuidadosamente entre o conteúdo intencional e o conteúdo involuntário da mente. O primeiro se origina da personalidade do ego; o segundo, no entanto, nasce de uma fonte que não é idêntica ao ego, mas à sua "outra face". É essa "outra face" que faz a secretária esquecer os convites.

Há muitas razões para esquecermos coisas que vemos ou experimentamos. E há igual número de maneiras pelas quais elas podem ser relembradas. Um exemplo interessante é o da criptomnésia, ou "recordação escondida". Um autor pode estar escrevendo de acordo com um plano preestabelecido, trabalhando num determinado argumento ou desenvolvendo a trama de uma história quando, de repente, muda de rumo. Talvez lhe tenha ocorrido alguma nova ideia, uma imagem diferente, ou um enredo secundário inteiramente inédito. Se lhe perguntarmos o que ocasionou essa digressão, ele não será capaz de explicar. Talvez nem mesmo tenha notado a mudança, apesar de ter escrito algo inteiramente novo e de que não possuía, aparentemente, nenhum conhecimento anterior. No entanto pode-se, muitas vezes, provar-lhe que o que acabou de escrever tem uma enorme semelhança com o trabalho de outro escritor — trabalho que crê nunca ter visto.

Eu mesmo encontrei um exemplo fascinante desse processo num livro de Nietzsche, *Assim falou Zaratustra*, em que o autor reproduz quase literalmente um incidente relatado num diário de bordo no ano de 1686. Por mero acaso eu havia lido um resumo dessa história num livro publicado em 1835 (meio século antes do livro de Nietzsche). Quando encontrei a mesma passagem em *Assim falou Zaratustra*, espantei-me com o estilo, tão diferente do de Nietzsche. Convenci-me de que também Nietzsche lera aquele antigo livro, apesar de não lhe ter feito qualquer referência. Escrevi à sua irmã, que ainda era viva naquela ocasião, e ela me confirmou que, na verdade, o livro fora lido tanto

CHEGANDO AO INCONSCIENTE

por ela quanto pelo irmão, quando este tinha onze anos. Verifica-se, pelo contexto, que é inconcebível pensar que Nietzsche tivesse qualquer desconfiança de estar plagiando aquela história. Creio que, simplesmente, cinquenta anos mais tarde, a história entrou em foco na sua consciência.[1]

Em casos desse tipo há uma autêntica recordação, mesmo que a pessoa não se dê conta do fato. A mesma coisa pode ocorrer com um músico que tenha ouvido na infância alguma melodia folclórica ou uma canção popular e que vem encontrá-la, na idade adulta, presente como tema de um movimento sinfônico que está compondo. Uma ideia ou imagem deslocou-se do inconsciente para o consciente.

O que expliquei até aqui a respeito do inconsciente não passa de um esboço superficial da natureza e do funcionamento dessa complexa parte da psique humana. Mas talvez tenha feito o leitor compreender o tipo de material subliminar de que se podem, espontaneamente, produzir os símbolos dos nossos sonhos. Esse material subliminar pode consistir de todo tipo de urgências, impulsos e intenções; de percepções e intuições; de pensamentos racionais ou irracionais; de conclusões, induções, deduções e premissas; e de toda uma imensa gama de emoções. Qualquer um desses elementos é capaz de se tornar parcial, temporária ou definitivamente inconsciente.

Esse material torna-se inconsciente porque — simplesmente — não há lugar para ele no consciente. Alguns dos nossos pensamentos perdem a sua energia emocional e tornam-se subliminares (isto é, não recebem mais a mesma atenção do nosso consciente) porque parecem ter deixado de nos interessar e não têm mais ligação conosco, ou então por existir algum motivo para que desejemos afastá-los de vista.

"Esquecer", nesse sentido, é normal e necessário para dar lugar a novas ideias e impressões na nossa consciência. Se tal não acontecesse, toda a nossa experiência permaneceria acima do limiar da consciência e nossas mentes ficariam insuportavelmente atravancadas. Esse fenômeno, hoje em dia, é tão amplamente reconhecido que a maioria das pessoas que conhecem um pouco de psicologia já o aceitaram.

Assim como o conteúdo consciente pode se desvanecer no inconsciente, novos conteúdos, que nunca foram conscientes, podem "emergir". Podemos ter a impressão, por exemplo, de que alguma coisa está a ponto de se tornar consciente — que "há alguma coisa no ar". A descoberta de que o inconsciente não é apenas um simples depósito do passado, mas que está também cheio de germes de ideias e de situações psíquicas futuras, levou-me a uma atitude nova e pessoal em relação à psicologia. Muita controvérsia tem surgido a esse respeito. Mas o fato é que, além de memórias de um passado consciente longínquo, também pensamentos inteiramente novos e ideias criadoras podem surgir do inconsciente — ideias e pensamentos que nunca foram conscientes. Como um lótus, nascem das escuras profundezas da mente para formar uma importante parte da nossa psique subliminar.

Encontramos exemplos disso em nossa vida cotidiana, onde às vezes os dilemas são solucionados pelas mais surpreendentes e novas proposições. Muitos artistas, filósofos e mesmo cientistas devem suas melhores ideias a inspirações nascidas de súbito do inconsciente. A capacidade de alcançar um veio particularmente rico desse material e transformá-lo de maneira eficaz em filosofia, em literatura, em música ou em descobertas científicas é o que comumente chamamos genialidade.

Podemos encontrar na própria história da ciência provas evidentes desse fato. Por exemplo, o matemático francês Poincaré e o químico Kekulé devem importantes descobertas científicas (como eles mesmos admitem) a repentinas "revelações" pictóricas do inconsciente.

A chamada experiência "mística" do filósofo francês Descartes foi uma dessas revelações repentinas na qual ele viu, num clarão, a "ordem de todas as ciências". O escritor inglês Robert Louis Stevenson levou anos procurando uma história que se ajustasse à sua "forte impressão da dupla natureza do homem" quando, num sonho, lhe foi revelado o enredo de O médico e o monstro.[2]

Mais adiante vou descrever, com mais detalhes, como esse material surge do inconsciente, examinando então a sua forma de expressão. No momento, desejo apenas assinalar que a capacidade da nossa psique de produzir esse material novo é particularmente significativa quando se trata do simbolismo do sonho, pois a minha experiência profissional provou-me, repetidamente, que as imagens e as ideias contidas no sonho não podem ser explicadas apenas em termos de memória; expressam pensamentos novos que ainda não chegaram ao limiar da consciência.

O químico alemão Kekulé (século XIX), quando pesquisava a estrutura molecular do benzeno, sonhou com uma serpente que mordia o próprio rabo. (Trata-se de um símbolo antiquíssimo: acima, está representado em um manuscrito grego do século III a.C.). O sonho fê-lo concluir que essa estrutura seria um círculo fechado de carbono — como se vê, à esquerda, numa página do seu Manual de química orgânica (1861).

A FUNÇÃO
DOS SONHOS

ENTREI EM DETALHES SOBRE AS ORIGENS da nossa vida onírica por ela ser o solo de onde, originalmente, nasce a maioria dos símbolos. Infelizmente, é difícil compreender os sonhos. Como já disse, um sonho em nada se parece com uma história contada pela mente consciente. Na nossa vida cotidiana, refletimos sobre o que queremos dizer, escolhemos a melhor maneira de dizê-lo e tentamos dar aos nossos comentários uma coerência lógica. Uma pessoa instruída evitará, por exemplo, o emprego de metáforas complicadas a fim de não tornar confuso o seu ponto de vista. Mas os sonhos têm uma textura diferente. Neles se acumulam imagens que parecem contraditórias e ridículas, perde-se a noção de tempo, e as coisas mais banais podem se revestir de um aspecto fascinante ou aterrador.

Acima, uma estrada europeia com um cartaz que significa "Cuidado: animais na pista". Mas os motoristas (sua sombra aparece no primeiro plano) veem um elefante, um rinoceronte e até mesmo um dinossauro. Este quadro (do artista suíço Erhard Jacoby, de meados do século XX) representa um sonho e retrata a natureza aparentemente ilógica e incoerente da imagem onírica.

Parecerá estranho que o inconsciente disponha o seu material de modo tão diferente dos esquemas aparentemente disciplinados que imprimimos nos nossos pensamentos quando acordados. No entanto, quem quer que se detenha na recordação de um sonho perceberá esse contraste, contraste este que é uma das principais razões para que os sonhos sejam de tão difícil compreensão para os leigos. Como não fazem sentido nos termos da nossa experiência diurna normal, há uma tendência ou para ignorá-los ou para nos confessarmos desorientados e confusos.

Talvez esse ponto se torne mais claro se tomarmos consciência de que as ideias de que nos ocupamos na vida diurna e aparentemente disciplinada não são tão precisas como queremos crer. Ao contrário, o seu sentido e a importância emocional que têm para nós tornam-se cada vez mais vagos à medida que as examinamos mais de perto. A razão para isso é que qualquer coisa que tenhamos ouvido ou experimentado pode tornar-se subliminar — isto é, passar ao inconsciente. E mesmo aquilo que retemos no nosso consciente e que podemos reproduzir à vontade adquire um meio-tom inconsciente que dá novo colorido à ideia cada vez que ela é convocada. Nossas impressões conscientes, de fato, assumem rapidamente um elemento de sentido inconsciente que tem para nós uma significação psíquica, apesar de não estarmos conscientes da existência desse fator subliminar ou da maneira pela qual ambos ampliam e perturbam o sentido convencional.

Evidentemente esses meios-tons psíquicos diferem de pessoa para pessoa. Cada um de nós recebe noções gerais ou abstratas no contexto particular de nossa mente e, portanto, entende e aplica tais noções também de maneira particular e individual. Quando, numa conversa, uso palavras como "Estado",

Nestas páginas, outros exemplos da natureza irracional e fantástica dos sonhos. Na extrema esquerda, corujas e morcegos voam em torno de um homem que sonha (água-forte de Goya — século XVIII). Dragões e outros monstros semelhantes são imagens comuns dos sonhos. À esquerda, um dragão persegue um sonhador numa xilografia de *O sonho de Poliphilo*, do monge italiano Francesco Colonna, século XV.

Acima, neste quadro de Marc Chagall, a inesperada associação de imagens — peixe, violino, relógio e amantes — transmite toda a confusão de um sonho.

O aspecto mitológico dos algarismos ordinais aparece nesses relevos dos maias (alto da página, cerca do ano 730 a.C.), que personificam como deuses as divisões numéricas do tempo. A pirâmide de pontos, acima, representa o *tetraktys* da filosofia pitagorista (século VI a.C.). Consiste de quatro números — 1, 2, 3, 4 —, perfazendo um total de 10. Os números 4 e 10 eram adorados pelos pitagoristas como divindades.

"dinheiro", "saúde" ou "sociedade", parto do pressuposto de que os que me escutam dão a esses termos mais ou menos a mesma significação que eu. Mas a expressão "mais ou menos" é o que importa aqui. Cada palavra tem um sentido ligeiramente diferente para cada pessoa, mesmo para os de um mesmo nível cultural. O motivo dessas variações é que uma noção geral é recebida num contexto individual, particular e, portanto, também compreendida e aplicada de um modo individual, particular. As diferenças de sentido são naturalmente maiores quando as pessoas têm experiências sociais, políticas, religiosas ou psicológicas de níveis diferentes.

Sempre que os conceitos são idênticos às palavras, a variação é quase imperceptível e não tem qualquer função prática. Mas quando se faz necessária uma definição exata ou uma explicação mais cuidadosa, podemos descobrir as variações mais extraordinárias, não só na compreensão puramente intelectual do termo, mas particularmente no seu tom emocional e na sua aplicação. Essas variações são sempre subliminares e, portanto, as pessoas não as percebem.

Podemos rejeitar tais diferenças considerando-as supérfluas ou simples nuanças dispensáveis por serem de pouca aplicação às nossas necessidades cotidianas. Mas o fato de existirem mostra que até os conteúdos mais banais da consciência têm à sua volta uma orla de penumbra e de incertezas. Mesmo o conceito filosófico ou matemático mais rigorosamente definido, que sabemos só conter aquilo que nele colocamos, ainda é mais do que pressupomos. É um acontecimento psíquico e, como tal, parcialmente desconhecido. Os próprios algarismos usados para contar são mais do que julgamos ser: são, ao mesmo tempo, elementos mitológicos — para os adeptos de Pitágoras chegavam a ser divinos —, mas certamente não tomamos conhecimento disso quando empregamos os números com objetivos práticos.

Em suma, todo conceito da nossa consciência tem suas associações psíquicas próprias. Quando tais associações variam de intensidade (segundo a

Não apenas os números, mas também objetos familiares como pedras e árvores podem ter uma importância simbólica. À esquerda, pedras brutas colocadas à beira da estrada por viajantes, na Índia. Representam o *lingam*, o símbolo fálico hindu da criatividade. À direita, uma árvore da África ocidental, que os povos chamam de *ju-ju* ou árvore-espírito, e à qual atribuem poderes mágicos.

importância relativa desse conceito em relação à nossa personalidade total, ou segundo a natureza de outras ideias e mesmo complexos com os quais esteja associado no nosso inconsciente), elas são capazes de mudar o caráter "normal" daquele conceito. O conceito pode mesmo tornar-se uma coisa totalmente diferente à medida que é impulsionado abaixo do nível da consciência.

Esses aspectos subliminares de tudo o que nos acontece parecem ter pouca importância em nossa vida diária. Mas na análise dos sonhos, em que os psicólogos se ocupam das expressões do inconsciente, são aspectos relevantes, pois se constituem nas raízes quase invisíveis dos nossos pensamentos conscientes. É por isso que objetos ou ideias comuns podem adquirir uma significação psíquica tão poderosa que acordamos seriamente perturbados, apesar de termos sonhado coisas absolutamente banais — como uma porta fechada ou um trem que se perdeu.

As imagens produzidas nos sonhos são muito mais vigorosas e pitorescas do que os conceitos e experiências congêneres de quando estamos acordados. E um dos motivos é que, no sonho, tais conceitos podem expressar o seu sentido inconsciente. Nos nossos pensamentos conscientes restringimo-nos aos limites das afirmações racionais — afirmações bem menos coloridas, uma vez que as despojamos de quase todas as suas associações psíquicas.

Lembro-me de um sonho que tive e que achei realmente difícil interpretar. Nele, certo homem tentava aproximar-se de mim e pular às minhas costas. Nada sabia a respeito dele a não ser que se utilizara de uma observação minha e, transformando o seu significado, tornara-a grotesca. Mas eu não conseguia ver qual a ligação entre esse fato e a sua tentativa de saltar às minhas costas. Na minha experiência profissional, no entanto, frequentemente alguém interpreta erradamente o que digo — e isso ocorre tantas vezes que já nem me dou ao trabalho de me perguntar se me irrita ou não. De fato, há certa conveniência em manter o controle, conscientemente, das nossas reações emocionais. E era aí que estava, como logo verifiquei, o sentido do meu sonho. Eu usara um coloquialismo austríaco e o transformara em imagem visual. É muito comum na Áustria dizer *"Du kannst mir auf den Buckelsteigen"* (você pode montar nas minhas costas), que significa "pouco me importa o que você fala de mim".

Pode-se qualificar esse sonho de simbólico porque não representa uma situação de modo direto, e sim indiretamente, por meio de uma metáfora, que a princípio não percebi. Quando isso acontece (como é frequente), não se trata de um "disfarce" proposital do sonho; é resultado, apenas, da nossa dificuldade em captar o conteúdo emocional da linguagem ilustrada. De fato, na vida cotidiana precisamos expor nossas ideias da maneira mais exata possível e aprendemos a rejeitar os adornos da fantasia tanto na linguagem quanto nos pensamentos — perdendo, assim, uma qualidade ainda característica da mentalidade antiga. A maioria de nós transfere para o inconsciente todas as fantásticas associações psíquicas inerentes a todo objeto e a toda ideia. Já os povos originários ainda conservam essas propriedades psíquicas, atribuindo a animais, plantas e pedras poderes que julgamos estranhos e inaceitáveis.

Um habitante da selva africana, por exemplo, que vê à luz do dia um animal noturno pode reconhecer nele um médico ou curandeiro que tenha tomado aquela forma temporariamente; ou considerá-lo a alma do mato ou o espírito ancestral de alguém de seu povo. Uma árvore pode exercer um papel vital para um indígena, possuindo aparentemente sua alma e sua voz, e o homem sentirá os seus dois destinos interligados. Existem alguns indígenas na América do Sul que afirmam ser araras-vermelhas, apesar de saberem muito bem que lhes faltam penas, asas e bicos. Isso porque, nesse mundo, as coisas não têm fronteiras tão rígidas como as das nossas sociedades "racionais".

Aquilo que os psicólogos chamam de identidade psíquica, ou "participação mística", foi afastado do nosso mundo objetivo. Mas é exatamente este halo de associações inconscientes que dá ao mundo indígena aspecto tão colorido e fantástico; e perdemos contato com ele a tal ponto que se o reencontramos nem o reconhecemos. Conosco, esses fenômenos situam-se abaixo do limite da consciência e quando, ocasionalmente, reaparecem, insistimos em dizer que algo de errado está ocorrendo.

Fui consultado várias vezes por pessoas inteligentes e cultas que estavam profundamente chocadas com certos sonhos, fantasias e mesmo visões. Supunham que esse tipo de coisas não acontece aos sãos de espírito e que aqueles que têm visões devem sofrer de algum distúrbio patológico. Um teólogo disse-me, certa vez, que as visões de Ezequiel eram apenas sintomas mórbidos e que, quando Moisés e outros profetas ouviam "vozes", estavam sofrendo de alucinação.

Imaginem, pois, o pânico em que este homem se viu quando algo desse gênero lhe aconteceu "espontaneamente". Estamos de tal modo habituados à natureza aparentemente racional do nosso mundo que dificilmente podemos imaginar que nos aconteça alguma coisa impossível de ser explicada pelo senso comum. O homem indígena, ao se defrontar com esse tipo de conflito, não duvidaria da sua sanidade — pensaria em fetiches, espíritos ou em deuses.

As emoções que nos afetam são, no entanto, exatamente as mesmas. Os receios que nascem de nossa elaborada civilização podem ser muito mais ameaçadores do que os atribuídos pelos povos originários aos demônios. A atitude do homem civilizado me faz, por vezes, lembrar um paciente psicótico da minha clínica, que era médico. Uma manhã perguntei-lhe como se sentia. Respondeu-me que passara uma excelente noite desinfetando o céu inteiro

CHEGANDO AO INCONSCIENTE

com cloreto de mercúrio, mas que durante todo esse processo sanitário não encontrara o menor vestígio de Deus. Temos aí um caso de neurose, ou talvez de coisa mais grave. Em lugar de Deus ou do "medo de Deus" há uma neurose de angústia ou uma espécie de fobia. A emoção conservou-se a mesma, mas, a um tempo, o nome e a natureza do seu objeto mudaram para pior.

Lembro-me de um professor de filosofia que me consultou um dia sobre a sua fobia do câncer. Sofria da convicção compulsiva de que tinha um tumor maligno, apesar de nada ter sido acusado em dezenas de chapas de raios X. "Sei que não há nada", dizia ele, "mas pode haver." Qual seria a causa dessa ideia fixa? Obviamente vinha de um medo que nada tinha a ver com a sua vontade consciente. Aquele pensamento mórbido de repente tomava conta dele, e com tal força que não conseguia controlar-se.

Era bem mais difícil para aquele homem culto aceitar um fenômeno desse tipo do que seria para o homem indígena dizer que fora atormentado por um fantasma. A influência maligna de espíritos maus é uma hipótese pelo menos admissível nas culturas, enquanto que para o *civilizado* é uma experiência perturbadora admitir que seus males nada mais são que uma tola extravagância da imaginação. O fenômeno da *obsessão* não desapareceu; é o mesmo de sempre. Apenas é interpretado de maneira diversa e mais desagradável.

Fiz várias comparações desse tipo entre o homem moderno e o indígena. São essenciais, como mostrarei adiante, para compreendermos a tendência do homem de construir símbolos e a participação dos sonhos em expressá-los. Pois vamos descobrir que muitos sonhos apresentam imagens e associações análogas a ideias, mitos e ritos indígenas. Essas imagens oníricas eram chamadas por Freud "resíduos arcaicos". A expressão sugere que tais "resíduos" são elementos psíquicos que sobrevivem na mente humana desde tempos

À esquerda, um feiticeiro dos Camarões usando uma máscara de leão. Ele não finge ser um leão; está convencido de que é um leão. Como o congolês e sua máscara de pássaro (p. 24) ele partilha uma "identidade psíquica" com o animal — identidade existente no reino do mito e do simbolismo. O homem "racional" moderno tentou livrar-se desse tipo de associação psíquica (que no entanto subsiste no seu inconsciente); para ele, uma espada é uma espada e um leão é apenas o que o dicionário (à direita) define.

LIOMÉSIDÉS ou LIOMESIDÆ [mé-zi-dé] n. m. pl. Famille de mollusques gastéropodes prosobranches voisine de celle des buccinidés, différant surtout par la radula dont les dents latérales sont unicuspidées. (Le type est le genre *liomesus*, habitant les mers arctiques et boréales.)

LION, LIONNE n. (lat. *leo*; gr. *léôn*). Grand mammifère carnassier : *Le* LION *rugit*. || *Lion du Pérou, d'Amérique*, Couguar. || *Lion marin* ou *Lion de mer*, Espèce de phoque à crinière. || *Lion des pucerons*, Larve d'une variété de névroptères.
— *Fig.* Personne d'un grand courage, d'un grand cœur : [*Les chrétiens*]...

Et, *lions* au combat, ils meurent en agneaux.

CORNEILLE.

Vous êtes mon *lion* superbe et généreux.

V. HUGO.

|| Personne d'un caractère, d'un génie supérieur : *Mettez au contraire Shakespeare à côté d'Eschyle... C'est* LION *contre* LION. (V. Hugo.) || *Particulièrem.* En parlant des

À esquerda, São Paulo, caído ante o impacto de sua visão de Cristo (num quadro do artista italiano Caravaggio, século XVI).

Acima, à esquerda, fazendeiros javaneses sacrificam um galo a fim de proteger seus campos dos espíritos. Tais crenças e práticas são fundamentais na vida indígena.

Acima, à direita, o homem é apresentado, na escultura moderna do inglês Jacob Epstein, como um monstro mecânico — talvez uma imagem moderna dos "espíritos maus".

imemoriais. É um ponto de vista característico dos que consideram o inconsciente um simples apêndice do consciente (ou, numa linguagem mais pitoresca, como uma lata de lixo que guarda todo o resíduo do consciente).

Pesquisas posteriores levaram-me a crer que essa é uma atitude insustentável e que deve ser desprezada. Constatei que associações e imagens como as que assinalei são parte integrante do inconsciente e podem ser observadas por toda parte — seja no sonhador instruído ou analfabeto, inteligente ou obtuso. Não são, de modo algum, "resíduos" sem vida ou significação. Têm, ao contrário, uma função e são sobretudo valiosos (como mostra o dr. Henderson num outro capítulo) devido ao seu caráter "histórico". Constituem uma ponte entre a maneira pela qual transmitimos conscientemente os nossos pensamentos e uma forma de expressão mais colorida e pictórica. E é essa forma, também, que apela diretamente à nossa sensibilidade e à nossa emoção. Essas associações "históricas" são o elo entre o mundo racional da consciência e o mundo do instinto.

CHEGANDO AO INCONSCIENTE

Já comentei a respeito do contraste interessante entre os pensamentos "controlados" que temos quando acordados e a riqueza das imagens produzidas pelos sonhos. Podemos constatar agora uma outra razão para essa diferença: na nossa vida civilizada despojamos tanto as ideias da sua energia emocional que já não reagimos mais a elas. Usamos essas ideias nos nossos discursos, reagimos convencionalmente quando outros também as utilizam, mas elas não nos causam uma impressão mais profunda. É necessário haver alguma coisa mais eficaz para que mudemos de atitude ou de comportamento. E é isso que a "linguagem do sonho" faz: o seu simbolismo tem tanta energia psíquica que somos obrigados a dar-lhe atenção.

À esquerda, duas outras representações de espíritos: ao alto, demônios execráveis descem sobre santo Antônio (quadro de Grünewald, artista alemão do século XVI). Abaixo do quadro, no painel central típico do Japão do século XIX, o fantasma de um homem assassinado golpeia seu matador.

Conflitos ideológicos criam muitos "demônios" do homem moderno. Acima, à esquerda, uma caricatura do norte-americano Grahan Wilson apresenta Kruschev como uma monstruosa máquina da morte. À direita, uma caricatura da revista russa *Krokodil* mostra o "colonialismo" como um lobo demoníaco que está sendo empurrado para o mar pelas bandeiras das várias nações africanas independentes.

Havia, por exemplo, uma senhora conhecida por seus insuportáveis preconceitos e por sua obstinada resistência a qualquer argumento racional. Podia-se discutir com ela uma noite inteira, e ainda assim ela não aceitaria opiniões alheias. Seus sonhos, no entanto, empregaram uma linguagem inteiramente diferente. Uma noite sonhou que estava numa importante reunião social, onde foi recebida pela anfitriã com as seguintes palavras: "Que bom você ter podido vir. Todos os seus amigos estão aqui à sua espera". E levou-a até uma porta, que abriu, introduzindo-a num estábulo.

A linguagem desse sonho é simples o bastante para que até um ignorante a entenda. A mulher, a princípio, recusou-se a admitir o sentido de um sonho que vinha atingir tão diretamente o seu amor-próprio. Mas acabou compreendendo a mensagem que lhe era enviada, e após algum tempo aceitou a pilhéria que se autoinfligira.

Essas mensagens do inconsciente têm uma importância bem maior do que se pensa. Na nossa vida consciente estamos expostos a todos os tipos de influência. As pessoas nos estimulam ou nos deprimem, ocorrências na vida profissional ou social desviam a nossa atenção. Todas essas influências podem levar-nos a caminhos opostos à nossa individualidade; e quer percebamos ou não o seu efeito, nossa consciência é perturbada e exposta, quase sem defesas, a esses incidentes. Isso ocorre em especial com pessoas de atitude mental extrovertida, que dão toda a importância a objetos exteriores, ou com as que abrigam sentimentos de inferioridade e de dúvida envolvendo o mais íntimo da sua personalidade.

Quanto mais a consciência for influenciada por preconceitos, erros, fantasias e anseios infantis, mais se dilata a fenda já existente, até chegar-se a uma dissociação neurótica e a uma vida mais ou menos artificial, em tudo distanciada dos instintos normais, da natureza e da verdade.

A função geral dos sonhos é tentar restabelecer a nossa balança psicológica, produzindo um material onírico que reconstitui, de maneira sutil, o equilíbrio psíquico total. É o que chamo função complementar (ou compensatória) dos sonhos na nossa constituição psíquica. Explica por que pessoas com ideias pouco realísticas, ou que têm um alto conceito de si mesmas, ou ainda que constroem planos grandiosos em desacordo com a sua verdadeira capacidade, sonham que voam ou que caem. O sonho compensa as deficiências de suas personalidades e, ao mesmo tempo, previne-as dos perigos dos seus rumos atuais. Se os avisos do sonho são rejeitados, podem ocorrer acidentes reais. A pessoa pode cair de uma escada ou sofrer um desastre de carro.

Lembro-me do caso de um homem que se envolveu numa série de negócios escusos. Como uma espécie de compensação, criou uma paixão quase

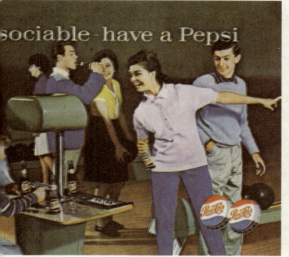

Acima, duas das influências a que está exposta a consciência do homem contemporâneo: a publicidade, num anúncio americano de 1960 destacando a "sociabilidade", e a propaganda política, num cartaz para um plebiscito de 1962, recomendando votar "sim", mas recoberto pelos "não" da oposição. Essas e outras influências levam-nos a viver de uma maneira nada condizente com a nossa natureza individual. E o desequilíbrio psíquico que podem provocar deve ser compensado pelo inconsciente.

mórbida pelas formas mais arriscadas de alpinismo. Procurava "erguer-se sobre si mesmo". Uma noite sonhou que, ao escalar o pico de uma montanha muito alta, precipitara-se no espaço vazio. Quando me contou o sonho, verifiquei imediatamente o perigo que corria e tentei reforçar ainda mais aquele aviso para persuadi-lo a moderar seus anseios. Cheguei mesmo a lhe dizer que o sonho pressagiava sua morte num acidente de alpinismo. Foi inútil. Seis meses mais tarde, "precipitou-se no espaço vazio". Um guia o observava enquanto, com um companheiro, descia por uma corda até um local de difícil acesso. O amigo encontrara um apoio temporário para os pés, numa saliência, e ele o seguia. Repentinamente, soltou a corda como se (segundo o guia) estivesse "se precipitando no ar". Caiu sobre o amigo, ambos despencaram montanha abaixo e morreram.

Outro caso típico foi o de uma senhora que estava vivendo muito acima das suas possibilidades. Altiva e autoritária na sua vida cotidiana, tinha, à noite, sonhos terríveis com toda espécie de coisas desagradáveis. Quando lhe expliquei os sonhos, recusou-se, indignada, a tomar conhecimento deles. Os sonhos foram se tornando cada vez mais ameaçadores e cheios de referências a caminhadas que costumava fazer, sozinha, pelos bosques e momento em que se entregava a emotivos devaneios. Vi o perigo que corria, mas ela recusou-se a ouvir os meus conselhos. Pouco tempo depois foi atacada por um pervertido sexual no bosque onde passeava. Se não fosse a intervenção de pessoas que ouviram seus gritos, ela teria sido morta.

Não há nenhuma magia nestes fatos. Os sonhos daquela mulher revelaram que ela alimentava um desejo secreto por tal tipo de aventura — assim como o alpinista procurava, inconscientemente, solução definitiva para os seus problemas. Obviamente nenhum deles esperava pagar tal preço: nem ela ter várias fraturas, nem ele perder a vida.

Assim, os sonhos algumas vezes podem revelar certas situações muito antes de elas realmente acontecerem. Não é necessariamente um milagre ou uma forma de previsão. Muitas crises em nossas vidas têm uma longa história inconsciente. Caminhamos ao seu encontro passo a passo, desapercebidos dos perigos que se acumulam. Mas aquilo que conscientemente deixamos de ver é, quase sempre, captado pelo nosso inconsciente, que pode transmitir a informação por meio dos sonhos.

Os sonhos muitas vezes nos advertem; mas tantas outras parece que não o fazem. Portanto, qualquer suposição de que uma mão benevolente nos pode refrear a tempo é duvidosa. Ou, para sermos mais claros, parece que uma força benéfica por vezes funciona e outras, não. A mão misteriosa pode até, ao contrário, indicar um caminho de perdição — os sonhos às vezes provam ser armadilhas, ou pelo menos parece que o são. Em certas ocasiões, comportam-se como o oráculo de Delfos, quando este disse ao rei Creso que, se atravessasse o rio Haly, destruiria um grande reino. Só depois de derrotado numa batalha, após ter transposto o rio, é que descobriu que o reino a que o oráculo se referia era o seu próprio.

Não podemos nos permitir nenhuma ingenuidade no estudo dos sonhos. Eles têm sua origem em um espírito que não é bem humano, e sim um sopro da natureza — o espírito de uma deusa bela e generosa, mas também cruel. Se quisermos caracterizar esse espírito, vamos nos aproximar bem melhor dele na esfera das mitologias antigas e nas fábulas indígenas das florestas do que na consciência do homem moderno. Não estou querendo negar as grandes conquistas que nos trouxe a evolução da sociedade civilizada, mas tais conquistas realizaram-se à custa de enormes perdas, cuja extensão mal começamos a avaliar. As comparações que fiz entre os estados primitivo e civilizado do homem tiveram como objetivo parcial mostrar o saldo desses ganhos e perdas.

O homem primitivo era muito mais governado pelos instintos do que seu descendente, o homem "racional", que aprendeu a "controlar-se". Em nosso processo de civilização separamos cada vez mais a consciência das camadas instintivas mais profundas da psique humana, e mesmo das bases somáticas do fenômeno psíquico. Felizmente, não perdemos essas camadas instintivas básicas; elas se mantiveram como parte do inconsciente, apesar de só se expressarem sob a forma de imagens oníricas. Esses fenômenos instintivos — que nem sempre podem ser reconhecidos como tal, já que o seu caráter é simbólico — representam um papel vital naquilo que chamei função compensadora dos sonhos.

Para benefício do equilíbrio mental e mesmo da saúde fisiológica, o consciente e o inconsciente devem estar completamente interligados, a fim de que possam se mover em linhas paralelas. Se se separam um do outro ou se "dissociam", ocorrem distúrbios psicológicos.

O faroleiro acima, na caricatura do norte-americano Roland B. Wilson, sofre, aparentemente, de distúrbios psicológicos devido a seu isolamento. O seu inconsciente, na função de compensador, produziu uma companhia imaginária, a quem o faroleiro confessa (de acordo com a legenda da caricatura): "Não é só isso, Bill, mas ontem me surpreendi novamente falando comigo mesmo!".

O oráculo de Delfos, à direita, sendo consultado pelo rei Egeu de Atenas (pintura em vaso). "Mensagens" do inconsciente são, muitas vezes, tão ambíguas e enigmáticas como as declarações dos oráculos.

Nesse particular, os símbolos oníricos são os mensageiros indispensáveis da parte instintiva da mente humana para a sua parte racional, e a sua interpretação enriquece a pobreza da nossa consciência, fazendo-a compreender, novamente, a esquecida linguagem dos instintos.

As pessoas, é claro, tendem a pôr em dúvida essa função, já que os seus símbolos muitas vezes passam despercebidos ou incompreendidos. Na vida normal, a compreensão dos sonhos é até, por vezes, considerada supérflua. Posso dar um exemplo da experiência que tive com povo originário do oeste da África. Para meu espanto, os seus habitantes negavam que tivessem sonhos. Por meio de conversas pacientes e de perguntas indiretas, logo descobri que, como qualquer outra pessoa, também sonhavam, só que apenas estavam convencidos de que seus sonhos não tinham significação alguma. "Os sonhos do homem comum não querem dizer nada", afirmaram-me. Pensavam que os únicos sonhos importantes eram os dos chefes dos povos e os dos feiticeiros que, como diziam respeito ao bem-estar geral do grupo, tinham grande valor aos seus olhos. O problema, no entanto, era que o chefe do povo e o feiticeiro afirmavam terem deixado de sonhar coisas significativas. Essa mudança datava da época em que os ingleses haviam chegado ao país. O comissário do distrito — o oficial britânico encarregado daquele povo — tomara para si a função de sonhar, ele mesmo, os "grandes sonhos" que até então regiam o comportamento daquele povo em específico.

Quando os habitantes desse povo admitiram que, na verdade, sonhavam, julgando apenas que seus sonhos não tinham maior importância, estavam agindo como o homem moderno que pensa que seus sonhos não têm nenhuma significação apenas porque não os entendem. Mas até mesmo o homem civilizado pode, por vezes, observar que um sonho (de que talvez ele nem se lembre) é capaz de piorar ou melhorar o seu humor. O sonho foi "compreendido",

só que de uma maneira subliminar. E é isso, aliás, que acontece habitualmente. Apenas nas raras vezes em que um sonho é particularmente impressionante, ou que passa a repetir-se a intervalos regulares, é que as pessoas buscam alguma interpretação.

Devo acrescentar aqui uma palavra de cautela a respeito da análise de sonhos feita de maneira pouco inteligente ou pouco competente. Existem pessoas cujo estado mental é de tamanho desequilíbrio que interpretar os seus sonhos pode ser extremamente arriscado. São casos em que uma consciência extremamente unilateral se encontra isolada de uma inconsciência irracional ou "louca" correspondente, e as duas não devem ser postas em contato sem precauções muito específicas.

De modo geral, é uma tolice acreditar em guias pré-fabricados e sistematizados para a interpretação dos sonhos, como se pudéssemos comprar um livro de consultas para nele encontrar a tradução de determinado símbolo. Nenhum símbolo onírico pode ser separado da pessoa que o sonhou, assim como não existem interpretações definidas e específicas para qualquer sonho.

A maneira pela qual o inconsciente completa ou compensa o consciente varia tanto de indivíduo para indivíduo que é impossível saber até que ponto é aceitável, na verdade, haver uma classificação dos sonhos e seus símbolos.

É claro que existem sonhos e símbolos isolados (preferia chamá-los "motivos") típicos, e que ocorrem com bastante frequência. Entre esses motivos estão a queda, o voo, a perseguição por animais selvagens ou por pessoas inimigas, sentir-se insuficiente ou impropriamente vestido em lugares públicos, estar apressado ou perdido no meio de uma multidão tumultuada, lutar com armas inúteis ou estar sem meios de defesa, correr muito sem chegar a lugar algum etc. Um motivo infantil típico é o sonho de crescer ou diminuir infinitamente, ou passar de um para outro extremo como em *Alice no País das*

Na extrema esquerda, uma fotografia de Jung (o quarto, à direita), datada de 1926, com nativos do monte Elgon, no Quênia. O estudo objetivo dessas sociedades feito por Jung levou-o a muitas e valiosas intuições psicológicas.

Ao centro e à direita, dois livros de sonhos — um inglês, contemporâneo, e outro do antigo Egito (um dos mais velhos documentos escritos, datando aproximadamente do ano 2000 a.C.). Essas interpretações práticas já "preparadas" dos sonhos não têm valor algum. Os sonhos são fenômenos completamente individuais e seus símbolos não podem ser catalogados.

Maravilhas, de Lewis Carroll. Mas devo, novamente, acentuar que são motivos a serem considerados dentro do contexto do sonho, e não cifras de um código que se explicam por si mesmas.

O sonho recorrente é um fenômeno digno de apreciação. Há casos em que as pessoas sonham o mesmo sonho desde a infância até a idade adulta. Esse tipo de sonho é em geral uma tentativa de compensação para algum defeito particular que existe na atitude do sonhador em relação à vida; ou pode datar de um trauma que tenha deixado alguma marca. Pode também ser a antecipação de algum acontecimento importante que está para acontecer.

Sonhei durante muitos anos um mesmo contexto, no qual eu "descobria" uma parte da minha casa que até então me era desconhecida. Algumas vezes apareciam os aposentos onde meus pais, há muito falecidos, viviam e onde meu pai, para grande surpresa minha, montara um laboratório de estudo da anatomia comparada dos peixes e onde minha mãe dirigia um hotel para hóspedes fantasmas. Habitualmente, essa ala desconhecida surgia como um edifício histórico, há muito esquecido, mas de que eu era proprietário. Ele continha um interessante mobiliário antigo e, lá para o fim dessa série de sonhos, descobri também uma velha biblioteca com livros que não conhecia. Por fim, no último sonho, abri um dos livros e encontrei nele uma porção de gravuras simbólicas maravilhosas. Quando acordei, meu coração pulsava de emoção.

Algum tempo antes de ter este último sonho, eu havia encomendado a um vendedor de livros antigos uma coleção clássica de alquimistas medievais. Encontrara numa obra uma citação que me parecia relacionada com a antiga alquimia bizantina e queria verificar isso. Algumas semanas depois de ter tido o sonho do livro que me era desconhecido, chegou um pacote do livreiro. Dentro havia um volume em pergaminho, datando do século XVI. Era ilustrado com fascinantes gravuras simbólicas, que logo me lembraram as que eu vira no meu sonho. Como a redescoberta dos princípios da alquimia tornou-se parte importante do meu trabalho pioneiro na psicologia, o motivo do meu sonho recorrente é de fácil compreensão. A casa, certamente, era o símbolo da minha personalidade e do seu campo consciente de interesses; e a ala desconhecida da residência representava a antecipação de um novo campo de interesse e pesquisa de que, na época, a minha consciência não se apercebera. Depois daquele momento, há trinta anos, o sonho não se repetiu mais.

No alto da página, um exemplo célebre do sonho bastante vulgar do crescimento exagerado: a gravura de *Alice no País das Maravilhas* (1877) mostra Alice crescendo a ponto de ocupar toda a casa. À direita, o sonho também muito comum de voar, num desenho do artista inglês oitocentista William Blake intitulado *Oh, como sonhei coisas impossíveis!*.

A ANÁLISE DOS SONHOS

COMECEI ESTE ENSAIO ACENTUANDO A DIFERENÇA existente entre um sinal e um símbolo. O sinal é sempre menos do que o conceito que ele representa, enquanto o símbolo significa sempre mais do que o seu significado imediato e óbvio. Os símbolos, no entanto, são produtos naturais e espontâneos. Gênio algum já se sentou com uma caneta ou um pincel na mão dizendo: "Agora vou inventar um símbolo". Ninguém pode tomar um pensamento mais ou menos racional, a que chegou por conclusão lógica ou por intenção deliberada, e dar-lhe forma "simbólica". Não importa de que adornos extravagantes se ornamente uma tal ideia — ela vai manter-se apenas um sinal associado ao pensamento consciente que significa, e nunca um símbolo a sugerir coisas ainda desconhecidas. Nos sonhos os símbolos surgem espontaneamente, pois sonhos acontecem, não são inventados; eles constituem, assim, a fonte principal de todo o nosso conhecimento a respeito do simbolismo.

Devo fazer notar, no entanto, que os símbolos não ocorrem apenas nos sonhos; aparecem em todos os tipos de manifestações psíquicas. Existem pensamentos e sentimentos simbólicos, situações e atos simbólicos. Parece mesmo que, muitas vezes, objetos inanimados cooperam com o inconsciente criando formas simbólicas. Há numerosas histórias verdadeiras de relógios que param no momento em que seu dono morre, como aconteceu com o relógio de

Objetos inanimados parecem por vezes "agir" simbolicamente: à esquerda, o relógio de Frederico, o Grande, que parou em 1786, quando seu dono morreu.

Símbolos são produzidos espontaneamente pelo inconsciente (apesar de poderem ser posteriormente elaborados conscientemente). Acima, o ankh, símbolo da vida, do universo e do homem, no antigo Egito. Em contraste, insígnias de companhias de aviação não são símbolos, mas sinais conscientemente planejados.

CHEGANDO AO INCONSCIENTE

pêndulo no palácio de Frederico, o Grande, em Sanssouci, que parou no momento da morte do rei. Outro exemplo comum é o de um espelho que se parte ou de um quadro que cai quando alguém morre. Ou também pequenos mas inexplicáveis acidentes de objetos que se quebram numa casa onde alguém sofre uma crise emocional. Mesmo que os céticos se recusem a acreditar nessas histórias, a verdade é que elas estão sempre acontecendo, e só isso basta como prova da sua importância psicológica.

Há muitos símbolos, no entanto (e entre eles alguns de grande valor), cuja natureza e origem não é individual, mas sim *coletiva*. Sobretudo as imagens religiosas: o crente lhes atribui origem divina e as considera revelações feitas ao homem. O cético garante que foram inventadas. Ambos estão errados. É verdade, como diz o cético, que símbolos e conceitos religiosos foram, durante séculos, objeto de uma elaboração cuidadosa e consciente. É também certo, como julga o crente, que a sua origem está tão compreendida nos mistérios do passado que parece não ter qualquer procedência humana. Mas são, efetivamente, "representações coletivas" — que procedem de sonhos primitivos e de fecundas fantasias.

Esse fato, como explico mais tarde, tem relação direta e essencial com a interpretação dos sonhos. É evidente que se considerarmos o sonho um símbolo, vamos interpretá-lo de maneira diferente daquele que acredita que a emoção e o pensamento energético já são conhecidos e estão apenas "disfarçados" pelo sonho. Nesse último caso, não haverá sentido na interpretação dos sonhos, pois se vai encontrar apenas aquilo que já conhecemos.

Por essa razão disse eu sempre a meus alunos: "Aprendam tanto quanto puderem a respeito do simbolismo; depois, quando forem analisar um sonho, esqueçam tudo". Esse conselho tem tal importância prática que fiz dele uma lei para lembrar a mim mesmo que jamais poderei entender suficientemente bem o sonho alheio a ponto de interpretá-lo de modo perfeito. Estabeleci essa regra com o objetivo de impedir o fluxo das minhas próprias associações e reações que, de outro modo, acabariam predominando sobre as perplexidades e hesitações dos meus pacientes. Assim como é de enorme importância terapêutica para um analista captar o mais exatamente possível a mensagem particular de um sonho (isto é, a contribuição feita pelo inconsciente ao consciente), também lhe é essencial explorar o conteúdo do sonho com a mais criteriosa minúcia.

Tive um sonho, na época em que trabalhava com Freud, que ilustra bem esse ponto. Sonhei que estava em *minha casa*, aparentemente no primeiro andar, numa sala de estar muito confortável e agradável, mobiliada no estilo do século XVIII. Estava admirado por nunca ter estado naquela saleta antes e começava a me perguntar como seria o andar térreo. Desci e cheguei a um cômodo bastante escuro, de paredes almofadadas e uma mobília do século XVI, ou talvez mais antiga ainda. Minha surpresa e curiosidade aumentaram. Queria conhecer *toda* a disposição da casa. Desci então ao porão, onde encontrei uma porta que abria para um lance de degraus de pedra, levando a uma grande sala abobadada. O piso era de enormes lajes de pedra e as paredes pareciam muito antigas. Examinei a argamassa e verifiquei que estava misturada a pedaços de tijolos. Obviamente eram paredes de origem romana. Sentia-me cada vez mais agitado. Num canto vi uma laje com uma argola de ferro. Puxei a argola e encontrei outro lance de degraus estreitos que conduziam a uma gruta, uma espécie de sepultura pré-histórica, onde se encontravam duas caveiras, alguns ossos e cacos de cerâmica. Nesse momento acordei.[3]

Se Freud, ao analisar esse sonho, tivesse seguido o meu método na exploração do seu contexto e das suas associações específicas, teria chegado a uma longa história. Mas receio que ele a desprezasse considerando-a uma simples tentativa de escapar a um problema que, na verdade, era seu. O sonho, de fato, é um resumo da minha vida ou, mais especificamente, do desenvolvimento da minha mente. Cresci numa casa que tinha duzentos anos, nossa mobília possuía peças de cerca de trezentos anos e minha maior aventura espiritual, até aquela ocasião, fora o estudo das filosofias de Kant e Schopenhauer. O grande acontecimento da época era o trabalho de Charles Darwin. Pouco antes daquele período eu ainda vivia orientado pelos conceitos medievais de

meus pais, para quem o mundo e os homens eram conduzidos ainda pela onipotência e providência divinas. Aquele mundo tornara-se antiquado e obsoleto, e minha fé cristã perdera seu caráter absoluto ao defrontar-se com as religiões orientais e a filosofia grega. Por esse motivo, o andar térreo do meu sonho era tão silencioso, escuro e, obviamente, inabitado.

Meu interesse pela história, naquela época, tinha se originado de um outro interesse — a anatomia comparada e a paleontologia, quando trabalhava como assistente no Instituto Anatômico. Ficara fascinado com o estudo fóssil do homem, particularmente do polêmico homem de Neandertal e a controversa caveira do Pithecanthropus, de Dubois. Na verdade, essas eram as minhas reais associações com o sonho; mas nem ousei mencionar a Freud nada sobre caveiras, esqueletos ou cadáveres, porque sabia que esse tema não lhe era nada simpático. Ele alimentava a impressão singular de que eu lhe antecipava uma morte prematura. E chegara a tal conclusão porque eu demonstrara grande interesse pelos corpos mumificados da chamada Bleikeller de Bremen, que visitáramos juntos em 1909 a caminho do navio que nos levou à América.

Por isso relutei em expor-lhe o que pensava, já que outra experiência recente deixara-me profundamente impressionado com o fosso quase intransponível existente entre os seus pontos de vista e ideias fundamentais e os meus. Receava perder sua amizade se o deixasse penetrar no meu mundo interior

À esquerda, o pai e a mãe de Jung. O interesse revelado por Jung pela mitologia e por religiões antigas afastou-o do mundo religioso de seus pais (seu pai era pastor) — como se verifica pelo sonho discutido na p. 65, que teve quando trabalhava com Freud. À direita, Jung no hospital Burghölzli, em Zurique, onde trabalhou como psiquiatra, em 1900.

que, talvez, lhe parecesse muito estranho. Sentindo-me também inseguro quanto à minha própria psicologia, disse-lhe, quase automaticamente, uma mentira a respeito das minhas "livres associações", fugindo assim à tarefa impraticável de elucidar-lhe sobre a minha constituição psíquica, tão pessoal e totalmente diferente da dele.

Devo pedir ao leitor que me perdoe esta longa narrativa das dificuldades em que me meti para contar meu sonho a Freud. Mas é um bom exemplo dos embaraços em que nos envolvemos no decorrer da análise real de um sonho, de tal modo que são importantes as diferenças de personalidade do analista e do analisado.

Verifiquei logo que Freud procurava algum "desejo inconfessável" no meu sonho. Por isso sugeri, especulativamente, que as caveiras poderiam referir-se a alguns membros da minha família cuja morte eu desejasse, por um motivo qualquer. Essa suposição foi bem aceita por ele, mas eu não ficara nada satisfeito com essa solução "postiça".

Enquanto tentava encontrar respostas razoáveis às perguntas de Freud, perturbei-me com a minha intuição a respeito da função exercida pelo fator subjetivo na compreensão psicológica. Minha intuição era tão forte que eu só tinha um pensamento — o que fazer para sair daquela situação complicada em que me metera. Segui o caminho mais fácil, mentindo, o que não é nem elegante nem moralmente correto; de outra maneira, no entanto, eu me arriscaria a uma briga séria com Freud, para a qual, por várias razões, não me sentia preparado.

Essa minha intuição foi a compreensão imediata e bastante inesperada de que o sentido do meu sonho era a *minha* própria pessoa, a *minha* vida e o *meu* mundo, *minha* realidade total contra a estrutura teórica erguida por outra mente desconhecida, por motivos e propósitos que lhe eram particulares. Não se tratava do sonho de Freud, mas do meu. E num lampejo compreendi o que meu sonho me queria dizer.

Esse conflito ilustra um ponto vital na análise dos sonhos. É menos uma técnica que se pode aprender e aplicar de acordo com as regras do que uma permuta dialética entre duas personalidades. Se tratarmos a análise como uma técnica mecânica, perde-se a personalidade psíquica da pessoa que sonha e o problema terapêutico fica reduzido a uma simples interrogação: qual das duas pessoas em jogo — o analista ou o sonhador — dominará a outra? Foi por esse motivo que desisti do tratamento hipnótico, desde que não queria impor aos outros a minha vontade. Desejava que o processo da cura nascesse da própria personalidade do paciente, e não de sugestões minhas, que teriam um efeito apenas passageiro. Meu objetivo era proteger e preservar a dignidade e a liberdade do meu paciente, para que ele vivesse a sua vida de acordo com os seus próprios desejos. Naquela experiência com Freud foi-me revelada, pela primeira vez, a noção de que, antes de construirmos teorias gerais a respeito do homem e sua psique, deveríamos aprender muito mais sobre o ser humano com quem vamos lidar.

O indivíduo é a única realidade. Quanto mais nos afastamos dele para nos aproximarmos de ideias abstratas sobre o *Homo sapiens*, mais probabilidades temos de erro. Nessa época de convulsões sociais e mudanças drásticas, é importante sabermos mais a respeito do ser humano, pois muitas coisas dependem das suas qualidades mentais e morais. Para as observarmos na sua justa perspectiva precisamos, porém, entender tanto o passado do homem quanto o seu presente. Daí a importância essencial de compreendermos mitos e símbolos.

O PROBLEMA DOS TIPOS

EM TODOS OS OUTROS RAMOS DA CIÊNCIA é lícito aplicar-se uma hipótese a um assunto ou tema impessoal. A psicologia, no entanto, inevitavelmente nos confronta com as relações vivas entre dois indivíduos, nenhum dos quais pode ser despojado da sua personalidade subjetiva nem, na verdade, despersonalizado em qualquer outro sentido. O analista e seu paciente podem estabelecer que um determinado problema será tratado de um modo impessoal e objetivo. Mas, no momento em que se absorvem no assunto, suas personalidades vão ficar totalmente envolvidas. Nessa altura, só podem alcançar o êxito chegando a um acordo mútuo.

Será possível emitir um julgamento objetivo sobre o resultado final? Só se fizermos uma comparação entre as nossas conclusões e os padrões considerados válidos no meio social a que o indivíduo pertence. E mesmo então precisamos ter em conta o equilíbrio mental (ou "sanidade") da pessoa em questão. Pois o resultado não poderá ser um nivelamento coletivo do indivíduo para ajustá-lo às "normas" da sua sociedade, já que tal procedimento o levaria a uma condição totalmente artificial. Uma sociedade saudável e normal é aquela em que as pessoas habitualmente entram em divergência, já que um acordo geral é coisa rara de existir fora da esfera das qualidades humanas instintivas.

Um extrovertido autoritário domina um introvertido retraído nesta caricatura do norte-americano Jules Feiffer. Os termos junguianos para distinguir os "tipos" humanos não são, absolutamente, dogmáticos. Gandhi (à direita), por exemplo, era, ao mesmo tempo, um asceta (introvertido) e um líder político (extrovertido). Um indivíduo — qualquer um de uma multidão, à direita — só pode ser classificado de forma *genérica*.

Apesar de a divergência funcionar como veículo na vida mental de uma sociedade, não se pode considerá-la um objetivo em si. A concordância é igualmente importante. E pelo fato de a psicologia depender, basicamente, do equilíbrio dos opostos, nenhum julgamento pode ser considerado definitivo sem que se leve em conta a sua reversibilidade. A razão dessa particularidade está no fato de não existir nenhum ponto de vista, acima ou fora da psicologia, que nos permita formar um julgamento definitivo sobre a natureza da psique.

Apesar de os sonhos pedirem um tratamento individual, são necessárias também algumas generalizações para classificar e explicar o material recolhido pelos psicólogos no seu estudo de um grande número de pessoas. Seria logicamente impossível formular ou ensinar qualquer teoria psicológica se nos limitássemos a descrever uma porção de casos isolados sem qualquer esforço para verificar o que têm em comum e aquilo em que diferem. Qualquer característica geral pode ser escolhida como base. Pode-se, por exemplo, fazer uma distinção relativamente simples entre indivíduos de personalidades "extrovertidas" e aqueles que são "introvertidos". Essa é apenas uma das muitas generalizações possíveis, mas permite-nos logo ver as dificuldades que podem surgir no caso de o analista pertencer a um dos tipos e seu paciente a outro.

Como qualquer análise mais profunda dos sonhos conduz a um confronto entre dois indivíduos, logicamente há de fazer uma grande diferença o fato de possuírem ou não o mesmo tipo de personalidade. Se ambos pertencem ao mesmo tipo, podem caminhar juntos e felizes por longo tempo; mas se um

for extrovertido e o outro introvertido, seus pontos de vista, diferentes e contrários, logo vão entrar em choque, sobretudo se cada um deles não estiver consciente do seu tipo de personalidade ou julgar que o seu tipo é o único verdadeiramente bom. O extrovertido, por exemplo, vai adotar sempre o ponto de vista da maioria; o introvertido há de rejeitá-lo, justamente por ser "o que está na moda". Essa divergência é fácil de acontecer, já que o que tem valor para um é exatamente o que não tem para o outro. Freud, por exemplo, considerava o tipo introvertido como o de um indivíduo morbidamente preocupado consigo mesmo. No entanto, a introspecção e o autoconhecimento podem também ser fatores da maior importância.

É de necessidade vital na interpretação dos sonhos tomarmos conhecimento dessas diferenças de personalidade. Não se deve presumir que o analista seja um super-homem, acima dessas diferenças, apenas porque é um médico, conhecedor de uma teoria psicológica e de uma técnica correspondente. O médico só pode se considerar superior se tiver a pretensão de que sua teoria e sua técnica são verdades absolutas, capazes de abarcar a totalidade da psique humana. Uma vez que tal pretensão é bastante discutível, ele não poderá ter este tipo de convicção. Como consequência, se verá secretamente crivado de dúvidas ao confrontar teorias e técnicas (que são simples hipóteses e tentativas) com a totalidade humana que é o seu paciente, em lugar de confrontá-lo com a sua própria totalidade existencial.

A personalidade global do analista é o único equivalente apropriado da personalidade do paciente. Experiência e conhecimento psicológicos nada mais são que simples vantagens do lado do analista, e não vão livrá-lo da desordem e da confusão a que vai ser posto à prova juntamente com seu paciente. Assim, é muito importante saber se suas personalidades são harmônicas, divergentes ou complementares.

Extroversão e introversão são apenas duas entre as muitas peculiaridades do comportamento humano. São, muitas vezes, bastante óbvias e facilmente reconhecíveis. Ao estudarmos os indivíduos extrovertidos, por exemplo, logo iremos perceber que diferem um do outro em muitos aspectos, e que a extroversão é, portanto, um critério superficial e bastante genérico para caracterizar um só indivíduo. Por isso tentei, já há muito tempo, encontrar outras particularidades básicas capazes de ajudar a pôr alguma ordem nas diferenças, aparentemente ilimitadas, da individualidade humana.

Sempre me impressionou o fato de que um número surpreendente de pessoas não utilize jamais a sua mente, se for possível evitá-lo, e também que um número considerável o faça de maneira absolutamente estúpida. Também me espantou encontrar muitas pessoas inteligentes e argutas que vivem (tanto quanto se pode observar) como se nunca tivessem aprendido a usar os seus

CHEGANDO AO INCONSCIENTE

sentidos: não veem o que lhes está diante dos olhos nem ouvem as palavras que soam aos seus ouvidos ou notam as coisas em que tocam ou que provam. Alguns vivem sem mesmo tomar consciência do próprio corpo.

Tive contato, também, com muitas pessoas que pareciam viver no mais estranho estado de espírito, como se a condição a que tivessem chegado hoje fosse definitiva, sem qualquer possibilidade de mudança, ou como se o mundo e a psique fossem estáticos e assim permanecessem eternamente. Pareciam destituídas de qualquer imaginação e dependiam, inteira e exclusivamente, da sua percepção sensorial. Acasos e possibilidades não existiam no mundo em que viviam e no seu "hoje" não havia um "amanhã" verdadeiro. O futuro nada mais significava que a repetição do passado.

Estou tentando aqui dar ao leitor uma rápida ideia das minhas primeiras impressões quando comecei a observar as pessoas que encontrava. Logo se tornou evidente para mim, no entanto, que as pessoas que utilizavam as suas mentes eram as que "pensavam" — isto é, aquelas que usavam as suas faculdades intelectuais tentando adaptar-se a gentes e circunstâncias. As pessoas igualmente inteligentes que não pensavam buscavam e encontravam o seu caminho através do "sentimento".

"Sentimento" é uma palavra que pede certa explicação. Por exemplo, falamos dos sentimentos que nos inspira uma pessoa ou uma coisa. Mas também empregamos a mesma palavra para definir uma opinião; por exemplo, um comunicado da Casa Branca pode dizer: "O presidente sente...". Além disso, a palavra pode ser usada para exprimir uma intuição: "Senti que...".

A "bússola" da psique — outra forma junguiana de examinar as pessoas em geral. Cada ponto da bússola tem um polo oposto: para o tipo "pensante", o lado "sentimento" é menos desenvolvido ("sentimento" significa, aqui, a capacidade de pesar e avaliar a experiência — no sentido de se dizer "eu *sinto* que isto é uma boa coisa para fazer", sem precisar analisar ou raciocinar o porquê da ação). É claro que há justaposições em cada pessoa: um indivíduo que age segundo as suas "sensações" poderá possuir, igualmente forte, o lado "pensante" ou o lado do "sentimento" (e a "intuição", o polo oposto, ser o mais fraco).

Quando uso a palavra "sentimento" em oposição a "pensamento" refiro-me a uma apreciação, a um julgamento de valores — por exemplo, agradável ou desagradável, bom ou mau etc. O sentimento, de acordo com essa definição, não é uma emoção (que é involuntária). O *sentir*, na significação que dou à palavra (como *pensar*), é uma função *racional* (isto é, organizadora), enquanto a *intuição* é uma função *irracional* (isto é, perceptiva). Na medida em que a intuição é um "palpite", não será, logicamente, produto de um ato voluntário; é, antes, um fenômeno involuntário — que depende de diferentes circunstâncias externas ou internas, e não um ato de julgamento. A intuição é mais uma percepção sensorial que, por sua vez, também é um fenômeno irracional, já que depende essencialmente de estímulos objetivos oriundos de causas físicas, e não mentais.

Esses quatro tipos funcionais correspondem às quatro formas evidentes, pelas quais a consciência se orienta em relação à experiência. A *sensação* (isto é, a percepção sensorial) nos diz que alguma coisa existe; o *pensamento* mostra-nos o que é esta coisa; o *sentimento* revela se ela é agradável ou não; e a *intuição* nos dirá de onde vem e para onde vai.

O leitor deve compreender que esses quatro critérios, que definem tipos de conduta humana, são apenas quatro pontos de vista entre muitos outros, como a força de vontade, o temperamento, a imaginação, a memória, e assim por diante. Nada há de dogmático a respeito deles, mas o seu caráter fundamental recomenda-os para uma classificação. Acho-os particularmente úteis quando preciso explicar as reações dos pais aos filhos, as dos maridos às esposas e vice-versa. Ajudam-nos também a compreender nossos próprios preconceitos.

Assim, para entender os sonhos de outras pessoas, precisamos sacrificar nossas preferências e reprimir nossos preconceitos. Não é fácil nem confortável fazê-lo, já que implica um esforço moral nem sempre do nosso gosto. Mas se o analista não fizer esse esforço para criticar seus próprios pontos de vista e admitir a sua relatividade, não vai obter a informação correta nem a penetração suficiente, necessárias ao conhecimento da mente do seu paciente. O analista espera da parte do paciente ao menos certa boa vontade a respeito das suas opiniões e da sua seriedade de propósitos. Quanto ao paciente, devem-lhe ser concedidos os mesmos direitos. Apesar de esse tipo de relacionamento ser indispensável para qualquer bom entendimento — e, portanto, de evidente necessidade —, precisamos nos lembrar, repetidamente, de que do ponto de vista terapêutico é mais importante que o *paciente* compreenda do que o analista obter a confirmação de suas expectativas teóricas. A resistência do paciente à interpretação do analista não é uma reação errada; é, antes, sinal de que algo não está bem. Ou o paciente ainda não alcançou o estágio em que *pode compreender*, ou a interpretação não foi suficientemente adequada.

Nos esforços que fazemos para interpretar os símbolos oníricos de outra pessoa, quase sempre ficamos tolhidos por uma tendência a preencher as inevitáveis lacunas da nossa compreensão pela *projeção* — isto é, pela suposição de que aquilo que o analista percebe ou pensa é igualmente percebido ou raciocinado pelo autor do sonho. Para superar esse manancial de erros, sempre insisti na importância de o médico se ater ao contexto de cada sonho, excluindo todas as hipóteses teóricas sobre sonhos em geral — exceto a de que os sonhos fazem determinado sentido.

Com tudo o que disse, creio que deixei bem claro que não é possível estabelecer regras gerais para a interpretação dos sonhos. Quando expus a hipótese de que a função geral dos sonhos parece ser a de compensar deficiências ou distorções da consciência, queria dizer que essa suposição constituía o mais promissor acesso ao estudo dos sonhos *particulares*. Em alguns casos essa função fica claramente evidenciada.

Um dos meus pacientes tinha a si mesmo em alto conceito e não percebia que quase todos os seus conhecidos irritavam-se com seu ar de superioridade. Contou-me um sonho no qual vira um vagabundo bêbado rolar numa sarjeta — espetáculo que apenas lhe provocara um comentário indulgente: "É horrível ver a que nível um homem pode descer". É evidente que o caráter desagradável do sonho constituía, em parte, uma tentativa de contrabalançar a sua vaidosa opinião sobre seus próprios méritos. Mas havia mais alguma coisa além disso. Acontecia que ele tinha um irmão alcoólatra. E então o sonho revelava, também, que aquela sua atitude superior compensava a figura do irmão, tanto interior como exteriormente.

Lembro-me de outro caso de uma mulher que se orgulhava da sua inteligente percepção da psicologia e que tinha sonhos recorrentes com uma outra mulher de suas relações. Na vida cotidiana não a apreciava, achando-a fútil e arrogante. Mas nos sonhos ela lhe aparecia como se fosse uma irmã, amiga e

À esquerda, um inveterado alcoólatra da periferia de Nova York (do filme *On the Bowery*, de 1955). Um tipo assim pode aparecer nos sonhos de um homem que se julgue superior aos outros. O seu inconsciente compensa, deste modo, a parcialidade de sua consciência.

simpática. Minha paciente não compreendia por que sonhava de maneira tão favorável com alguém de quem não gostava. Mas seus sonhos estavam tentando comunicar-lhe a ideia de que os aspectos inconscientes do seu caráter projetavam uma "sombra" muito parecida com a outra mulher. Foi difícil à minha paciente, que tinha opiniões muito definidas sobre a sua personalidade, aceitar que aquele sonho se referia ao seu próprio complexo de autoridade e a suas motivações ocultas — influências inconscientes que, mais de uma vez, haviam provocado desagradáveis atritos com seus amigos. Sempre culpara os outros por essas desavenças e nunca a si própria.

Não é apenas o lado da "sombra" de nossas personalidades que dissimulamos, desprezamos e reprimimos. Podemos fazer o mesmo com nossas qualidades positivas. Um exemplo que me ocorre é o de um homem aparentemente modesto, socialmente inexpressivo e de maneiras encantadoras. Parecia contentar-se com um lugar nas últimas filas de qualquer reunião, mas insistia discretamente com a sua presença. Quando convidado a falar, tinha sempre uma opinião correta a dar, a despeito de nunca se intrometer. Algumas vezes dava a entender que determinado assunto poderia ser tratado de melhor forma e num nível mais elevado, apesar de nunca explicar como fazê-lo.

Nos seus sonhos, no entanto, tinha encontros frequentes com célebres figuras históricas, como Napoleão e Alexandre, o Grande. Esses sonhos

À esquerda, *O pesadelo*, quadro do suíço Henry Fuseli (século XVIII). A maioria de nós já foi acordada, abalada e perturbada por algum sonho. Nosso sono não parece estar bem protegido contra a intromissão dos conteúdos do inconsciente.

compensavam, claramente, um complexo de inferioridade. Mas tinham ainda outras implicações. Que tipo de homem devo ser, perguntava o sonho, para receber a visita de personalidades tão ilustres? Nesse particular, o sonho assinalava uma secreta megalomania, que compensava o sentimento de inferioridade do paciente. A ideia inconsciente de grandeza isolava-o da realidade do seu ambiente, mantendo-o afastado de uma série de obrigações que seriam prementes para muitos outros ambientes. Não sentia necessidade alguma de provar — a si mesmo ou a outras pessoas — que a superioridade do seu autojulgamento estivesse fundamentada em méritos igualmente superiores.

Na verdade, jogava inconscientemente um jogo insano, e os sonhos buscavam, de uma maneira curiosa e ambígua, dar-lhe consciência disso. Ser íntimo de Napoleão e dar-se muito bem com Alexandre, o Grande, é exatamente o tipo de fantasia produzido por um complexo de inferioridade. Mas por que, podemos perguntar-nos, não pode o sonho ser mais direto e aberto, dizendo o que tem a dizer sem tanta ambiguidade?

Várias vezes já me fizeram esta pergunta. E eu também já a fiz a mim mesmo. Fico surpreso com os caminhos tortuosos que os sonhos seguem para evitar informações precisas ou omitir algum ponto decisivo. Freud supôs que existiria uma função especial da psique, que ele chamou de "censura". A censura, segundo ele, é que deformava as imagens do sonho tornando-as irreconhecíveis a fim de enganar a consciência que está sonhando sobre o objetivo real do sonho. Ocultando do sonhador o pensamento crítico, a "censura" protegeria o seu sonho do choque provocado por reminiscências desagradáveis. No entanto, essa teoria que faz do sonho guardião do sono deixa-me cético. Os sonhos, na verdade, estão sempre perturbando o sono.

Parece-me, na verdade, que com a aproximação da consciência, o conteúdo subliminar da psique se "apaga". O estado subliminar conserva ideias e imagens em um nível de tensão bem menor do que o que elas possuem quando conscientes.[4] Definem-se com menor clareza; as suas inter-relações são menos óbvias e repousam em analogias mais imprecisas; são menos racionais e, portanto, mais "incompreensíveis". Esse mesmo fenômeno pode ser observado em todas as condições vizinhas do sonho, provocadas pelo cansaço, pela febre ou por tóxicos. Mas se alguma coisa acontece, trazendo maior tensão a qualquer dessas imagens, elas se tornam menos subliminares e, por estarem mais próximas do limiar da consciência, mais nitidamente definidas.

É essa observação que nos permite compreender por que os sonhos tantas vezes se expressam sob a forma de analogias, por que uma imagem onírica se funde em outra e por que nem a lógica nem o tempo da nossa vida diária parecem ter neles qualquer aplicação. Os sonhos têm um aspecto natural para o nosso inconsciente porque o material de que são produzidos é retido em estado subliminar precisamente dessa forma. Os sonhos não protegem o sono daquilo que Freud chamou de "desejo incompatível", e o que ele considerava "disfarce" do sonho é, na verdade, a forma natural dos impulsos no inconsciente. Assim, um sonho não pode produzir um pensamento definido. E se começar a fazê-lo, deixa de ser sonho, pois estará atravessando o limiar da consciência. É por isso que os sonhos sempre parecem atropelar ou saltar exatamente os pontos mais importantes para o nosso consciente e revelam apenas o "rastro da consciência", como o brilho pálido das estrelas durante um eclipse total do Sol.

Devemos entender que os símbolos do sonho são, na sua maioria, manifestações de uma parte da psique que escapa ao controle do consciente. Sentido e intenção não são prerrogativas da mente; atuam em toda a natureza vivente. Não há diferença de princípios entre o crescimento orgânico e o crescimento psíquico. Assim como uma planta produz flores, a psique cria os seus símbolos. E todo sonho é uma evidência desse processo.

É, portanto, através dos sonhos (além de todo tipo de intuições, impulsos e outras ocorrências espontâneas) que as forças instintivas influenciam a atividade do consciente. Essa influência ser boa ou má depende do conteúdo atual do inconsciente. Se contiver muitas coisas que normalmente deveriam ser conscientes, então a sua função torna-se deformada e perturbada. Aparecem motivos que não se baseiam nos instintos autênticos, mas que devem sua existência e sua importância psíquica ao fato de terem sido relegados ao inconsciente em consequência de uma repressão ou uma negligência. Eles recobrem, por assim dizer, a psique inconsciente normal e distorcem a sua tendência natural de expressar símbolos e motivos fundamentais. Portanto, é aconselhável que o psicanalista, ao buscar as causas de um distúrbio mental, comece por obter do seu paciente uma confissão e uma compreensão mais ou menos voluntária de tudo de que gosta ou que teme.

Esse processo lembra o antigo ato de confissão da Igreja Católica, que, em muitos pontos, antecipou-se às técnicas da psicologia moderna, pelo menos como regra geral. Na prática, no entanto, pode dar-se o contrário: um sentimento de inferioridade excessivo ou uma séria fraqueza muitas vezes acabam por tornar difícil ou quase impossível ao paciente enfrentar a evidência das suas deficiências pessoais. Por isso, muitas vezes preferi iniciar um tratamento dando ao doente uma perspectiva positiva, que vai provê-lo de um valioso sentido de segurança quando se aproximarem as revelações mais dolorosas.

Tomemos como exemplo um sonho de "exaltação pessoal" (mania de grandeza) no qual toma-se chá com a rainha da Inglaterra ou se conversa intimamente com o papa. Se a pessoa que sonha não for esquizofrênica, a interpretação prática do símbolo depende muito do seu estado de espírito do momento — isto é, da condição do seu ego. Se for uma pessoa que superestima suas qualidades, será fácil mostrar-lhe (partindo do material produzido pela associação de ideias) quanto suas intenções são infantis e incongruentes e como provêm do desejo pueril de igualar-se ou ser superior a seus pais. Mas se for um caso de inferioridade — em que o indivíduo fica de tal maneira saturado por um sentimento de demérito que esse conceito passa a dominar todos os aspectos positivos da sua personalidade —, seria um erro deprimi-lo ainda mais mostrando-lhe quanto é infantil, ridículo ou mesmo perverso. Seu sentimento de inferioridade seria cruelmente aumentado e haveria ainda uma resistência indesejável e desnecessária ao tratamento.

Não existe uma doutrina ou uma técnica terapêutica de aplicação geral, pois cada caso que se recebe para tratamento é o de um indivíduo particular, que possui condições específicas próprias. Lembro-me de um paciente a quem tratei durante nove anos. Eu só o via umas poucas semanas em cada ano, pois morava no estrangeiro. Desde o início verifiquei qual era o seu problema, mas vi também que a menor tentativa de chegar à

À direita, os sonhos heroicos com que Walter Mitty (no filme feito em 1947, baseado no romance de James Thurber) compensa seu sentimento de inferioridade.

Acima, *Hospício*, quadro de Goya. Notem o "rei" e o "bispo", à direita. A esquizofrenia muitas vezes toma uma forma de "exaltação pessoal" (ou, em linguagem mais simples, de mania de grandeza).

verdade encontrava, da sua parte, uma violenta reação defensiva que poderia provocar uma ruptura entre nós. Gostasse eu ou não, precisava esforçar-me da melhor maneira possível para manter o nosso relacionamento, acompanhando suas inclinações e tendências, sustentadas por sonhos, e que sempre afastavam nossos diálogos das raízes da sua neurose. Nossas discussões perdiam-se em digressões tão longas que muitas vezes acusei-me de estar desviando meu paciente do caminho correto. E só não o confrontei brutalmente com a verdade porque o seu estado melhorava claramente, apesar de fazê-lo aos poucos.

No décimo ano de tratamento, no entanto, meu paciente considerou-se curado e liberto de todos os sintomas antigos. Surpreendi-me, porque teoricamente seu estado era incurável. Notando o meu espanto, ele sorriu e disse-me mais ou menos o seguinte: "Quero agradecer-lhe, sobretudo, pelo seu tato infalível e pela paciência com que me ajudou a contornar minha neurose. Agora posso lhe dizer tudo sobre ela. Se eu conseguisse falar livremente a respeito dela eu lhe teria contado na primeira consulta. Mas teria assim destruído toda a harmonia da nossa relação. E o que seria de mim? Estaria moralmente arrasado. Nesses dez anos aprendi a confiar no senhor; e à medida que a minha confiança aumentava, melhorava o meu estado mental. Consegui melhorar porque esse processo lento restituiu-me a confiança em mim mesmo. Agora sinto-me forte o bastante para discutir o problema que estava me destruindo".

Confessou-me então o seu problema de uma maneira totalmente franca, que me confirmou por que o nosso tratamento teve, realmente, de seguir aquele determinado curso. O seu choque inicial tinha sido de tal ordem que não conseguira enfrentá-lo sozinho. Precisava da ajuda de outra pessoa, e o trabalho terapêutico indicado era, muito mais do que a demonstração de uma teoria clínica, o lento restabelecimento da sua confiança.

Casos como esse ensinaram-me a adaptar meus métodos às necessidades de cada paciente, em lugar de me entregar a considerações teóricas gerais que talvez não se aplicassem a nenhum caso particular. O conhecimento da natureza humana, que acumulei em sessenta anos de experiência prática, ensinou-me a considerar cada caso como um caso novo para o qual, em primeiro lugar, eu precisava encontrar um meio de aproximação particular e especial. Não hesitei, algumas vezes, em mergulhar num estudo minucioso de ocorrências infantis e de fantasias. Outras vezes comecei do alto, mesmo quando isso me obrigava a elevar-me às mais abstratas especulações metafísicas. Tudo depende de aprender a linguagem própria do paciente e de seguir as sondagens do seu inconsciente em busca de luz. Alguns casos pedem um determinado método, outros exigem um diferente.

Isso é especialmente verdadeiro quando se procura interpretar sonhos. Dois indivíduos diferentes podem ter quase exatamente o mesmo sonho (o que na experiência clínica vem-se a descobrir que é bem mais comum do que o leigo pensa). Mas se, por exemplo, uma das pessoas que sonha for jovem e a outra idosa, o problema que aflige cada uma delas há de ser diferente e, logicamente, cometeríamos um absurdo interpretando os dois sonhos da mesma maneira.

Um exemplo de que me recordo é o de um sonho em que um grupo de jovens a cavalo atravessa um extenso campo. O sonhador é quem comanda o grupo e salta um buraco cheio de água, vencendo o obstáculo. O resto do grupo cai na água. O jovem que primeiro me contou este sonho era um tipo cauteloso e introvertido. Mas também ouvi o mesmo sonho de um velho de temperamento ousado, que tivera uma vida ativa e arrojada, mas que na época do sonho achava-se inválido e dava imenso trabalho a seu médico e à sua enfermeira. Naquele momento, por desobedecer às prescrições médicas, sua saúde piorara.

Estava claro que o sonho dizia ao jovem o que ele *deveria* fazer. Já ao velho expressava o que ele *ainda fazia*. Enquanto o jovem hesitante estava sendo encorajado, o velho não necessitava do mesmo tipo de estímulo — o espírito ativo que ainda o sacudia interiormente era, na verdade, seu maior problema. Este exemplo nos mostra quanto a interpretação de sonhos e de símbolos depende, em grande parte, das circunstâncias individuais de quem sonha e do seu estado de espírito.

Como nos mostra esta vitrine de um museu, o feto humano se parece com o de outros animais (e fornece, assim, indicações sobre a evolução física do homem). A psique também "evoluiu"; e alguns conteúdos do inconsciente do homem moderno se parecem com produtos da mente do homem primitivo. Jung chamava esses produtos de *arquétipos*, como se verá no subcapítulo seguinte.

O ARQUÉTIPO NO SIMBOLISMO DO SONHO

JÁ SUGERI QUE OS SONHOS servem a um propósito de compensação. Tal suposição significa que o sonho é um fenômeno psíquico normal, que transmite à consciência reações inconscientes ou impulsos espontâneos. Muitos sonhos podem ser interpretados com o auxílio do sonhador, que providencia tanto as associações quanto o contexto da imagem onírica por meio dos quais podemos explorar todos os seus aspectos.

Esse método convém a todos os casos comuns — aqueles em que um parente, um amigo ou um paciente conta um sonho no decorrer de uma conversa. Mas quando é um caso de sonho obsessivo ou de sonhos com grande carga emocional, as associações pessoais produzidas pelo sonhador não são, em regra, suficientes para uma interpretação satisfatória. Em tais casos precisamos levar em conta o fato (primeiramente observado e comentado por Freud) de que num sonho muitas vezes aparecem elementos que não são individuais nem podem fazer parte da experiência pessoal do sonhador. Esses elementos, como já mencionei antes, Freud chamava de *resíduos arcaicos*: formas mentais cuja presença não encontra explicação alguma na vida do indivíduo e que parecem, antes, formas primitivas e inatas, representando uma herança do espírito humano.

Assim como o nosso corpo é um verdadeiro museu de órgãos, cada um com a sua longa evolução histórica, devemos esperar encontrar também na mente uma organização análoga. Nossa mente não poderia jamais ser um produto sem história, ao contrário do corpo em que existe. Por "história" não estou querendo me referir àquela que a mente constrói através de referências conscientes ao passado por meio da linguagem e de outras tradições culturais; refiro-me ao desenvolvimento biológico, pré-histórico e inconsciente da mente no homem primitivo, cuja psique esteve muito próxima à dos animais.

Essa psique, infinitamente antiga, é a base da nossa mente, assim como a estrutura do nosso corpo se fundamenta no molde anatômico dos mamíferos em geral. O olho treinado do anatomista ou do biólogo encontra nos nossos corpos muitos traços desse molde original. O pesquisador experiente da mente humana também pode verificar as analogias existentes entre as imagens oníricas do homem moderno e as expressões da mente primitiva, as suas "imagens coletivas" e os seus motivos mitológicos.

CHEGANDO AO INCONSCIENTE

Assim como o biólogo necessita da anatomia comparada, também o psicólogo não pode prescindir da "anatomia comparada da psique". Em outros termos, o psicólogo precisa, na prática, ter experiência suficiente não só de sonhos e outras expressões da atividade inconsciente, mas também da mitologia no seu sentido mais amplo. Sem essa bagagem intelectual ninguém pode identificar as analogias mais importantes; não será possível, por exemplo, verificar a analogia existente entre um caso de neurose compulsiva e a clássica possessão demoníaca sem um conhecimento exato de ambos.

O meu ponto de vista sobre os "resíduos arcaicos", que chamo de "arquétipos" ou "imagens primordiais", tem sido muito criticado por aqueles a quem falta conhecimento da psicologia do sonho e da mitologia. O termo "arquétipo" é muitas vezes mal compreendido, julgando-se que expressa certas imagens ou temas mitológicos definidos. Mas essas imagens e temas nada mais são que representações conscientes: seria absurdo supor que representações tão variadas pudessem ser transmitidas hereditariamente.

O arquétipo é uma tendência a formar essas mesmas representações de um motivo — representações que podem ter inúmeras variações de detalhes — sem perder a sua configuração original. Existem, por exemplo, muitas representações do motivo *irmãos inimigos*, mas o motivo em si conserva-se o mesmo. Meus críticos supuseram, erradamente, que eu desejava referir-me a "representações herdadas" e, consequentemente, rejeitaram a ideia do arquétipo como se fosse apenas uma superstição. Não levaram em conta o fato de que se os arquétipos fossem representações originadas na nossa consciência (ou adquiridas por ela), nós certamente os compreenderíamos, em lugar de nos confundirmos e nos espantarmos quando se apresentam. O arquétipo é, na realidade, uma *tendência* instintiva, tão marcada como o impulso das aves para fazer seu ninho e o das formigas para se organizarem em colônias.

É preciso que eu explique aqui a relação entre instinto e arquétipo. Chamamos de instinto os impulsos fisiológicos percebidos pelos sentidos. Mas, ao mesmo tempo, esses instintos podem também manifestar-se como fantasias e revelar, muitas vezes, a sua presença apenas por meio de imagens simbólicas. São essas manifestações que chamo de arquétipos. A sua origem não é conhecida; e eles se repetem em qualquer época e em qualquer lugar do mundo — mesmo onde não é possível explicar a sua transmissão por descendência direta ou por "fecundações cruzadas" resultantes da migração.

Recordo-me de muitos casos de pessoas que vieram me consultar porque estavam confusas e perdidas com os seus sonhos ou com os de seus filhos. Encontravam-se perturbadas com os termos dos sonhos. Tratava-se de sonhos que continham imagens que aqueles pacientes não conseguiam relacionar

As imagens arquetípicas do homem são tão instintivas quanto a habilidade dos gansos para emigrar (em formação); assim como a das formigas para se organizarem em sociedades e a dança das abelhas (abaixo), que, com um movimento traseiro, comunicam à colmeia a localização exata de alimento.

Um professor contemporâneo teve uma "visão" exatamente igual à de uma xilogravura de um velho livro que não conhecia. À direita, a folha de rosto do livro e uma outra gravura simbolizando a união dos elementos masculino e feminino. Estes símbolos arquetípicos vêm de uma base coletiva milenária da psique.

com nenhuma das suas lembranças ou com ideias que pudessem ter transmitido aos filhos. No entanto, muitas dessas pessoas tinham educação superior, e havia, entre elas, até mesmo alguns psiquiatras.

Lembro-me especialmente do caso de um professor que teve uma visão de repente e julgou ter enlouquecido. Veio ver-me em estado de pânico. Apanhei da estante um livro de quatrocentos anos e mostrei-lhe uma velha xilogravura que retratava exatamente a visão que tivera. "Não há razão alguma para que se considere louco", disse-lhe. "Sua visão já era conhecida há quatrocentos anos." Depois disso sentou-se, abatido, numa cadeira, mas já no seu estado normal.

Um caso muito importante foi o de um psiquiatra que veio me procurar. Trouxe-me um pequeno caderno manuscrito que recebera da sua filha de dez anos como presente de Natal. Continha uma série de sonhos que ela tivera aos oito anos de idade. Foi a série de sonhos mais fantástica que já vi, e pude bem entender por que deixaram o pai tão intrigado. Apesar de infantis, os desenhos tinham algo de sobrenatural, e a origem de suas imagens era absolutamente incompreensível para o meu cliente. Seguem abaixo os motivos principais da série de sonhos:

1. A "fera malvada", um monstro com forma de serpente e muitos chifres, mata e devora todos os outros animais. Deus, no entanto, acode, vindo de quatro cantos (sendo na realidade quatro deuses separados) e ressuscita todos os animais mortos.

2. Uma ascensão aos céus onde se celebram danças pagãs; e uma descida ao inferno, onde os anjos estão praticando boas ações.

3. Uma horda de pequenos animais amedronta a menina que sonha. Os animais crescem assustadoramente e um deles a devora.

4. Um pequeno camundongo é invadido por vermes, serpentes, peixes e seres humanos. E, assim, torna-se humano. Esse sonho representa as quatro etapas da origem da humanidade.

5. Uma gota d'água aparece como se observada ao microscópio. A menina vê que a gota está cheia de galhos de árvore. O sonho representa a origem do mundo.

6. Um menino mau tem nas mãos um torrão de terra e joga pequenos fragmentos em todos que passam. Desse modo, todos os transeuntes também se tornam maus.

7. Uma mulher bêbada cai na água e sai regenerada e sóbria.

8. A cena passa-se nos Estados Unidos, onde muitas pessoas rolam sobre um formigueiro, atacadas pelas formigas. A menina, em pânico, cai dentro de um rio.

9. Um deserto na Lua, em cujo solo a menina penetra tão profundamente que chega ao inferno.

10. Neste sonho, a menina tem a visão de uma bola luminosa e a toca. Saem vapores dessa bola. Chega um homem e a mata.

Algumas referências semelhantes aos temas arquetípicos do primeiro sonho da menina (p. 87-88): à esquerda, na catedral de Strasbourg, Cristo crucificado sobre o túmulo de Adão — simbolizando o tema da reencarnação (Cristo é considerado o segundo Adão). Acima, numa pintura navajo em areia, as cabeças com chifres representam os quatro cantos do mundo. Na cerimônia da coroação, na Inglaterra, o monarca (à direita, a rainha Elizabeth II em 1953) é apresentado ao povo diante das quatro portas da Abadia de Westminster.

11. A menininha sonha que está gravemente doente.

12. Enxames de mosquitos escurecem o Sol, a Lua e todas as estrelas, com exceção de uma. Essa estrela cai sobre a menina.

No texto original em alemão, cada sonho começa com as tradicionais palavras dos velhos contos de fadas: "Era uma vez...". Com isso, a menininha sugere que cada sonho é uma espécie de conto de fadas, que ela quer contar ao pai como presente de Natal. O pai tentou encontrar explicação para os sonhos no contexto da vida da filha, mas não conseguiu, pois não parecia haver neles qualquer associação pessoal.

A possibilidade de que esses sonhos fossem produtos de uma elaboração consciente só poderia, é claro, ser afastada por alguém que conhecesse suficientemente a criança para ter certeza da sua sinceridade (mesmo sendo imaginários, no entanto, continuariam a desafiar a nossa compreensão). Nesse caso, o pai estava convencido da autenticidade dos sonhos, e não tenho razões para duvidar disso. Conheci a menina antes da época em que deu os sonhos ao pai, por isso não pude lhe fazer perguntas a respeito deles. Ela morava em outro país e morreu de uma doença infecciosa um ano depois daquele Natal.

Esses sonhos da menina apresentavam um caráter decididamente singular. As ideias dominantes são de natureza marcadamente filosófica. O primeiro sonho, por exemplo, fala de um monstro mau que mata todos os outros animais, mas Deus ressuscita a todos por meio de um *Apokatastasis*, ou restituição.

No mundo ocidental essa é uma ideia conhecida graças à tradição cristã. Pode ser encontrada nos Atos dos Apóstolos 3:21: "[Cristo], a quem o céu deve conter até os tempos da restituição de todas as coisas...". Os padres

Acima, o deus-herói Raven (dos indígenas Haida, da costa do Pacífico) no ventre de uma baleia — correspondendo ao motivo do "monstro devorador" do primeiro sonho da menina (p. 87).

O segundo sonho da menina, a respeito dos anjos e demônios no céu, parece representar a ideia da relatividade da moral. O mesmo conceito está expresso no duplo aspecto do anjo decaído (à direita), que é, ao mesmo tempo, Satanás, o demônio, e Lúcifer, o resplandecente portador da luz. Esses caracteres opostos podem também ser observados à extrema direita no desenho de Blake, onde Deus aparece a Jó, num sonho, com os cascos fendidos do demônio.

gregos da Igreja primitiva (como Orígenes, por exemplo) insistiam especialmente que, no final dos tempos, tudo seria restituído ao seu estado perfeito e original pelo Redentor. Mas, de acordo com são Mateus 17:11, havia uma velha tradição judaica de que "em verdade Elias virá primeiro, e restaurará todas as coisas". Encontramos a mesma ideia na I Epístola aos Coríntios (15:22): "Porque assim como todos morrem em Adão, assim também todos serão vivificados em Cristo".

Pode-se supor que a criança terá encontrado este pensamento na sua educação religiosa. Mas ela tinha uma cultura religiosa muito limitada. Seus pais eram protestantes, mas na verdade conheciam a Bíblia "de ouvir falar". É muito pouco provável, também, que a imagem recôndita da *Apokatastasis* tenha sido explicada à menina. E, certamente, seu pai nunca ouvira falar desse mito.

Nove dos doze sonhos estavam influenciados pelo tema de destruição e restauração. E nenhum deles revela qualquer traço de uma educação ou de uma influência especificamente cristã. Ao contrário, estão mais relacionados com mitos primitivos. Essa relação se confirma em um outro motivo — o *mito cosmogônico* (a criação do mundo e do homem), que aparece no quarto e quinto

With Dreams upon my bed thou scarest me & affrightest me with Visions

sonhos. A mesma conexão é encontrada na Epístola aos Coríntios que citei. Nessa passagem, também Adão e Cristo (morte e ressurreição) estão ligados.

A ideia geral de um Cristo Redentor pertence ao tema universal e pré-cristão do herói e salvador que, apesar de ter sido devorado por um monstro, reaparece de modo milagroso, vencendo seja qual for o animal que o engoliu. Onde e quando essa imagem surgiu, ninguém sabe. E tampouco sabemos de que maneira conduzir a investigação desse assunto. A única certeza aparente é que essa imagem parece ter sido conhecida tradicionalmente em cada geração, que por sua vez a recebeu de gerações precedentes. Assim, podemos supor, sem risco de erro, que a sua "origem" vem de um período em que o homem ainda não sabia que possuía o mito do herói; numa época em que nem mesmo refletia, de maneira consciente, sobre aquilo que dizia. A figura do herói é um arquétipo que existe desde tempos imemoriais.

A produção de arquétipos por crianças é especialmente importante porque, algumas vezes, podemos ter certeza de que a criança não teve nenhum acesso direto à tradição em questão. Nesse último caso, por exemplo, a família da menina possuía um conhecimento muito superficial das tradições cristãs.

Os temas cristãos podem, naturalmente, ser representados por ideias de anjos, de Deus, de céu, do inferno e do mal. Mas a maneira como foram tratados por esta criança não indica, absolutamente, uma origem cristã.

Observemos o primeiro sonho, de um Deus que, na verdade, é constituído por quatro deuses, que vêm de "quatro cantos". Cantos de que lugar? Não há nenhum aposento mencionado no sonho. Nem mesmo caberia a imagem de um quarto naquele acontecimento evidentemente cósmico, em que o próprio Ser Supremo intervinha. A própria ideia de uma "quaternidade" (o elemento "quatro") é estranha, apesar de ocupar um lugar de relevo em muitas religiões e filosofias. Na religião cristã este elemento foi substituído pela trindade, noção que a criança provavelmente conhecia. Mas quem, de uma família comum da classe média, teria ouvido falar em uma quaternidade divina? Ela foi uma imagem bastante familiar entre os estudantes da filosofia do Hermetismo, na Idade Média, mas no início do século XVIII já estava esgotada como ideia e há bem uns duzentos anos tornou-se obsoleta. Então, onde a menininha a terá ido buscar? Na visão de Ezequiel? Mas nenhum ensinamento cristão identifica o serafim com Deus.

Pode-se fazer a mesma pergunta a respeito da serpente de chifres. Na Bíblia, é certo, existem muitos animais com cornos, como no Apocalipse. Mas todos parecem ser quadrúpedes, apesar de terem como senhor um dragão, cujo nome grego (*drakon*) também significa serpente. A serpente de chifres aparece na alquimia latina do século XVI como a *quadricornutus serpens* (a serpente de quatro cornos), símbolo de Mercúrio e adversária da trindade cristã. Mas essa é uma referência bastante vaga. De acordo com o que consegui descobrir, ela só foi mencionada por um único autor. E a essa criança teria sido impossível qualquer conhecimento do assunto.

No segundo sonho, aparece um motivo que, decididamente, não é cristão e contém uma verdadeira inversão de valores — por exemplo, danças pagãs executadas pelos homens no céu e boas ações praticadas por anjos no inferno. Esse símbolo sugere uma relatividade de valores morais. Onde a criança teria buscado noções tão revolucionárias, dignas da genialidade de um Nietzsche?

Essas perguntas levam-nos a outra: qual o significado compensador desses sonhos, aos quais a menina obviamente atribuía tanta importância a ponto de oferecê-los ao pai como presente de Natal?

Se a pessoa que os sonhou fosse o feiticeiro de algum povo originário, poderia-se supor que representassem variações sobre os temas filosóficos da morte, da ressurreição ou restituição, da origem do mundo, da criação do homem e da relatividade dos valores. Mas quando interpretados num nível pessoal, era preciso desistir de analisá-los devido à sua invencível dificuldade. Contêm, sem dúvida, "imagens coletivas", e são, de certo modo, análogos às doutrinas de iniciação ministradas aos rapazes nos povos originários. Nessa época, ensinam-lhes o que Deus, ou os deuses, ou os animais "fundadores" fizeram, como o mundo e os homens foram criados, como ocorrerá o fim do mundo e qual o significado da morte. Existe alguma circunstância, na nossa civilização, em que se preste esse tipo de ensinamento? Sim, na adolescência. Mas muitas pessoas só chegam a rememorar essas coisas na velhice, ao sentirem a aproximação da morte.

Os sonhos da menina (da p. 87 à 89) contêm símbolos da criação, da morte e do renascimento, lembrando os ensinamentos ministrados aos adolescentes nos ritos de iniciação. À esquerda, o final de uma cerimônia navajo: uma menina, havendo se tornado mulher, vai ao deserto meditar.

Ora, acontece que a menina encontrava-se simultaneamente nessas duas situações. Aproximava-se da puberdade e do fim de sua vida. Quase nada no simbolismo dos seus sonhos indicava o início de uma vida adulta normal, mas existiam inúmeras alusões a destruições e a reconstituições. Quando pela primeira vez tomei conhecimento dos seus sonhos tive, na verdade, a sensação perturbadora de que sugeriam um desastre iminente. A razão para isso estava na natureza tão peculiar da compensação que percebi no seu simbolismo. Era o oposto do que se poderia encontrar na consciência de uma menina daquela idade.

Esses sonhos revelam-nos um aspecto novo e bastante aterrador da vida e da morte. Podia-se esperar esse tipo de imagem em uma pessoa envelhecida, de olhos voltados para o passado, e não numa criança, que normalmente olha à sua frente. A sua atmosfera lembra muito mais o velho ditado romano, segundo o qual "a vida é um curto sonho", do que a alegria e a exuberância da idade primaveril. Para aquela criança, a vida era o *ver sacrum vovendum* (o voto de sacrifício vernal) de que fala o poeta. A experiência nos mostra que a aproximação impressentida da morte lança um *adumbratio* (sombra antecipadora) sobre a vida e sobre os sonhos da vítima. Mesmo o altar das igrejas cristãs representa, de um lado, o sepulcro e, de outro, a ressurreição — isto é, a transformação da morte em vida eterna.

Foram essas as ideias que os sonhos trouxeram à criança. Eram uma preparação para a morte, expressa por meio de pequenas histórias, como os contos narrados nas cerimônias de iniciação ou os *Koans*, do zen-budismo. Foi

Simbolismo da morte e do renascimento também aparecem nos sonhos finais, quando a aproximação da morte lança a sua sombra sobre o presente. Ao lado, um dos últimos quadros de Goya: a estranha criatura, aparentemente um cachorro, que emerge da escuridão, pode ser interpretada como uma premonição que o artista teve de sua morte. Em muitas mitologias, os cães aparecem como guias para o país dos mortos.

uma mensagem em nada parecida com a doutrina ortodoxa cristã, e sim com o pensamento dos povos originários. Deve ter se originado fora da tradição histórica, em fontes psíquicas há muito esquecidas e que, desde os tempos pré-históricos, têm alimentado a especulação religiosa e filosófica a respeito da vida e da morte.

Foi como se acontecimentos ainda por vir projetassem de volta a sua sombra, despertando na criança certas formas de pensamento que, apesar de habitualmente adormecidas, descrevem ou acompanham a aproximação de um desfecho fatal. Apesar de sua maneira específica de expressão ter características mais ou menos pessoais, o seu esquema geral é coletivo. Essas formas de pensamento são encontradas em todas as épocas e em todos os lugares e, exatamente como os instintos animais, variam muito de uma espécie para outra, apesar de servirem aos mesmos propósitos gerais. Não acreditamos que cada animal recém-nascido crie seus próprios instintos como uma aquisição individual, e tampouco podemos supor que cada ser humano invente, a cada novo nascimento, um comportamento específico. Como os instintos, os esquemas de pensamentos coletivos da mente humana também são inatos e herdados. E agem, quando necessário, mais ou menos da mesma forma em todos nós.

Manifestações emocionais, a que pertencem esses esquemas de pensamento, são reconhecidamente as mesmas em toda parte. Podemos identificá-las até nos animais, que, por sua vez, as identificam entre eles, mesmo quando são de espécies diferentes. E os insetos, com suas complicadas funções simbióticas? A maioria deles nem conhece os progenitores e não tem ninguém para lhes ensinar nada. Então por que supor que seria o homem o único ser vivo privado de instintos específicos, ou que a sua psique desconheça qualquer vestígio da sua evolução?

Naturalmente, se igualarmos a psique à consciência, poderemos formar a ideia falsa de que o homem vem ao mundo com uma psique vazia e que, anos depois, ela irá conter o que aprendeu na sua experiência individual. Mas acontece que a psique é mais do que a consciência. Apesar de a consciência dos animais ser muito limitada, inúmeros dos seus impulsos e reações demonstram a existência de uma psique; e povos originários praticam uma série de atos cuja significação ignoram totalmente.

Podemos perguntar, em vão, a muita gente civilizada, sobre o significado da árvore de Natal ou do ovo de Páscoa. A verdade é que fazemos inúmeras coisas sem saber por quê. Inclino-me a pensar que, geralmente, as coisas eram *feitas* em primeiro lugar, e só depois de muito tempo é que alguém indagava *por quê*. O psicólogo encontra, com frequência, pacientes de grande inteligência que se comportam de maneira singular e imprevisível, sem a menor ideia do que dizem ou fazem. Entram numa repentina crise de humor irracional e despropositado, que não conseguem explicar.

Esses impulsos e reações parecem ser de natureza pessoal muito íntima, e nós os consideramos apenas uma forma de comportamento idiossincrásico. Na verdade, eles fundamentam-se num sistema instintivo pré-formado e sempre ativo, característico do homem. Formas de pensamento, gestos de compreensão universal e inúmeras atitudes seguem um esquema estabelecido muito antes de o homem ter desenvolvido uma consciência reflexiva.

É mesmo possível que as longínquas origens da capacidade de reflexão do homem venham das dolorosas consequências de choques emocionais violentos. Tomemos, à guisa de simples ilustração, o caso de um homem rústico que, num momento de raiva e frustração por não ter conseguido pescar um só peixe, estrangula o seu único filho, e então, enquanto segura nos braços o pequeno cadáver, enche-se de remorsos. Esse homem vai lembrar-se daquele momento de dor pelo resto de sua vida.

Não podemos saber se esse tipo de experiência foi, efetivamente, motivo inicial do desenvolvimento da consciência humana. Mas não resta dúvida de que um choque de natureza emocional é muitas vezes necessário para que as pessoas acordem e se deem conta da maneira como estão agindo. Há o caso famoso de um fidalgo espanhol do século XIII, Ramon Llull, que conseguiu marcar (depois de uma verdadeira "caçada") um encontro secreto com a dama que admirava. Na ocasião do encontro, ela abriu silenciosamente o vestido e mostrou-lhe o

Alguns sonhos parecem predizer o futuro (talvez devido a um conhecimento inconsciente das possibilidades que estão por vir) e é por isso que foram, durante muito tempo, utilizados como vaticínios. Na Grécia, os doentes pediam a Esculápio, o deus da medicina, um sonho para indicar-lhes a cura. À esquerda, um alto-relevo representando essa terapêutica do sonho: uma serpente (símbolo do deus) morde o ombro doente de um homem e o deus (à esquerda) o cura. À direita (num quadro italiano, aproximadamente de 1460), Constantino sonha, antes de uma batalha que o tornaria imperador de Roma. Sonhava com a cruz, símbolo de Cristo, quando uma voz lhe disse: "Sob este signo vencerás". Tomou aquele sinal como emblema, ganhando a batalha e convertendo-se, assim, ao cristianismo.

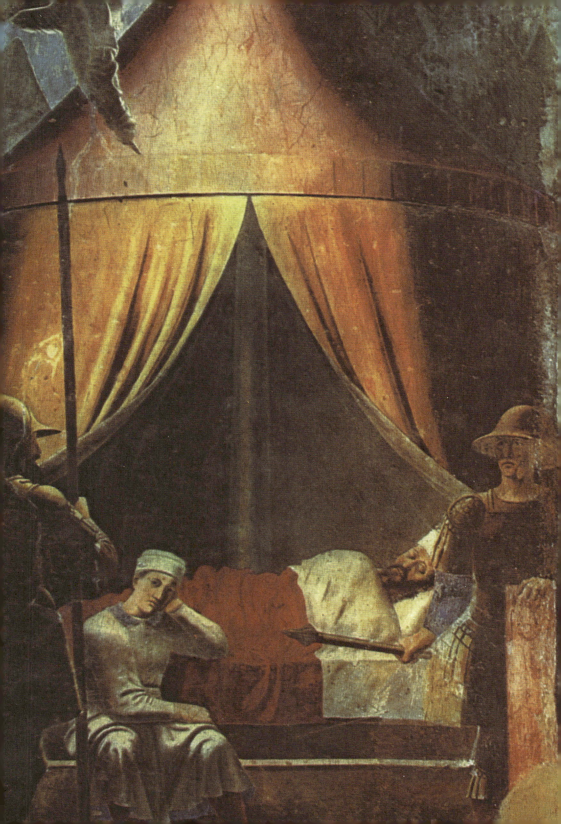

seio, roído pelo câncer. O choque mudou por completo a vida de Lull; tornou-se um teólogo eminente e um dos mais importantes missionários da Igreja. Num desses casos de mudança drástica de comportamento pode-se, inúmeras vezes, provar que um arquétipo trabalhava já há muito tempo no inconsciente, arranjando habilmente as circunstâncias que levariam a tal tipo de crise.

Essas experiências parecem revelar que as estruturas arquetípicas não são apenas formas estáticas, mas fatores dinâmicos que se manifestam por meio de impulsos, tão espontâneos quanto os instintos. Certos sonhos, visões ou pensamentos podem aparecer de repente e, por mais cuidadosamente que se investigue, não se descobre o que os motivou. Não quer dizer que não exista uma causa; certamente há, mas tão remota e obscura que não se consegue distingui-la. Nesse caso, deve-se esperar até compreender melhor o sonho e seu significado, ou até que alguma ocorrência externa aconteça, explicando o sonho.

No momento do sonho, tal ocorrência ainda pode pertencer ao futuro. Porém, assim como nossos pensamentos conscientes muitas vezes se ocupam do futuro e de suas possibilidades, ocorre o mesmo com o inconsciente e seus sonhos. Durante muito tempo acreditou-se que a principal função do sonho era prever o futuro. Na Antiguidade e até a Idade Média, os sonhos faziam parte do prognóstico dos médicos. Posso confirmar por um sonho atual esse mesmo elemento de prognose (ou premonição) que encontramos num antigo sonho, citado por Artemidoro de Daldis, no século II. Um homem sonhou que seu pai morria nas chamas do incêndio da própria casa. Não muito tempo depois, o próprio homem morria com um *phlegmone* (fogo ou febre elevada), que presumo que fosse pneumonia.

Aconteceu a um colega meu ter uma febre gangrenosa fatal — um verdadeiro *phlegmone*. Um antigo paciente seu, que nada sabia a respeito do que o

meu colega sofria, sonhou que ele morrera em um grande incêndio. Naquela ocasião, o médico havia acabado de ser levado ao hospital e sua doença ainda estava em fase inicial. A pessoa que teve o sonho não sabia que ele estava doente nem internado. Três semanas depois, o médico morreu.

Como mostra esse exemplo, os sonhos podem adquirir um aspecto de antecipação ou de prognóstico, e quem os interpretar deve levar isso em conta, sobretudo quando um sonho que tenha um sentido evidente não ofereça um contexto que o explique satisfatoriamente. Esse tipo de sonho pode surgir do nada, e nós nos perguntamos o que o motivou. Se conhecêssemos a sua mensagem posterior, logicamente entenderíamos as suas causas. Porque só a nossa consciência é que ainda nada sabe a seu respeito; o inconsciente está informado e já chegou a uma conclusão — que é expressa no sonho. Na verdade, parece que o inconsciente tem a capacidade de examinar e concluir, da mesma maneira que o consciente. Ele pode inclusive utilizar certos fatos e antecipar seus possíveis resultados, precisamente porque *não* estamos conscientes deles.

Tanto quanto podemos julgar por meio dos sonhos, o inconsciente toma suas deliberações instintivamente. Essa é uma distinção importante: uma análise lógica é prerrogativa da consciência; selecionamos de acordo com a razão e o conhecimento. O inconsciente, no entanto, parece ser dirigido principalmente por tendências instintivas, representadas por formas de pensamento correspondentes — isto é, por arquétipos. Um médico a quem se pede que descreva o progresso de uma doença vai empregar conceitos racionais, como "infecção" ou "febre". O sonho é mais poético: ele apresenta o corpo doente do homem como se fosse a sua casa mundana, e a febre como o fogo que a destrói.

Como mostramos no sonho do paciente de meu colega, a mente, ao utilizar o arquétipo, resolveu a situação do mesmo modo que o fazia na época de Artemidoro. Algo de natureza mais ou menos desconhecida foi intuitivamente dominado pelo inconsciente e submetido à ação dos arquétipos. Isso sugere que em lugar do processo de raciocínio que o pensamento consciente teria empregado, a mente arquetípica o substitui, assumindo uma tarefa

No sonho de Artemidoro, citado na página anterior, uma casa em chamas simboliza a febre. O corpo humano é muitas vezes representado como uma casa; à extrema esquerda, em uma enciclopédia hebraica do século XVIII, um corpo humano e uma casa são comparados detalhadamente — os torreões são as orelhas, as janelas os olhos, um forno o estômago etc.. À esquerda dessa imagem, numa caricatura de James Thurber, um marido reprimido vê sua mulher e sua casa como se fossem um único ser.

de prognosticação. Os arquétipos são, assim, dotados de iniciativa própria e também de uma energia específica, que lhes é peculiar. Podem, graças a esses poderes, fornecer interpretações significativas (no seu estilo simbólico) e interferir em determinadas situações com seus próprios impulsos e suas próprias formações de pensamento. Nesse particular, os arquétipos funcionam como complexos: vêm e vão à vontade e, muitas vezes, dificultam ou modificam nossas intenções conscientes de maneira bastante perturbadora.

Pode-se perceber a energia específica dos arquétipos quando se tem oportunidade de observar o fascínio que exercem. Parecem quase dotados de um feitiço especial, o que também caracteriza os complexos pessoais; e assim como estes têm a sua história individual, também os complexos sociais de caráter arquetípico têm a sua. Mas enquanto os complexos individuais não produzem mais do que singularidades pessoais, os arquétipos criam mitos, religiões e filosofias que influenciam e caracterizam nações e épocas inteiras. Consideramos os complexos pessoais compensações de atitudes unilaterais ou censuráveis da nossa consciência; do mesmo modo, mitos de natureza religiosa podem ser interpretados como uma espécie de terapia mental generalizada para os males e ansiedades que afligem a humanidade — fome, guerras, doenças, velhice, morte.

O mito universal do herói, por exemplo, refere-se sempre a um homem ou um homem-deus poderoso que vence o mal, apresentado na forma de dragões, serpentes, monstros, demônios etc. e que sempre livra seu povo da destruição e da morte. A narração ou declamação ritual de cerimônias e de textos sagrados e o culto à figura do herói, com danças, música, hinos, orações e sacrifícios, prendem os espectadores num clima de emoções numinosas (como se fosse um encantamento mágico), exaltando o indivíduo até sua identificação com o herói.

Se tentarmos ver esse tipo de situação com olhos de crente talvez possamos compreender como o homem comum pôde se libertar da sua impotência e da sua miséria para ser contemplado (ao menos temporariamente) com qualidades quase sobre-humanas. Muitas vezes, uma convicção assim pode sustentá-lo por longo tempo e dar certo estilo à sua vida. Poderá até mesmo caracterizar uma sociedade inteira. Temos um excepcional exemplo disso nos Mistérios de Elêusis, que foram extintos no começo do século VII da era cristã. Expressavam, juntamente com o oráculo de Delfos, a essência e o espírito da antiga Grécia. Numa escala muito maior, a própria era cristã deve seu nome e sua significação ao velho mistério do homem-deus, cujas raízes procedem do mito arquetípico de Osíris e Horus, do antigo Egito.

É comum supor que numa ocasião qualquer da época pré-histórica as ideias mitológicas fundamentais foram "inventadas" por algum sábio e velho filósofo ou profeta e então, depois disso, "acreditadas" por um povo crédulo e pouco crítico. Diz-se também que histórias contadas por algum sacerdote ávido de poder não são "verdades", mas simples "racionalizações de desejos". Entretanto, a própria palavra "inventar" deriva do latim *invenire* e significa "encontrar" e, portanto, encontrar "procurando". No segundo caso, a própria palavra sugere certa previsão do que se vai achar.

Retornemos às estranhas ideias contidas nos sonhos da menina. Parece pouco provável que ela as tenha procurado, já que se surpreendeu ao encontrá-las. É mais fácil que lhe tenham ocorrido apenas como histórias bizarras e inesperadas, que lhe pareceram importantes o bastante para que as desse de presente de Natal ao pai. Mas ao fazer isso, no entanto, ela as elevou à esfera do eterno mistério cristão — o nascimento do Senhor, associado ao segredo da árvore sempre verde, portadora da Luz que acaba de nascer (alusão ao quinto sonho).

Apesar de haver ampla evidência histórica na relação simbólica entre Cristo e a árvore, os pais da menininha ficariam seriamente constrangidos se ela lhes perguntasse o que significava enfeitar uma árvore com velas para celebrar o nascimento de Cristo. "Ora, é apenas um costume cristão!", teriam

A energia dos arquétipos pode ser concentrada (por meio de ritos e outros apelos à emoção das massas) com o objetivo de levar as pessoas a ações coletivas. Os nazistas sabiam disso e utilizavam diversas versões de mitos teutônicos a fim de arregimentar o povo para a sua causa. Acima, à direita, um cartaz de propaganda retrata Hitler como um heroico das Cruzadas. Ao lado, uma festa de solstício de verão, celebrada pela Juventude Hitlerista — recriação de uma antiga solenidade pagã.

Ao alto, desenho infantil sobre o Natal, incluindo a tradicional árvore enfeitada de velas. A árvore conífera está ligada a Cristo pelo simbolismo do solstício de inverno e do "ano-novo" (a nova era da Cristandade). Há muitas conexões entre Cristo e o símbolo da árvore: a cruz é muitas vezes representada por uma árvore, como se vê no afresco medieval italiano, à esquerda, onde Cristo está crucificado na árvore da sabedoria. As velas, nas cerimônias de Natal, simbolizam a luz divina, como na festa sueca de Santa Lúcia (acima), em que os jovens usam coroas de velas iluminadas.

respondido. Uma resposta mais cuidadosa envolveria uma dissertação profunda sobre o antigo simbolismo da morte de um deus e sua relação com o culto da Mãe Grande e seu símbolo, a árvore — isso para mencionar apenas um dos aspectos dessa intrincada questão.

Quanto mais pesquisamos as origens de uma "imagem coletiva" (ou, em linguagem eclesiástica, de um dogma), mais vamos descobrindo uma teia de esquemas de arquétipos aparentemente interminável que, antes dos tempos modernos, nunca haviam sido objeto de qualquer reflexão mais séria. Assim, paradoxalmente, sabemos mais a respeito de símbolos mitológicos que qualquer outra das gerações que nos precederam. A verdade é que os homens do passado não pensavam nos seus símbolos. Viviam-nos, e eram inconscientemente estimulados pelo seu significado.

Posso dar como exemplo uma experiência que tive com povos do monte Elgon, na África. Todos os dias, ao amanhecer, as pessoas saem das suas cabanas, sopram ou cospem nas mãos e as erguem em direção aos primeiros raios de sol, como se estivessem oferecendo o seu sopro ou a sua saliva ao deus nascente — *mungu*. (Esse termo do dialeto suaíli, usado para explicar um ato ritual, deriva de uma raiz polinésica equivalente a *mana* ou *mulungu*. Essa e outras palavras semelhantes designam um "poder" de extraordinária eficácia e penetração, que poderíamos chamar de divino. Assim, a palavra *mungu* equivale ao nosso Deus ou a Alá.) Quando lhes perguntei qual o sentido desse ato e por que o praticavam, ficaram totalmente confusos. Só sabiam responder: "Sempre fizemos assim. Sempre se faz isso quando o sol se levanta". Riram quando concluí que o sol é *mungu*. O sol, na verdade, não é *mungu* quando está acima da linha do horizonte. *Mungu* é, precisamente, o nascer do sol.

O sentido do que faziam estava claro para mim, mas não para eles. Simplesmente praticavam aquele ato sem nunca refletir a respeito. E, portanto, não conseguiam explicá-lo. Concluí que ofereciam suas almas a *mungu*, porque o sopro (da vida) e a saliva significam "a substância da alma". Soprar ou cuspir em alguma coisa têm um efeito "mágico", como, por exemplo, quando Cristo utilizava a sua saliva para curar um cego ou quando um filho aspira o último hausto do pai agonizante para, assim, receber a alma paterna. É pouco provável que esses africanos, mesmo num passado remoto, soubessem alguma coisa sobre a significação daquela cerimônia. E, com certeza, seus antepassados deviam saber ainda menos.

O Fausto de Goethe diz muito acertadamente: "*In Anfang war die Tat*" (No começo era o ato). "Atos" nunca foram inventados, foram feitos. Já os pensamentos são uma descoberta relativamente tardia do homem. Primeiro ele foi levado, por fatores inconscientes, a agir; só muito tempo depois é que começou a refletir sobre as causas que motivaram a sua ação. E gastou muito mais tempo para chegar à ideia absurda e disparatada de que ele mesmo devia ter motivado a si mesmo, pois seu espírito era incapaz de identificar qualquer outra força motriz senão a sua própria.

A ideia de uma planta ou de um animal inventarem a si próprios nos faz rir; no entanto, muita gente acredita que a psique, ou a mente, inventaram a elas mesmas e foram, portanto, o seu próprio criador. Na verdade, a nossa mente desenvolveu-se até o seu atual estado de consciência da mesma forma que a glande se tornou um carvalho e os sáurios, mamíferos. Da mesma maneira que se desenvolveu por muito tempo, a psique continua ainda a desenvolver-se, e assim somos conduzidos por forças interiores e estímulos exteriores.

Essas forças interiores advêm de uma fonte profunda que não é alimentada pela consciência nem está sob seu controle. Na mitologia antiga, essas forças eram chamadas de *mana*, ou espíritos, demônios e deuses, e estão tão ativos

Dois exemplos de crença nas propriedades "mágicas" do sopro: abaixo, à esquerda, um feiticeiro zulu cura um paciente soprando dentro do seu ouvido através de um chifre de boi (para afastar os espíritos); ao lado, uma pintura medieval sobre a Criação mostra Deus insuflando vida em Adão. À direita, pintura italiana do século XIII, onde Cristo cura um cego com saliva — que, tal como o sopro, foi considerada durante muito tempo capaz de dar vida.

hoje em dia como no passado. Se eles se ajustam aos nossos desejos, falamos em boa sorte ou inspiração feliz e congratulamo-nos por sermos "pessoas tão sabidas". Se as forças nos são desfavoráveis, referimo-nos à nossa pouca sorte, dizemos que alguém está contra nós ou que a causa dos nossos infortúnios deve ser patológica, daí por diante. A única coisa que nos recusamos a admitir é que dependemos de "forças" que fogem ao nosso controle.

É verdade, no entanto, que nesses últimos tempos o homem civilizado adquiriu certa dose de força de vontade que pode aplicar onde lhe parecer melhor. Aprendeu a realizar eficientemente o seu trabalho sem precisar recorrer a cânticos ou batuques hipnóticos. Consegue até dispensar a oração cotidiana em busca de auxílio divino. Pode executar aquilo a que se propõe e, aparentemente, traduzir suas ideias em ação sem maiores obstáculos, enquanto o homem primitivo parece estar a todo momento tolhido por medos, superstições e outras barreiras invisíveis. O lema "querer é poder" é a superstição do homem moderno.

Para sustentar essa crença, no entanto, o homem contemporâneo paga o preço de uma incrível falta de introspecção. Não consegue perceber que, apesar de toda a sua racionalização e eficiência, continua à mercê de "forças" fora do seu controle. Seus deuses e demônios absolutamente não desapareceram; têm apenas novos nomes. E o conservam em contato íntimo com a inquietude, com apreensões vagas, com complicações psicológicas, com uma insaciável necessidade de pílulas, álcool, fumo, alimento e, acima de tudo, com uma enorme coleção de neuroses.

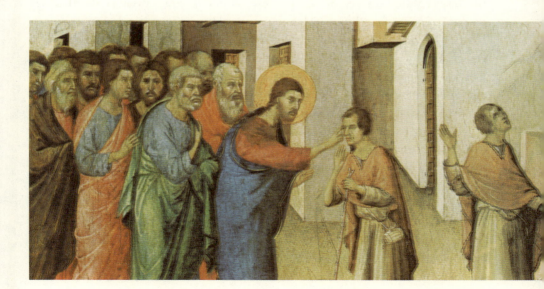

A ALMA DO HOMEM

AQUILO QUE CHAMAMOS DE CONSCIÊNCIA CIVILIZADA não tem cessado de afastar-se dos nossos instintos básicos. Mas nem por isso os instintos desapareceram: apenas perderam contato com a consciência, sendo obrigados a afirmar-se de maneira indireta. Podem fazê-lo através de sintomas físicos, como no caso de uma neurose, ou por meio de incidentes de vários tipos, como humores inexplicáveis, esquecimentos inesperados e lapsos de palavra.

O homem gosta de acreditar-se senhor da sua alma. Mas enquanto for incapaz de controlar os seus humores e emoções, ou de se tornar consciente das inúmeras maneiras secretas pelas quais os fatores inconscientes se insinuam nos seus projetos e decisões, certamente não é seu próprio dono. Esses fatores inconscientes devem sua existência à autonomia dos arquétipos. O homem moderno, para não ver essa cisão do seu ser, protege-se com um sistema de "compartimentos". Certos aspectos da sua vida exterior e do seu comportamento são conservados em gavetas separadas e nunca confrontados uns com os outros.

Como exemplo dessa "psicologia dos compartimentos", lembro-me do caso de um alcoólatra que se deixou influenciar, muito louvavelmente, por certo movimento religioso e, fascinado pelo entusiasmo que a religião lhe despertou, esqueceu-se da sua necessidade de beber. Declararam-no milagrosamente curado por Jesus e passaram a exibi-lo como testemunho da graça divina e da eficiência da dita organização religiosa. Mas, depois de algumas semanas de confissões públicas, a novidade começou a perder sua força e pareceu-lhe bem válido certo revigoramento feito pelo álcool. E o nosso homem voltou a beber. Mas dessa vez a caridosa organização chegou à conclusão de que se tratava de um caso "patológico" que não se prestava, obviamente, a uma intervenção de Jesus, e puseram-no em uma clínica para que o médico resolvesse melhor do que o divino Salvador.

Esse é um aspecto da mente "cultural" moderna que merece nossa atenção. Revela um alarmante grau de dissociação e confusão psicológica. Se, por um instante, considerarmos a humanidade como um só indivíduo, verificaremos que a raça humana lembra uma pessoa arrebatada por forças inconscientes. Também ela gosta de colocar certos problemas em gavetas separadas. Exatamente por isso deveríamos examinar com mais atenção o que fazemos, pois a humanidade hoje em dia está ameaçada por perigos mortais criados por ela mesma e que já escapam ao seu controle. Nosso mundo encontra-se, pode-se dizer, dissociado como se fosse uma pessoa neurótica, com a Cortina de

Ferro a marcar-lhe uma linha divisória simbólica. O homem ocidental, consciente da busca agressiva de poder do Oriente, vê-se forçado a tomar medidas extraordinárias de defesa enquanto, ao mesmo tempo, vangloria-se de suas virtudes e boas intenções.

O que ele deixa de ver é que são os seus próprios vícios — que dissimula com muitas boas maneiras no plano internacional — que lhe são atirados de volta ao rosto metodicamente e sem nenhum pejo pelo mundo comunista. O que o Ocidente tem tolerado (mentiras diplomáticas, decepções contínuas, ameaças veladas), mas em segredo e um pouco envergonhado, é-lhe devolvido frontal e prodigamente pelo Oriente, que nos amarra a todos com muitos "laços" neuróticos. É o rosto da sua própria sombra malévola que faz caretas ao homem ocidental, do outro lado da Cortina de Ferro.

Esse estado de coisas explica o estranho sentimento de impotência que envolve tanta gente nas sociedades ocidentais. São pessoas que começaram a perceber que as dificuldades com que nos defrontamos são de ordem moral e que as tentativas para resolvê-las por meio de uma política de acumulação de armas nucleares ou de uma "competição" econômica está trazendo poucos resultados, pois é uma faca de dois gumes. Muitos de nós agora compreendemos que seria bem mais eficiente o emprego de recursos morais e intelectuais, que nos poderiam imunizar psiquicamente contra a infecção que se alastra cada vez mais.

Todas as tentativas, até agora, revelaram-se singularmente ineficientes e assim hão de permanecer enquanto estivermos tentando convencer a nós e ao mundo de que apenas *eles* (nossos oponentes) é que estão errados. Seria bem melhor fazermos um esforço sério para reconhecermos nossa própria "sombra" e sua nefasta atividade. Se pudéssemos ver essa sombra (o lado escuro e tenebroso da nossa natureza), ficaríamos imunizados contra qualquer infecção e contágio moral e intelectual. No ponto em que estão as coisas, estamos predispostos a qualquer infecção porque, na verdade, estamos agindo da mesma forma que *eles* agem, apenas com a desvantagem adicional de, encobertos por nossas boas maneiras, estarmos impedidos de ver ou querer entender o que nós mesmos fazemos.

O mundo comunista, é fácil notar, tem um grande mito (que chamamos de ilusão, na vã esperança de que a nossa superioridade de julgamento vá fazê-lo desaparecer). Esse mito é um sonho arquetípico, santificado através dos tempos, de uma Idade de Ouro (ou Paraíso), quando haverá abundância para todos, e um grande chefe, justo e sábio, reinará dentro de um jardim de infância humano. Esse poderoso arquétipo, na sua forma pueril, apoderou-se do mundo comunista, e não é porque nos opomos a ele, com a superioridade do nosso ponto de vista, que há de desaparecer da face da Terra. Nós também o alimentamos com a nossa infantilidade, pois nossa civilização ocidental está

dominada pela mesma mitologia. Inconscientemente, acalentamos os mesmos preconceitos, as mesmas esperanças e expectativas. Também nós acreditamos no Estado da Providência, na paz universal, na igualdade do homem, nos seus eternos direitos humanos, na justiça, na verdade e (não o proclamemos alto demais) no Reino de Deus sobre a Terra.

A triste verdade é que a vida do homem consiste de um complexo de fatores antagônicos inexoráveis: o dia e a noite, o nascimento e a morte, a felicidade e o sofrimento, o bem e o mal. Não nos resta nem a certeza de que um dia um desses fatores vai prevalecer sobre o outro, que o bem vai se transformar em mal, ou que a alegria há de derrotar a dor. A vida é uma batalha. Sempre foi e sempre será. E, se não fosse assim, ela chegaria ao fim.

Foi precisamente esse conflito interior do homem que levou os primeiros cristãos a esperar e desejar um final rápido para o mundo e os budistas a rejeitar todas as aspirações e anseios terrenos. Essas contestações fundamentais equivaleriam a um verdadeiro suicídio se não estivessem associadas a determinadas ideias e práticas morais e intelectuais que constituem a própria substância de ambas as religiões e, de certo modo, modificam a sua atitude de negação radical do mundo.

Enfatizo esse ponto porque, em nossa época, milhares de pessoas perderam a fé na religião, seja ela qual for. São pessoas que não compreendem mais as suas próprias crenças. Enquanto a vida caminha placidamente, a falta de uma religião não é notada. Mas quando chega o sofrimento, a coisa muda de figura. É aí que as pessoas começam a buscar uma saída e a refletir a respeito da significação da vida e de suas incríveis e dolorosas experiências.

É significativo o fato de ser maior o número de judeus e protestantes que o de católicos a consultar um psiquiatra (de acordo com a minha experiência), o que é natural, pois a Igreja Católica ainda se responsabiliza pela *cura animarum* (o cuidado e o bem-estar das almas). Mas nessa nossa era científica, o psiquiatra está mais bem capacitado a responder perguntas que antes pertenciam ao domínio dos teólogos. As pessoas têm a impressão de que haveria uma grande diferença em suas vidas se pudessem acreditar positivamente num sentido de vida mais significativo, ou em Deus e na imortalidade. O aspecto da morte próxima muitas vezes estimula tais pensamentos. Desde tempos imemoriais os homens especulam a respeito de algum ser supremo (um ou vários) e sobre o "além". Só hoje em dia é que julgam poder prescindir dessas ideias.

"Nosso mundo está dissociado como se fosse uma pessoa neurótica."
À esquerda, o Muro de Berlim.

Cada sociedade tem suas próprias concepções de caráter arquetípico sobre o Paraíso ou uma Idade de Ouro, que se acredita já ter existido e que voltará novamente a existir. Acima, à esquerda, um quadro do século XIX dos Estados Unidos representa uma utopia já ultrapassada: o tratado feito por William Penn com os indígenas, em 1682, em um cenário ideal de harmonia e de paz. À esquerda, o reflexo de uma utopia futura: um cartaz, em um parque de Moscou, mostra Lênin conduzindo o povo russo a um futuro de glória.

Já que com um telescópio não conseguimos descobrir o trono de Deus no céu, nem temos como nos certificar de que um pai ou uma mãe de toda a humanidade ainda existam em algum lugar, em forma mais ou menos corpórea, julgamos que tais ideias "não são verdadeiras". Eu diria, antes, que elas "não são *tão* verdadeiras", pois esses conceitos acompanham o ser humano desde tempos pré-históricos e ainda irrompem em nossa consciência ao menor estímulo.

O homem moderno afirma que pode perfeitamente passar sem eles, e defende essa opinião argumentando que não existe nenhuma prova científica da sua autenticidade. Entretanto, em muitos momentos lamenta-se por ter perdido suas convicções e, se estamos tratando de coisas invisíveis e desconhecidas (pois Deus está além do entendimento humano e não temos meios de provar a existência da imortalidade), por que exigimos provas e evidências? Mesmo que o raciocínio lógico não confirmasse a necessidade de sal na comida, ainda assim tiraríamos proveito de seu uso. Seria possível argumentar que o uso do sal é uma simples ilusão do paladar ou uma superstição; nem por isso o seu emprego deixaria de contribuir para o nosso bem-estar. Por que, então, privar-nos de crenças que se mostram salutares em nossas crises e dão um certo sentido a nossas vidas?

À esquerda, o Jardim do Éden, num quadro francês do século XV, apresentado como um jardim murado (lembrando um útero) e mostrando a expulsão de Adão e Eva. Acima, à direita, a "Idade de Ouro" do naturalismo primitivo está retratada no quadro de Cranach, do século XVI (intitulado *O paraíso terrestre*). À direita, o País de Cokaygne, do artista quinhentista flamengo Brueghel, uma terra mítica de prazeres sensuais e vida amena. Essas histórias eram muito populares na Europa medieval, sobretudo entre os servos e camponeses, condenados a uma vida de trabalho árduo.

E o que nos permite afirmar que essas ideias não são verdadeiras? Muitas pessoas concordariam comigo se eu declarasse categoricamente que elas talvez não passem de ilusões. O que não se percebe é que uma declaração dessa ordem é tão impossível de "provar" quanto a defesa de uma crença religiosa. Temos toda a liberdade para escolher nosso ponto de vista a respeito desse assunto; mas, de qualquer maneira, será sempre uma decisão arbitrária.

Há, no entanto, um forte argumento empírico que nos estimula a cultivar pensamentos que não se podem provar: são pensamentos e ideias reconhecidamente úteis. O homem realmente necessita de ideias gerais e convicções que lhe deem um sentido à vida e lhe permitam encontrar seu próprio lugar no mundo. Pode suportar as mais incríveis provações se estiver convencido de que elas têm um sentido. Mas sente-se aniquilado se, além dos seus infortúnios, ainda tiver de admitir que está envolvido numa "história contada por um idiota".

O papel dos símbolos religiosos é dar significação à vida do homem. Os indígenas pueblos acreditam que são filhos do Pai-Sol, e essa crença dá a suas vidas uma perspectiva (e um objetivo) que ultrapassa a sua limitada existência; abre-lhes espaço para um maior desdobramento das suas personalidades e permite-lhes uma vida plena como seres humanos. Esses indígenas encontram-se em condições bem mais favoráveis do que o homem da nossa civilização atual, que sabe que é — e permanecerá sendo — nada mais que um pobre-diabo, cuja vida não tem nenhum sentido interior.

É a consciência de que a vida tem uma significação mais ampla que eleva o homem além do simples mecanismo de ganhar e gastar. Se isso lhe falta, sente-se perdido e infeliz. Se são Paulo estivesse convencido de que era apenas

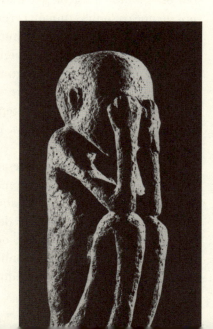

À esquerda, o esquife de um indígena caiapó, da América do Sul. O morto leva roupa e comida para sua vida futura. Símbolos religiosos e crenças de toda espécie dão sentido à vida humana: os povos antigos choravam os seus mortos (à direita, uma estátua egípcia, encontrada em um túmulo, representa o luto); suas crenças, no entanto, faziam-nos também pensar na morte como em uma transformação positiva.

um tecelão ambulante, não teria se tornado o homem que foi. Sua vida real, aquela que tinha verdadeiro valor, repousava em sua íntima convicção de que era o mensageiro do Senhor. Podem acusá-lo de megalomania, mas é uma opinião que se enfraquece ante o testemunho da história e o julgamento das gerações subsequentes. O mito que se apoderou de são Paulo fez dele algo muito maior que um mero artesão.

Um mito assim, no entanto, consiste de símbolos que não foram conscientemente inventados. Aconteceram. Não foi o homem Jesus que criou o mito do homem-deus: ele já existia muitos séculos antes do seu nascimento. E o próprio Cristo foi dominado por essa ideia simbólica que, segundo são Marcos, o elevou para muito além da obscura vida de um carpinteiro de Nazaré.

A origem dos mitos remonta ao primitivo contador de histórias, aos seus sonhos e às emoções que a sua imaginação provocava nos ouvintes. Esses contadores não foram gente muito diferente daquelas que gerações posteriores chamaram de poetas ou filósofos. Não os preocupava a origem das suas fantasias; só muito mais tarde é que as pessoas passaram a interrogar de onde vinha uma determinada história. No entanto, no que hoje chamamos de Grécia "Antiga" já havia espíritos bastante evoluídos para conjeturar que as histórias a respeito dos deuses nada mais eram que tradições arcaicas e bastante exageradas de reis e chefes há muito sepultados. Os homens daquela época já tinham percebido que o mito era inverossímil demais para significar exatamente aquilo que parecia dizer. E tentaram, então, reduzi-lo a uma forma mais acessível a todos.

Em tempos mais recentes, viu-se acontecer o mesmo com o simbolismo dos sonhos. Quando a psicologia ainda estava começando a surgir, convencemo-nos de que os sonhos tinham certa importância. Mas, assim como os gregos se autopersuadiram de que seus mitos eram simples elaborações de histórias racionais ou "normais", também alguns pioneiros da psicologia chegaram à conclusão de que os sonhos não significam o que parecem significar. As imagens ou símbolos que os sonhos expressavam foram, então, reduzidos a formas bizarras pelas quais os conteúdos reprimidos da psique se apresentavam à mente consciente. Assim, aceitou-se que o sonho tinha uma significação diferente da sua apresentação evidente.

Já relatei como entrei em desacordo com essa ideia, discordância que me levou a estudar tanto a forma como o conteúdo dos sonhos. Por que haveriam de significar outra coisa além daquilo que expunham? Existe na natureza alguma coisa que seja outra, além do que realmente é? O sonho é um fenômeno normal e natural, e não significa outra coisa além do que existe dentro dele. O Talmude mesmo já dizia: "O sonho é a sua própria interpretação". A confusão nasce do fato de os seus conteúdos serem simbólicos e, portanto, oferecerem mais de uma explicação. Os símbolos apontam direções diferentes daquelas que percebemos com a nossa mente consciente e, portanto, relacionam-se com coisas inconscientes, ou apenas parcialmente conscientes.

Para o espírito científico, fenômenos como o simbolismo são um verdadeiro aborrecimento por não poderem formular-se de maneira precisa para o intelecto e a lógica. Não são o único caso desse gênero na psicologia. O problema começa nos fenômenos dos "afetos" ou emoções, que fogem a todas as tentativas da psicologia de encerrá-los numa definição absoluta. Em ambos os casos, o motivo da dificuldade é o mesmo — a intervenção do inconsciente.

Conheço bastante o ponto de vista científico para compreender quanto é irritante lidar com fatos que não podem ser apreendidos apropriada ou totalmente. O problema com esse tipo de fenômeno é que são fatos que não podem ser negados, mas que também não podem ser formulados em termos racionais. Para fazê-lo precisaríamos ser capazes de compreender a própria vida, pois é ela a grande criadora de emoções e ideias simbólicas.

O psicólogo acadêmico tem total liberdade para afastar das suas considerações o fenômeno da emoção ou o conceito de inconsciente (ou os dois). No entanto, ambos são fatores aos quais o médico deve prestar a devida atenção, já que conflitos emocionais e intervenções do inconsciente são aspectos básicos da sua ciência. De qualquer modo, quando ele for tratar de um paciente, vai defrontar-se com esses fenômenos irracionais como fatos resistentes que não levam em conta a sua capacidade para formulá-los em termos intelectuais. Portanto, é muito natural que as pessoas que não tiveram experiência médica no campo da psicologia encontrem dificuldade em acompanhar o que acontece quando a psicologia deixa de ser uma investigação tranquila, dentro do laboratório, para se tornar parte ativa na aventura da vida real. Exercícios de tiro ao alvo num estande são muito diferentes daquilo que se passa num campo de batalha; o médico trata de acidentes de uma guerra verdadeira; tem que se preocupar com realidades psíquicas, mesmo não podendo enquadrá-las numa definição científica. Por isso nenhum compêndio ensina psicologia — só se chega a aprendê-la por meio da experiência prática e objetiva.

Essas observações tornam-se claras quando examinamos certos símbolos bastante conhecidos.

A cruz da religião cristã, por exemplo, é um símbolo dos mais significativos e que expressa uma profusão de aspectos, ideias e emoções; mas uma cruz ao lado de um nome, em uma lista, indica simplesmente que aquela pessoa está morta. O falo é um símbolo universal da religião hindu, mas se um menino de rua desenha um pênis na parede, está simplesmente traduzindo o interesse que o sexo lhe desperta. Pelo fato de as fantasias da infância e da adolescência

À direita, o desenho de uma árvore (com o sol em cima), feito por uma criança. A árvore é um dos melhores exemplos de um motivo que aparece com frequência nos sonhos (e em outras situações) e que pode ter uma variedade incrível de significados: pode simbolizar evolução, crescimento físico ou maturidade psicológica. Também pode significar sacrifício ou morte (a crucificação de Cristo em uma árvore). Poderá representar um símbolo fálico, e ainda várias outras coisas. Outros motivos comuns aos sonhos, como a cruz (abaixo) ou o linga (abaixo, à direita), também podem ter uma vasta série de significados simbólicos.

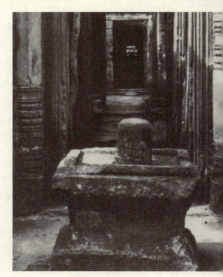

CHEGANDO AO INCONSCIENTE

continuarem a se manifestar na vida adulta é que em muitos sonhos existem, indiscutivelmente, alusões sexuais. Seria um absurdo emprestar-lhes qualquer outra significação. Mas quando um eletricista fala de tomada macho e tomada fêmea seria ridículo supor que ele está se entregando a excitantes fantasias da adolescência; está apenas utilizando termos coloridos e descritivos do seu material de trabalho. Quando um hindu de boa cultura conversa conosco a respeito do linga (o falo que representa, na mitologia hindu, o deus Shiva), vamos vê-lo evocar coisas a que nós, ocidentais, jamais associaríamos à ideia de um pênis. O linga não é somente uma insinuação obscena; como também a cruz não é um simples símbolo de morte. Tudo depende muito da maturidade da pessoa que produziu aquela imagem no seu sonho.

A interpretação de sonhos e de símbolos requer inteligência, não pode ser transformada em um sistema mecânico que vai, depois, servir de recheio a cérebros desprovidos de imaginação. Pede tanto um conhecimento progressivo da individualidade de quem sonhou quanto uma crescente percepção da parte de quem interpreta o sonho. Ninguém com suficiente experiência nesse campo poderá negar a existência de normas práticas bastante úteis, mas que devem ser aplicadas com inteligência e prudência. Pode-se seguir as mais acertadas regras teóricas e, no entanto, atolar-se nos mais espantosos contrassensos, simplesmente porque se descuidou de um detalhe aparentemente inútil que uma inteligência mais perspicaz não teria deixado escapar. Mesmo um homem altamente intelectualizado pode cometer grandes enganos por falta de intuição ou de sensibilidade.

Quando nos esforçamos para compreender os símbolos, confrontamo-nos não só com o próprio símbolo, mas com a totalidade do indivíduo que o produziu. Nessa totalidade inclui-se um estudo do seu universo cultural, processo que acaba por preencher muitas das lacunas da nossa própria educação. Estabeleci como regra particular considerar cada caso uma proposição inteiramente nova, sobre a qual começo um trabalho de quase alfabetização. Os efeitos da rotina podem ser práticos e úteis enquanto se está na superfície de um caso, mas logo que se chega aos seus problemas vitais é a própria vida que entra em primeiro plano, e até as mais brilhantes premissas nada mais são que palavras totalmente ineficazes.

Imaginação e intuição são auxiliares indispensáveis ao nosso entendimento. E, apesar de a opinião popular afirmar que são requisitos valiosos sobretudo para poetas e artistas e que não são recomendáveis para o "bom senso", a verdade é que são igualmente vitais em todos os altos escalões da ciência. Exercem nesse campo um papel de importância sempre crescente, que suplementa o da inteligência "racional" na sua aplicação a problemas específicos.

Mesmo a física, a mais rigorosa das ciências aplicadas, depende em proporção impressionante da intuição, que age por meio do inconsciente (apesar de ser possível reconstituir depois o processo lógico que teria alcançado os mesmos resultados da intuição).

A intuição é um elemento quase indispensável na interpretação dos símbolos, que, graças a ela, são muitas vezes imediatamente percebidos pelo sonhador. Mas enquanto do ponto de vista subjetivo esse "palpite" feliz pode ser muito convincente, também poderá revelar-se bastante perigoso, pois é capaz de levar o paciente, com facilidade, a um falso sentimento de segurança. Pode estimular, por exemplo, tanto quem sonha como quem interpreta o sonho a prolongar uma relação agradável e relativamente fácil, encaminhando-a para uma espécie de sonho mútuo. A base sólida de um conhecimento intelectual verdadeiro e de uma compreensão moral autêntica perde a sua força se o analista contentar-se com a vaga satisfação que lhe vai dar o "palpite" certo. Só se pode verdadeiramente *conhecer* e *explicar* algo quando se reduzem as intuições a uma apreciação exata dos fatos e das suas conexões lógicas.

Um investigador honesto terá de admitir que nem sempre é possível uma tal redução, mas será desonesto de sua parte não ter isso sempre presente no espírito. O cientista também é um ser humano. Por isso, é natural que também ele deteste coisas a que não consegue dar explicação. É uma ilusão comum acreditarmos que o que sabemos hoje é tudo o que poderemos saber sempre. Nada é mais vulnerável que uma teoria científica — apenas uma tentativa efêmera para explicar fatos e nunca uma verdade eterna.

A FUNÇÃO DOS SÍMBOLOS

QUANDO UM PSICANALISTA se interessa por símbolos, ocupa-se, em primeiro lugar, dos símbolos *naturais*, distintos dos símbolos *culturais*. Os primeiros são derivados dos conteúdos inconscientes da psique e, portanto, representam um número imenso de variações das imagens arquetípicas essenciais. Em alguns casos pode-se chegar às suas origens mais arcaicas — isto é, a ideias e imagens que vamos encontrar nos mais antigos registros e nas mais primitivas sociedades. Os símbolos culturais, por outro lado, são aqueles que foram empregados para expressar "verdades eternas" e que ainda são utilizados em muitas religiões. Passaram por inúmeras transformações e mesmo por um longo processo de elaboração mais ou menos consciente, tornando-se assim imagens coletivas aceitas pelas sociedades civilizadas.[5]

Esses símbolos culturais guardam, no entanto, muito da sua numinosidade ou "magia" original. Sabe-se que podem evocar reações emotivas profundas em algumas pessoas, e esta carga psíquica os faz funcionar um pouco como os preconceitos. São um fator que deve ser levado em conta pelos psicólogos. Seria insensato rejeitá-los pelo fato de, em termos racionais, parecerem absurdos ou despropositados. Constituem-se em elementos importantes da nossa estrutura mental e são forças vitais na edificação da sociedade. Erradicá-los

Seres mitológicos antigos são, agora, curiosidades de museu (acima, à esquerda). Mas os arquétipos que exprimiam não perderam o seu poder de atingir as mentes humanas. Talvez os monstros dos filmes de horror modernos (acima, à direita) sejam versões distorcidas de arquétipos já não mais reprimidos.

seria uma grave perda. Quando reprimidos ou descurados, a sua energia específica desaparece no inconsciente com incalculáveis consequências. Essa energia psíquica que parece ter assim se dispersado vai, de fato, servir para reviver e intensificar o que quer que predomine no inconsciente — tendências, talvez, que até então não tivessem encontrado oportunidade de se expressar ou, pelo menos, de serem autorizadas a levar uma existência desinibida no consciente.

Essas tendências formam no consciente uma "sombra", sempre presente e potencialmente destruidora. Mesmo aquelas que poderiam, em certas circunstâncias, exercer uma influência benéfica, são transformadas em demônios quando reprimidas. É por isso que muita gente bem-intencionada tem um receio bastante justificado do inconsciente e, incidentalmente, da psicologia.

A época em que vivemos tem demonstrado o que acontece quando se abrem as portas desse mundo subterrâneo. Fatos cuja brutalidade ninguém poderia imaginar na inocência idílica da primeira década do nosso século ocorreram e viraram o mundo às avessas. E desde então a humanidade sofre de esquizofrenia. Não só a civilizada Alemanha vomitou todo o seu terrível primarismo, mas é ele também que domina a Rússia, enquanto a África se incendeia. Não é de espantar que o mundo ocidental se sinta inquieto.

O homem moderno não entende quanto o seu "racionalismo" (que lhe destruiu a capacidade de reagir a ideias e símbolos numinosos) o deixou à mercê do "submundo" psíquico. Libertou-se das "superstições" (ou pelo menos pensa tê-lo feito), mas nesse processo perdeu seus valores espirituais em escala positivamente alarmante. Suas tradições morais e espirituais desintegraram-se e, por isso, paga agora um alto preço em termos de desorientação e dissociação universais.

Os antropólogos descreveram, muitas vezes, o que acontece a uma sociedade primitiva quando seus valores espirituais sofrem o impacto da civilização moderna. Sua gente perde o sentido da vida, sua organização social se desintegra e os próprios indivíduos entram em decadência moral. Encontramo-nos agora em condições idênticas. Mas na verdade não chegamos nunca a compreender a natureza do que perdemos, pois os nossos líderes espirituais, infelizmente, preocuparam-se mais em proteger suas instituições do que em entender o mistério que os símbolos representam. Na minha opinião, a fé não exclui a reflexão (a arma mais forte do homem); mas, infortunadamente, numerosas pessoas religiosas parecem ter tamanho medo da ciência (e, incidentalmente, da psicologia) que se conservam cegas a essas forças psíquicas numinosas que regem, desde sempre, os destinos do homem. Despojamos todas as coisas do seu mistério e da sua numinosidade; e nada mais é sagrado.

Em épocas remotas, quando conceitos instintivos ainda se avolumavam no espírito do homem, a sua consciência podia, certamente, integrá-los numa disposição psíquica coerente. Mas o homem "civilizado" já não consegue fazer isso. Sua "avançada" consciência privou-se dos meios de assimilar as contribuições complementares dos instintos e do inconsciente. E esses meios de assimilação e integração eram justamente os símbolos numinosos tidos como sagrados por um consenso geral.

Hoje, por exemplo, fala-se de "matéria". Descrevemos suas propriedades físicas. Realizamos experiências de laboratório para demonstrar alguns de seus aspectos. Mas a palavra "matéria" permanece um conceito seco, inumano e puramente intelectual, e que para nós não tem qualquer significação psíquica. Como era diferente a imagem primitiva da matéria — a Mãe Grande — que podia conter e expressar todo o profundo sentido emocional da Mãe Terra! Do mesmo modo, o que era "espírito" identifica-se, atualmente, com intelecto, e assim deixa de ser o Pai de Todos; degenerou-se até chegar aos limitados pensamentos egocêntricos do homem. A imensa energia emocional expressa na imagem do "Pai Nosso" desvanece-se na areia de um verdadeiro deserto intelectual.

Esses dois princípios arquetípicos são os fundamentos de sistemas opostos no Ocidente e no Oriente. As massas humanas e seus dirigentes não se

Quando reprimidos, os conteúdos inconscientes da mente podem irromper de maneira destrutiva sob a forma de emoções negativas — como na Segunda Grande Guerra. À esquerda, prisioneiros judeus em Varsóvia, depois do levante de 1943; ao lado, pilhas de sapatos dos mortos de Auschwitz.

dão conta, no entanto, de que não há diferença substancial entre batizar o princípio do mundo com o termo masculino *pai* (espírito) como acontece no Ocidente, ou batizá-lo com o termo feminino *mãe* (matéria), como o fazem os comunistas. Essencialmente, sabemos tão pouco de um quanto de outro. Antigamente, esses princípios eram cultuados com toda espécie de rituais que, ao menos, mostravam quanto significavam psiquicamente para o homem. Agora tornaram-se meros conceitos abstratos.

À medida que aumenta o conhecimento científico, diminui o grau de humanização do nosso mundo. O homem sente-se isolado no cosmos porque, já não estando envolvido com a natureza, perdeu a sua "identificação emocional inconsciente" com os fenômenos naturais. E estes, por sua vez, perderam aos poucos as suas implicações simbólicas. O trovão já não é a voz de um deus irado nem o raio o seu projétil vingador. Nenhum rio abriga mais um espírito, nenhuma árvore é o princípio de vida do homem, serpente alguma encarna a sabedoria e nenhuma caverna é habitada por demônios. Pedras, plantas e animais já não têm vozes para falar ao homem, e ele não se dirige mais a eles na presunção de que possam entendê-lo. Acabou-se o seu contato com a natureza, e com ele foi-se também a profunda energia emocional que esta conexão simbólica alimentava.

Essa enorme perda é compensada pelos símbolos dos nossos sonhos. Eles nos revelam nossa natureza original com seus instintos e sua maneira peculiar de raciocínio. Lamentavelmente, no entanto, expressam os seus conteúdos na própria linguagem da natureza, que, para nós, é estranha e incompreensível.

À esquerda, aborígines da Austrália, desagregados desde que perderam sua crença religiosa, devido ao contato com a civilização ocidental. Esses povos, agora, contam apenas com poucas centenas de indivíduos.

Somos, assim, obrigados a traduzir essa linguagem em conceitos e palavras racionais do vocabulário moderno, que se libertou de todos os seus embaraços primitivos — notadamente da sua participação mística com as coisas que descreve. Hoje em dia, quando falamos em fantasmas e em outras figuras sobrenaturais, já não os evocamos. Essas palavras, que já foram tão convincentes, perderam tanto o seu poder quanto a sua glória. Deixamos de acreditar em fórmulas mágicas; restaram-nos poucos tabus e restrições semelhantes; e nosso mundo parece ter sido saneado de todos estes numes "supersticiosos", tais como feiticeiras, bruxas e duendes, para não falarmos nos lobisomens, vampiros, almas do mato e todos os seres bizarros que povoavam as florestas primitivas.

Para sermos mais exatos, parece que a superfície do globo foi purgada de todo e qualquer elemento irracional e supersticioso. Agora, se o nosso verdadeiro mundo interior (e não a imagem fictícia que dele fazemos) também está liberto de todo esse primitivismo, é uma outra questão. O número 13, por exemplo, não continua a ser um tabu para muita gente? E quantas pessoas ainda são dominadas por preconceitos irracionais, por projeções e ilusões infantis? Um quadro realista da mente humana revela que ainda subsistem muitos desses traços primitivos agindo como se nada tivesse acontecido nos últimos quinhentos anos.

É essencial examinarmos bem esse ponto. O homem moderno é, na verdade, uma curiosa mistura de características adquiridas ao longo de uma evolução mental milenária. E é desse ser, resultante da associação homem-símbolos, que temos de nos ocupar, inspecionando sua mente com extremo cuidado. O ceticismo e a convicção científica coexistem nele, juntamente com preconceitos ultrapassados, hábitos de pensar e sentir obsoletos, erros obstinados e uma ignorância cega.

São esses seres humanos, nossos contemporâneos, os produtores dos símbolos que cabe a nós, psicólogos, investigar. Para explicar esses símbolos e o significado deles, é vital estabelecermos se as suas representações acham-se ligadas a experiências puramente pessoais ou se foram particularmente escolhidas pelo sonho de uma reserva de conhecimentos gerais conscientes.

Tomemos como exemplo um sonho em que figure o número 13. A primeira questão é saber se quem sonhou acredita no caráter agourento do número ou se o sonho refere-se apenas a pessoas que ainda têm essa superstição. A resposta faz grande diferença para a interpretação. No primeiro caso será preciso levar em conta que o indivíduo está ainda sob a magia do 13 agourento e, portanto, vai sentir desconforto se hospedado no quarto número 13 de um hotel, ou sentando-se à mesa com 13 pessoas. No último caso, o 13 não significará, talvez, nada mais que uma observação descortês ou agressiva. O sonhador supersticioso ainda sofre a magia do 13, o sonhador mais "racional" já despiu o 13 da sua tonalidade emotiva original.

Esse exemplo mostra a maneira pela qual os arquétipos aparecem na experiência prática: são ao mesmo tempo imagem e emoção; e só podemos nos referir a arquétipos quando esses dois aspectos se apresentam simultaneamente. Quando existe apenas a imagem, ela equivale a uma descrição de pouca importância. Mas quando carregada de emoção, a imagem ganha numinosidade (ou energia psíquica) e torna-se dinâmica, acarretando várias consequências.

Sei que é difícil apreender esse conceito, já que estou tentando descrever com palavras uma coisa que, por natureza, não permite definição precisa. Mas como muitas pessoas pretendem tratar os arquétipos como se fossem parte de um sistema mecânico, que se pode aprender de cor, é importante explicar que não são simples nomes ou conceitos filosóficos. São porções da própria vida — imagens integralmente ligadas ao indivíduo através de uma verdadeira ponte de emoções. Por isso é impossível dar a qualquer arquétipo uma interpretação arbitrária (ou universal); ele precisa ser explicado de acordo com as condições totais de vida daquele determinado indivíduo a quem o arquétipo se relaciona.

Assim, no caso de um cristão devoto, o símbolo da cruz só deve ser interpretado no seu contexto cristão — a não ser que o sonho forneça uma razão muito forte para que se busque outra orientação. E, mesmo nesse caso, deve-se ter em mente o sentido cristão específico. Evidentemente, não se pode dizer que, em qualquer tempo ou circunstância, o símbolo da cruz terá a mesma significação. Se fosse assim, perderia sua numinosidade e vitalidade para ser apenas uma simples palavra.

Aqueles que não percebem o tom de sensibilidade especial do arquétipo vão deparar-se apenas com um amontoado de conceitos mitológicos que podem evidentemente ser juntados para provar que todas as coisas, afinal, têm alguma significação — ou nenhuma. Todos os cadáveres do mundo são quimicamente idênticos, mas o mesmo não acontece com o indivíduo vivo. Os arquétipos só adquirem expressão quando se tenta descobrir, pacientemente, por que e de que maneira eles têm significação para um determinado indivíduo vivo.

As palavras tornam-se fúteis quando não se sabe o que representam, e isso se aplica especialmente à psicologia, em que se fala tanto de arquétipos como a *anima* e o *animus*, o homem sábio, a Mãe Grande etc. Pode-se saber tudo a respeito de santos, de sábios, de profetas, de todos os homens-deuses e de todas as mães-deusas adoradas mundo afora. Mas se são meras imagens, cujo poder numinoso nunca experimentamos, será o mesmo que se falar como num sonho, pois não se sabe do que se fala. As próprias palavras que usamos serão vazias e destituídas de valor. Elas só ganham sentido e vida quando se tenta levar em

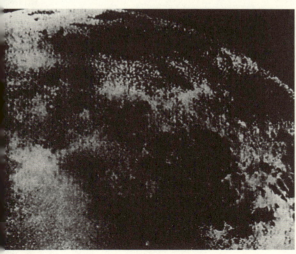

Os antigos chineses associavam a Lua com a deusa Kwan-Yin (acima). Outras sociedades também personificaram a Lua como divindade. E apesar do arrojo espacial de hoje nos ter demonstrado que ela é apenas uma bola com crateras sujas (à esquerda), conservamos traços de uma atitude arquetípica na associação que fazemos da Lua com o romance e o amor.

conta a sua numinosidade, isto é, a sua relação com o indivíduo vivo. Apenas então começa-se a compreender que todos aqueles nomes significam muito pouco — tudo o que importa é a maneira como estão *relacionados* conosco.

A função criadora de símbolos oníricos é, assim, uma tentativa de trazer a mente original do homem a uma consciência "avançada" ou esclarecida que até então lhe era desconhecida e onde, consequentemente, nunca existira qualquer reflexão autocrítica. Num passado distante, essa mente original era *toda* a personalidade do homem. À medida que ele desenvolveu a sua consciência é que sua mente foi perdendo contato com uma porção daquela energia psíquica primitiva. A mente consciente, portanto, jamais conheceu aquela mente original, rejeitada no próprio processo de desenvolvimento dessa consciência diferenciada, a única capaz de perceber tudo isso.

Ainda assim parece que aquilo que chamamos de inconsciente guardou as características primitivas que faziam parte da mente original. É a essas características que os símbolos dos sonhos quase sempre se referem, como se o inconsciente procurasse ressuscitar tudo aquilo de que a mente se livrara no seu processo evolutivo — ilusões, fantasias, formas arcaicas de pensamento, instintos básicos etc.

Isso explica a resistência, mesmo o medo, que muitas vezes as pessoas sentem de se aproximar de qualquer coisa que diga respeito ao inconsciente. Esses conteúdos sobreviventes não são neutros ou apáticos; ao contrário, estão de tal maneira carregados de energia que às vezes não se limitam a causar mal-estar, chegando a provocar um medo real. E quanto mais reprimidos, mais se irradiam pela personalidade inteira, sob a forma de neurose.

Essa energia psíquica é que lhes dá importância tão significativa. É como se um homem, tendo atravessado um período de inconsciência, de repente

No inconsciente de uma criança podemos ver o poder (e a universalidade) dos símbolos arquetípicos. Um desenho de uma criança de sete anos (à esquerda) — um sol imenso afugentando aves escuras, os demônios da noite — revela a atmosfera do verdadeiro mito. Crianças que brincam dançam espontaneamente (à direita) numa forma de expressão tão natural quanto as danças cerimoniais primitivas. O folclore antigo ainda existe nos "ritos" infantis. Por exemplo, as crianças de toda a Grã-Bretanha (e também de outros lugares) acreditam que dá sorte encontrar um cavalo branco, um notório símbolo de vida. A deusa celta da criação, Epona, mostrada aqui montando um cavalo (à extrema direita), foi também muitas vezes representada sob a forma de uma égua branca.

descobrisse que há um hiato na sua memória durante o qual lhe parece terem acontecido coisas importantes de que não se pode lembrar. Na medida em que acredita que a psique é um assunto estritamente pessoal (e é nisso que geralmente se crê), esse homem vai tentar recuperar as suas lembranças de infância, aparentemente perdidas. Mas esses hiatos nas suas recordações de criança são apenas sintomas de uma perda muito maior — a perda da psique primitiva.

Assim como a evolução do embrião reproduz as etapas da pré-história, também a mente se desenvolve por uma série de etapas pré-históricas. A tarefa principal dos sonhos é trazer de volta uma espécie de "reminiscência" da pré-história e do mundo infantil no nível dos nossos instintos mais primitivos. Em certos casos tais reminiscências podem exercer um efeito terapêutico notável, como Freud já assinalou há muito tempo. Essa observação confirma o ponto de vista de que um hiato nas lembranças da infância (a chamada amnésia) representa uma perda importante, e sua recuperação pode trazer acentuada melhoria de vida e bem-estar.

Por uma criança ser fisicamente pequena e seus pensamentos conscientes poucos e simples, não avaliamos as extensas complicações da sua mente infantil, fundamentadas na sua identidade original com a psique pré-histórica. Essa "mente original" está tão presente e ativa na criança quanto as fases evolutivas da humanidade no seu corpo embrionário. Se o leitor se recorda do que contamos anteriormente a respeito dos incríveis sonhos que uma criança dera de presente ao pai, poderá compreender bem o que queremos dizer.

Na amnésia infantil encontramos estranhos fragmentos mitológicos que, muitas vezes, aparecem também em psicoses ulteriores. Imagens desse tipo são altamente numinosas e, portanto, muito importantes. Quando tais reminiscências reaparecem na vida adulta, podem, em alguns casos, ocasionar

profundos distúrbios psicológicos, enquanto em outros possibilitam, por vezes, milagrosas curas ou conversões religiosas. Muitas vezes trazem de volta porções há muito desaparecidas de nossas vidas, enriquecendo e dando novo sentido à existência humana.

Reminiscências de memórias da infância e a reprodução de comportamentos psíquicos, expressos por meio de arquétipos, podem alargar nossos horizontes e aumentar o campo da nossa consciência — sob a condição de que os conteúdos readquiridos sejam assimilados e integrados na mente consciente. Como não são elementos neutros, a sua assimilação vai modificar a personalidade do indivíduo, já que também eles vão sofrer algumas alterações. Nesse estado, que chamamos de "o processo da individuação" (que a dra. M.-L. von Franz vai descrever mais adiante), a interpretação dos símbolos exerce um papel prático de muita importância, pois os símbolos representam tentativas naturais na reconciliação e união dos elementos antagônicos da psique.

Naturalmente, apenas constatar a existência dos símbolos e depois afastá-los da mente não teria resultado algum e simplesmente restabeleceria o antigo estado neurótico, destruindo uma tentativa de síntese. Mas infelizmente as poucas pessoas que não negam a existência de arquétipos os tratam quase invariavelmente como simples palavras, esquecendo-se da sua realidade viva. Quando então a sua numinosidade é assim (ilegitimamente) afastada, tem início um processo ilimitado de substituições — em outras palavras, escorrega-se facilmente de um arquétipo para outro, tudo querendo significar tudo. É bem verdade que as formas dos arquétipos são, em grande proporção, permutáveis. Mas a sua numinosidade é e se mantém um fato, e constitui o *valor* real de um acontecimento arquetípico.

Esse valor emocional deve ser lembrado e observado em todo processo de interpretação dos sonhos. É facílimo perdermos contato com ele, uma vez que pensar e sentir são operações tão diametralmente opostas que uma exclui a outra quase automaticamente. A psicologia é a única ciência que precisa levar em conta o fator *valor* (isto é, o sentimento), pois ele é o elemento de ligação entre as ocorrências físicas e a vida. Por isso acusam-na tanto de não ser científica: seus críticos não compreenderam a necessidade prática e científica de se dar a devida atenção ao sentimento.

CURANDO A DISSOCIAÇÃO

NOSSO INTELECTO CRIOU UM NOVO MUNDO que domina a natureza e ainda a povoou de máquinas monstruosas. Essas máquinas são tão incontestavelmente úteis que nem podemos imaginar a possibilidade de nos descartarmos delas ou de escapar à subserviência a que nos obrigam. O homem não resiste às solicitações aventurosas de sua mente científica e inventiva nem cessa de se parabenizar pelas suas esplêndidas conquistas. Ao mesmo tempo, sua genialidade revela uma misteriosa tendência a inventar coisas cada vez mais perigosas, que representam instrumentos cada vez mais eficazes de suicídio coletivo.

Em vista da crescente e súbita avalanche de nascimentos, o homem já começou a buscar meios e modos de controlar essa explosão demográfica. Mas a natureza pode vir a antecipar essa tarefa, voltando contra ele as suas próprias criações. A bomba de hidrogênio, por exemplo, seria um freio seguro para o aumento de população. A despeito da nossa orgulhosa pretensão de dominar a natureza, ainda somos suas vítimas, pois não aprendemos nem a nos dominar. Atraímos o desastre de maneira lenta, mas que nos parece fatal.

Já não existem deuses cuja ajuda podemos invocar. As grandes religiões padecem de uma crescente anemia, pois as divindades prestimosas já fugiram dos bosques, dos rios, das montanhas e dos animais, e os homens-deuses desapareceram no mais profundo do nosso inconsciente. Iludimo-nos julgando que lá no inconsciente levam uma vida humilhante entre as relíquias do nosso passado. Nossas vidas são agora dominadas por uma deusa, a Razão, que é a nossa ilusão maior e mais trágica. É com a ajuda dela que acreditamos ter "conquistado a natureza".

Essa expressão é um simples slogan, pois essa pretensa conquista nos oprime com o fenômeno natural da superpopulação e ainda acrescenta aos nossos problemas uma total incapacidade psicológica de realizarmos os acordos políticos que se fazem necessários. Continuamos a achar natural que homens briguem e lutem com o objetivo de afirmar cada um a sua superioridade sobre o outro. Como pensar, então, em "conquista da natureza"?

Como toda mudança deve, forçosamente, começar em alguma parte, será o indivíduo isoladamente que terá de tentar e experimentar levá-la adiante. Essa

Na página anterior, em cima, a maior cidade do século XX — Nova York. Abaixo, o fim de uma outra cidade — Hiroshima, em 1945. Apesar de o homem julgar ter dominado a natureza, Jung chama sempre à atenção o fato de ele ainda não ter conseguido controlar a *sua própria* natureza.

CHEGANDO AO INCONSCIENTE

mudança só pode principiar, realmente, em um só indivíduo, que poderá ser qualquer um de nós.Ninguém tem o direito de ficar olhando à sua volta, à espera de que alguma outra pessoa faça aquilo que ele mesmo não está disposto a fazer.

Mas como ninguém parece saber o que fazer, talvez valha a pena que cada um de nós se pergunte se, por acaso, o seu inconsciente conhece alguma coisa que possa ser útil a todos nós. A mente consciente, decididamente, parece incapaz de nos ajudar. O homem hoje dá-se conta dolorosamente de que nem as suas grandes religiões nem as suas várias filosofias parecem capazes de lhe fornecer aquelas ideias enérgicas e dinâmicas que lhe dariam a segurança necessária para enfrentar as atuais condições do mundo.

Sei bem o que haveriam de dizer os budistas: as coisas andariam bem se as pessoas seguissem "a nobre trilha óctupla" do *Dharma* (lei, doutrina) e compreendessem verdadeiramente o *self* (ou *si mesmo*). Já os cristãos afirmam que, se as pessoas tivessem fé em Deus, teríamos um mundo melhor. Os racionalistas insistem que se as pessoas fossem inteligentes e ponderadas, todos os nossos problemas seriam controlados. A verdadeira dificuldade é que nenhum desses pensamentos trata de resolver os problemas pessoalmente.

Os cristãos muitas vezes perguntam por que Deus não se dirige a eles, como se acredita que fazia em tempos passados. Quando ouço esse tipo de questionamento lembro-me sempre do rabi a quem perguntaram por que ninguém mais hoje em dia vê Deus, quando no passado Ele aparecia às pessoas com tanta frequência. Resposta do rabi: "É que hoje em dia já não mais existe gente capaz de curvar-se o bastante".

Resposta absolutamente certa. Estamos tão fascinados e envolvidos por nossa consciência subjetiva que nos esquecemos do fato milenar de que Deus nos fala sobretudo através de sonhos e visões. O budista despreza o mundo das fantasias inconscientes considerando-as ilusões inúteis; o cristão coloca sua Igreja e sua Bíblia entre ele próprio e o seu inconsciente; e o racionalista ainda nem admite que a sua consciência não é o total da sua psique. Esse tipo de ignorância continua a existir apesar de o inconsciente ser, há mais de setenta anos, um conceito científico básico e indispensável a qualquer investigação psicológica séria.

Não podemos mais nos permitir uma atitude de "Deus Todo-Poderoso", elegendo-nos juízes dos méritos ou das desvantagens dos fenômenos naturais. Não baseamos nossos conhecimentos de botânica na ultrapassada classificação de plantas úteis e inúteis, ou os de zoologia na ingênua distinção entre animais inofensivos e perigosos. Mas, complacentemente, continuamos a admitir que consciência é razão e inconsciência é contrassenso. Em qualquer outra ciência tal critério faria rir, tal a sua improcedência. Os micróbios, por exemplo, são razoáveis ou absurdos?

Seja o que for o inconsciente, sabe-se que é um fenômeno natural que produz símbolos comprovadamente relevantes. Não podemos esperar que alguém que nunca tenha olhado através de um microscópio seja uma autoridade em micróbios. Do mesmo modo, quem não fez um estudo sério a respeito dos símbolos naturais não pode ser considerado juiz competente do assunto. Mas a depreciação geral da alma humana é de tal extensão que nem as grandes religiões, nem as várias filosofias, nem o racionalismo científico se dispõem a um estudo mais profundo.

Apesar de a Igreja Católica admitir a ocorrência dos *somnia a Deo missa* (sonhos enviados por Deus), a maioria dos seus pensadores não faz um esforço sério para compreender os sonhos. Duvido que exista um tratado ou uma doutrina protestante que se rebaixe a ponto de aceitar a possibilidade de a *vox Dei* ser percebida em algum sonho. Mas se o teólogo acredita mesmo na existência de Deus, com que autoridade pode afirmar que Deus é incapaz de nos falar por meio dos sonhos?

Passei mais de meio século investigando os símbolos naturais e cheguei à conclusão de que tanto os sonhos quanto seus símbolos não são fenômenos inconsequentes ou desprovidos de sentido. Ao contrário, os sonhos fornecem as mais interessantes revelações a quem quiser se dar ao trabalho de entender a sua simbologia. O resultado, é bem verdade, pouco tem a ver com problemas cotidianos como vender ou comprar. Mas o sentido da vida não está de todo explicado pela nossa atividade econômica nem os anseios mais íntimos do coração humano são atendidos por uma conta bancária.

Nesse período da história humana, em que toda a energia disponível é dedicada ao estudo e à investigação da natureza, dedica-se pouquíssima atenção à essência do homem — a sua psique —, enquanto multiplicam-se as pesquisas sobre as suas funções conscientes. No entanto, as regiões verdadeiramente complexas e desconhecidas da mente, onde são produzidos os símbolos, ainda continuam virtualmente inexploradas. E é incrível que, apesar de recebermos quase todas as noites sinais enviados por essas regiões, pareça tão tedioso decifrá-los, e que poucas pessoas se tenham preocupado com o assunto. O mais importante instrumento do homem, a sua psique, recebe pouca atenção e é muitas vezes tratado com desconfiança e desprezo. "É apenas psicológico" é uma expressão que significa, habitualmente: "Não é nada".

De onde exatamente veio esse imenso preconceito? Estivemos sempre tão manifestamente ocupados com o que pensamos que nos esquecemos por completo de indagar o que pensará a nosso respeito a psique inconsciente. As ideias de Sigmund Freud vieram acentuar, em muitas pessoas, o desdém existente com relação à psique. Antes dele rejeitava-se e ignorava-se sua existência; agora a psique tornou-se uma espécie de depósito onde se despeja tudo que a moral refuga.

Esse ponto de vista moderno é, certamente, unilateral e injusto. Nosso conhecimento atual do inconsciente revela que ele é um fenômeno natural e, tal como a própria natureza, pelo menos *neutro*. Nele encontramos todos os aspectos da natureza humana — a luz e a sombra, o belo e o feio, o bom e o mau, a profundidade e a tolice. O estudo do simbolismo individual e do coletivo é tarefa gigantesca e que ainda não foi vencida. Mas ao menos já existe um trabalho inicial. Os primeiros resultados são encorajadores e parecem oferecer resposta às muitas perguntas — até então sem nenhuma réplica — que se fazem à humanidade de hoje.

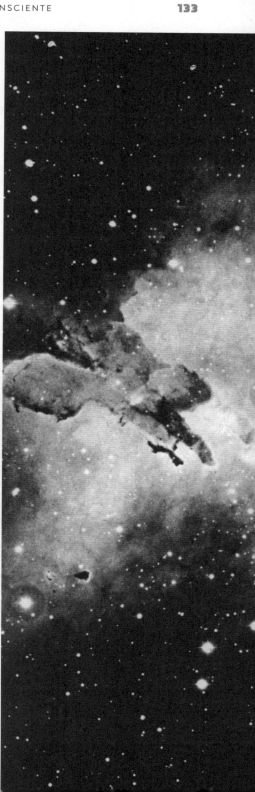

Acima, *Filósofo com livro aberto*, de Rembrandt (1633). Esse velho, parecendo estar voltado para dentro de si mesmo, exprime bem a convicção de Jung de que cada um de nós deve explorar o seu próprio inconsciente. O inconsciente não pode ser ignorado; ele é natural, ilimitado e poderoso como as estrelas.

OS MITOS ANTIGOS E O HOMEM MODERNO

Joseph L. Henderson

Máscara cerimonial de uma ilha da Nova Irlanda (Nova Guiné).

OS SÍMBOLOS ETERNOS

A HISTÓRIA ANTIGA DO HOMEM está sendo redescoberta de maneira significativa por meio dos mitos e das imagens simbólicas que lhe sobreviveram. À medida que os arqueólogos pesquisam mais profundamente o passado, vamos atribuindo menos valor aos acontecimentos históricos do que a estátuas, desenhos, templos e línguas que nos contam velhas crenças. Outros símbolos também nos têm sido revelados pelos filósofos e historiadores religiosos, que traduzem essas crenças em conceitos modernos inteligíveis que, por sua vez, adquirem vida graças aos antropólogos. Esses últimos nos mostram que as mesmas formas simbólicas podem ser encontradas, sem sofrer qualquer mudança, nos ritos ou nos mitos de pequenas sociedades ainda existentes nas fronteiras da nossa civilização.

Todas essas pesquisas contribuíram imensamente para corrigir a atitude unilateral de pessoas que afirmam que tais símbolos pertencem a povos antigos ou a povos contemporâneos "atrasados" e, portanto, alheios às complexidades da vida moderna. Em Londres ou em Nova York é fácil repudiar os ritos de fecundidade do homem neolítico como simples superstições arcaicas. Se alguém diz ter tido uma visão ou ouvido vozes, não será tratado como santo ou como oráculo: dirão que está com um distúrbio mental. Ainda lemos os mitos dos antigos gregos ou dos indígenas americanos, mas não conseguimos

descobrir qualquer relação entre essas histórias e nossa própria atitude para com os "heróis" ou os inúmeros acontecimentos dramáticos de hoje.

No entanto, as conexões existem. E os símbolos que as representam não perderam importância para a humanidade.

Foi a Escola de Psicologia Analítica do dr. Jung que, nos nossos dias, mais contribuiu para a compreensão e reavaliação desses símbolos eternos. Ajudou a eliminar a distinção arbitrária entre o homem primitivo, para quem os símbolos são parte natural do cotidiano, e o homem moderno, que, aparentemente, não lhes encontra nenhum sentido ou aplicação.

Na página ao lado, uma cerimônia simbólica da Antiguidade sob sua forma contemporânea: o astronauta norte-americano John Glenn desfila em Washington depois de sua viagem em torno da Terra, em 1962 — exatamente como um herói antigo no seu vitorioso retorno à pátria.

Abaixo, à esquerda, uma escultura em forma de cruz de uma deusa grega da fertilidade (datada de por volta do ano 2500 a.C.). Ao centro, reprodução (vista de dois ângulos) de uma cruz de pedra escocesa do século XII, onde foram mantidos certos elementos femininos do paganismo: os "seios" da barra transversal. À direita, outro arquétipo milenar renasce sob nova roupagem: um cartaz russo para um festival "ateu" da Páscoa, substituindo a festa cristã — como também a Páscoa cristã foi sobreposta a antigos ritos de solstício pagãos.

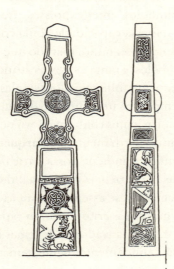

Como o dr. Jung assinalou no capítulo anterior, a mente humana tem sua história própria e a psique retém muitos traços dos estágios anteriores da sua evolução. Mais ainda, os conteúdos do inconsciente exercem sobre a psique uma influência formativa. Podemos, conscientemente, ignorar a sua existência, mas inconscientemente reagimos a eles, assim como o fazemos às formas simbólicas — incluindo os sonhos — por meio das quais se expressam.

O indivíduo pode ter a impressão de que seus sonhos são espontâneos e sem conexão. Mas o analista, ao fim de um longo período de observação, consegue constatar uma série de imagens oníricas com estrutura significativa. Se o paciente chegar a compreender o sentido de tudo isso poderá, eventualmente, mudar sua atitude para com a vida. Alguns desses símbolos oníricos provêm daquilo que o dr. Jung chamou de "inconsciente coletivo" — isto é, a parte da psique que retém e transmite a herança psicológica comum da humanidade. Esses símbolos são tão antigos e tão pouco familiares ao homem moderno que ele não é capaz de compreendê-los ou assimilá-los diretamente.

É aí que o analista torna-se útil. Possivelmente o paciente precisará ser libertado de uma sobrecarga de símbolos que tenham se tornado gastos e inadequados. Ou, ao contrário, talvez necessite de ajuda para descobrir o valor permanente de algum velho símbolo que, longe de estar morto, esteja tentando renascer sob uma forma nova e atual.

Antes de o analista poder explorar eficientemente o significado dos símbolos com o paciente, ele precisa adquirir um conhecimento mais amplo das suas origens e do seu sentido, pois as analogias entre os mitos antigos e as histórias que surgem nos sonhos dos pacientes de agora não são analogias triviais nem acidentais. Existem porque a mente inconsciente do homem moderno conserva a faculdade de construir símbolos, antes expressos através das crenças e dos rituais do homem primitivo. E essa capacidade ainda continua a ter uma importância psíquica vital. Dependemos, muito mais do que imaginamos, das mensagens trazidas por esses símbolos, e tanto as nossas atitudes quanto o nosso comportamento são profundamente influenciados por elas.

Em época de guerra, por exemplo, há um aumento de interesse pelas obras de Homero, Shakespeare e Tolstoi, e lemos com uma nova percepção as passagens que dão à guerra o seu sentido permanente (ou "arquetípico"). Elas hão de evocar uma reação muito mais profunda de nossa parte do que de alguém que jamais tenha vivido a intensa experiência emocional de uma guerra. As batalhas nas planícies de Troia em nada se assemelhavam às de Agincourt ou Borodino e, no entanto, aqueles grandes escritores foram capazes de transcender as diferenças de espaço e de tempo na tradução de temas universais. E nós reagimos a esses temas porque são, fundamentalmente, temas simbólicos.

Acima, pintura japonesa em pergaminho (século XIII), representando a destruição de uma cidade; à direita, a Catedral de São Paulo, igualmente envolta em chamas e fumaça durante um ataque aéreo a Londres, na Segunda Grande Guerra. Mudam-se os métodos, através dos tempos, mas o impacto da guerra é eterno e arquetípico.

Há um exemplo ainda mais surpreendente e que deve ser familiar a todos os que nasceram numa sociedade cristã. No Natal, manifestamos a emoção íntima que nos desperta o nascimento mitológico de uma criança semidivina, apesar de não acreditarmos necessariamente na doutrina da imaculada concepção de Maria ou de possuirmos qualquer crença religiosa. Sem saber, sofremos a influência do simbolismo do renascimento. São remanescências de uma antiquíssima festa de solstício que exprime a esperança de renovação da esmaecida paisagem de inverno do hemisfério norte. Apesar de toda a nossa sofisticação, alegramo-nos com essa festa simbólica da mesma forma que, na Páscoa, nos juntamos aos nossos filhos no ritual dos ovos ou dos coelhos.

Mas será que compreendemos o que estamos fazendo ou percebemos a conexão entre a história do nascimento, morte e ressurreição de Cristo com o simbolismo folclórico da Páscoa? Normalmente nem chegamos a considerar tais assuntos merecedores de maior atenção intelectual.

No entanto, um é complemento do outro. O suplício da cruz na Sexta--Feira Santa parece, a princípio, pertencer ao mesmo tipo de simbolismo da fecundidade que vamos encontrar nos rituais de homenagem a outros "salvadores", como Osíris, Tamuz e Orfeu. Também eles tiveram nascimento divino ou semidivino, desenvolveram-se, foram mortos e ressuscitaram. Pertenciam, é verdade, a religiões cíclicas em que a morte e a ressurreição do deus-rei era um mito eternamente recorrente.

Mas a ressurreição de Cristo no Domingo de Páscoa é muito menos convincente, do ponto de vista ritual, do que o simbolismo das religiões cíclicas, pois Jesus sobe aos céus para sentar-se à direita do Pai: a sua ressurreição acontece uma só vez e não se repete.

É esse caráter final do conceito cristão da ressurreição (confirmado pela ideia do Julgamento Final, que é, também, um tema "fechado") que distingue o cristianismo dos outros mitos do deus-rei. A ocorrência dá-se uma única vez, e o ritual apenas a comemora. Esse sentido de caráter final, definitivo, será talvez uma das razões por que os primeiros cristãos, ainda influenciados por tradições anteriores, sentiam que o cristianismo deveria ser suplementado por alguns elementos dos ritos de fecundidade mais antigos. Precisavam que a promessa de ressurreição fosse sempre repetida. E é o que simbolizam o ovo e o coelho da Páscoa.[1]

Tomei dois exemplos bem diferentes para mostrar como o homem continua a reagir às profundas influências psíquicas que, conscientemente, há de rejeitar como simples lendas folclóricas de gente supersticiosa e sem cultura. Mas é preciso irmos bem longe. Quanto mais detalhadamente se estuda a história do simbolismo e do seu papel na vida das diferentes culturas, mais nos damos conta de que há também um sentido de recriação nesses símbolos.

Alguns símbolos relacionam-se com a infância e a transição para a adolescência, outros com a maturidade e outros ainda com a experiência da velhice, quando o homem está se preparando para a sua morte inevitável. O dr. Jung explicou, no Capítulo I, como os sonhos de uma menina de oito anos continham símbolos habitualmente associados à velhice. Seus sonhos apresentavam aspectos de iniciação na vida sob as mesmas formas arquetípicas que expressam iniciação na morte. Essa progressão de ideias simbólicas, no entanto, pode ocorrer na mente inconsciente do homem moderno da mesma maneira que nos rituais das sociedades do passado.

Esse elo crucial entre os mitos arcaicos ou primitivos e os símbolos produzidos pelo inconsciente é de enorme valor prático para o analista. Permite-lhe identificar e interpretar esses símbolos em um contexto que lhes confere tanto uma perspectiva histórica quanto um sentido psicológico. Examinaremos

OS MITOS ANTIGOS E O HOMEM MODERNO 143

agora alguns dos mais importantes símbolos da Antiguidade e mostraremos como — e com que propósito — são análogos aos elementos simbólicos que figuram em nossos sonhos.

Ao alto, à esquerda, o nascimento de Cristo; ao centro, a crucificação; embaixo, a ascensão. Seu nascimento, morte e renascimento seguem os padrões de muitos mitos heroicos antigos — uma estrutura baseada, originalmente, nos ritos sazonais de fertilidade, como os que se celebravam há três mil anos em Stonehenge, na Inglaterra (abaixo), ao alvorecer, no solstício de verão.

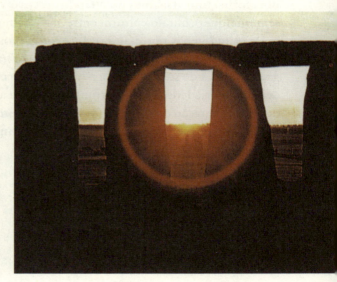

HERÓIS E FABRICANTES DE HERÓIS

O MITO DO HERÓI É O MAIS COMUM e o mais conhecido em todo o mundo. É encontrado na mitologia clássica da Grécia e de Roma, na Idade Média, no Extremo Oriente e entre os povos originários da atualidade. Aparece também em nossos sonhos. Tem um flagrante poder de sedução dramática e, apesar de menos aparente, uma importância psicológica profunda. São mitos que variam muito nos seus detalhes, mas quanto mais os examinamos mais percebemos quanto se assemelham estruturalmente. Isso quer dizer que guardam uma forma universal mesmo quando desenvolvidos por grupos ou indivíduos sem qualquer contato cultural entre si — como por exemplo os povos africanos e os indígenas norte-americanos, os gregos e os incas do Peru. Ouvimos repetidamente a mesma história do herói de nascimento humilde mas milagroso, provas de sua força sobre-humana precoce, sua ascensão rápida ao poder e à notoriedade, sua luta triunfante contra as forças do mal, sua falibilidade ante a tentação do orgulho (*hybris*) e seu declínio, por motivo de traição ou por um ato de sacrifício "heroico", no qual sempre morre.

O herói que dá prova prematura de sua força aparece na maioria dos mitos dessa categoria. Abaixo, Hércules menino matando duas serpentes. Ao alto, à direita, o jovem rei Artur, o único capaz de retirar uma espada mágica de uma pedra. Abaixo, à direita, o norte-americano Davy Crockett, que aos três anos de idade matou um urso.

OS MITOS ANTIGOS E O HOMEM MODERNO

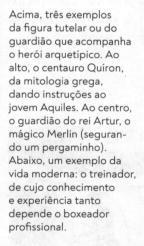

Acima, três exemplos da figura tutelar ou do guardião que acompanha o herói arquetípico. Ao alto, o centauro Quíron, da mitologia grega, dando instruções ao jovem Aquiles. Ao centro, o guardião do rei Artur, o mágico Merlin (segurando um pergaminho). Abaixo, um exemplo da vida moderna: o treinador, de cujo conhecimento e experiência tanto depende o boxeador profissional.

Muitos heróis precisam enfrentar e vencer monstros e forças do mal. Ao alto, o herói escandinavo Sigurd (à direita na gravura) mata a serpente Fafnir. Ao centro, Gilgamesh, antigo herói épico da Babilônia, lutando com um leão. Abaixo, o herói norte-americano moderno das histórias em quadrinhos, o Super-Homem, cuja guerra individual contra o crime o obriga às vezes a salvar belas mulheres.

Acima, dois exemplos de heróis traídos: o herói bíblico Sansão, traído por Dalila, e o herói persa Rustam, caindo numa armadilha feita por um homem de sua extrema confiança. Abaixo, um exemplo moderno de *hybris* (confiança excessiva): prisioneiros alemães em Stalingrado, 1941, depois de Hitler invadir a Rússia no inverno.

Explicarei adiante, com mais detalhes, por que acredito no significado psicológico desse esquema tanto para o indivíduo, no seu esforço em encontrar e afirmar sua personalidade, quanto para a sociedade como um todo, na sua necessidade semelhante de estabelecer uma identidade coletiva. Mas uma outra característica relevante no mito do herói nos fornece uma chave para a sua compreensão. Em várias dessas histórias a fraqueza inicial do herói é contrabalançada pelo aparecimento de poderosas figuras "tutelares" — ou guardiães — que lhe permitem realizar as tarefas sobre-humanas que lhe seriam impossíveis de executar sozinho. Entre os heróis gregos, Teseu tinha como protetor Poseidon, deus do mar; Perseu tinha Atena; Aquiles tinha como tutor Quíron, o sábio centauro.

Essas personagens divinas são, na verdade, representações simbólicas da psique total, entidade maior e mais ampla que supre o ego da força que lhe falta. Sua função específica lembra que é atribuição essencial do mito heroico desenvolver no indivíduo a consciência do ego — o conhecimento de suas próprias forças e fraquezas — de maneira a deixá-lo preparado para as difíceis tarefas que a vida lhe há de impor. Uma vez passado o teste inicial e entrando o indivíduo na fase de maturidade da sua vida, o mito do herói perde a relevância. A morte simbólica do herói assinala, por assim dizer, a conquista daquela maturidade.

Até aqui referi-me ao mito completo do herói, em que se descreve minuciosamente o ciclo total do seu nascimento até a sua morte. Mas é importante reconhecermos que em cada fase desse ciclo a história do herói toma formas particulares, que se aplicam a determinado ponto alcançado pelo indivíduo no desenvolvimento da sua consciência do ego, e também aos problemas específicos com que ele se defronta em um dado momento. Isto é, a imagem do herói evolui de maneira a refletir cada estágio de evolução da personalidade humana.

Esse conceito pode ser entendido mais facilmente se o apresentarmos de uma forma que corresponda a um diagrama. Tomo como exemplo um povo indígena norte-americano, os winnebagos, porque nele podemos observar, nitidamente, quatro etapas distintas da evolução do herói. Nessas histórias (publicadas pelo dr. Paul Radin em 1948, sob o título *O ciclo heroico dos winnebagos*) pode-se notar a clara progressão do mito desde o conceito mais primitivo do herói até o mais elaborado. Essa progressão é característica de outros ciclos heroicos. Apesar de suas figuras simbólicas terem nomes diferentes, sua atuação é idêntica, e vamos compreendê-las melhor com este exemplo.[2]

O dr. Radin constatou quatro ciclos distintos na evolução do mito do herói. Denominou-os: ciclo *Trickster*, ciclo *Hare*, ciclo *Red Horn* e ciclo *Twin*. Percebeu claramente o significado psicológico dessa evolução quando disse: "O mito do herói representa os esforços que fazemos para cuidarmos dos problemas do nosso crescimento, ajudados pela ilusão de uma ficção eterna".

O ciclo Trickster corresponde ao primeiro período de vida, o mais primitivo. Trickster é um personagem dominado por seus desejos; tem a mentalidade de uma criança. Sem outro propósito senão o de satisfazer suas necessidades mais elementares, é cruel, cínico e insensível (nossas histórias do Irmão Coelho ou da Raposa Reynard perpetuam o que há de mais essencial no mito Trickster).

Esse personagem, que inicialmente aparece sob a forma de um animal, passa de uma proeza maléfica a outra. Mas ao mesmo tempo começa a se transformar, e no final da sua carreira de trapaças vai adquirindo a aparência física de um homem adulto.

O personagem seguinte é Hare (a Lebre). Ele também, tal como Trickster (muitas vezes representado pelos indígenas norte-americanos como um coiote),

Trickster: o estágio inicial e rudimentar na evolução do mito do herói em que o personagem é instintivo, desinibido e, por vezes, infantil. Na extrema esquerda (numa ópera moderna em Pequim), um herói chinês do século XVI, o Macaco, induzindo pela astúcia um rei dos rios a entregar-lhe sua varinha mágica.
À esquerda, numa jarra do século VI a.C., o infante Hermes no seu berço, depois de ter roubado o gado de Apolo.
À direita, o deus nórdico Loki, um autêntico arruaceiro (escultura do século XIX). À extrema direita, Charlie Chaplin armando uma confusão em *Tempos modernos* (1936) — nosso Trickster do século XX.

aparece inicialmente como um animal. Não tendo ainda alcançado a plenitude da estatura humana, surge, no entanto, como o fundador da cultura — o transformador. Os winnebagos acreditam que, por ele lhes ter dado o seu famoso Rito Medicinal, tornou-se seu salvador e uma espécie de "herói da cultura". Esse mito era tão forte, conta-nos o dr. Radin, que quando o cristianismo começou a penetrar no povo os membros do Rito Peyote custaram a se afastar de Hare. Misturaram-no com a figura de Cristo, e muitos deles argumentavam que não lhes era necessário ter Jesus, já que tinham Hare. Essa figura arquetípica representa um avanço distinto sobre Trickster: é um personagem que se torna mais civilizado, corrigindo os impulsos infantis e instintivos encontrados no ciclo de Trickster.[3]

Red Horn, o terceiro herói dessa série, é uma pessoa ambígua e o caçula de dez irmãos. Atende aos requisitos do herói arquetípico, vencendo difíceis provas em corridas e em batalhas. Seu poder sobre-humano revela-se na sua capacidade de derrotar gigantes pela astúcia (no jogo de dados) ou pela força (numa luta corporal). Tem um companheiro vigoroso sob a forma de um pássaro-trovão, chamado *Storms as he walks* [Há tempestade quando ele passa], cuja força compensa qualquer possível fraqueza de Red Horn. Com Red Horn chegamos ao mundo do homem, apesar de ser um mundo arcaico, no qual são imprescindíveis poderes sobre-humanos ou deuses tutelares para garantir a vitória do indivíduo sobre as forças do mal que o perseguem. No final da história, o herói-deus vai embora, deixando Red Horn e seus filhos na Terra. Os perigos que ameaçam a felicidade e a segurança do homem nascem, agora, do próprio homem.

Esse tema básico (repetido no último ciclo, o dos Twins — gêmeos) suscita uma questão vital: por quanto tempo podem os seres humanos alcançar sucesso sem tornarem-se vítimas de seu próprio orgulho ou, em termos mitológicos, da inveja dos deuses?

Apesar de os Twins serem considerados filhos do Sol, eles são essencialmente humanos e, juntos, vêm a constituir-se numa só pessoa. Unidos originalmente no ventre materno, foram separados ao nascer. No entanto, são parte integrante um do outro, e é necessário, apesar de extremamente difícil, reuni-los. Nessas duas crianças estão representados os dois lados da natureza humana. Um deles, Flesh, é conciliador, brando e sem iniciativas; o outro, Stump, é dinâmico e rebelde. Em algumas das histórias dos heróis Twins, esses comportamentos foram intensificados até chegarem ao ponto de uma das figuras representar o introvertido, cuja força principal encontra-se na reflexão, e outra o extrovertido, um homem de ação capaz de realizar grandes feitos.

Por muito tempo esses dois heróis permanecem invencíveis; tanto apresentados como dois personagens distintos ou como dois em um, nada lhes resiste.

No entanto, exatamente como os deuses guerreiros dos indígenas do povo navajo, tornam-se, por fim, vítimas do abuso que fazem de sua própria força. Não deixam sobrar mais nenhum monstro no céu ou na terra sem ser derrotado, e sua conduta desvairada acaba recebendo troco. Os winnebagos contam que não restou mais nada que lhes escapasse — nem mesmo os suportes que sustentam o mundo. Quando os Twins mataram um dos quatro animais em que se apoiava o nosso globo, ultrapassaram todos os possíveis limites, e chegou o momento de pôr fim à sua carreira. A morte era o castigo merecido.[4]

Assim, tanto no ciclo *Red Horn* quanto no ciclo *Twins* encontramos o tema do sacrifício ou morte do herói como a cura necessária para a *hybris*, o orgulho cego. Nas sociedades primitivas cujo nível cultural corresponde ao ciclo *Red Horn*, parece que esse perigo pôde ser evitado com a instituição do sacrifício humano expiatório — um tema de enorme importância simbólica, que reaparece continuamente na história do homem. Os winnebagos, como os iroqueses e alguns povos algonquins, comiam carne humana, provavelmente como ritual totêmico para dominar seus impulsos individualistas e destruidores.

Nos exemplos de traição ou derrota do herói que encontramos na mitologia europeia, o tema do sacrifício ritual é mais especificamente utilizado como

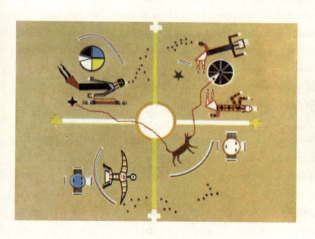

O segundo estágio da evolução do herói é o fundador da cultura humana. Acima, à esquerda, uma pintura navajo em areia representando o mito do Coiote, que rouba o fogo dos deuses para dá-lo ao homem. Na mitologia grega, Prometeu também rouba o fogo dos deuses para o homem, tendo sido, por isso, acorrentado a uma rocha e torturado por uma águia (à direita, numa taça do século VI a.C.).

punição para a *hybris*. Mas os winnebagos, como os navajos, não vão tão longe. Apesar de os Twins terem errado e merecerem, portanto, a pena de morte, eles próprios ficaram tão assustados com sua força incontrolável que concordaram em viver em estado de repouso permanente, permitindo aos dois aspectos contraditórios da natureza humana reencontrarem, assim, seu equilíbrio.

Fiz uma descrição mais detalhada desses quatro tipos de herói porque eles nos demonstram claramente o esquema que serve de fundamento tanto para os mitos históricos quanto para os sonhos heroicos do homem contemporâneo. Tendo isso em mente, podemos agora passar a examinar o sonho de um paciente de meia-idade. A interpretação desse sonho mostra como o analista consegue, com o conhecimento da mitologia, ajudar seu paciente a encontrar uma resposta ao que de outro modo poderia parecer um enigma indecifrável. Esse homem sonhou que estava em um teatro e que era "um importante espectador, de opinião muito acatada". Na peça, representava-se uma cena em que havia um macaco branco sobre um pedestal cercado de homens. Relatando seu sonho, o meu paciente dizia:

> *Meu guia explica-me o tema. É o drama de um jovem marinheiro que está, a um tempo, exposto ao vento e a espancamentos. Argumentei que aquele macaco branco não era, absolutamente, um marinheiro; mas naquele exato momento um rapaz vestido de preto levantou-se, e pensei que talvez fosse ele o verdadeiro herói da peça. No entanto, um outro bonito jovem dirigiu-se a um altar, onde ficou estendido. Fizeram-lhe marcas sobre o peito nu como se o estivessem preparando para ser sacrificado.*
>
> *Vi-me então com várias outras pessoas sobre uma plataforma. Podia-se descer dali por uma pequena escada, mas hesitei, porque havia dois vagabundos por perto e achei que poderiam impedir-nos. Mas quando uma mulher do grupo utilizou a escada sem que nada lhe acontecesse, vi que não havia nenhum risco, e todos nós a seguimos.*

Um sonho desse tipo não pode ser rápida ou simplesmente interpretado. É preciso desfiá-lo cuidadosamente, de maneira a estabelecer tanto a sua relação com a vida de quem o sonhou quanto as suas implicações simbólicas mais amplas. O paciente que me contou esse sonho era um homem que, no sentido físico, alcançara a maturidade. Obtivera sucesso em sua carreira e parecia bom marido e pai. No entanto, psicologicamente, era imaturo e encontrava-se ainda na fase da adolescência. A imaturidade psíquica é que se expressava nos seus sonhos sob os diferentes aspectos do mito do herói. Na sua imaginação, essas imagens ainda exerciam forte atração, apesar de já nada significarem em termos de realidade no seu cotidiano.

Assim, nesse sonho, vemos uma série de personagens apresentados de forma teatral, como diversos aspectos de uma figura que o sonhador espera que

O herói do terceiro estágio é um poderoso homem-deus, como Buda. Nesta escultura acima, do século I, Sidarta inicia a jornada em que receberá a luz, tornando-se Buda.

Abaixo, à esquerda, uma escultura italiana medieval de Rômulo e Remo, os gêmeos (criados por uma loba) que fundaram Roma e que são o mais conhecido exemplo do quarto estágio do mito do herói.

No quarto estágio, os Twins muitas vezes abusam do seu poder — como os heróis romanos Castor e Pólux ao raptarem as filhas de Leucipo (abaixo, à direita, num quadro do artista flamengo Rubens).

venha a revelar-se como o verdadeiro herói. O primeiro personagem foi um macaco, o segundo, um marinheiro, o terceiro, um homem de preto e o último, "um bonito jovem". Na primeira parte da história, que se supõe representar o drama do marinheiro, o meu paciente vê apenas um macaco branco. O homem de preto aparece e desaparece subitamente; é um personagem novo que, a princípio, contrasta com o macaco branco e depois se confunde, por um momento, com o próprio herói (essas confusões são comuns nos sonhos. As imagens do inconsciente não se apresentam, comumente, de maneira clara, e o sonhador é obrigado a decifrar o significado de uma sucessão de contrastes e paradoxos).

É significativo que essas figuras tenham surgido durante uma representação teatral, e esse contexto parece ser uma referência direta do paciente ao tratamento de análise a que estava se submetendo: o "guia" a que se refere é, presumivelmente, seu analista. No entanto, ele não se vê como um paciente que está sendo tratado por um médico, mas como um "importante espectador, de opinião muito acatada". É desse ponto de vista privilegiado que contempla certos personagens, que ele associa à experiência do crescimento. O macaco branco, por exemplo, lembra-lhe a conduta brincalhona e indisciplinada de meninos entre a idade de sete e doze anos. O marinheiro sugere o espírito aventureiro da adolescência, ao lado do consequente castigo, sob a forma de espancamento, pelas travessuras feitas. O paciente não encontrou nenhuma associação para o jovem de preto, mas o rapaz bonito que ia ser imolado lembrou-lhe o espírito de sacrifício idealista do final da adolescência.

A psique do indivíduo se desenvolve (tal como o mito do herói) a partir de um estágio primitivo infantil. Muitas vezes imagens dessas etapas primitivas podem aparecer nos sonhos de adultos psicologicamente imaturos. O primeiro estágio pode ser representado por descuidadas e alegres brincadeiras de crianças — como a guerra de travesseiros (à esquerda) do filme francês, de 1933, *Zéro de conduite*. O segundo estágio poderá ser a temerária busca de emoções da adolescência: à direita, jovens norte-americanos testam os seus nervos na velocidade de seus carros. Um estágio posterior pode suscitar, no final da adolescência, sentimentos de idealismo e de sacrifício, exemplificados na fotografia (à extrema direita) do levante dos jovens de Berlim ocidental (junho de 1953), quando apedrejavam os tanques russos.

OS MITOS ANTIGOS E O HOMEM MODERNO

Nesse estágio é possível unir o material histórico (ou as imagens arquetípicas do herói) aos dados de experiência pessoal do sonhador para verificar quanto se confirmam, se contradizem ou se qualificam uns e outros.

A primeira conclusão a que se chega é que o macaco branco parece representar Trickster — ou, pelo menos, os traços de personalidade atribuídos pelos winnebagos à figura de Trickster. Mas julgo também que o macaco significa alguma coisa que o meu paciente ainda não experimentara suficientemente. Na verdade, ele afirma que no sonho era um simples espectador. Descobri que, quando menino, fora introspectivo, excessivamente agarrado aos pais. Por isso, nunca havia desenvolvido o bastante os caracteres turbulentos naturais do período final da infância; nem tomara parte nas brincadeiras de seus colegas de colégio. Nunca fizera, como se diz, "macaquices". E é essa expressão popular que nos dá a chave do problema. O macaco do sonho é, de fato, uma forma simbólica da figura de Trickster.

Mas por que teria Trickster aparecido como macaco? E por que branco? Como já explicitei, no mito dos winnebagos, Trickster, no final do ciclo, começa a tomar a aparência física de um homem. Nesse sonho, Trickster é um macaco — isto é, um ente tão parecido com o homem a ponto de poder ser uma caricatura sua, engraçada e nada perigosa. O sonhador não conseguiu descobrir qualquer associação que explicasse por que o macaco era branco, mas o nosso conhecimento do simbolismo primitivo leva-nos a conjeturar que a brancura vem emprestar certa qualidade "divina" a esse personagem banal (o albino é considerado sagrado em muitas sociedades primitivas). Tudo isso se encaixa muito bem com os poderes semidivinos ou semimágicos de Trickster.[5]

Assim, parece que o macaco branco simbolizava para o sonhador as qualidades positivas das brincadeiras infantis de que não participara o bastante na devida época e que agora sentia necessidade de exaltar. Segundo nos relata o sonho, ele coloca o macaco "sobre um pedestal", onde se torna algo mais que uma perdida experiência infantil. Há de ser, para o homem adulto, um símbolo de experiência criadora.

Chegamos então ao final do episódio do macaco. Era um macaco ou um marinheiro que se expunha a espancamentos? As próprias associações do paciente indicaram o significado dessa transformação. Mas, de qualquer modo, no estágio seguinte do desenvolvimento humano, após a irresponsabilidade da infância segue-se um período de socialização, que implica submissão a uma dolorosa disciplina. Pode-se dizer, portanto, que o marinheiro é uma forma avançada de Trickster, transformado em uma pessoa socialmente mais responsável ao se submeter a uma prova de iniciação. Baseados na história do simbolismo, podemos considerar que, nesse processo, o vento representa o elemento natural e o espancamento a adversidade criada pela própria humanidade.

Nesse ponto encontramos então uma referência ao processo descrito pelos winnebagos no ciclo *Hare*, em que o herói central é uma figura frágil, mas combativa, pronto a sacrificar o seu caráter infantil a uma evolução futura. Mais uma vez, nessa fase do sonho, o paciente reconhece que não soube viver plenamente esse importante aspecto da infância e da primeira parte da adolescência. Não havia participado das travessuras da infância nem das extravagâncias da adolescência, e procura descobrir como recuperar essas experiências perdidas e essas qualidades pessoais que lhe faltaram.

A personalidade jovem e ainda indeterminada do ego é protegida pela figura da mãe — proteção simbolizada pela Madona, à esquerda (numa pintura do artista quatrocentista italiano Piero della Francesca), ou pela deusa egípcia Nut, à direita, inclinada sobre a Terra (alto-relevo do século V a.C.). Mas o ego deve, por fim, libertar-se da inconsciência e da imaturidade, e a sua "batalha pela libertação" está muitas vezes simbolizada na luta do herói contra um monstro — como a batalha do deus japonês Susanoo contra uma serpente (no alto da página seguinte, numa gravura do século XIX). O herói nem sempre ganha de saída. Por exemplo, Jonas chegou a ser engolido pela baleia (extrema direita, de um manuscrito do século XIX).

OS MITOS ANTIGOS E O HOMEM MODERNO

O sonho sofre, depois, uma mudança curiosa. Aparece o jovem de preto e, por um momento, o sonhador sente que é ele "o verdadeiro herói". É tudo que sabemos sobre o novo personagem; no entanto, com essa aparição fugidia introduz-se um tema de profunda significação e que intervém com frequência nos sonhos.

É o conceito da *sombra*, que ocupa lugar vital na psicologia analítica. O professor Jung mostrou que a sombra projetada pela mente consciente do indivíduo contém os aspectos ocultos, reprimidos e negativos (ou nefandos) da sua personalidade. Mas essa sombra não é apenas o simples inverso do ego consciente. Assim como o ego possui comportamentos desfavoráveis e destrutivos, a sombra possui algumas boas qualidades — instintos normais e impulsos criadores. Na verdade, o ego e a sombra, apesar de separados, são tão indissoluvelmente ligados um ao outro quanto o sentimento e o pensamento.

O ego, porém, entra em conflito com a sombra naquilo que o dr. Jung chamou de a "batalha pela libertação". Na luta travada pelo homem primitivo para alcançar a consciência, esse conflito entre a sombra e o ego se exprime pela disputa entre o herói arquetípico e os poderes cósmicos do mal, personificado por dragões e outros monstros. No decorrer do desenvolvimento da consciência individual, a figura do herói é o meio simbólico pelo qual o ego emergente vence a inércia do inconsciente, liberando o homem amadurecido do desejo regressivo de uma volta ao estado de bem-aventurança da infância, em um mundo dominado por sua mãe.[6]

Na mitologia o herói habitualmente ganha a sua luta contra o monstro. (Mais à frente me alongarei a respeito desse assunto.) No entanto, há outros mitos em que o herói cede ao monstro. Exemplo típico é o de Jonas e a baleia, em que o monstro marinho engole o herói e o transporta durante uma noite inteira numa viagem do oeste para o leste, simbolizando o suposto trajeto feito pelo Sol do crepúsculo à aurora. O herói fica mergulhado em trevas, que representam uma espécie de morte. Encontrei esse tema em vários sonhos de pacientes meus.

A batalha entre o herói e o dragão é a forma mais encontrada desse mito e mostra claramente o tema arquetípico do triunfo do ego sobre as tendências regressivas. Para a maioria das pessoas, o lado escuro ou negativo de sua personalidade permanece inconsciente. O herói, ao contrário, precisa convencer-se de que a sombra existe e que dela pode retirar sua força. Deve entrar em acordo com o seu poder destrutivo se quiser estar suficientemente preparado para vencer o dragão. Ou seja, para que o ego triunfe, precisa antes subjugar e assimilar a sombra.

Vamos reencontrar esse tema em uma figura literária célebre — o Fausto de Goethe. Aceitando o desafio de Mefistófeles, Fausto ficou sob o domínio de uma "sombra", um personagem que Goethe descreve como "parte de uma força que, desejando o mal, encontra o bem". Tal como o homem cujo sonho discutimos, Fausto deixara de viver plenamente uma porção importante da

A manifestação do ego não precisa ser simbolizada por um combate; pode sê-lo por um sacrifício: no quadro de Delacroix, à esquerda da página ao lado, a Grécia expirando sobre as *ruínas de Missolonghi* personifica a nação devastada pela guerra civil para depois libertar-se e renascer. Como sacrifícios individuais, temos os exemplos do poeta Byron, à direita, nesta página, morto na Revolução Grega (1824). Na página ao lado, à direita, o martírio cristão de Santa Lúcia, que sacrificou seus olhos e sua vida à religião.

sua mocidade. Conservou-se, portanto, uma pessoa pouco real e incompleta, que se perdia numa inútil busca de objetivos metafísicos nunca realizados. Relutava, além disso, em aceitar o desafio da vida para conhecer tanto o mal quanto o bem.

Era a esse aspecto do inconsciente que o jovem de preto, no sonho do meu paciente, parecia querer referir-se. Essa lembrança do lado obscuro (o lado da sombra) da sua personalidade, do seu poderoso potencial energético e do papel que representa na preparação do herói para os embates da vida é uma transição essencial entre a primeira parte do sonho e o tema do sacrifício do herói: o belo jovem que se coloca no altar. Ele representa uma forma de heroísmo comumente associada ao processo de formação do ego, no final da adolescência. É nessa fase que o homem expressa os princípios idealistas de sua vida, sentindo a força que exercem para transformá-lo e mudar o seu relacionamento com as outras pessoas. Encontra-se no apogeu da juventude, atraente, cheio de energia e de idealismo. Por que então oferece-se em sacrifício, voluntariamente?

A razão, presumivelmente, é a mesma que fez os Twins do mito winnebago renunciarem ao seu poder, sob pena de se destruírem. O idealismo da juventude, que nos impulsiona com tanta força, conduz a um excesso de confiança: o ego pode ser exaltado até sentir-se com atributos divinos, mas esse abuso acaba por levá-lo ao desastre (é este o sentido da história de Ícaro, o jovem que consegue chegar ao céu com suas asas frágeis, inventadas pelo homem, mas que ao se aproximar do Sol precipita-se vertiginosamente). Apesar de tudo isso, o ego dos moços sempre deve correr esse risco, pois se o jovem não lutar por um objetivo mais alto do que aquilo que lhe é fácil obter, não poderá vencer os obstáculos que vai encontrar entre a adolescência e a maturidade.

Até aqui referi-me às conclusões que meu cliente pôde tirar do sonho graças às suas associações pessoais. Há, no entanto, também um aspecto arquetípico no sonho — o mistério da oferenda do sacrifício humano. Exatamente por ser um mistério, foi expresso em um ato ritual cujo simbolismo faz-nos recuar muito na história humana. A imagem de um homem estendido sobre um altar é uma referência a um ato bem mais primitivo do que as cerimônias realizadas no altar de pedra do templo de Stonehenge. Lá, como em outros tantos altares primitivos, podemos imaginar um rito de solstício anual, combinado com a morte e o renascimento do herói mitológico.

Esse rito tem um clima de tristeza, mas misturado a certa alegria devido à revelação interior de que a morte leva o homem a uma nova vida. Seja um sentimento expresso na prosa épica dos indígenas winnebagos, num lamento pela morte de Balder nas sagas nórdicas, nos poemas em que Walt Whitman chora a morte de Lincoln ou no sonho em cujo ritual o homem retorna às esperanças e aos temores da juventude, o tema é sempre o mesmo: o drama do renascimento por meio da morte.

O fim do sonho traz um epílogo curioso, no qual o sonhador, finalmente, participa ativamente. Ele e mais outras pessoas estão em uma plataforma de onde devem descer. Não confia na escada devido a uma possível interferência de dois arruaceiros, mas uma mulher dá-lhe coragem e acaba descendo a salvo. Como, por suas associações, percebi que toda aquela situação a que assistira no sonho fazia parte da sua análise — um processo de transformações interiores a que se estava submetendo —, é provável que ele estivesse pensando na dificuldade que seria voltar à realidade do cotidiano. O medo dos "vagabundos", como dizia, sugere o seu receio de ver aparecer o arquétipo Trickster sob forma coletiva.

Acima, uma montagem sobre a Primeira Grande Guerra: um cartaz de convocação às armas, mostrando a infantaria e um cemitério. Os monumentos e as cerimônias religiosas em homenagem aos soldados mortos em defesa da pátria refletem muitas vezes o tema cíclico "morte e ressurreição", sacrifício arquetípico do herói. Em um monumento britânico aos mortos da Primeira Grande Guerra lê-se: "Ao pôr do sol e ao nascer da aurora havemos de lembrar-nos deles".

Na mitologia, a morte de um herói é muitas vezes causada por sua própria *hybris*, que incita os deuses a humilhá-lo. Um exemplo moderno: em 1912, o navio Titanic bateu em um iceberg e naufragou (à direita, uma montagem com cenas do afundamento, do filme *Titanic*, 1943). No entanto, a embarcação havia sido considerada "insubmergível"; segundo o escritor norte-americano Walter Lord, um marinheiro teria dito: "Nem Deus conseguiria afundar este navio!".

Os instrumentos de salvação, no sonho, são a escada fabricada pelo homem, simbolizando talvez a razão, e a presença de uma mulher que o encoraja a usar essa escada. O aparecimento dessa mulher na sequência final do sonho indica uma necessidade psicológica de envolver um princípio feminino como complemento de toda essa atividade excessivamente masculina.

Não se deve concluir pelo que dissemos, ou por havermos escolhido o mito winnebago para explicar o sentido desse sonho, que se devem procurar paralelos mecânicos absolutos e exatos entre um sonho e os materiais que a mitologia nos fornece. Cada sonho é um processo particular individual, e a forma definida que toma é determinada pelas condições do sonhador. O que procurei mostrar é a maneira pela qual o inconsciente utiliza o material arquetípico e modifica a sua forma de acordo com as necessidades de quem sonha. Assim, no sonho que relatamos não há referências diretas às descrições feitas pelos winnebagos dos ciclos *Red Horn* ou *Twins*; a referência é, antes, à essência desses dois temas, ou seja, ao elemento de sacrifício neles existente.

Como regra geral, pode-se dizer que a necessidade de símbolos heroicos surge quando o ego necessita fortificar-se — isto é, quando o consciente requer ajuda para alguma tarefa que não pode executar sozinho ou sem uma aproximação das

Os heróis muitas vezes lutam contra monstros para salvar "donzelas em perigo" (que simbolizam a *anima*). À esquerda, são Jorge mata um dragão para libertar uma donzela (pintura italiana do século XV). À direita, no filme *The Great Secret*, de 1916, o dragão tornou-se uma locomotiva, mas o salvamento heroico permanece o mesmo.

fontes de energia do inconsciente. No sonho que estamos tratando, por exemplo, não havia referência alguma a um dos aspectos mais importantes do mito clássico do herói — sua aptidão para proteger ou salvar lindas mulheres de um grande perigo (a donzela em apuros era o mito preferido na Europa medieval). Essa é uma das formas pelas quais os mitos ou os sonhos se referem à *anima*, o elemento feminino da psique masculina que Goethe chamou de "o Eterno Feminino".

A natureza e a função desse elemento feminino serão discutidas mais adiante neste livro, pela dra. Von Franz; mas a sua relação com a figura do herói pode ser ilustrada por um sonho que me foi contado por outro paciente, também um homem de meia-idade. Começou a contá-lo dizendo: "Eu havia voltado de uma longa excursão pela Índia. Uma mulher havia organizado nossos apetrechos de viagem, os meus e os de um amigo, e na volta eu a repreendi por não nos ter feito levar chapéus impermeáveis pretos. Reclamei que devido à sua negligência havíamos nos encharcado com as chuvas!".

Essa introdução, descobri mais tarde, referia-se a um período da juventude desse homem em que ele fazia caminhadas "heroicas" através de uma perigosa região montanhosa, em companhia de um colega (como nunca estivera na Índia e, com base nas associações que o sonho lhe inspirara, pude deduzir que essa viagem onírica representava a exploração de uma nova região, realizada não em um país real, mas no reinado do inconsciente). No sonho, o paciente parece ter a impressão de que uma mulher, provavelmente personificando a *anima*, o preparou mal para essa expedição. A ausência de um chapéu impermeável apropriado sugere que ele se sente psicologicamente indefeso, e que afetou-o o fato de se ter exposto a experiências novas e pouco agradáveis. Julga que a mulher lhe deveria ter providenciado um chapéu, da mesma forma que sua mãe lhe entregava as roupas que vestia quando criança. Esse episódio lembra suas divertidas perambulações de garoto, quando estava seguro de que a mãe (a imagem feminina original) o protegeria de qualquer perigo. Ao envelhecer, deu-se conta de que tudo isso era uma ilusão pueril, e hoje atribuía os seus infortúnios à sua própria *anima*, em vez de fazê-lo à mãe.

No estágio seguinte do sonho, o personagem participa de uma excursão com um grupo. Mas sente-se cansado e volta a um restaurante ao ar livre, onde encontra seu casaco impermeável e o chapéu que lhe faltara anteriormente. Senta-se para descansar e então nota um cartaz anunciando que um jovem aluno do liceu daquela localidade vai representar o papel de Perseu em uma peça. O aluno em questão aparece, mas não é um estudante, e sim um robusto jovem vestido de cinza e com um chapéu preto. Esse homem senta-se para conversar com outro jovem, vestido de preto. Imediatamente após essa cena o sonhador sente-se revigorado e verifica que será capaz de se reunir ao grupo da excursão. Todos então sobem uma colina, de onde se avista o lugar a que se destinam: uma bonita cidade portuária. A descoberta deixa-o animado e rejuvenescido.

Aqui, ao contrário do primeiro episódio, onde fazia uma viagem intranquila, desconfortável e solitária, o sonhador está reunido a um grupo. O contraste

marca a passagem de uma primeira situação de isolamento e de revolta juvenil para a influência socializante de uma relação com muitas pessoas. Como essa evolução implica uma nova capacidade de relacionamento, ela vem sugerir também que a *anima* estaria atuando melhor que antes, como ficou simbolizado na descoberta do chapéu que ela não lhe havia fornecido no primeiro episódio.

Mas o sonhador está cansado, e a cena no restaurante reflete a sua necessidade de considerar, sob um novo ponto de vista, as suas atitudes anteriores, na esperança de renovar suas forças nessa regressão. E é o que acontece. O que observa em primeiro lugar é o cartaz anunciando uma peça a respeito de um jovem herói — Perseu — que será interpretado por um estudante. Vê então esse adolescente, já homem, com um amigo que contrasta bastante com ele. Um vestido de cinza, outro de preto, podendo-se reconhecer nos dois personagens, como já dissemos, uma versão dos Twins. São figuras de heróis que expressam os dois aspectos opostos do ego e do alter ego, representados aqui, no entanto, harmoniosamente unidos.

As associações do paciente confirmaram tudo isso, acentuando que a figura de cinza representava uma sábia adaptação ao mundo profano, enquanto a figura de preto significava a vida espiritual, pois um homem religioso veste-se, habitualmente, de preto. O fato de os dois personagens se apresentarem de chapéu (ele mesmo tendo encontrado o seu) indica que alcançaram uma relativa maturidade na sua identidade psíquica, maturidade que lhe havia faltado

Algumas batalhas e salvamentos heroicos da mitologia grega: à extrema esquerda da página ao lado, Perseu mata a Medusa (vaso do século VI a.C.); ao lado, Perseu e Andrômeda (mural do século I a.C.), a quem salvou de um monstro. À direita, nesta página, Teseu mata o Minotauro (jarro do século I a.C.), assistido por Ariadne; abaixo, uma moeda de Creta representando o labirinto do Minotauro (ano 67 a.C.)

terrivelmente nos primeiros anos da adolescência, quando as características de Trickster ainda estavam muito presentes nele, a despeito da imagem idealista que fazia a seu próprio respeito em sua busca de sabedoria.

Sua associação com o herói grego Perseu era curiosa e revelou-se particularmente significativa por sua gritante inexatidão. Confundiu Perseu com o herói que matou o Minotauro[7] e salvou Ariadne do labirinto. Quando lhe pedi que escrevesse o nome desse herói, descobriu seu engano — fora Teseu e não Perseu quem matara o Minotauro. Tal equívoco tornou-se repentinamente muito significativo, como ocorre com frequência nesses lapsos, quando lhe fiz notar o que tinham em comum os dois heróis: ambos precisavam superar o medo que as forças maternais e demoníacas do inconsciente lhes inspiravam e liberar dessas forças uma única figura de mulher jovem.

Perseu teve de cortar a repulsiva cabeça da Medusa, cujo horrível semblante e cabeleira de serpentes transformavam em pedra todos os que a olhassem fixamente. Mais tarde precisou vencer o dragão que guardava Andrômeda. Teseu representava o jovem espírito patriarcal de Atenas, precisando derrotar os horrores do labirinto e o seu monstruoso habitante, o Minotauro, símbolos talvez da doentia decadência de uma Creta matriarcal. (Em todas as culturas o labirinto significa uma representação confusa e intrincada do universo da consciência matriarcal; esse universo só pode ser transposto por aqueles que estão prontos para fazer uma iniciação especial ao misterioso mundo do inconsciente coletivo.) Tendo vencido esse obstáculo, Teseu salva Ariadne, uma donzela em perigo.[8]

Esse salvamento simboliza a liberação da *anima* dos aspectos "devoradores" da imagem materna. Só quando alcança essa libertação é que um homem torna-se realmente capaz de se relacionar bem com uma mulher. O fato de este paciente não ter conseguido separar adequadamente a sua *anima* da imagem da mãe foi acentuado em outro sonho, no qual encontrou um dragão — imagem simbólica do aspecto "devorador" do seu apego à mãe. O dragão o perseguiu, e como nosso sonhador estava desarmado, começou a ser derrotado. Sua mulher, no entanto — e esse é um fato bastante significativo —, apareceu no sonho, e a sua presença, de certa forma, fez diminuir o tamanho do dragão, tornando-o menos ameaçador. Essa mudança no sonho mostra que no casamento o sonhador começava a superar, embora tardiamente, a fixação materna. Em outras palavras, precisava encontrar um meio de libertar a energia psíquica ligada à relação mãe-filho, de maneira a alcançar um relacionamento mais adulto com as mulheres, e mesmo com a sociedade em geral. A batalha herói-dragão foi uma expressão simbólica desse processo de "crescimento".

No entanto, a tarefa do herói tem um objetivo que vai além do ajustamento biológico e conjugal: liberar a *anima* como o componente íntimo da psique, necessário a qualquer realização criadora verdadeira. No caso desse paciente, temos de supor a probabilidade desse resultado final, já que isso não foi diretamente mencionado no sonho da viagem à Índia. Mas estou certo de que ele confirmaria a minha hipótese de que a subida à colina e a vista da cidadezinha portuária como objetivo da sua caminhada encerravam a promessa fecunda de que iria descobrir a autêntica função da sua *anima*. Ficaria, assim, curado daquele primeiro ressentimento que lhe provocara a falta de proteção (o chapéu impermeável) da mulher na sua excursão à Índia (nos sonhos, cidades que surgem em certos momentos significativos podem, muitas vezes, ser símbolos da *anima*).

O homem conquistou essa promessa de segurança pessoal por meio do seu contato com o autêntico arquétipo do herói, e descobriu uma nova atitude, cooperativa e social, em relação ao grupo. Seguiu-se, naturalmente, uma sensação de rejuvenescimento. Ele se aproximara da fonte interior de energia que o arquétipo do herói representa; compreendera e desenvolvera a porção dele mesmo que, no sonho, estava simbolizada por uma mulher; e por meio do ato heroico praticado pelo seu ego libertara-se da mãe.

Esse e muitos outros exemplos do mito do herói nos sonhos do homem moderno mostram que o ego, quando age como herói, é sempre um condutor de cultura, muito mais que um exibicionista egocêntrico. Mesmo Trickster, no seu jeito desproposital e incoerente, traz certa contribuição à realidade cósmica tal como o homem primitivo a vê.

Na mitologia navajo, Trickster, sob a forma de um coiote, arremessa estrelas pelo céu, num ato criador; inventa a necessária contingência da morte e, no

OS MITOS ANTIGOS E O HOMEM MODERNO

mito da emersão, ajuda seu povo a escapar (por meio de um caniço oco) de um mundo inferior para outro superior, onde fica a salvo da ameaça de um dilúvio.[9]

Trata-se de uma referência à forma de evolução criadora que começa, evidentemente, numa escala de existência pré-consciente, infantil ou animal. A ascensão do ego ao estado de ação consciente efetiva torna-se clara no mito do verdadeiro herói da cultura. Da mesma maneira, o ego infantil ou adolescente liberta-se da opressão das ambições paternas e encontra sua própria individualidade. Como parte dessa ascensão em direção à consciência, a batalha entre o herói e o dragão pode ter que se repetir várias vezes a fim de liberar a energia necessária para uma imensidão de tarefas humanas que podem formar do caos um esquema cultural.

Quando esse processo obtém êxito vemos a imagem total do herói emergindo como uma espécie de força do ego (ou, se nos exprimirmos em termos coletivos, como uma identidade do grupo), que já não necessita mais vencer monstros e gigantes. Atingiu um ponto em que essas forças profundas podem ser personalizadas. O "elemento feminino" não aparece mais nos sonhos como um dragão, mas sim como uma mulher; e, de igual modo, o lado "sombra" da personalidade toma uma forma menos ameaçadora.

Esse ponto tão importante está bem ilustrado no sonho de um homem que se aproximava dos cinquenta anos. Durante toda a sua vida sofrera acessos periódicos de ansiedade, associados ao medo do fracasso (inicialmente provocado pela mãe, que não acreditava nele). No entanto, as suas realizações, tanto profissionais quanto pessoais, estavam bem acima da média. No sonho, seu filho de nove anos aparecia como um jovem de dezoito ou dezenove, vestido com uma armadura resplandecente de cavaleiro medieval. O rapaz é chamado para lutar contra uma horda de homens vestidos de preto, e prepara-se para o combate. No entanto, de repente, ergue o elmo e sorri para o chefe da ameaçadora turma. Está claro que não irão lutar e que ficarão amigos.

O salvamento de uma donzela, realizado pelo herói, pode simbolizar a libertação da *anima* dos aspectos "devoradores" da mãe. Esse aspecto é representado, na p. 166, por dançarinos balineses que usam a máscara de Rangda (extrema esquerda), um espírito feminino maligno; ou pela serpente que engoliu e depois expeliu o herói grego Jasão (acima, à esquerda).

Tal como acontece no sonho comentado nas p. 163 e 164, uma cidade portuária é um símbolo comum da *anima*. Ao lado, um desenho de Marc Chagall representando Nice na forma de uma sereia.

O filho, nesse sonho, é o próprio ego juvenil daquele homem que se sentira muitas vezes ameaçado pela "sombra" sob a forma de um sentimento de insegurança. Num certo sentido, durante toda a sua vida madura havia mantido uma cruzada contra esse adversário. Agora, em parte devido ao encorajamento que lhe dava ver seu filho crescer sem esse tipo de dúvidas, mas principalmente por ter chegado a formar uma imagem aceitável de herói (a mais próxima à estrutura do seu universo), já não julgava necessário lutar contra a sombra: já podia aceitá-la. É isso que está simbolizado no gesto de amizade. Ele já não se sente impelido a uma luta competitiva pela sua supremacia individual, e já se deixou assimilar pela tarefa cultural de formar uma espécie de comunidade democrática. Tal conclusão, alcançada na plenitude da vida, transcende a função atribuída a um herói e leva o homem a uma atitude verdadeiramente amadurecida.

Essa mudança, no entanto, não se processa automaticamente; requer um período de transição, expresso nas várias formas do arquétipo de iniciação.

O ARQUÉTIPO DE INICIAÇÃO

DO PONTO DE VISTA PSICOLÓGICO, a imagem do herói não deve ser considerada idêntica ao ego propriamente dito. Trata-se, antes, do meio simbólico pelo qual o ego se separa dos arquétipos evocados pelas imagens dos pais na sua primeira infância. O professor Jung julga que cada ser humano possui, originalmente, um sentimento de totalidade, isto é, um sentido poderoso e completo do *self*. E é do *self* (o si mesmo) — a totalidade da psique — que emerge a consciência individualizada do ego à medida que o indivíduo cresce.[10]

Nos últimos anos, alguns discípulos de Jung começaram a documentar nos seus trabalhos a série de acontecimentos que marca o aparecimento do ego individual no amadurecimento da infância. Essa separação nunca poderá ser

O totem de um povo (quase sempre um animal) simboliza a identidade de cada indivíduo com a unidade tribal. À esquerda, um aborígine australiano imitando, numa dança ritual, o totem de seu povo — um avestruz. Muitos grupos modernos servem-se de animais totêmicos como emblemas: abaixo, à esquerda, um leão heráldico (brasão belga) em um mapa alegórico do século XVIII. À direita, um falcão, mascote do time de futebol da Academia da Força Aérea dos Estados Unidos. Abaixo, à direita, emblemas totêmicos modernos que não têm a forma de animais: uma vitrine onde estão expostos gravatas, distintivos etc. de escolas e clubes britânicos.

absoluta sem lesar gravemente o sentido original de totalidade. Por isso, o ego precisa voltar atrás, continuamente, para restabelecer suas relações com o *self*, de modo a conservar sua saúde psíquica.

De acordo com minhas pesquisas, parece que o mito do herói é a primeira etapa na diferenciação da psique. Demonstrei que ele parece percorrer um ciclo quádruplo, por meio do qual o ego procura alcançar uma autonomia relativa da sua condição original de totalidade. Sem obter certo grau de independência, o indivíduo será incapaz de se relacionar com o seu ambiente adulto. Mas o mito do herói não é garantia suficiente para essa libertação. Mostra apenas como é possível que ela aconteça para que o ego conquiste consciência. Resta o problema de manter e desenvolver, de modo significativo, essa consciência, para que o homem possa viver uma vida útil, guardando a sua individualidade dentro da sociedade.

A história antiga e os rituais das sociedades originárias contemporâneas forneceram-nos abundante material sobre mitos e ritos de iniciação, nos quais jovens rapazes e moças são afastados de seus pais e obrigados a se integrarem no seu clã ou no seu povo. No entanto, nesse rompimento com o mundo infantil, o arquétipo parental original pode ser ferido, e para que tal dano seja sanado é necessário um processo "curativo" de assimilação à vida do grupo (a identidade do grupo com o indivíduo é, muitas vezes, simbolizada por um animal totêmico). Assim, o grupo satisfaz as exigências do arquétipo que foi lesado e torna-se uma espécie de segundo pai ou mãe, aos quais o jovem é simbolicamente sacrificado, renascendo numa nova vida.[11]

Nessa "cerimônia drástica que lembra muito um sacrifício oferecido às forças que podem reter um jovem", segundo expressão do dr. Jung, vemos que o poder do arquétipo original nunca pode ser totalmente dominado, como acontece nas lutas herói-dragão, sem um mutilante sentimento de alienação em relação às fecundas forças do inconsciente. Vimos no mito dos Twins como a sua *hybris*, ao expressar uma separação excessiva entre o ego e o *self*, foi corrigida pelo medo que tiveram das consequências finais, que os obrigou a um retorno às relações harmoniosas entre essas duas forças.

Nas sociedades dos povos originários é o rito de iniciação que resolve de maneira mais eficiente esse problema. O ritual faz o jovem retornar às camadas mais profundas da identidade original existente entre a mãe e a criança ou entre o ego e o *self*, forçando-o, assim, a conhecer a experiência de uma morte simbólica. Em outras palavras, a sua identidade é temporariamente destruída ou dissolvida no inconsciente coletivo. Ele é então salvo solenemente desse estado pelo rito de um novo nascimento, o primeiro ato de verdadeira assimilação do ego em um grupo maior, esteja ele sob a forma de totem, clã ou povo, ou uma combinação dos três.

O ritual, seja de povos originários ou de sociedades mais recentes, insiste sempre nesse rito de morte e renascimento, isto é, um "rito de passagem" de uma fase da vida para outra, seja durante o amadurecimento da infância ou do início para o final da adolescência e daí para a maturidade.

Os acontecimentos de caráter iniciatório certamente não estão limitados à psicologia da juventude. Toda nova fase de desenvolvimento de uma vida humana é acompanhada por uma repetição do conflito original entre as exigências do *self* e as do ego. De fato, esse conflito pode se manifestar

Ritos primitivos de iniciação levam o jovem à maturidade e a participar da identidade coletiva de seu povo. Em muitas sociedades originárias a iniciação é realizada pelo ato da circuncisão (um sacrifício simbólico). Mostramos aqui quatro fases do rito da circuncisão dos aborígenes australianos. Ao alto, à esquerda e à direita, os meninos são colocados sob cobertas (como uma morte simbólica da qual renascerão). Acima, à esquerda, são descobertos e seguros para a operação. À direita, depois de circuncidados, recebem gorros cônicos, sinal de seu novo estado. Ao lado, são por fim isolados do povo para serem purificados e receberem ensinamentos.

com mais força no período de transição que vai do início da maturidade à idade madura (entre os 35 e quarenta anos, na nossa sociedade) do que em qualquer outra época. E a transição da maturidade para a velhice cria, novamente, a necessidade de afirmar a diferença entre o ego e a psique total; o herói recebe um último apelo para defender o ego consciente da próxima dissolução da vida em morte.

Nesses períodos críticos, o arquétipo de iniciação é fortemente ativado a fim de promover uma transição significativa que ofereça algo mais rico de sentido espiritual do que os ritos da adolescência, com o seu acentuado caráter profano. Nesse sentido religioso, os esquemas dos arquétipos de iniciação — conhecidos desde a Antiguidade como "mistérios" — são elaborados da mesma forma que todos os rituais eclesiásticos que exigem cerimônias especiais nos momentos de nascimento, casamento ou morte.

Tal como no estudo do mito do herói, também no estudo da iniciação devemos buscar exemplos nas experiências subjetivas do homem contemporâneo, sobretudo em pessoas que tenham sido analisadas. Não há nada de surpreendente no fato de aparecerem, no inconsciente de alguém que busca o auxílio de um médico especialista em desordens psíquicas, imagens que reproduzem os principais esquemas de iniciação, tal como nos foram relatados pela história.

Entre os jovens, talvez o mais comum desses temas seja a prova ou teste de força. É um tema idêntico ao que já observamos em sonhos atuais que exemplificam o mito do herói, como o do marinheiro afrontando ventos e chuvas, ou a prova de habilidade da excursão à Índia, feita pelo homem sem chapéu de chuva. Podemos encontrar também esse tema de sofrimento físico, levado à sua conclusão lógica, no primeiro sonho que discutimos, quando o belo jovem converte-se em sacrifício humano, em um altar. O sacrifício assemelha-se a um prelúdio do processo de iniciação, mas seu final é bastante obscuro. Parece, antes, completar o ciclo heroico, dando lugar a um novo tema.

Há uma diferença marcante entre o mito do herói e o rito de iniciação. As figuras típicas de heróis esgotam suas forças para obter o que ambicionam; ou seja, alcançam sucesso, mesmo que logo depois sejam punidos ou mortos por sua *hybris*. Na iniciação, ao contrário, o noviço deve renunciar a toda ambição e a qualquer aspiração para então submeter-se a uma prova. Deve aceitar essa prova sem esperança de obter sucesso. Na verdade, deve estar preparado para morrer. Apesar de o grau da provação ser algumas vezes leve (um período de jejum, um dente arrancado, uma tatuagem), outras doloroso (as feridas da circuncisão, incisões ou outras mutilações), o propósito permanece sempre o

OS MITOS ANTIGOS E O HOMEM MODERNO

mesmo: criar uma atmosfera de morte simbólica, de onde vai surgir um estado de espírito simbólico de renascimento.

Um jovem de 25 anos sonha que sobe uma montanha em cujo topo há um altar. Perto do altar vê um sarcófago sobre o qual se encontra uma estátua dele mesmo. Aproxima-se então um padre encapuzado carregando um bastão, no qual reluz um disco solar. (Discutindo mais tarde o sonho, o jovem disse que o ato de galgar a montanha lembrou-lhe o esforço que fazia na sua análise para alcançar o domínio próprio.) Para sua surpresa, teve a impressão de estar morto, e em lugar de uma sensação de realização sentiu-se deprimido e assustado. Mas nesse momento, com a irradiação dos raios solares, recebeu um sentimento de força e rejuvenescimento.

Esse sonho mostra, sucintamente, a distinção que se deve fazer entre a iniciação e o mito do herói. O ato de escalar uma montanha parece sugerir uma prova de força. É a vontade de alcançar a consciência do eu (o ego), na fase heroica da evolução da adolescência. O paciente julgara, evidentemente, que uma terapia psicanalítica seria semelhante a outras provas marcantes de transição para a idade viril, isto é, que teria uma forma competitiva característica dos jovens da nossa sociedade. Mas a cena do altar corrigiu essa falsa suposição mostrando-lhe que sua tarefa era submeter-se a um poder maior que o seu. Deveria ver-se como morto e enterrado de forma simbólica (o sarcófago), lembrando o arquétipo materno, receptáculo original da vida. Só por esse ato de submissão poderia renascer. Um ritual revigorador o traz então de volta à vida, como filho simbólico do Pai-Sol.

Podíamos, aqui, estabelecer certa confusão com o ciclo heroico — o dos Twins, "filhos do Sol". Mas nesse caso não temos nenhuma indicação de que o iniciado vai se superestimar. Ao contrário, recebe uma lição de humildade, submetendo-se a um rito de morte e de renascimento que marca a sua passagem da juventude à maturidade.

De acordo com a sua idade cronológica, esse paciente já deveria ter passado essa etapa de transição, mas um prolongado período de estagnação havia retardado sua evolução. Tal atraso o mergulhara na neurose para a qual buscava tratamento, e o sonho ofereceu-lhe o mesmo sábio conselho que lhe teria sido dado por qualquer bom feiticeiro ou xamã — que devia desistir de provar sua força escalando montanhas para se submeter ao rito, cheio de significação, de uma transformação iniciatória, que o tornaria apto a assumir as novas responsabilidades morais da sua verdadeira masculinidade.

O tema da submissão como uma atitude essencial ao sucesso do rito de iniciação pode ser claramente percebido quando se trata de meninas ou de mulheres. O seu rito de transição demonstra, a princípio, a sua passividade absoluta,

OS MITOS ANTIGOS E O HOMEM MODERNO

reforçada pela limitação psicológica à autonomia, que lhes é imposta pelo ciclo menstrual. Já se supôs que o ciclo menstrual seja a parte mais importante da iniciação feminina, na medida em que tem o poder de despertar um sentido profundo de obediência ao poder criador de vida. Assim, a jovem aceita de bom grado as suas funções de mulher, do mesmo modo que o homem aceita o papel que lhe cabe na vida comunitária do seu grupo.

Por outro lado, a mulher, tanto quanto o homem, tem suas provas iniciatórias de força que a levam a um sacrifício final em benefício do renascimento. Esse sacrifício permite que ela se liberte dos laços das suas relações pessoais e a torna capaz de desempenhar mais conscientemente as funções de um indivíduo com direitos próprios. Em contraste, o sacrifício masculino é uma espécie de entrega da sua sagrada independência: o homem fica mais consciente do seu relacionamento com a mulher.[12]

Chegamos aqui a um aspecto da iniciação que, a bem dizer, apresenta o homem à mulher e a mulher ao homem, de maneira a corrigir qualquer oposição originalmente existente entre os sexos. O saber do homem (*logos*) encontra então a relação da mulher (*eros*), e sua união é representada no rito simbólico do casamento religioso, que esteve no âmago da iniciação desde a sua origem, nos antigos cultos dos mistérios. Mas isso não é facilmente compreendido pelo homem de hoje, e quase sempre é necessário haver uma crise na vida de uma pessoa para que ela possa perceber esse fato.

Vários pacientes contaram-me sonhos em que o motivo do sacrifício apresentava-se combinado com o motivo do casamento religioso. Um desses sonhos foi o de um jovem que estava apaixonado mas que não queria se casar, receando que o casamento se tornasse uma espécie de prisão dirigida por uma forte imagem materna. Sua mãe tivera forte influência na sua infância e a futura sogra prometia um perigo semelhante. A mulher não iria dominá-lo do mesmo modo?

No sonho ele participava de uma dança ritual com mais outro homem e duas mulheres, uma das quais era a sua noiva. Os dois outros personagens eram um homem e uma mulher mais velhos que o impressionaram porque, apesar da intimidade que revelavam, pareciam ter individualidades próprias,

Um sarcófago do século II a.C., de Tebas, revela uma conexão simbólica com o arquétipo da Mãe Grande (o recipiente da vida). O interior tem o retrato da deusa egípcia Nut, que "abraça" o corpo da morta (cujo retrato está na tampa, à direita).

sem que um se mostrasse possessivo em relação ao outro. Esse casal representava para o jovem, portanto, uma condição matrimonial que não impunha qualquer coação à individualidade dos cônjuges. Se conseguisse o mesmo, o casamento se tornaria aceitável para ele.

Na dança ritual, cada homem ficava de frente para uma mulher e todos quatro tomaram lugar nos quatro cantos do estrado onde dançavam. À medida que a dança prosseguia ficou claro que era uma espécie de dança de espadas.

Cada dançarino trazia na mão uma espada curta com a qual executava complicados arabescos, movendo pernas e braços numa série de movimentos que lembravam impulsos alternados de agressão e submissão de um para o outro. No final da dança, todos os quatro deveriam enfiar as espadas em seus próprios peitos e morrer. Apenas o sonhador recusou-se a esse suicídio e ficou sozinho, de pé, depois de os outros terem tombado. Sentiu-se profundamente envergonhado com a covardia que o impedira de sacrificar-se com o resto do grupo.

Quatro diferentes cerimônias de iniciação: à extrema esquerda da página ao lado, noviças de um convento realizam tarefas humildes, como a lavagem do assoalho (do filme *The Num Story*, 1958), e têm os seus cabelos cortados (de uma pintura medieval). À esquerda, na página ao lado, passageiros de um navio submetem-se ao "rito de passagem" ao atravessarem o equador. Abaixo, na página ao lado, calouros nos Estados Unidos em tradicional batalha com os veteranos de sua escola. O casamento pode ser considerado um rito de iniciação no qual o homem e a mulher devem submeter-se um ao outro. Mas em algumas sociedades o homem compensa sua submissão "raptando" a noiva — como fazem os dyaks da Malásia e de Bornéu (abaixo, no filme *The Lost Continent*, de 1955). Uma reminiscência dessa prática é o costume, que hoje ainda existe, de o noivo carregar a noiva ao atravessar a soleira do seu novo lar (abaixo, à direita).

Esse sonho revelou ao meu paciente que ele estava preparado para mudar de atitude em relação à sua vida. Fora até então um egocêntrico, que procurara uma segurança ilusória na sua independência pessoal, apesar de interiormente dominado pelo medo que lhe causara, na infância, a submissão à mãe. Necessitava de um desafio à sua virilidade para verificar que, se não abandonasse aquele estado de espírito infantil, viveria solitário e humilhado. O sonho e a subsequente compreensão do seu significado desfizeram suas dúvidas. Cumprira o rito simbólico por meio do qual o homem jovem renuncia à sua autonomia exclusivista e aceita uma vida em comum, com um espírito de solidariedade e não apenas de heroísmo.

Esse rapaz casou-se e teve um relacionamento absolutamente satisfatório com a esposa. Longe de prejudicar sua eficiência ou de diminuir-lhe a autoridade, o casamento, ao contrário, acentuou-as.

Fora do medo neurótico que mães ou pais invisíveis provocam por detrás do véu matrimonial, mesmo os rapazes normais têm boas razões para se sentirem apreensivos com o ritual das bodas. Ele é essencialmente um rito de iniciação feminina, no qual um homem pode sentir-se tudo, menos um herói vencedor. Não é de espantar que se encontrem nas sociedades originárias certos rituais compensatórios ("antifobias"), como o rapto da noiva, que permitem que o homem, no exato momento em que deve submeter-se à mulher e assumir as responsabilidades do casamento, se agarre ao que lhe resta do papel de herói.

Mas o tema do casamento é uma imagem de tamanha universalidade que contém, também, uma significação mais profunda. Além de representar a aquisição de uma esposa, é também uma descoberta simbólica, bem-vinda e mesmo necessária: a descoberta do componente feminino da psique masculina. É por isso que, em resposta a um estímulo apropriado, podemos encontrar esse arquétipo em homens de qualquer idade.

Nem todas as mulheres, no entanto, reagem ao casamento de maneira confiante. Uma paciente, que se sentia frustrada por não ter uma carreira, da qual desistira devido a um casamento difícil e de pouca duração, sonhou que estava ajoelhada diante de um homem, também ajoelhado. Ele segurava um anel e se preparava para colocar-lhe no dedo, mas ela esticou e enrijeceu o anular da mão direita de maneira tensa — evidentemente resistindo a esse ritual do casamento.

Foi fácil mostrar-lhe o erro significativo que cometera. Em lugar de oferecer o dedo anular esquerdo ao homem (aceitando assim uma relação equilibrada e natural com o princípio masculino), ela havia pressuposto, erroneamente, que era sua total identidade consciente (isto é, seu lado direito) que deveria colocar a serviço do homem. Na verdade, o casamento exigia apenas que compartilhasse com o homem aquela porção subliminar e natural dela mesma (isto é, seu lado esquerdo) em que o princípio de união teria uma significação simbólica, e não um sentido literal e absoluto. Seu medo era o da mulher que teme perder a personalidade num casamento de caráter patriarcal, a que resistia, com toda a razão.

No entanto, o casamento religioso como forma arquetípica tem particular importância para a psicologia feminina, e as mulheres se preparam durante a adolescência para essa cerimônia através de vários acontecimentos de caráter iniciatório.

O casamento religioso arquetípico (a união dos opostos, dos princípios masculino e feminino), representado numa escultura indiana do século XIX pelas divindades Shiva e Parvati.

A BELA E A FERA

NA NOSSA SOCIEDADE, as jovens participam dos mitos masculinos do herói porque, como os rapazes, precisam educar-se e desenvolver uma personalidade própria sólida. Mas há uma região, ou uma camada mais antiga das suas mentes, que parece vir à superfície dos seus sentimentos para torná-las mulheres, e não imitações de homem. Quando esse antigo conteúdo da psique começa a aparecer, a jovem moderna tem a tendência de reprimi-lo, já que representa uma ameaça às suas mais recentes prerrogativas: a emancipação e a igualdade de competição com os homens.

Essa repressão pode ser tão efetiva que, por algum tempo, a jovem consegue manter-se identificada com os objetivos intelectuais masculinos com os quais se familiarizou na escola ou na faculdade. Mesmo quando casa, guarda ainda certa ilusão de liberdade, apesar de seu ato de submissão ostensiva ao arquétipo do casamento — com a injunção implícita da maternidade. Pode então ocorrer, como se vê com frequência hoje em dia, um conflito que, por fim, força a mulher a redescobrir, de maneira dolorosa (mas sumamente gratificante), a sua sepultada feminilidade.

Constatei um bom exemplo desse processo numa jovem casada, ainda sem filhos, mas que pretendia ter um ou dois, já que era o que se esperava dela. No entanto, suas relações sexuais eram insatisfatórias. Isso preocupava a ela e ao marido, apesar de não encontrarem explicação para o problema. Ela se formara com distinção em uma faculdade feminina e compartilhava com prazer da vida intelectual de seu marido e amigos. Apesar desse aspecto de sua vida caminhar bastante bem, ela tinha acessos ocasionais de mau humor, discutindo de maneira agressiva e afastando os homens de suas relações. Tal fato provocava-lhe um intolerável sentimento de descontentamento consigo mesma.

Nessa ocasião teve um sonho que lhe pareceu tão importante que ela foi procurar ajuda médica para melhor compreendê-lo. Sonhou que estava numa fila de mulheres, jovens como ela, e ao tentar ver para onde se dirigiam verificou que, à medida que cada uma chegava ao primeiro lugar da fila, era decapitada numa guilhotina. Sem nenhum medo, manteve-se na fila, presumivelmente pronta para sofrer o mesmo tratamento quando chegasse a sua vez.

Expliquei-lhe que o sonho significava que ela estava pronta para renunciar a uma vida ditada "pela cabeça". Deveria aprender a libertar seu corpo para poder descobrir suas reações sexuais naturais e realizar as funções biológicas

OS MITOS ANTIGOS E O HOMEM MODERNO

da maternidade. O sonho expressava, assim, uma necessidade de mudança drástica; ela teria de sacrificar seu papel de herói "masculino".

Como era de esperar, uma mulher culta como essa jovem não teve dificuldade em aceitar tal interpretação num nível intelectual, dispondo-se a se transformar numa mulher mais submissa. Realmente, sua vida amorosa normalizou-se e teve dois filhos, que lhe deram a esperada satisfação. À medida que passou a conhecer-se melhor, pôde compreender que a vida, para o homem (ou para a mulher que teve a mente treinada de forma masculina), é alguma coisa que se toma de assalto, num ato de força de vontade heroica; mas, para uma mulher estar satisfeita consigo mesma, é melhor que ela compreenda a vida com um progressivo processo de despertar.

Há um mito universal que expressa bem esse tipo de despertar: o conto *A Bela e a Fera*.[13] A versão mais conhecida conta como Bela, a mais jovem de quatro irmãs, tornou-se, graças à sua bondade e abnegação, a preferida do pai. Quando em lugar dos caros presentes exigidos pelas irmãs pede-lhe simplesmente uma rosa branca, está consciente apenas da sinceridade interior dos seus sentimentos. Não sabe que está a ponto de pôr em perigo a vida do pai e o relacionamento ideal existente entre os dois. Ele vai roubar uma rosa branca do jardim encantado da Fera, que, irritada com o roubo, exige que o culpado volte dentro de três meses para ser punido, provavelmente com a morte. (Ao conceder ao pai esse prazo para voltar à casa com a rosa, a Fera age de maneira contrária ao seu caráter, sobretudo quando se dispõe a mandar para Bela também um baú cheio de ouro. Como comenta o pai de Bela, a Fera parece ser a um só tempo bondosa e cruel.)

Bela insiste em tomar o lugar do pai e, passados os três meses, vai ao castelo para receber o castigo. É instalada num quarto bonito onde não tem motivos de aborrecimentos ou receios, com exceção da visita ocasional da Fera, que aparece para lhe perguntar se um dia aceitará seu pedido de casamento, que Bela recusa sistematicamente. Um dia, vendo no espelho mágico a imagem do pai doente, implora à Fera que a deixe ir para casa confortá-lo, prometendo voltar dentro de uma semana. A Fera a deixa ir, dizendo-lhe, porém, que morrerá se Bela não voltar.

Em casa, a radiante presença de Bela traz alegria ao pai e inveja às irmãs, que tramam retê-la por mais tempo. Por fim, Bela sonha que a Fera está morrendo de desespero e, dando-se conta de que seu prazo já se esgotara, volta para fazê-la reviver.

Esquecendo-se da feiura da Fera que agoniza, Bela trata-a com desvelo. A Fera confessa-lhe que é incapaz de viver sem ela e que morrerá feliz só por tê-la visto voltar. Bela compreende então que também ela não poderá viver sem a Fera, a quem ama. Confessa-lhe esse amor e promete aceitar o pedido de casamento, desde que a Fera se esforce para melhorar.

Nesse momento, o castelo enche-se de luzes e sons harmoniosos, e a Fera desaparece. Em seu lugar, surge um formoso príncipe que conta a Bela ter sido encantado por uma feiticeira e transformado em Fera. A maldição acabaria quando uma bela jovem o amasse apenas por sua bondade.

Nessa história, ao elucidarmos todo o seu simbolismo, verificamos que Bela representa qualquer jovem ou mulher envolvida numa ligação afetiva com o pai, ligação que só não se estreita mais devido à natureza espiritual do sentimento que os une. Sua bondade está simbolizada na encomenda de uma rosa branca, mas, por uma significativa distorção no sentido do pedido feito, a sua intenção inconsciente coloca o pai e a filha sob o domínio de uma força que não expressa apenas bondade, mas bondade misturada a crueldade. É como se Bela desejasse ser salva de um amor que a mantém virtuosa, mas por meio de uma atitude fora do real.

Aprendendo a amar a Fera, Bela desperta para o poder do amor humano disfarçado na sua forma animal (e portanto imperfeita), mas também genuinamente erótica. Presume-se, então, que esse fenômeno representa o despertar das verdadeiras funções do seu relacionamento, permitindo-lhe aceitar o componente erótico do desejo inicial que fora reprimido por medo ao incesto. Para deixar o pai, ela precisou, por assim dizer, aceitar esse medo ao incesto e tê-lo presente apenas na sua fantasia, até conhecer o homem-animal e então descobrir suas verdadeiras reações como mulher.

Dessa maneira liberta a si mesma e a imagem que faz do homem, das forças repressivas que a envolvem, tomando consciência da sua capacidade de confiar no amor como um sentimento em que natureza e espírito estão unidos, no mais elevado sentido destas palavras.

Um sonho de uma paciente minha, mulher bastante evoluída, mostrava justamente essa necessidade de afastar o medo do incesto, um medo real que existia em seus pensamentos devido ao apego exagerado que o pai teve por ela depois que enviuvou. No sonho, estava sendo perseguida por um touro

Três cenas de *La Belle et la Bête* (filme dirigido em 1946 por Jean Cocteau): à esquerda, o pai de Bela, descoberto quando roubava a rosa branca do jardim da Fera; à direita, na página ao lado, a Fera agonizante; à extrema direita, a Fera transformada em príncipe, passeando com Bela. A história pode simbolizar perfeitamente a iniciação de uma jovem, isto é, a sua liberação dos laços paternos para encontrar o lado animal, erótico da sua natureza. Até que isso se realize ela não consegue ter um verdadeiro relacionamento com um homem.

furioso. A princípio fugiu, mas verificou depois que era inútil. Caiu, e o touro veio sobre ela. Sabia que a única esperança que lhe restava seria cantar para o touro; e ao fazê-lo, com a voz trêmula, o touro acalmou-se e começou a lhe lamber a mão. A interpretação mostrou que essa mulher podia agora aprender a relacionar-se com os homens de maneira mais confiante e feminina — não apenas sexualmente, mas também no plano erótico, isto é, no sentido mais amplo de uma relação situada no nível da sua personalidade consciente.

No caso de mulheres mais velhas, o tema da Fera pode não indicar uma necessidade de encontrar resposta para uma fixação pessoal, de libertar uma inibição sexual, ou ainda qualquer outra significação que o racionalista de espírito psicanalítico possa descobrir no mito. Pode, na verdade, ser a expressão de certo tipo de iniciação feminina tão significativa no início da menopausa quanto no apogeu da adolescência, e possível de aparecer em qualquer idade em que se verifique um distúrbio entre natureza e espírito.

Uma mulher, na época da menopausa, relatou-me o seguinte sonho.

Encontro-me com várias mulheres que não conheço. Descemos uma escada em uma casa estranha e nos confrontamos, de repente, com um grupo grotesco de "homens-macacos", de rostos perversos, vestidos com peles pretas e cinzas, com rabos e de aparência horrível e lúbrica. Estamos completamente dominadas por eles, mas, num dado momento, senti que a única maneira de nos salvarmos seria não entrar em pânico nem correr ou lutar, mas sim tratar aquelas criaturas com humanidade para que tomassem consciência do que possuíam de melhor dentro delas. Um dos homens-macacos, então, aproximou-se de mim, e eu o recebi como se fosse meu par em algum baile, e comecei a dançar com ele.

Mais tarde, depois de ter sido agraciada com um poder de cura sobrenatural, há um homem à beira da morte; tenho nas mãos uma espécie de pena ou talvez um bico de ave, através do qual sopro ar pelas narinas do doente, fazendo-o respirar novamente.

Durante os anos em que esteve casada e enquanto criou os filhos, essa mulher fora obrigada a esquecer seus dotes de escritora, que antes lhe haviam dado pequena mas autêntica notoriedade. Na época do sonho, tentava trabalhar novamente, ao mesmo tempo em que se autocriticava impiedosamente por não ser melhor mãe, esposa e amiga. O sonho revelou-lhe esse problema, mostrando-lhe outras mulheres que talvez estivessem passando por uma transição análoga, e que, segundo o sonho, desciam de um nível de consciência muito elevado para regiões inferiores de uma casa estranha. Pode-se supor que tudo isso remeta a algum aspecto significativo da inconsciência coletiva, com o desafio para aceitar o princípio masculino do homem-animal: aquela mesma figura heroica, meio palhaça, de Trickster, que encontramos nos ciclos heroicos primitivos.

Relacionar-se com esse homem-macaco, humanizá-lo, ressaltando o que havia de bom nele, significava que também ela deveria, primeiramente, aceitar algum elemento imprevisível do seu espírito criador. Com o auxílio desse elemento poderia libertar-se dos laços convencionais de sua vida e aprender a escrever num novo estilo, mais apropriado à sua idade.

Verifica-se na segunda cena do sonho que esse impulso está relacionado com o princípio criador masculino, quando ela ressuscita o moribundo soprando-lhe ar no nariz. Esse método "pneumático" sugere mais a necessidade de um renascimento espiritual do que um princípio de calor erótico. É um simbolismo conhecido em todo o mundo: o ato ritual traz um sopro criador de vida a qualquer novo empreendimento.

O sonho de uma outra mulher acentua o aspecto da "natureza humana" de *A Bela e a Fera*:

> *Alguma coisa voa ou é jogada pela janela, parecendo um grande inseto cujas pernas amarelas e pretas rodam em espiral. Depois transforma-se num estranho animal, de listras amarelas e pretas como um tigre, patas de urso, que mais parecem mãos, e uma face angulosa de lobo. Poderá soltar-se e machucar uma criança. É domingo à tarde, e vejo uma menininha toda de branco dirigindo-se à escola dominical. Preciso chamar a polícia.*
>
> *Mas noto, então, que aquela criatura tornou-se parte mulher, parte animal. Festeja-me, e vejo que deseja ser amada. Sinto-me num clima de conto de fadas ou de sonho, e percebo que só a bondade poderá transformá-la.*
>
> *Tento abraçá-la afetuosamente, mas não aguento. Empurro-a, mas com a sensação de que devo conservá-la próxima e habituar-me a ela. Talvez um dia consiga beijá-la.*

A situação desse sonho é diferente da do sonho anterior. Essa mulher estivera muito absorvida pela função criadora masculina que havia dentro dela, e isso se tornara uma preocupação compulsiva e cerebral (isto é, "longe da terra"). Isso a impediria de desempenhar normalmente sua função feminina como esposa (na associação que lhe provocou o sonho, ela me disse: "Quando meu marido chega em casa, meu lado criativo se apaga e torno-me uma dona de casa superorganizada".). O sonho, numa mudança imprevista, transforma seu espírito mal orientado, revelando a mulher que deveria ser e cultivar; deste modo, poderia harmonizar seus interesses intelectuais criadores com os instintos que lhe permitiriam um relacionamento mais próximo com as outras pessoas.

Isso implica uma nova aceitação do princípio duplo da vida natural, que é ao mesmo tempo cruel e bom, ou, como se poderia dizer no caso dessa mulher, implacavelmente aventureiro e também humilde e criativamente doméstico. Esses elementos contrários, evidentemente, só podem se reconciliar em um nível psicológico de percepção altamente sofisticado, o que seria bastante perigoso para aquela inocente criança em sua roupa domingueira.

A interpretação que se poderia dar ao sonho é que a mulher precisava dominar a imagem excessivamente ingênua que fazia a seu próprio respeito. Era necessário que desejasse acolher plenamente a polaridade dos seus sentimentos — da mesma forma que Bela precisou renunciar à inocência que a levara a confiar em um pai que não podia lhe dar a rosa branca e pura do seu sentimento sem despertar a fúria benéfica da Fera.

Acima, o deus grego Dionísio tocando extaticamente o alaúde (pintura em vaso). Os ritos frenéticos e orgiásticos dos cultos em louvor a Dionísio simbolizavam a iniciação nos mistérios da natureza. Na próxima página, bacantes em adoração a Dionísio; à extrema direita, sátiros entregues ao mesmo culto desenfreado.

ORFEU E O
FILHO DO HOMEM

A BELA E A FERA É UM CONTO DE FADAS que tem o encanto da flor selvagem, aquela que surge inesperadamente, despertando em nós um tal deslumbramento que não se percebe, no momento, a que classe, gênero e espécie de flora pertence. O mistério inerente a esses contos encontra uma aplicação universal não apenas nos mitos históricos mais importantes, como também nos ritos pelos quais o mito se expressa, ou de onde deriva.

O tipo de rito e de mito que melhor expressa essa experiência psicológica está bem exemplificado no culto greco-romano a Dionísio e a Orfeu, que o sucede. Ambos os cultos permitiram uma iniciação bastante significativa aos "mistérios". Criaram símbolos associados a um homem-deus, de caráter andrógino, que se supunha possuir uma íntima compreensão do mundo animal ou vegetal, além de ser o mestre iniciador dos seus segredos.[14]

Os cultos dionisíacos contêm ritos orgiásticos que implicam a necessidade de o iniciado abandonar-se à sua natureza animal e, assim, experimentar em sua plenitude o poder fertilizante da Mãe Terra. O agente de iniciação a esse "rito de passagem" do culto a Dionísio era o vinho: ele deveria produzir o enfraquecimento simbólico da consciência, necessário para a introdução do noviço nos segredos que a natureza, com egoísmo, guardava e cuja essência se exprimia por meio de um símbolo de realização erótica: o deus Dionísio unido a Ariadne, sua companheira, numa cerimônia matrimonial religiosa.

Com o tempo, os ritos de Dionísio perderam a sua força religiosa emocional. Da preocupação exclusiva com os símbolos naturais da vida e do amor surgiu um desejo quase oriental de libertação. O culto dionisíaco, com seu constante vaivém do plano espiritual para o físico, talvez tenha parecido muito selvagem e agitado para algumas pessoas mais ascéticas, que interiorizaram então seus êxtases religiosos no culto a Orfeu.

Orfeu deve ter sido um personagem real — cantor, profeta e professor — que foi martirizado e cujo túmulo tornou-se um santuário. Não é de admirar que a primitiva Igreja Cristã tenha visto nele o protótipo de Cristo. As duas religiões trouxeram ao mundo helênico que findava a promessa de uma vida futura. Pelo fato de ambos terem sido homens e também mediadores entre a humanidade e o divino, Cristo e Orfeu representavam para as multidões de gregos que viam a sua cultura agonizar nos dias do Império Romano a esperança havia muito acalentada de uma vida futura.

Havia, no entanto, uma importante diferença entre a religião de Orfeu e a de Cristo. Apesar de exaltados em uma forma mística, os mistérios de Orfeu conservavam viva a velha religião de Dionísio. O seu ímpeto espiritual vinha de um semideus no qual estava preservada a mais significativa qualidade de uma religião cujas raízes vinham da arte agrícola. Tal qualidade se traduzia no antigo esquema dos deuses da fertilidade, que apareciam apenas em determinadas estações do ano — em outras palavras, no ciclo eternamente recomeçado do nascimento, crescimento, maturidade e declínio.

O cristianismo, por outro lado, aboliu os mistérios. Cristo era um reformador e o fruto de uma religião patriarcal, nômade e pastoral, cujos profetas anunciavam um Messias de origem absolutamente divina. O filho do Homem, apesar de filho de uma virgem humana, fora concebido no céu, de onde chegara como uma encarnação de Deus. Após sua morte, retornou ao céu, mas para sempre, reinando à direita de Deus até o dia da sua volta, "quando os mortos hão de se levantar".

Evidentemente esse ascetismo dos primeiros cristãos não durou muito tempo. A lembrança dos mistérios cíclicos continuava a obcecar os fiéis a tal ponto que a Igreja teve de incorporar aos seus ritos muitas práticas pagãs do passado. As mais significativas podem ser encontradas em velhos registros das cerimônias do Sábado de Aleluia e do Domingo de Páscoa para celebrar a ressurreição de Cristo — o ofício batismal, por exemplo, que a igreja medieval transformou num apropriado rito de iniciação, de profundo sentido. Mas é um ritual que pouco subsiste atualmente e que está de todo ausente no protestantismo.

O rito que mais se conservou e que ainda guarda, para os devotos católicos, o sentido essencial dos mistérios da iniciação é a elevação do cálice. Esse

ritual foi descrito pelo dr. Jung no seu *O símbolo da transformação na missa*: "A elevação do cálice prepara a espiritualização (...) do vinho. Isso é confirmado pela invocação do Espírito Santo, que se segue imediatamente. (...) A invocação serve para fazer penetrar no vinho o Espírito Santo, pois é Ele quem gera, consuma e transforma. (...) Após a elevação, colocava-se, antigamente, o cálice à direita da hóstia, em lembrança do sangue que se derramara do flanco direito de Cristo".[15]

O ritual da comunhão é o mesmo em toda parte; tanto é expresso ao se beber da taça de Dionísio quanto do cálice sagrado cristão. O que muda é o nível de conscientização de cada participante. Aquele que participa do culto a Dionísio volta-se para a origem das coisas, para o "nascimento tempestuoso" do deus arrancado do útero da Mãe Terra. Nos afrescos da Villa dei Misteri, em Pompeia, o deus é evocado sob a forma de uma máscara de terror, que se reflete na taça oferecida pelo padre ao iniciado. Mais tarde, encontramos a joeira, com as preciosas frutas da terra, e o falo, ambos símbolos criadores das manifestações do deus como um princípio de procriação e crescimento.

Ao contrário desse exame retrospectivo, concentrado no eterno ciclo de nascimento e morte da natureza, o mistério cristão acena ao iniciado no futuro, com a esperança suprema de união com um deus transcendente. A Mãe Natureza, com todas as suas belas transformações sazonais, foi abandonada, enquanto a principal figura do cristianismo oferece uma grande segurança espiritual, já que é o Filho de Deus no céu.

No entanto, essas duas divindades, de certo modo, se fundem na figura de Orfeu, o deus que lembra Dionísio mas que espera por Cristo. O sentido psicológico dessa figura intermediária está bem descrito pela escritora suíça

Linda Fierz-David, na sua interpretação dos ritos de Orfeu, tal como figuram na Villa dei Misteri.

> *Orfeu ensinava enquanto cantava e tocava lira, e o seu canto era de tal modo pujante que a natureza toda lhe obedecia; quando cantava, acompanhando-se na lira, as aves voavam à sua volta e os peixes saíam da água pulando para perto dele. O vento e a água aquietavam-se, os rios fluíam em sua direção. Deixava de nevar e não havia granizo. As árvores e até mesmo as pedras seguiam Orfeu; tigres e leões deitavam-se a seus pés, junto às ovelhas. Os lobos quedavam-se perto dos veados e das corças. Que significa tudo isso? Certamente, graças à intuição divina do deus a respeito do sentido das ocorrências naturais (...) estes acontecimentos vêm harmoniosamente determinados do seu interior. Tudo se ilumina e todas as criaturas são pacificadas quando o mediador, no ato de adoração, representa a luz da natureza.*

Acima, um rito dionisíaco representado no grande afresco da Villa dei Misteri, em Pompeia. Ao centro, um iniciado recebe a taça de Dionísio, na qual vê refletir-se a máscara do deus, logo atrás. Essa é uma infusão simbólica da bebida com o espírito divino — que se pode comparar à cerimônia da Igreja católica da elevação do cálice durante a missa (à direita).

À esquerda, Orfeu enfeitiçando os animais com o seu canto (num mosaico romano); acima, o assassinato de Orfeu por mulheres da Trácia (num vaso grego). Abaixo, à esquerda, Cristo como o Bom Pastor (mosaico do século VI). Ambos, Cristo e Orfeu, reproduzem o arquétipo do homem da natureza — também refletido no quadro de Cranach (abaixo), representando a inocência do "homem natural". Na página ao lado, a capa de *Walden*, do escritor oitocentista norte-americano Thoreau, que acreditava em um modo de vida natural completamente independente da civilização e o praticava.

Orfeu é a encarnação da devoção e da piedade; simboliza a atitude religiosa que soluciona todos os conflitos quando a alma inteira se volta para o que está situado além de todos os conflitos. (...) E ao fazer tudo isso ele é verdadeiramente Orfeu, isto é, o bom pastor, sua primeira encarnação...[16]

Tanto como pastor quanto como mediador, Orfeu estabelece um equilíbrio entre a religião de Dionísio e a cristã, já que encontramos ambos, Dionísio e Cristo, em papéis semelhantes, apesar, como já disse, de orientados de maneira diferente no tempo e no espaço — uma religião é cíclica do mundo subterrâneo, a outra é uma religião do céu, de caráter escatológico ou final. Essa série de acontecimentos iniciatórios, tirados do contexto da história religiosa, repete-se indefinidamente nos sonhos e fantasias das pessoas hoje em dia, com toda a possível variação de sentido.

Em estado de grande cansaço e depressão, uma mulher em tratamento analítico teve o seguinte sonho:

Estou sentada a uma mesa longa e estreita, numa sala de abóbadas altas, sem janelas. Meu corpo está encurvado e encolhido. Tenho apenas um longo pano de linho branco cobrindo-me, que tomba dos meus ombros até o chão. Alguma coisa muito importante me aconteceu. Tenho pouca sensação de vida. Cruzes vermelhas sobre discos de ouro aparecem diante dos meus olhos. Lembro-me de ter marcado, há muito tempo, um compromisso, e o lugar onde agora me encontro deve ter alguma relação com esse compromisso. Fico sentada durante muito tempo.

Abro então os olhos vagarosamente e vejo um homem que se senta ao meu lado para curar-me. Tem um ar natural e bondoso e fala comigo, apesar de eu não o ouvir. Parece saber tudo sobre os lugares onde estive. Tenho consciência de que estou muito feia e de que deve haver um odor de morte à minha volta. Pergunto-me se isso o vai afastar. Olho-o demoradamente. Não se afasta. Respiro com mais facilidade.

Sinto então uma brisa fresca, ou um pouco de água fria, percorrer meu corpo. Embrulho-me no pano de linho e preparo-me para dormir um sono normal. As mãos revificantes do homem estão sobre meus ombros. Lembro-me vagamente que houve um tempo em que havia feridas, mas a pressão de suas mãos parece trazer-me força e saúde.

Essa mulher tivera muitas dúvidas acerca da sua religião original. Fora educada como católica devota, da escola tradicional, mas desde a juventude lutara por libertar-se das convenções religiosas puramente formais praticadas por sua família. No entanto, durante este processo de transformação psicológica, permaneceram presentes no seu íntimo as ocorrências simbólicas que marcam o ano religioso e uma grande riqueza de conhecimentos a respeito do seu significado. Durante o processo de análise, este seu profundo conhecimento do simbolismo religioso foi de grande utilidade.

Os elementos significativos que distinguiu no seu devaneio foram: o pano branco, que considerou uma veste sacrificial; a sala abobadada, que lhe pareceu um túmulo; e o compromisso, que lhe lembrou uma experiência de submissão. Esse compromisso, como ela chamava, evocava um rito de iniciação, com uma perigosa descida às cavernas da morte, simbolizando o modo como deixou a igreja e a família para encontrar Deus à sua maneira. Passara por uma "imitação de Cristo" no seu verdadeiro sentido simbólico e, tal como Ele, conhecera as chagas que antecedem a morte.

A veste sacrificial sugere o sudário ou a mortalha em que Cristo foi envolvido e depois colocado no túmulo. No final do seu sonho aparece um homem que tem o poder de curar, figura vagamente associada à minha pessoa como analista, mas aparecendo também como um amigo plenamente consciente do que lhe acontecera. Diz-lhe palavras que não consegue ouvir, mas suas mãos são tranquilizadoras e dão-lhe uma sensação de bem-estar. Percebe-se nessa figura o gesto e a palavra do bom pastor — Orfeu e Cristo — como mediador e, é claro, como alguém com o dom de curar. Ele está do lado da vida e deve convencê-la de que agora poderá voltar das cavernas da morte.

Devemos chamar isso de renascimento ou ressurreição? Ambos, ou talvez nenhum dos dois. O rito essencial afirma-se no final do sonho: a brisa suave ou a água que percorre seu corpo é um ato de purificação primordial, lavando o ser humano do pecado da morte, isto é, a essência do batismo verdadeiro.

Acima, o deus persa Mitras sacrificando um touro. O sacrifício (que também faz parte dos ritos dionisíacos) pode ser considerado um símbolo da vitória da natureza espiritual do homem sobre a sua animalidade — da qual o touro é um símbolo conhecido (isso explica a popularidade da tourada em alguns países, à esquerda). Abaixo, uma água--forte de Picasso (1935) mostra uma jovem ameaçada por um Minotauro — tal como no mito de Teseu, um símbolo das forças instintivas que o homem não consegue controlar.

A mesma mulher teve outro sonho no qual estava implícito que seu aniversário caía no dia da ressurreição de Cristo. Isso significava muito mais para ela do que a recordação da mãe, que nunca lhe dera nos seus aniversários de criança a sensação de segurança e de renovação que tanto desejara. Mas isso não queria dizer que se identificava com a figura de Cristo. Apesar de todo o poder e glória de Jesus, alguma coisa lhe faltava; e enquanto ela se esforçava para chegar a ele por meio de suas orações, Ele e Sua cruz erguiam-se cada vez mais alto no céu, fora do seu alcance.

Nesse segundo sonho ela voltou ao símbolo do renascimento, representado pelo sol nascente, enquanto um novo símbolo feminino começou a aparecer. Primeiro surgiu como "um embrião em um saco cheio de água". Depois ela se viu carregando um menino de oito anos pela água e "passando num ponto perigoso". Em seguida, houve uma nova mudança, e ela já não se sentia ameaçada nem sob a influência da morte. Estava "numa floresta ao lado de uma fonte que caía em cascata (...). Vinhas verdes cresciam por toda parte. Em minhas mãos tenho uma vasilha de pedra, na qual há água da fonte, um pouco de musgo verde e violetas. Banho-me na cachoeira. É dourada e 'sedosa', e sinto-me como uma criança".

O sentido desses acontecimentos é claro, apesar da descrição enigmática de tantas imagens em mutação permitir que se perca um pouco a sua significação interior. Assistimos aqui, parece, a um processo de renascimento de uma individualidade espiritualmente mais rica, batizada em plena natureza como uma criança. No entanto, ela salva uma criança mais velha que seria, de algum modo, o seu próprio ego na época mais traumatizada da sua infância. Carrega-o através da água, passando por um ponto perigoso, e indicando assim que tem medo de se deixar paralisar por um sentimento de culpa caso se afaste demasiadamente da religião convencional de sua família. Mas o simbolismo religioso é significativo justamente por sua ausência. Tudo está entregue nas mãos da natureza; estamos realmente muito mais no reino do pastor Orfeu do que no do Cristo elevado aos céus.

A essa sequência seguiu-se um sonho que a levou a uma igreja parecida com a de são Francisco de Assis, onde se encontram os afrescos de Giotto sobre a vida do santo. Sentia-se mais à vontade nessa igreja do que em outras porque São Francisco, como Orfeu, era um religioso sempre próximo da natureza. Tudo isso veio reavivar-lhe os sentimentos provocados pela mudança de filiação religiosa que lhe fora tão difícil, mas agora acreditava poder enfrentar alegremente essa experiência, inspirada pela luz vinda da natureza.

A série de sonhos acabava num eco longínquo da religião de Dionísio (talvez um lembrete de que mesmo Orfeu pode, às vezes, estar afastado do poder fecundante do deus-animal que há no homem). Sonhou que levava uma criança loura pela mão. "Estamos em uma alegre festividade de que participam também o sol, a floresta e as flores que nos rodeiam. A criança traz uma florzinha branca na mão e a coloca na cabeça de um touro preto. O touro também faz parte da cerimônia e está coberto de ornamentos festivos." Essa referência lembra os antigos ritos que louvavam Dionísio sob a forma de touro.

Mas o sonho não acabava aí. A mulher ainda acrescentou: "Algum tempo depois, o touro é trespassado por uma flecha dourada". Ora, além do culto de Dionísio existe outro rito pré-cristão no qual o touro tem um papel simbólico. O deus-sol persa Mitras representa o anseio de uma vida espiritual que triunfe sobre as paixões animais primitivas do homem e que, após uma cerimônia de iniciação, lhe traga paz.

Essa série de imagens confirma o que sugerem muitos devaneios ou sequências de sonhos do mesmo tipo: que não existe uma paz definitiva, nenhum lugar de repouso absoluto. Na sua busca religiosa, homens e mulheres — sobretudo aqueles que vivem nas sociedades ocidentais cristãs modernas — ainda estão dominados pelas tradições primitivas que lutam entre si por uma supremacia. É um conflito entre crenças pagãs e cristãs, ou, pode-se dizer também, um conflito entre o renascimento e a ressurreição.

Na primeira parte desse sonho encontramos uma pista mais segura para solucionar o dilema — é um curioso exemplo de simbolismo que poderia ter passado despercebido. A mulher disse que na caverna mortuária tivera uma visão de várias cruzes vermelhas sobre discos dourados. Como mais tarde tornou-se claro na sua análise, ela estava começando a experimentar uma profunda transformação psíquica, emergindo dessa "morte" para um novo tipo de vida. Podemos imaginar, assim, que essa imagem que lhe chegou no auge do seu desespero anunciava, de certo modo, sua futura atitude religiosa. Nos seus comentários posteriores evidenciou-se que as cruzes vermelhas poderiam representar seu apego a uma atitude cristã, enquanto os discos dourados significavam sua inclinação para os mistérios religiosos pré-cristãos. Sua visão onírica lhe aconselharia a reconciliar esses elementos cristãos e pagãos dentro da nova vida que estava por vir.

Uma última mas importante observação diz respeito aos ritos de iniciação antigos e sua relação com o cristianismo. O rito de iniciação celebrado nos Mistérios de Elêusis (ritos de adoração das deusas da fertilidade, Deméter e Perséfone) não era destinado apenas aos que buscavam viver uma vida mais plena; era utilizado também como uma preparação para a morte, como se esta exigisse um rito iniciatório do mesmo gênero.

Numa urna funerária encontrada em um túmulo romano próximo ao Columbarium, na colina Esquelina, encontramos um baixo-relevo com cenas de um estágio final de iniciação, onde o novato é admitido à presença e à convivência de duas deusas. O resto da gravura trata de duas cerimônias preliminares de purificação — o sacrifício do "porco místico" e uma versão mística do casamento religioso. Tudo isso indica uma iniciação à morte, mas de uma forma que exclui qualquer tristeza ou luto. A cena já sugere aquele elemento dos mistérios posteriores — especialmente os do orfismo —, que acrescenta à morte uma promessa de imortalidade.[17] O cristianismo ainda foi além, prometendo mais que a imortalidade (que, no antigo sentido dos mistérios de caráter cíclico, significava apenas a reencarnação) ao oferecer ao fiel uma vida eterna na esfera celeste.

Vemos assim, novamente, na vida moderna, a tendência a uma repetição dos velhos esquemas arquetípicos. Aqueles que devem se habituar a enfrentar a morte precisarão, talvez, reaprender a velha mensagem que mostra que a morte é um mistério para o qual devemos nos preparar com o mesmo espírito de submissão e humildade que precisamos ter para enfrentar a vida.

Tanto a ave quanto o xamã (isto é, um feiticeiro primitivo) são símbolos comuns de transcendência e, muitas vezes, aparecem combinados. À direita, uma pintura pré--histórica numa caverna em Lascaux mostra um xamã com uma máscara de pássaro.

SÍMBOLOS DE TRANSCENDÊNCIA

OS SÍMBOLOS QUE INFLUENCIAM O HOMEM têm várias finalidades. Alguns homens precisam ser provocados, e a experiência da sua iniciação acontece com a violência de um "rito de trovão" dionisíaco. Outros têm de ser dominados e são levados à submissão através da organizada planificação dos templos ou das grutas sagradas, evocadora da religião apolínica do último período grego. Uma iniciação completa abrange os dois temas, como podemos verificar tanto no material extraído de antigos textos quanto nas experiências do homem atual. Mas o que fica bem claro é que o objetivo fundamental da iniciação é domar a turbulência da natureza jovem tal como era, originalmente, representada por Trickster. A iniciação tem, portanto, um propósito civilizador ou espiritual, a despeito da violência dos ritos usados para desencadear esse processo.

Existe, no entanto, um outro tipo de simbolismo que faz parte das tradições sagradas mais antigas e que está também ligado aos períodos de transição da vida humana. Esses símbolos não buscam integrar o iniciado em qualquer doutrina religiosa ou em uma forma temporal de consciência coletiva. Ao contrário, relacionam-se com a necessidade que o homem tem de se libertar de qualquer estado de imaturidade demasiadamente rígido ou categórico. Em outras palavras, esses símbolos dizem respeito à libertação do homem — ou à sua transcendência — de qualquer forma de vida restritiva, no curso da sua progressão para um estágio superior ou mais amadurecido da sua evolução.

Abaixo, uma sacerdotisa xamã de um povoado da Sibéria, com sua vestimenta de pássaro. À direita, o caixão de um xamã (também da Sibéria) com figuras de pássaros nas estacas.

A criança, como já dissemos, possui um sentido de totalidade (ou integridade), mas apenas antes do aparecimento do seu ego consciente. No caso do adulto, esse sentido de integridade é alcançado por meio de uma união do consciente com os conteúdos inconscientes da sua mente. Dessa união surge o que Jung chamava "função transcendente da psique", pela qual o homem pode alcançar sua finalidade mais elevada: a plena realização das potencialidades do seu *self* (ou ser).[18]

Assim, os "símbolos de transcendência" são aqueles que representam a luta do homem para alcançar o seu objetivo. Fornecem os meios pelos quais os conteúdos do inconsciente podem penetrar no consciente, e são também, eles próprios, uma expressão ativa desses conteúdos.

Tais símbolos apresentam múltiplas formas, e sua importância está sempre patente, tanto na história da humanidade quanto nos sonhos de homens e mulheres contemporâneos que passam por alguma fase crítica em suas vidas. No nível mais arcaico desse simbolismo vamos encontrar novamente o tema de Trickster. Mas agora não como uma figura indisciplinada com pretensões a herói; tornou-se um xamã — médico feiticeiro — cujas práticas mágicas e lampejos intuitivos fazem dele um mestre da iniciação. Sua força reside na faculdade que lhe é atribuída de conseguir separar-se do corpo para voar pelo universo, sob a forma de um pássaro.[19]

Nos mitos ou nos sonhos, uma jornada solitária simboliza, muitas vezes, a liberação da transcendência. Na página ao lado, acima, uma pintura do século XV onde Dante segura o livro (*A divina comédia*) que relata o seu sonho de uma viagem ao inferno (base da gravura), ao purgatório e ao céu. À extrema esquerda, gravura representando a jornada do peregrino no *Pilgrim's Progress* (1678) de John Bunyan. (Note-se que a viagem está representada por um movimento em espiral.) O livro também é apresentado como um sonho; à esquerda, o peregrino sonha.

Muitas pessoas desejam mudar o seu padrão de vida marcado pela contenção; mas a liberdade que as viagens proporcionam (e que vemos ser encorajada pelo cartaz, à direita, aconselhando uma "fuga para o mar") não substitui a verdadeira liberação interior.

Nesse caso, o pássaro é, efetivamente, o símbolo mais apropriado da transcendência. Representa o caráter particular de uma intuição que funciona por meio de um médium, isto é, de um indivíduo capaz de ter conhecimento de acontecimentos distantes — ou de fatos de que conscientemente nada sabe — entrando num estado de transe.

Encontramos provas dessas forças até mesmo no período paleolítico da pré-história, como assinalou o pensador americano Joseph Campbell nos seus comentários a respeito das famosas pinturas descobertas em cavernas na França. Em Lascaux, escreve ele, "há o desenho de um xamã deitado, em transe, com uma máscara de pássaro e tendo ao lado a silhueta de um pássaro empoleirado num bastão. Os xamãs da Sibéria usam até hoje essas indumentárias de pássaros, e acredita-se que muitos foram concebidos da união de uma mulher com um pássaro (...). O xamã não é, portanto, apenas um participante daquelas esferas de poder que são normalmente invisíveis à nossa consciência, mas o seu próprio rebento favorito; nós só podemos conhecer essas esferas por meio de alguma breve visão, enquanto ele as recebe como verdadeiro senhor".

Na mais alta escala desse tipo de atividade iniciatória, bem longe do charlatanismo empregado pela magia para substituir uma intuição espiritual verdadeira, vamos encontrar os iogues hindus. Nos seus estados de transe, eles ultrapassam as categorias normais do pensamento.

Um dos símbolos oníricos que exprimem com mais frequência esse tipo de liberação pela transcendência é o tema da jornada solitária ou peregrinação, que, de certo modo, parece ser uma peregrinação experimental em que o iniciado descobre a natureza da morte. Mas não se trata de morte como julgamento final ou qualquer outra prova de caráter iniciatório. É uma jornada de libertação, de renúncia e expiação, dirigida e fomentada por algum espírito piedoso. Esse espírito é, na maioria das vezes, representado por um "mestre" da iniciação, alguma figura feminina superior (isto é, a *anima*), como Kwan-Yin no budismo chinês, Sofia na doutrina gnóstico-cristã ou como a antiga deusa grega da sabedoria, Palas Atena.

Esse simbolismo não restringe sua representação ao voo das aves ou a uma viagem pelo deserto, mas abrange qualquer movimento poderoso que signifique libertação. Na primeira etapa da vida, quando ainda se está ligado à família e ao grupo social, esse simbolismo pode ocorrer num determinado momento da iniciação em que se precisa aprender a dar, sozinho, os primeiros passos decisivos. É aquele momento descrito por T. S. Eliot em "Terra deserta", quando se enfrenta o *terrível destemor de um instante de abandono que uma vida inteira de prudência jamais pode apagar*.[20]

Num período mais maduro da vida talvez não seja necessário romper totalmente com os símbolos que significam contenção. Mas é bem verdade, também, que se pode estar possuído por aquele divino espírito da insatisfação que leva todo homem livre a enfrentar alguma nova descoberta ou a viver de alguma nova maneira. Essa mudança pode tornar-se especialmente importante no período que vai da meia-idade à velhice, época em que as pessoas se perguntam sobre o que vão fazer ao se aposentarem — continuar trabalhando, divertir-se, viajar ou ficar em casa.

Se até então tiveram vidas aventurosas, pouco seguras ou ricas de imprevistos, podem desejar dias mais tranquilos e o conforto de uma convicção religiosa. Mas se viveram dentro dos padrões sociais em que foram educados, podem sentir uma desesperada necessidade de uma mudança libertadora. Esse anseio será atendido, temporariamente, por uma viagem ao redor do mundo, ou simplesmente por uma mudança para uma casa menor. Mas nenhuma dessas mudanças

Abaixo, à esquerda, o explorador britânico R.F. Scott e seus companheiros, fotografados na Antártida em 1911. Exploradores, quando se aventuram no desconhecido, oferecem uma boa imagem da liberação, da ruptura das contenções que caracteriza a transcendência.

O símbolo da serpente é comumente ligado à transcendência por ela ser, tradicionalmente, uma criatura do mundo subterrâneo, portanto, um "mediador" entre dois modos de vida. Abaixo, à direita, o símbolo do deus greco-romano da medicina, Asclépio, num cartão de identificação dos carros dos médicos, na França de hoje.

externas solucionará o problema se não houver alguma transcendência interior de velhos valores para criar, e não apenas simular, um novo padrão de vida.

Um exemplo típico deste segundo caso é o de uma mulher cujo estilo de vida foi apreciado durante muito tempo tanto por ela própria quanto por sua família e amigos, porque tinha raízes profundas e proteção contra caprichos mundanos e transitórios. Ela teve o seguinte sonho:

Encontrei alguns estranhos pedaços de madeira não trabalhada, mas que tinham formas muito bonitas. Alguém me disse: "Foi o homem de Neandertal que as trouxe". Vi, então, a distância, esses homens de Neandertal: pareciam uma massa escura, e eu não os podia distinguir com nitidez. Pensei em levar comigo um dos pedaços de sua madeira.

Prossegui meu caminho, como se estivesse viajando só, e vi um enorme abismo que me pareceu um vulcão extinto. Uma parte desse vulcão continha água, e ali eu esperava encontrar mais homens de Neandertal. Mas o que vi foram porquinhos-da-índia pretos, saídos da água e que corriam para cima e para baixo entre as rochas vulcânicas escuras.

Contrastando com os vínculos familiares dessa mulher e com o seu estilo de vida extremamente refinado, o sonho levou-a a um período pré-histórico, o mais primitivo que se possa imaginar. Não podia distinguir naqueles homens arcaicos um agrupamento social: via-os a distância, como uma "massa escura", verdadeiramente inconsciente e coletiva. Estavam vivos, no entanto, e ela podia carregar um pedaço da sua madeira. O sonho acentuava que a madeira estava em estado natural, não trabalhada; vinha, portanto, de um nível primitivo do inconsciente, sem nenhum condicionamento cultural. O pedaço de madeira, singular pela sua antiguidade, liga as experiências contemporâneas dessa mulher às afastadas origens da vida humana.

Sabemos, por meio de vários exemplos, que uma árvore ou uma planta antigas representam, simbolicamente, o crescimento e o desenvolvimento da vida psíquica (enquanto a vida instintiva é em geral simbolizada por animais). Assim, naquele pedaço de madeira, a mulher encontrou um símbolo do seu elo com as camadas mais profundas da inconsciência coletiva.

Ela prossegue depois, sozinha, a sua jornada. Esse tema, como já acentuei, simboliza a necessidade de liberação, sob a forma de uma experiência iniciatória. Portanto, temos aqui outro símbolo de transcendência.

Mais adiante no sonho, ela vê uma grande cratera de um vulcão extinto, que já fora condutor de uma violenta erupção de lava vinda das mais profundas camadas da Terra. Podemos supor que seja uma referência a uma recordação significativa, que remeta a alguma experiência traumatizante do passado. Ela associou essa parte do sonho a uma experiência pessoal dos seus anos de juventude, quando sentira tão intensamente as forças destruidoras — apesar de criativas — de suas emoções que achava que ia enlouquecer. Experimentara, no último período de sua adolescência, uma inesperada necessidade de romper com os padrões sociais excessivamente convencionais de sua família. Tinha efetuado essa ruptura sem maiores problemas e, por fim, conseguira viver em paz com os seus parentes. Mas ainda subsistia nela um desejo profundo de se distanciar mais da esfera familiar e de se libertar do seu próprio modo de vida.

Esse sonho lembra um outro. Foi-me contado por um jovem que tinha um problema totalmente diferente, mas que parecia necessitar de uma atitude de discernimento semelhante. Também ele ansiava por uma mudança. Sonhou com um vulcão de cuja cratera viu duas aves levantarem voo, como se receosas de que começasse uma erupção. Tudo isso se passava em um local estranho e solitário, e havia uma porção de água entre o vulcão e ele. Nesse particular, o sonho representou uma jornada de iniciação individual. Assemelha-se a alguns casos encontrados em tribos que viviam apenas do que colhiam e que são os grupos humanos de sentimento familiar menos desenvolvido que se conhece. Nessas sociedades, o jovem iniciado deve fazer, sozinho, uma jornada a algum local sagrado (nas culturas índicas da costa norte do Pacífico, a jornada poderá ser a um lago vulcânico) onde, em estado visionário ou de transe, ele vai encontrar seu "espírito protetor" na forma de um animal, uma ave ou um objeto natural. Ele se identificará intimamente com a sua "alma do mato" e se tornará um homem. Sem passar por essa experiência ele é considerado, segundo a expressão de um feiticeiro achumaui, "um indígena vulgar, um ninguém".

O jovem teve esse sonho no começo de sua vida, e este anunciava a sua identidade e independência futuras como homem-feito. Já a mulher de que falamos antes aproximava-se do término da sua vivência e teve a experiência de uma viagem análoga, também parecendo necessitar tornar-se independente. Pôde viver o resto de seus dias em harmonia com uma lei humana eterna que, por sua antiguidade, transcende todos os símbolos conhecidos de nossa cultura.

Mas não se deve concluir que tal independência acabe num desligamento como o iogue, significando uma renúncia ao mundo e a todas as suas impurezas. Na paisagem morta e crestada do seu sonho, a mulher viu vestígios de vida animal: os "porquinhos-da-índia", espécie que desconhecia e que parecia lembrar um tipo particular de animal, capaz de viver em dois meios, na água e na terra.

Essa é a característica universal do animal como um símbolo de transcendência. Essas criaturas, vindas simbolicamente das profundezas da velha Mãe Terra, são manifestações simbólicas do inconsciente coletivo. Trazem ao campo da consciência uma mensagem ctônica — das profundezas da psique — um tanto diferente das aspirações espirituais simbolizadas pelas aves do sonho do jovem.

Outros símbolos transcendentes das profundezas são os lagartos, as serpentes e, em alguns casos, os peixes, criaturas intermediárias, que combinam atividades subaquáticas e voláteis com uma vida terrestre. O pato selvagem e o cisne também estão neste caso. Talvez o símbolo onírico mais comum de transcendência seja a serpente, representada como símbolo terapêutico de Asclépio, deus greco-romano da medicina, e que até hoje subsiste como símbolo da profissão médica. Trata-se originalmente de uma serpente não venenosa que vivia em árvores. Como a vemos hoje, enrolada no bastão do deus da medicina, parece representar uma espécie de mediação entre a terra e o céu.

Um símbolo ctônico de transcendência ainda mais importante e mais conhecido é o motivo das duas serpentes entrelaçadas. São as célebres serpentes naja da Índia Antiga; encontramo-las também na Grécia, entrelaçadas no bastão do deus Hermes. Uma herma grega é uma antiga coluna de pedra com um busto do deus em cima, tendo de um lado as serpentes entrelaçadas e do outro um falo ereto. Como as serpentes estão representadas no ato sexual e o falo em ereção é, indiscutivelmente, um motivo sexual, podemos tirar conclusões bastante exatas a respeito da função da herma como símbolo de fertilidade.

Mas nos enganamos se julgamos que isso só se refere à fertilidade biológica. Hermes é Trickster num papel diferente, de mensageiro, de deus das encruzilhadas e aquele que conduz as almas ao mundo subterrâneo. Seu falo penetra, portanto, do mundo conhecido para o desconhecido, buscando uma mensagem espiritual de libertação e de cura.

No Egito, originalmente, Hermes era conhecido como Tote, o deus com cabeça de íbis, representado como uma forma alada do princípio transcendente. No período olímpico da mitologia grega, Hermes readquire novamente os atributos de pássaro, acrescentados à sua natureza ctônica de serpente. Foram

Na página ao lado, uma pintura francesa do século XVII revela o papel mediador da serpente entre este mundo e o outro. Orfeu toca a sua lira; tanto ele como Eurídice (no centro do quadro) foram mordidos por uma cobra — mordida fatal que simboliza sua descida ao submundo, ao inferno.

Acima, o deus egípcio Tote com uma cabeça de pássaro (um íbis), num alto-relevo do ano 350 a.C. Tote é uma figura do mundo "subterrâneo" associado à transcendência; era ele quem julgava as almas dos mortos. O deus grego Hermes, cujo epíteto era psicopompo (guia das almas) tinha por função conduzir os mortos ao mundo subterrâneo. Abaixo, uma herma de pedra, que era colocada nas encruzilhadas (simbolizando o papel de mediador do deus entre os dois mundos). Ao lado da herma há uma serpente enrolada num bastão; este símbolo (*caduceu*) foi levado para Roma pelo deus Mercúrio (à direita, num bronze italiano do século XVI), que também possuía asas, lembrando o pássaro como símbolo da transcendência espiritual.

colocadas asas sobre as serpentes do seu bastão, que se tornou um caduceu, ou bastão alado de Mercúrio; o próprio deus transformou-se então num "homem voador", com chapéu e sandálias aladas. Vemos aqui a força total da transcendência, pela qual a consciência subterrânea da cobra, ao passar pela realidade terrena, vai atingir no seu voo uma realidade sobre-humana ou transpessoal.

Esse caráter composto do símbolo é encontrado em outras representações, como no cavalo ou no dragão alados, e em outras criaturas que abundam nas fartamente ilustradas expressões artísticas da alquimia; inclusive na obra clássica do professor Jung sobre esse assunto. Acompanhamos as inúmeras alterações desses símbolos no trabalho realizado com nossos pacientes. Revelam a amplitude de resultados que a nossa terapia pode alcançar quando liberta os conteúdos psíquicos mais profundos, tornando-os parte do equipamento consciente que nos permite entender melhor a vida.

Não é fácil para o homem moderno perceber a significação dos símbolos que nos chegam do passado ou que aparecem em nossos sonhos. Também lhe é difícil verificar de que maneira o antigo conflito entre os símbolos de contenção e de liberação se relaciona com os seus próprios problemas. No entanto, tudo se torna mais claro quando constatamos que são apenas as formas específicas desses esquemas arcaicos que mudam, e não o seu significado psíquico.

Referimo-nos a aves selvagens como símbolos de independência ou de libertação. Mas hoje poderíamos, do mesmo modo, falar em aviões a jato ou em foguetes espaciais, pois são encarnações físicas do mesmo princípio de transcendência quando nos libertam, ao menos temporariamente, da gravidade. Do mesmo modo, os antigos símbolos de contenção que traziam estabilidade e proteção aparecem agora na busca de bem-estar econômico e social do homem moderno.

Qualquer um de nós pode facilmente verificar que existe em nossas vidas um conflito entre aventura e disciplina, mal e virtude, liberdade e segurança.

Mas são apenas frases que utilizamos para descrever uma ambivalência que sempre nos atormentou e para a qual parecemos nunca encontrar resposta.

Ela existe, no entanto. Há um ponto de encontro entre a contenção e a liberação, e vamos achá-lo nos ritos de iniciação a que já nos referimos. Esses ritos podem tornar possível, ao indivíduo ou aos grupos, a união das suas forças de oposição, permitindo-lhes alcançar um equilíbrio duradouro em suas vidas.

Mas os ritos não oferecem sempre ou automaticamente essa oportunidade. Aplicam-se a determinadas fases da vida de uma pessoa ou de um grupo, e se não forem apropriadamente compreendidos e traduzidos numa nova maneira de vida, o momento pode escapar. A iniciação é, essencialmente, um processo que começa com um rito de submissão, seguido de um período de contenção a que se sucede um outro rito, o de liberação. Assim, todo indivíduo tem possibilidade de reconciliar os elementos conflitantes da sua personalidade: pode chegar a um equilíbrio que o faça de fato um ser humano e também, verdadeiramente, o seu próprio dono.

Dragões alados (à extrema esquerda da página ao lado, em um manuscrito do século XV) misturam o simbolismo transcendente da serpente com o da ave. À esquerda, uma imagem de transcendência espiritual: Maomé, no seu equino alado Buraq, voa pelas esferas celestes.

Os foguetes espaciais aparecem com frequência nos sonhos e fantasias de muita gente como encarnações simbólicas, no século XX, da necessidade de desprendimento e liberação que chamamos de transcendência.

O PROCESSO DE INDIVIDUAÇÃO

M.-L. von Franz

A rosácea da catedral de Notre-Dame, Paris.

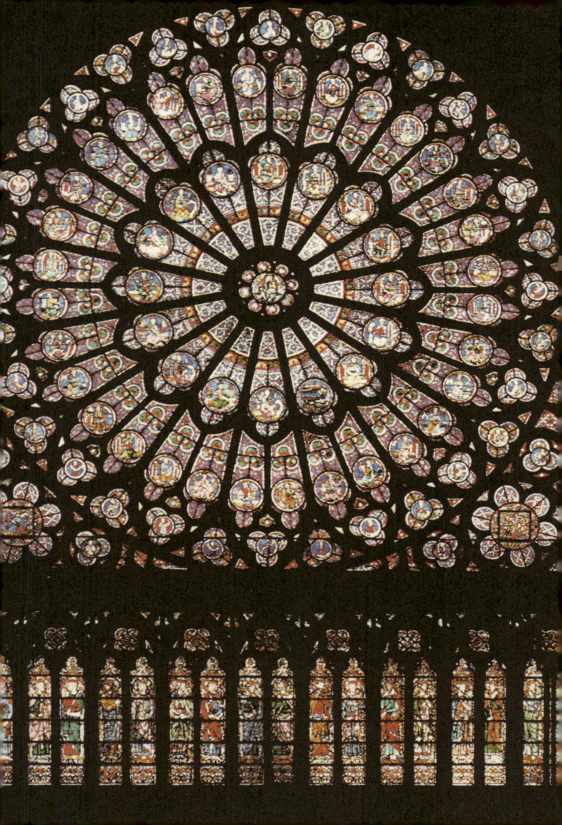

A CONFIGURAÇÃO DO CRESCIMENTO PSÍQUICO

NO INÍCIO DESTE LIVRO, o dr. C. G. Jung apresentou ao leitor o conceito de inconsciente, suas estruturas individuais e coletivas e a linguagem simbólica pela qual se exprime. Uma vez compreendida a importância vital (isto é, seu impacto benéfico ou destrutivo) dos símbolos produzidos pelo inconsciente, resta ainda o difícil problema da sua interpretação. O dr. Jung mostrou que tudo depende de haver um "estalo", o clique necessário à correta interpretação específica em relação ao indivíduo em causa. E é dentro dessa perspectiva que ele indicou a possível significação e função do sonho.

Mas no desenvolvimento da teoria de Jung surge outra questão: qual o propósito da vida onírica do indivíduo no seu todo? Que papel representam os sonhos, não apenas na organização psíquica imediata do ser humano, mas na sua vida como um todo?

A partir da observação de um grande número de pessoas e do estudo de seus sonhos (calculava ter interpretado ao menos oitenta mil sonhos), Jung

À esquerda, um meandro (decoração em um manuscrito do século VII). Os sonhos de um indivíduo parecem tão estranhos e fragmentados quanto o detalhe, abaixo, de decoração, mas nos sonhos durante a vida de uma pessoa aparece uma estrutura em meandros, revelando o processo de crescimento psíquico.

descobriu não apenas que os sonhos dizem respeito, em grau variado, à vida de quem sonha, mas também que são parte de uma única e grande teia de fatores psicológicos. Descobriu, além disso, que, em conjunto, os sonhos parecem obedecer a uma determinada configuração ou esquema. A este esquema Jung chamou "o processo de individuação". Como os sonhos produzem, a cada noite, diferentes cenas e imagens, as pessoas pouco observadoras não se darão conta de qualquer esquema. Mas se estudarmos os nossos próprios sonhos e sua sequência inteira durante alguns anos, verificaremos que certos conteúdos emergem, desaparecem e depois voltam a aparecer. Muitas pessoas sonham repetidamente com as mesmas figuras, paisagens ou situações; se examinarmos a série total desses sonhos observaremos que sofrem mudanças lentas, mas perceptíveis. E essas mudanças podem se acelerar se a atitude consciente do sonhador for influenciada pela interpretação apropriada dos seus sonhos e dos seus conteúdos simbólicos.

Assim, a nossa vida onírica cria um esquema sinuoso (em meandros[1]) em que temas e tendências aparecem, desvanecem-se e tornam a aparecer. Se observarmos esse desenho sinuoso durante um longo período, vamos perceber a ação de uma espécie de tendência reguladora ou direcional oculta, gerando um processo lento e imperceptível de crescimento psíquico: o processo de individuação.

Surge, gradualmente, uma personalidade mais ampla e amadurecida que, aos poucos, torna-se mais consistente e perceptível mesmo para outras pessoas. O fato de nos referirmos várias vezes a um "desenvolvimento interrompido" mostra a nossa crença na possibilidade que todo indivíduo tem de desenvolver tal processo de crescimento e maturação. Como o crescimento psíquico não pode ser efetuado

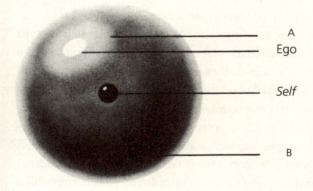

A psique pode ser comparada a uma esfera, com uma zona brilhante (A) em sua superfície que representa a consciência. O ego é o centro dessa zona (um objeto só é consciente quando *eu* o conheço). O *self* é, ao mesmo tempo, o núcleo e a esfera inteira (B); seus processos reguladores internos produzem os sonhos.

por esforço ou vontade conscientes, e sim por um fenômeno involuntário e natural, ele é frequentemente simbolizado nos sonhos por uma árvore, cujo desenvolvimento lento, pujante e involuntário cumpre um esquema bem-definido.

O centro organizador de onde emana essa ação reguladora parece ser uma espécie de "núcleo atômico" do nosso sistema psíquico. É possível denominá-lo também inventor, organizador ou fonte das imagens oníricas. Jung chamou a esse centro o *self* e o descreveu como a totalidade absoluta da psique, para diferenciá-lo do *ego*, que constitui apenas uma pequena parte dela.[2]

Ao decorrer dos tempos, os homens, por intuição, estiveram sempre conscientes desse centro. Os gregos o chamavam de *daimon*, o interior do homem; no Egito ele estava expresso no conceito da *alma-Ba*; e os romanos adoravam-no como o "gênio" inato em cada indivíduo. Em sociedades mais primitivas imaginavam-no muitas vezes como um espírito protetor, encarnado em um animal ou um fetiche.

Esse centro interior é concebido numa forma excepcionalmente pura pelos indígenas naskapi, que ainda habitam as florestas da península do Labrador. São caçadores simples que vivem em grupos familiares isolados, tão separados uns dos outros que não conseguiram desenvolver tradições nem crenças e cerimônias religiosas coletivas. Ao longo da sua vida solitária, o caçador naskapi tem que contar apenas com as suas vozes interiores e as revelações do seu inconsciente; não há mestres religiosos que lhe digam no que acreditar, nem rituais, festas ou costumes que lhe sirvam de apoio. No seu universo elementar, sua alma é apenas um "companheiro interior", que chama de "meu amigo" ou *Mista'peo*, significando "Grande Homem". *Mista'peo* habita o coração do homem e é um ser imortal. No momento da morte, ou pouco antes, ele deixa o indivíduo para, mais tarde, reencarnar-se em outro.[3]

Os naskapi que prestam atenção a seus sonhos, tentam descobrir os seus significados e testar sua verdade podem estreitar seu relacionamento com o Grande Homem, que os auxilia e manda-lhes mais e melhores sonhos. Assim, a principal obrigação de um naskapi é obedecer às instruções que lhe são transmitidas por meio dos sonhos e dar aos seus conteúdos uma forma duradoura nas artes. Mentiras e desonestidades afastam o Grande Homem do reinado interior do indivíduo, enquanto a generosidade, o amor ao próximo e aos animais atraem-no e lhe dão vida. Os sonhos oferecem ao naskapi todas as possibilidades para encontrar o bom caminho, não só no seu mundo interior, mas também no mundo exterior da natureza. Ajudam-no a prever o tempo e dão-lhe conselhos inestimáveis na caça, da qual depende toda a sua vida. Menciono esses povos muito primitivos porque ainda não foram contaminados por nossas ideias civilizadas e ainda guardam a intuição natural da essência do *self*.

O *self* pode ser definido como um fator de orientação íntima, diferente da personalidade consciente, e que só pode ser apreendido por meio da investigação dos sonhos de cada um. E esses sonhos mostram-no como um centro regulador que provoca um constante desenvolvimento e amadurecimento da personalidade. No entanto, esse aspecto mais rico e mais total da psique aparece, de início, apenas como uma possibilidade inata. Ele pode emergir de maneira insuficiente ou então desenvolver-se de modo quase completo ao longo da nossa existência; quanto vai evoluir depende do desejo do ego de ouvir ou não as suas mensagens. Assim como o naskapi percebe que a pessoa receptiva às sugestões do Grande Homem tem sonhos melhores e mais úteis, o nosso Grande Homem inato torna-se mais real aos que o ouvem do que aos que o desprezam. Ouvindo-o, tornamo-nos seres humanos mais completos.

O processo acontece como se o ego não tivesse sido produzido pela natureza para seguir ilimitadamente os seus próprios impulsos arbitrários, e sim para ajudar a realizar, verdadeiramente, a totalidade da psique. É o ego que ilumina o sistema inteiro, permitindo que ganhe consciência e, portanto, que se torne realizado. Se, por exemplo, possuo algum dom artístico de que meu ego não está consciente, este talento não se desenvolve e é como se fosse inexistente. Só posso trazê-lo à realidade se o meu ego notá-lo. A totalidade inata, mas escondida, da psique, não é a mesma coisa que uma totalidade plenamente realizada e vivida.[4]

Podemos exemplificar assim essa afirmativa: a semente de um pinheiro contém, em forma latente, a futura árvore; mas cada semente cai em determinado tempo, em um determinado lugar, no qual intervém um determinado número de fatores, como a qualidade do solo, a inclinação do terreno, a sua exposição ao sol e ao vento etc.. A totalidade latente do pinheiro reage a essas circunstâncias evitando as pedras, inclinando-se em direção ao sol, modelando, enfim, o crescimento da árvore. É assim que um pinheiro começa, lentamente, a existir de fato, estabelecendo sua totalidade e emergindo para o campo do real. Sem a árvore viva, a imagem do pinheiro é apenas uma possibilidade ou uma abstração. E a realização dessa unicidade no indivíduo é o objetivo do processo de individuação.

Sob certa perspectiva, esse processo ocorre no homem (como em qualquer outro ser vivo) de maneira espontânea e inconsciente; é um processo pelo qual subsiste a sua natureza humana inata. No entanto, em seu sentido estrito, o processo de individuação só é real se o indivíduo estiver consciente dele e, consequentemente, mantendo uma ligação viva com ele. Não sabemos se o pinheiro tem consciência do seu processo de crescimento, se aprecia ou sofre as diferentes alterações que o modelam. Mas o homem, certamente, é capaz de participar de maneira consciente do seu desenvolvimento. Chega mesmo a sentir que, de tempos em tempos, pode cooperar ativamente com ele, tomando livremente várias decisões. E essa cooperação pertence ao processo de individuação, no seu sentido mais preciso.

O homem, no entanto, experimenta algo que não está expresso na nossa metáfora do pinheiro. O processo de individuação é, na verdade, mais do que um simples acordo entre a semente inata da totalidade e as circunstâncias externas que constituem o seu destino. Sua experiência subjetiva sugere a intervenção ativa e criadora de alguma força suprapessoal. Por vezes, sentimos que o inconsciente nos está guiando de acordo com um desígnio secreto. É como se algo estivesse nos olhando, algo que não vemos mas que nos vê — talvez o Grande Homem que vive em nosso coração e que, através dos sonhos, nos vem dizer o que pensa a nosso respeito.

Mas esse aspecto ativo e criador do núcleo psíquico só pode entrar em ação quando o ego se desembaraça de todos os projetos determinados e ambiciosos em benefício de uma forma de existência mais profunda e fundamental. O ego deve ser capaz de ouvir atentamente e de entregar-se, sem qualquer outro propósito ou objetivo, ao impulso interior de crescimento. Muitos filósofos existencialistas tentam descrever esse estado, mas limitam-se a destruir as ilusões da consciência; chegam até a porta do inconsciente e não a conseguem abrir.

Povos que vivem em culturas de raízes mais firmes do que a nossa encontram menos dificuldade em compreender que é necessário renunciar à atitude utilitarista de planejamentos conscientes para poder dar lugar a um crescimento interior da nossa personalidade. Encontrei uma vez uma senhora de idade mais avançada que não alcançara muito na vida em termos de realizações exteriores. Mas tinha um bom casamento com um marido de temperamento difícil e, de certo modo, conseguira uma personalidade bastante

Um altar rústico, ou altar de terra, ao lado de uma árvore (pintura chinesa do século XIX).
Essas estruturas, quadradas ou redondas, simbolizam o *self* a que o ego deve se submeter a fim de cumprir o processo de individuação.

O PROCESSO DE INDIVIDUAÇÃO

amadurecida. Quando queixou-se a mim de que nada "fizera" na vida, contei-lhe a história narrada por Chuang-Tzu, um sábio chinês. A senhora compreendeu-a logo e sentiu-se tranquila. Eis a história:

> *Um carpinteiro nômade chamado Stone viu, no decorrer das suas viagens, em um campo próximo de um altar rústico, um velho e gigantesco carvalho. Disse a seu aprendiz, que admirava o carvalho: "Esta árvore não tem qualquer utilidade. Se quiséssemos fazer um barco com sua madeira, ele logo apodreceria; se quiséssemos usá-la para ferramentas, elas logo se quebrariam. Para nada serve esta árvore, por isso chegou a ficar assim tão velha".*
>
> *Mas naquela mesma noite, numa hospedaria, o velho carvalho apareceu em sonhos ao carpinteiro e disse-lhe: "Por que você me compara às árvores cultivadas, como o pilriteiro, a pereira, a laranjeira, a macieira e todas as outras árvores frutíferas? Antes de amadurecerem os seus frutos, as pessoas já as atacam e violentam, quebrando-lhes os galhos e arrancando-lhes os ramos. As dádivas que trazem só lhes acarretam o mal, impedindo-as de viver integralmente, até o fim, a sua existência natural. É o que acontece em todos os lugares; por isso esforço-me há tanto tempo para permanecer completamente inútil. Pobre mortal! Crês que se eu tivesse servido para alguma coisa teria chegado a essa altura? Além disso, tu e eu somos ambos criaturas; então como pode uma criatura erigir-se em juiz de outra? Inútil mortal, que sabes a respeito da inutilidade das árvores?".*
>
> *O carpinteiro acordou e pôs-se a meditar sobre o sonho. Mais tarde, quando o aprendiz perguntou-lhe por que só havia aquela árvore a proteger o altar rústico, respondeu-lhe: "Cala-te! Não falemos mais nisso! A árvore nasceu aqui propositadamente, porque em qualquer outro lugar seria maltratada. Se não fosse a árvore do altar rústico, talvez já a tivessem derrubado".*[5]

O carpinteiro evidentemente compreendeu bem o seu sonho. Verificou simplesmente que realizar seu destino é o maior empreendimento do homem e que o nosso utilitarismo deve ceder às exigências da nossa psique inconsciente. Se traduzirmos essa metáfora em linguagem psicológica, a árvore simboliza o processo de individuação, e dá uma boa lição ao nosso ego, de visão tão limitada.[6]

Sob essa árvore que cumpriu o seu destino havia — na história de Chuang-Tzu — um altar rústico, isto é, uma pedra bruta, sobre a qual eram oferecidos sacrifícios ao deus local, "dono" daquele pedaço de terra.[7] O simbolismo do altar significa que para realizar um processo de individuação é preciso nos submetermos, conscientemente, ao poder do inconsciente, em lugar de pensarmos no que "devemos fazer" ou no que "se considera melhor fazer", ou "o que se faz habitualmente" etc.. É preciso apenas ouvir para poder compreender o que a totalidade interior — o *self* — quer que façamos, aqui e agora, em determinada situação.

Nossa atitude deve ser como a do pinheiro de que há pouco falamos: não se aborrece quando o seu crescimento é obstruído por alguma pedra nem faz planos para vencer os obstáculos. Tenta simplesmente sentir se deve crescer mais para a esquerda ou mais para a direita, em direção à encosta ou afastado dela. Tal como a árvore, devemos nos entregar a esse impulso quase imperceptível e, no entanto, poderosamente dominador — um impulso que vem do nosso anseio por uma autorrealização criadora e única. É um processo no qual é necessário, repetidamente, buscar e encontrar algo ainda não conhecido por ninguém. Os sinais orientadores ou impulsos vêm não do ego, mas da totalidade da psique: o *self*.

Além disso, é inútil observarmos o outro furtivamente para ver como qualquer outra pessoa vai realizando o seu processo de desenvolvimento, pois cada um de nós tem uma maneira particular de autorrealização. Apesar de muitos problemas humanos serem semelhantes, eles nunca são perfeitamente idênticos. Todos os pinheiros são muito parecidos (ou não os reconheceríamos como pinheiros), e no entanto nenhum é exatamente igual ao outro. Devido a esses fatores de semelhanças e disparidades, torna-se difícil resumir as infinitas variações do processo de individuação. O fato é que cada pessoa tem que realizar algo de diferente, exclusivamente seu.

Muitos têm criticado os pontos de vista junguianos porque não apresentam um material psíquico sistematizado. No entanto, se esquecem de que o material propriamente dito é a experiência viva, carregada de emoção, irracional e mutável por natureza, não se prestando a sistematizações a não ser de um modo muito superficial. A psicologia moderna experimental alcançou os mesmos limites que defrontam a microfísica. Isto é, quando se lida com níveis médios estatísticos, é possível fazer-se uma descrição racional e sistemática dos fatos; mas quando tentamos descrever um acontecimento psíquico particular, resumimo-nos a apresentar um quadro honesto dessa ocorrência, de tantos ângulos quanto for possível. Do mesmo modo, os cientistas têm de admitir que não sabem exatamente o que é a luz. Podem dizer apenas que em certas condições experimentais parece consistir de partículas, enquanto em outras parece consistir de ondas. Mas ignora-se o que é a luz "em si". A psicologia do inconsciente e qualquer descrição do processo de individuação encontram dificuldades de definição idênticas.[8] Mas vamos tentar apresentar aqui um esboço de algumas das suas características fundamentais.

O PRIMEIRO ACESSO AO INCONSCIENTE

PARA A MAIORIA DAS PESSOAS, os anos da juventude caracterizam-se por um despertar gradativo, um estado no qual o indivíduo se torna, aos poucos, consciente do mundo e dele mesmo. A infância é um período de grande intensidade emocional, e os primeiros sonhos de uma criança revelam, muitas vezes, a estrutura básica da psique sob uma forma simbólica, indicando como mais tarde ela irá modelar o destino desse indivíduo.[9] Por exemplo, Jung contou uma vez a um grupo de estudantes o caso de uma jovem mulher tão obcecada por sua angústia que se suicidou aos 26 anos. Quando criança, ela sonhara que "Jack Frost" (o homem da neve) havia entrado em seu quarto, enquanto ela estava deitada, e lhe beliscara a barriga. Acordara e descobrira que ela mesma se beliscara, com a própria mão. O sonho não a assustou; apenas lembrava-se dele. Mas o fato de esse seu estranho encontro com o demônio do frio — da vida congelada — não lhe ter provocado nenhuma reação emocional não pressagiava nada de bom para o seu futuro e era, em si mesmo, uma anomalia. Foi com essa mesma frieza e insensibilidade que, mais tarde, pôs fim à própria

vida. Desse único sonho é possível deduzir o destino trágico de quem o sonhou, já antecipado na infância por sua psique.

Algumas vezes não é um sonho, mas algum acontecimento real, impressionante e inesquecível que, como uma profecia, antecipa o futuro sob uma forma simbólica. É sabido que as crianças, muitas vezes, esquecem-se de acontecimentos que impressionaram os adultos e guardam a lembrança viva de algum incidente ou história que mais ninguém notou. Quando examinamos essas recordações infantis verificamos que, habitualmente, retratam (quando interpretadas como um símbolo) algum problema básico da constituição da psique da criança.

Ao chegar à idade escolar, a criança começa a fase de estruturação do seu ego e de adaptação ao mundo exterior. Essa fase traz, em geral, um bom número de choques e de embates dolorosos. Ao mesmo tempo, algumas crianças nessa época começam a se sentir muito diferentes das outras, e esse sentimento de singularidade acarreta certa tristeza, que faz parte da solidão de muitos jovens. As imperfeições do mundo e o mal que existe dentro e fora de nós tornam-se problemas conscientes; a criança precisa enfrentar impulsos interiores prementes (e ainda não compreendidos), além das exigências do mundo exterior.

Se o desenvolvimento da consciência for perturbado no seu desabrochar natural, ela, para escapar das suas dificuldades externas e internas, isola-se em uma "fortaleza" íntima. Quando isso acontece, seus sonhos e seus desenhos, que dão ao material inconsciente uma expressão simbólica, revelam de

Uma criança, na sua adaptação ao mundo exterior, sofre muitos choques psicológicos; na página anterior, à esquerda, o temido primeiro dia na escola; ao lado, a surpresa e a dor resultantes do ataque de outra criança; à esquerda, nesta página, o pesar e o espanto que resultam do primeiro contato com a morte. Para se proteger contra tais choques, a criança faz desenhos ou pode sonhar com algum motivo circular, quadrangular ou nuclear (acima), simbolizando o centro de importância vital, a psique.

O PROCESSO DE INDIVIDUAÇÃO

maneira invulgar a recorrência de um tipo de motivo circular, quadrangular ou "nuclear" (que mais tarde explicaremos). É uma referência ao núcleo psíquico, que já mencionamos antes, o centro vital da personalidade do qual emana todo o desenvolvimento estrutural da consciência. É natural que a imagem desse centro apareça de modo especialmente marcante quando a vida psíquica do indivíduo está ameaçada. Desse núcleo central (tanto quanto sabemos hoje em dia) é comandada toda a estruturação da consciência do ego, que é, aparentemente, uma cópia ou réplica do centro original.[10]

Nessa primeira fase muitas crianças buscam ardentemente algum sentido na vida que as possa ajudar a lidar com o caos existente dentro e fora delas. Há outras, no entanto, que ainda se deixam conduzir inconscientemente pelo dinamismo de esquemas arquetípicos herdados e instintivos. Esses jovens não se preocupam com um sentido mais profundo de vida porque a sua experiência com o amor, a natureza, o esporte e o trabalho lhes dá uma satisfação imediata e significativa. Não são, necessariamente, mais superficiais que os outros jovens; o fluxo da vida é que os faz ter menos atritos e perturbações que seus companheiros mais introspectivos. Se viajamos de carro ou de trem sem olhar pela janela, só as paradas, partidas e curvas súbitas nos fazem constatar que estamos nos movendo.

O verdadeiro processo de individuação — isto é, a harmonização do consciente com o nosso próprio centro interior (o núcleo psíquico) ou *self* — em geral começa infligindo uma lesão à personalidade, acompanhada do consequente sofrimento. Esse choque inicial é uma espécie de "apelo", apesar de nem sempre ser reconhecido como tal. Ao contrário, o ego sente-se tolhido nas suas vontades ou desejos e geralmente projeta essa frustração sobre qualquer objeto exterior. Ou seja, o ego passa a acusar Deus, a situação econômica, o chefe ou o cônjuge como responsáveis por essa frustração.

Algumas vezes tudo parece bem externamente, mas no seu íntimo a pessoa está sofrendo de um tédio mortal que torna tudo vazio e sem sentido. Muitos mitos e contos de fadas descrevem simbolicamente esse estágio inicial do processo de individuação, quando contam histórias de um rei que ficou doente ou envelheceu. Outras histórias características são a do rei e rainha estéreis; ou a do monstro que rouba mulheres, crianças, cavalos e tesouros de um reino; ou a do demônio que impede o exército ou a armada de algum rei de seguir sua rota; ou a da escuridão que cobre todas as terras; e ainda histórias sobre secas, inundações, geadas etc.. Poderia se dizer que o encontro inicial com o *self* lança uma sombra sobre o futuro, ou que esse "amigo interior" aparece primeiro como um caçador que prepara sua armadilha para pegar o ego indefeso.

Observamos nos mitos que a magia ou o talismã capaz de curar a desgraça de um rei ou de seu país são sempre alguma coisa muito peculiar. Em um determinado conto, por exemplo, "um melro branco" ou "um peixe com um anel de ouro nas guelras" podem ser os elementos necessários para a recuperação da saúde do rei. Em outro, o rei vai precisar da "água da vida", ou dos "três fios de cabelo dourados da cabeça do Diabo", ou ainda da "trança dourada de uma mulher" (e depois, naturalmente, da dona da trança). Seja ele qual for, o remédio para afastar o mal é sempre único e difícil de ser encontrado.[11]

Acontece exatamente o mesmo na crise inicial que marca a vida de um indivíduo. Procura-se algo impossível de achar ou a respeito do qual nada se sabe. Em tais momentos, qualquer conselho bem-intencionado e sensato é completamente inútil — seja para que a pessoa se torne mais responsável,

Abaixo, à esquerda, gravura em madeira de um manuscrito do século XVII, mostrando um rei enfermo — uma imagem simbólica habitual do vazio e do tédio (na consciência) e que pode marcar o estágio inicial do processo de individuação. À direita, abaixo, cena do filme italiano *La Dolce Vita* (1960); outra imagem desse estado psicológico: convidados exploram o interior arruinado do castelo de um aristocrata decadente.

À esquerda, um quadro do artista suíço contemporâneo Paul Klee, intitulado *Contos de fadas*. Ilustra a história de um jovem que procurava e encontrou o "pássaro azul da felicidade", podendo assim casar-se com a sua princesa. Em muitos contos de fadas é necessário buscar um talismã para a cura de alguma doença ou desgraça, símbolos dos nossos sentimentos de vazio e futilidade.

O PROCESSO DE INDIVIDUAÇÃO

para que tire umas férias, para que não trabalhe tanto (ou para que trabalhe mais), para que tenha maior (ou menor) contato humano, ou para que arranje um passatempo. Nada disso ajuda a pessoa, a não ser excepcionalmente. Só há uma atitude que parece alcançar algum resultado: voltar-se para as trevas que se aproximam, sem nenhum preconceito e com toda a simplicidade, e tentar descobrir qual o seu objetivo secreto e o que vêm solicitar do indivíduo.

O propósito secreto dessas trevas que se avizinham geralmente é tão invulgar, tão especial e inesperado que, via de regra, só se consegue percebê-lo por meio dos sonhos e das fantasias que brotam do inconsciente. Se focalizarmos nossa atenção sobre o inconsciente sem suposições precipitadas ou rejeições emocionais, o propósito há de surgir num fluxo de imagens simbólicas de grande proveito. Mas nem sempre isso acontece. Algumas vezes aparece, inicialmente, uma série de dolorosas constatações do que existe de errado em nós e em nossas atitudes conscientes. Temos então que dar início a esse processo engolindo todo o tipo de verdades amargas.

A REALIZAÇÃO DA SOMBRA

QUANDO O INCONSCIENTE DE INÍCIO se manifesta de forma ou negativa ou positiva, depois de algum tempo surge a necessidade de readaptar de uma melhor forma a atitude consciente aos fatores inconscientes — aceitando o que parece ser uma "crítica" do inconsciente. Por meio dos sonhos passamos a conhecer aspectos de nossa personalidade que, por várias razões, havíamos preferido não olhar muito de perto. É o que Jung chamou "realização da sombra". (Ele empregou o termo "sombra" para essa parte inconsciente da personalidade porque, realmente, ela quase sempre aparece nos sonhos sob uma forma personificada.)

A sombra não é o todo da personalidade inconsciente: representa qualidades e atributos desconhecidos ou pouco conhecidos do ego — aspectos que pertencem sobretudo à esfera pessoal e que poderiam também ser conscientes. Sob certos ângulos, a sombra pode também consistir de fatores coletivos que brotam de uma fonte situada fora da vida pessoal do indivíduo.

Quando uma pessoa tenta ver a sua sombra, ela fica consciente (e muitas vezes envergonhada) das tendências e impulsos que nega existirem em si mesma, mas que consegue perfeitamente ver nos outros, coisas como o egoísmo, a preguiça mental, a negligência, as fantasias irreais, as intrigas e as tramas, a indiferença e a covardia, o amor excessivo ao dinheiro e aos bens. Em resumo, todos aqueles

Três exemplos de um "contágio coletivo" que pode levar as pessoas a um tumulto irracional — e ao qual a sombra (o lado escuro do ego) é vulnerável. À esquerda, cena de um filme polonês de 1961 a respeito de monjas francesas do século XVII "possuídas pelo demônio". À direita, um desenho de Brueghel representa a doença (em geral psicossomática) chamada "dança de são Vito", muito comum na Idade Média. À extrema direita, o emblema da cruz em chamas da Ku Klux Klan, a "sociedade secreta" a favor da supremacia branca, do sul dos Estados Unidos, cuja intolerância racial muitas vezes provocou tumultos e violências.

pequenos pecados que já se terá confessado dizendo: "Não tem importância; ninguém vai perceber e, de qualquer modo, as outras pessoas também são assim".[12]

Se você se enche de raiva quando um amigo lhe aponta um defeito, pode estar certo de que aí se encontra uma parte da sua sombra, da qual você não tem consciência. É natural que nos sintamos aborrecidos quando gente que "não é melhor" do que nós vem nos criticar por defeitos relacionados à sombra. Mas o que dizer quando é o próprio sonho — juiz interior do próprio ser — que nos reprova? É o momento em que o ego fica encurralado e reduzido, em geral, a um silêncio embaraçoso. Começa, depois, um lento e doloroso processo de autoeducação, tarefa que, pode-se dizer, equivale psicologicamente aos trabalhos físicos de Hércules. A primeira tarefa desse infortunado herói, lembremo-nos, foi limpar em um só dia os estábulos de Augias, onde centenas de cabeças de gado haviam deixado o seu esterco durante décadas, uma tarefa tão imensa que deixaria o mortal comum desencorajado só de pensar nela.

A sombra não consiste apenas de omissões. Apresenta-se muitas vezes como um ato impulsivo ou inadvertido. Antes de se ter tempo para pensar, irrompe a observação maldosa, comete-se a má ação, a decisão errada é tomada e confrontamo-nos com uma situação que não tencionávamos criar conscientemente. Além disso, a sombra expõe-se, muito mais do que a personalidade consciente, a contágios coletivos. O homem que está só, por exemplo, encontra-se relativamente bem; mas assim que vê "os outros" comportarem-se de maneira primitiva e maldosa, começa a ter medo de o considerarem tolo se não fizer o mesmo. Entrega-se então a impulsos que na verdade não lhe pertencem. Particularmente quando

estamos em contato com pessoas do mesmo sexo é que tropeçamos tanto na nossa sombra quanto na delas. Apesar de percebermos a sombra da pessoa do sexo oposto, ela nos incomoda menos e a desculpamos mais facilmente.

Nos sonhos e nos mitos, portanto, a sombra aparece como uma pessoa do mesmo sexo que o sonhador. O seguinte sonho pode ser um bom exemplo para essas observações. A pessoa que o sonhou era um homem de 48 anos que tentava viver por ele e para si mesmo trabalhando muito, disciplinando-se e reprimindo o prazer e a espontaneidade com uma intensidade bem maior do que seria aconselhável à sua natureza:

Eu morava numa casa muito grande na cidade, embora ainda não a conhecesse bem. Por isso percorri-a toda e descobri, principalmente no porão, vários quartos que nunca vira, além de várias portas que levavam a outros porões e ruas subterrâneas. Senti-me inquieto ao ver que várias dessas portas não estavam fechadas e que algumas não tinham qualquer fechadura. Além do mais, havia vários trabalhadores na vizinhança que poderiam ter penetrado na casa...

Quando voltei ao andar térreo, passei por um pátio onde voltei a descobrir várias saídas para a rua ou para outras casas. Quando procurei investigar melhor, um homem dirigiu-se a mim rindo alto e declarando que éramos velhos colegas de colégio. Também me lembrava dele e, enquanto me contava sobre a sua vida, fomos seguindo em direção a uma das saídas e passamos a andar pelas ruas da cidade.

Havia um estranho tom claro-escuro na atmosfera quando atravessamos uma enorme rua circular e chegamos a um gramado por onde três cavalos passaram galopando. Eram animais fortes e bonitos, fogosos e bem-cuidados, e não traziam cavaleiros (teriam fugido de uma tropa de exército?).

À esquerda, *Anxious Jorney* (Jornada ansiosa), do pintor italiano De Chirico. O título e os corredores lúgubres do quadro exprimem a natureza do primeiro contato com o inconsciente, quando o processo de individuação começa. O inconsciente é, muitas vezes, simbolizado por corredores ou labirintos. À direita, em um papiro (1400 a.C.), as setes portas do mundo subterrâneo egípcio, concebidas como um dédalo.

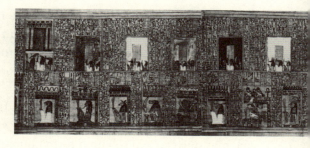

Abaixo, desenhos de três dédalos; da esquerda para a direita, um dédalo finlandês (Idade do Bronze); um gramado inglês em forma de dédalo (século XIX); e um labirinto (em ladrilhos) do chão da catedral de Chartres (para ser percorrido como uma peregrinação simbólica à Terra Santa).

O labirinto do porão com estranhos corredores, quartos e portas sem chave lembra a velha representação egípcia do mundo subterrâneo, um símbolo bem conhecido do inconsciente e de suas desconhecidas possibilidades.[13] Mostra também como estamos "abertos" a outras influências no lado da sombra do nosso inconsciente, e como elementos bizarros e estranhos podem ali penetrar. O porão é o subsolo da psique do sonhador. No pátio daquela estranha casa (que representa a perspectiva psíquica ainda desconhecida da sua personalidade), um velho colega de escola aparece repentinamente. É alguém que, obviamente, personifica um outro aspecto do sonhador — um aspecto que fora parte de sua vida infantil, mas de que se esquecera. Acontece, muitas vezes, que as qualidades infantis de uma pessoa (por exemplo, a alegria, a irascibilidade e a confiança) desaparecem de repente, e não se sabe para onde foram ou por quê. E é um desses traços perdidos do sonhador que volta (do pátio), tentando refazer uma amizade. Esse personagem, provavelmente, representa a disposição, negligenciada pelo sonhador, de aproveitar a vida e o lado extrovertido da sua sombra.

Mas logo percebemos por que o sonhador sentiu-se "inquieto" antes de encontrar esse velho amigo, aparentemente inofensivo. Quando passeia com ele pelas ruas, cavalos passam em disparada. Julga que se teriam evadido de uma tropa militar (isto é, da disciplina consciente que até então caracterizara sua vida). O fato de os cavalos não carregarem cavaleiros mostra que os impulsos instintivos podem escapar do nosso controle consciente. Nesse velho amigo e nos cavalos reaparecem todas as forças positivas que lhe faltavam antes e que lhe eram tão necessárias.

Esse é um problema que aparece com frequência ao encontrarmos o nosso "outro lado". Em geral, a sombra contém valores necessários à nossa consciência, mas que existem sob uma forma que torna difícil a sua integração na vida de cada um. No sonho que acabo de citar, as inúmeras passagens subterrâneas e a grande casa mostram também que o sonhador ainda não conhece as suas próprias dimensões psíquicas nem está apto a completá-las.

A sombra, tal como aparece neste sonho, é típica do introvertido (um homem que tem forte tendência de alienar-se do mundo exterior). Se fosse um extrovertido, mais voltado para objetos e vida exteriores, a sombra teria aspecto bem diferente.

Um jovem de temperamento dinâmico lançava-se continuamente em vários empreendimentos sempre bem-sucedidos, enquanto seus sonhos insistiam para que terminasse uma obra pessoal, de caráter criativo, que iniciara há tempos. Um dos seus sonhos foi o seguinte:

> *Um homem está deitado em um divã e puxa as cobertas sobre o rosto. É um malfeitor francês que aceitará qualquer incumbência criminosa. Um funcionário acompanha-me escada abaixo, e tomo conhecimento de que há uma conspiração contra mim, isto é, que o francês vai matar-me como que acidentalmente (é o que parecerá quando tudo tiver acontecido).*
>
> *No momento, ele chega furtivamente por trás de mim ao nos aproximarmos da saída, mas estou atento. Um homem grande e corpulento (rico e influente) encosta-se de repente à parede ao meu lado, sentindo-se mal. Aproveito imediatamente a oportunidade e mato o funcionário, apunhalando-o no coração. "Só se nota um pouco de umidade" — é o que se comenta. Agora estou salvo, pois o francês não me atacará, já que o homem que lhe dava ordens está morto (provavelmente o funcionário e o homem corpulento são a mesma pessoa, um substituindo o outro).*

O malfeitor representa o outro lado do sonhador — sua introversão —, que chegou a um total estado de carência. Está deitado num divã (isto é, numa situação passiva) e puxa a coberta sobre o rosto porque deseja ficar só. O funcionário, por outro lado, e o homem corpulento e próspero (que são uma só pessoa) personificam as responsabilidades e atividades exteriores bem-sucedidas do sonhador. O repentino mal-estar do homem corpulento está ligado ao fato de o sonhador ter, também ele, passado mal várias vezes

O PROCESSO DE INDIVIDUAÇÃO

quando permitira que a sua energia dinâmica irrompesse violentamente na sua vida exterior. Mas esse homem tão bem-sucedido não tinha sangue nas veias — apenas uma espécie de umidade —, significando que as atividades ambiciosas do sonhador não continham paixão e vida verdadeiras, eram apenas simples mecanismos anêmicos. Portanto, não haveria grande perda com o assassinato do homem corpulento. No final do sonho, o francês está satisfeito; ele representa, obviamente, uma sombra positiva, que só se tornara perigosa e negativa porque as atitudes conscientes do sonhador não estavam de acordo com ela.

Este sonho nos mostra que a sombra pode compreender muitos elementos diferentes — por exemplo, a ambição inconsciente (o homem corpulento e próspero) e a introversão (o francês). Essa associação particular do sonhador com o francês, além disso, diz respeito à fama de amorosos que os franceses têm. Portanto, os dois personagens que representam a sombra expressam, também, dois conhecidos instintos: o poder e o sexo. O instinto do poder aparece momentaneamente em forma dúplice, como funcionário e como homem bem-sucedido. O funcionário público personifica a adaptação à coletividade, enquanto o homem próspero denota ambição; mas ambos, naturalmente, estão a serviço do mesmo instinto do poder. Quando o sonhador consegue deter essa perigosa força interior, o francês já não é mais hostil. Em outras palavras, o aspecto igualmente perigoso do impulso sexual também foi dominado.

Obviamente, o problema da sombra exerce papel relevante nos conflitos políticos. Se o homem que teve este sonho não fosse sensível ao problema apresentado por sua sombra, poderia facilmente identificar o francês violento como "os perigosos comunistas" do mundo exterior ou o funcionário e o homem próspero como "os gananciosos capitalistas". Desse modo, teria continuado a ignorar, dentro de si, aqueles elementos conflitantes. Quando as pessoas observam nos outros as suas próprias tendências inconscientes, estão fazendo o que chamamos "projeção".[14] As agitações políticas, em todos os países, estão cheias de projeções, assim como as intrigas individuais e de pequenos grupos. Projeções de toda espécie toldam a nossa visão do próximo e, destruindo a sua objetividade, destroem qualquer possibilidade de um relacionamento humano autêntico.

Existe ainda uma outra desvantagem na projeção da nossa sombra. Se a identificarmos como os comunistas ou como os capitalistas, por exemplo, uma parte da nossa personalidade permanecerá no lado oposto, isto é, na oposição. O resultado é que sempre (involuntariamente) faremos coisas por detrás de nós mesmos apoiando esse outro lado, e assim, sem querer, estaremos ajudando o

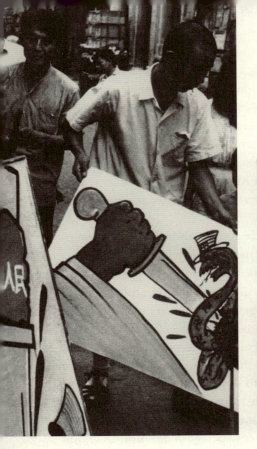

"Durante mais de cinco anos este homem percorreu a Europa como um louco, em busca de qualquer coisa em que pudesse botar fogo. Infelizmente sempre haverá mercenários prontos a abrir as portas da sua pátria a este incendiário internacional."

Em lugar de reconhecer os defeitos que a sombra nos revela, nós os projetamos em outras pessoas — por exemplo, em nossos inimigos políticos. Acima, à esquerda, um cartaz de uma passeata na China comunista retrata a América do Norte como uma serpente maléfica (cheia de cruzes suásticas) morta por mão chinesa. À esquerda, Hitler discursando: a citação é a descrição que *ele* fez de Winston Churchill. Projeções também existem em intrigas e bisbilhotices maliciosas (acima, cena de um seriado da TV inglesa *Coronation Street*).

nosso inimigo. Se, ao contrário, ficarmos conscientes da projeção e conseguirmos discutir o problema sem hostilidade ou medo, tratando a outra pessoa com sensibilidade, haverá chance de compreensão mútua — ou pelo menos de trégua.

Depende muito de nós mesmos a nossa sombra tornar-se nossa amiga ou inimiga. Como os sonhos da casa inexplorada e do malfeitor francês exemplificaram, nem sempre a sombra é necessariamente um elemento de oposição. Na verdade, ela se parece com qualquer ser humano com que temos de nos relacionar: segundo as circunstâncias, algumas vezes cedendo, outras resistindo, outras, ainda, dando-lhe amor. A sombra só se torna hostil quando é ignorada ou incompreendida.

Algumas vezes, bem raramente, aliás, o indivíduo sente-se impelido a dar livre curso ao pior lado da sua natureza, reprimindo o que há de melhor nela. Nesses casos a sombra aparece-lhe nos sonhos como uma figura positiva. Mas para quem se entregar realmente a suas emoções e sentimentos naturais, a sombra poderá surgir como um intelectual, frio e negativo; personifica, assim, julgamentos venenosos e pensamentos negativos que estiveram contidos. Portanto, seja qual for a forma que tome, a função da sombra é representar o lado contrário do ego e encarnar, precisamente, os traços de caráter que mais detestamos nos outros.

O problema teria fácil solução se pudéssemos integrar a sombra na nossa personalidade consciente, tentando apenas ser honestos e usar nossa lucidez. Mas infelizmente essa tentativa nem sempre funciona. Há um impulso de tamanha força na nossa sombra que a razão não consegue triunfar. Uma experiência amarga vinda do exterior pode ocasionalmente ajudá-la. É como se fosse necessário um tijolo cair em nossa cabeça para conseguirmos deter os ímpetos e impulsos da sombra. Às vezes, uma decisão heroica pode alcançar o mesmo efeito, mas esse esforço sobre-humano só é possível quando o Grande Homem dentro de nós (o *self*) ajuda o indivíduo a realizá-lo.

O fato de a sombra ter esse poder arrebatador de impulsos irresistíveis não significa que tais impulsos devam ser sempre heroicamente reprimidos. Algumas vezes a sombra é assim poderosa porque o *self* indica uma orientação idêntica; portanto, não sabemos se é o *self* ou a sombra que nos pressiona. No inconsciente encontramo-nos, infortunadamente, na mesma situação de quem pisa numa paisagem lunar: todos os seus conteúdos estão manchados, enevoados e mesclados uns aos outros, não se sabendo nunca exatamente o que é ou onde está determinada coisa, ou onde ela começa ou acaba (chamamos isso de "contaminação" dos conteúdos inconscientes).

Quando Jung chamou de "sombra" um determinado aspecto da personalidade inconsciente, referia-se a um fator relativamente definido. Mas, por vezes, tudo que o ego desconhece mistura-se à sombra, incluindo as mais valiosas e nobres forças. Quem, por exemplo, poderia decidir se o malfeitor francês do sonho que comentamos seria um vagabundo inútil ou um introvertido de grande valor? E os cavalos do sonho anterior — deveríamos deixá-los correr livremente ou não? Quando o próprio sonho não oferece indicações claras, a personalidade inconsciente tem de tomar suas próprias decisões.

Se a figura da sombra contém forças vitais e positivas, devemos assimilá-las na nossa experiência ativa, e não reprimi-las. Cabe ao ego renunciar ao seu orgulho e à sua vaidade para viver plenamente o que parece sombrio e negativo, mas que na realidade pode não o ser. Tudo isso exige, às vezes, um sacrifício tão heroico quanto o de dominar uma paixão — mas em sentido oposto.

As dificuldades éticas que surgem ao encontrarmos nossa sombra estão bem descritas no Livro do Alcorão, em edição publicada no século XVIII.[15] Moisés encontra Khidr ("o primeiro anjo de Deus") no deserto. Vagueiam juntos, e Khidr exprime o seu receio de que Moisés não seja capaz de assistir aos seus feitos sem revoltar-se. Se Moisés não puder compreendê-lo nem confiar nele, Khidr terá que deixá-lo.

Naquele momento, Khidr põe a pique o barco pesqueiro de alguns pobres aldeões; mata, diante de Moisés, um formoso jovem; e, finalmente, restaura os muros tombados de uma cidade de ateus. Moisés não consegue deixar de exprimir-lhe sua desaprovação, e Khidr vê-se obrigado a deixá-lo. Antes de partir, no entanto, explica-lhe o motivo daquelas ações: afundando o barco, salvou-o para os próprios donos, já que aproximavam-se piratas para roubar a embarcação; agora os pescadores poderiam recuperá-lo. O formoso jovem preparava-se para cometer um crime; matando-o, Khidr poupou os seus bondosos pais da infâmia. Restaurando os muros, dois piedosos jovens foram salvos da ruína, já que um tesouro que lhes pertencia estava enterrado debaixo das pedras. Moisés, que se indignara tanto, viu então (tardiamente) quanto seu julgamento fora precipitado. As ações de Khidr pareciam más; na realidade não o eram.

Considerando essa história de um ângulo simples e ingênuo, poderíamos supor que Khidr é a sombra indisciplinada, caprichosa e má do piedoso e disciplinado Moisés. Mas não é esse o caso. Khidr é, essencialmente, a personificação de algumas ações criadoras e secretas de Deus (encontramos um sentido semelhante na famosa história indiana *O rei e o cadáver*, interpretada por Henry Zimmer).[16] Não foi por acaso que deixei de ilustrar com um sonho esse problema sutil. Escolhi essa história do Alcorão porque ela resume a experiência de toda uma vida, algo que um único sonho não conseguiria exprimir de modo tão claro.

Quando, em nossos sonhos, aparecem personagens sombrios parecendo desejar alguma coisa, é difícil sabermos se personificam uma parte da nossa sombra, o *self*, ou ambos simultaneamente. Adivinhar, antecipadamente, se o

Acima, o selvagem garanhão branco do filme francês *Crin Blanc* (1953). Cavalos selvagens simbolizam, inúmeras vezes, impulsos instintivos incontroláveis que podem emergir do inconsciente — e que muitas pessoas tentam reprimir. No filme, o cavalo e o menino estabelecem um estreito relacionamento (apesar de o cavalo ter a vida selvagem de sua manada). Mas vários cavaleiros partem para capturar os cavalos selvagens. O garanhão e o menino que o monta são perseguidos durante muitos quilômetros; por fim veem-se encurralados numa praia. Para não serem capturados, ambos mergulham no mar e são arrastados pelas águas (à esquerda). Simbolicamente, o final da história parece representar uma fuga para o inconsciente (o mar) como meio de escapar da realidade do mundo exterior.

nosso sinistro personagem simboliza alguma deficiência que precisamos vencer ou um aspecto significativo da vida que devemos aceitar é um dos mais difíceis problemas a nós apresentado em nosso processo de individuação. Além disso, os símbolos oníricos são tão sutis e complicados que não podemos estar suficientemente seguros da sua interpretação. Nesse caso, tudo que se pode fazer é aceitar o desconforto que nos traz uma dúvida de ordem ética — evitando decisões ou compromissos definitivos e continuando a observar os sonhos. É uma situação um tanto parecida com a de Cinderela quando a madrasta jogou à sua frente um monte de ervilhas para que as catasse. Apesar da tarefa desanimadora, Cinderela pôs-se pacientemente a recolher as ervilhas até que, de repente, pombas (ou formigas, em algumas versões) vieram ajudá-la. São animais que simbolizam os impulsos construtivos que

Pode-se dizer que a sombra tem dois aspectos, um maléfico e outro benéfico. O quadro retratando o deus hindu Vishnu (na página ao lado) mostra esta dualidade: considerado um deus bondoso, Vishnu aparece aqui sob um aspecto demoníaco, despedaçando um homem. Acima, à esquerda, uma escultura de Buda em um templo japonês (759 a.C.), também expressando dualidade: os vários braços do deus seguram símbolos do mal e do bem. À direita, Lutero mergulhado em dúvidas (representado por Albert Finney, em 1961, na peça *Lutero*, do autor inglês John Osborne): Lutero nunca esteve completamente certo se, ao romper com a Igreja, o fez inspirado por Deus ou por seu próprio orgulho e obstinação (em tempos simbólicos, o lado "mau" da sua sombra).

vêm do fundo do inconsciente, só percebidos de uma maneira orgânica, e que nos mostram o caminho a seguir.

Em algum lugar no aspecto mais profundo de nós mesmos, em geral sabemos aonde ir e o que fazer. Mas há ocasiões em que o palhaço que chamamos de "eu" age de modo tão irrefletido que a voz interior não consegue se deixar ouvir.

Algumas vezes falham todas as tentativas de entendermos as mensagens do inconsciente, e diante dessa dificuldade só resta a coragem para fazer o que nos parece melhor, apesar de devermos estar prontos para mudar o rumo das nossas decisões quando o inconsciente indicar ou sugerir, subitamente, uma outra direção. Também pode acontecer (mas isso raramente) que uma pessoa prefira resistir às solicitações do inconsciente — mesmo que isso o violente — a afastar-se demasiado da sua condição de ser humano (seria a situação de alguém que, para sentir-se realizado, precisasse dar livre curso a tendências criminosas).

A força e a clareza interiores, necessárias ao ego para tomar tais decisões, emanam secretamente do Grande Homem, que aparentemente não deseja se denunciar. Pode ser que o *self* queira que o ego faça uma escolha livre; ou que talvez o *self*, para manifestar-se, dependa da consciência humana e de suas decisões. Quando surge esse tipo de problema ético, ninguém pode julgar verdadeiramente os atos alheios. Cada homem tem de enfrentar o seu próprio problema e tentar determinar o que lhe parece mais certo. Como disse um velho mestre do zen-budismo, devemos seguir o exemplo do pastor que vigia o seu gado "com um cajado na mão para que não vá pastar em campo alheio".[17]

Essas novas descobertas da psicologia experimental vão, necessariamente, operar algumas mudanças em nossa apreciação da moral coletiva, pois nos obrigarão a julgar todas as ações humanas de um modo muito mais pessoal e relativo. A descoberta do inconsciente é uma das maiores dos últimos tempos. Mas como o reconhecimento da nossa realidade inconsciente implica um processo honesto de autocrítica, além de uma reorganização de vida, muitas pessoas continuam a comportar-se como se nada houvesse acontecido. É preciso muita coragem para levar o inconsciente a sério e enfrentar os problemas que ele desperta. E se a maioria das pessoas é por demais indolente para refletir sobre os aspectos morais do seu comportamento consciente, não há de ser a influência exercida pelo inconsciente que vai perturbá-las.

ANIMA: O ELEMENTO FEMININO

PROBLEMAS MORAIS, DIFÍCEIS OU CONFUSOS não são provocados somente pelo aparecimento da sombra. Muitas vezes emergem de uma outra "figura interior". Se o sonhador for um homem, irá descobrir a personificação feminina do seu inconsciente; e caso seja uma mulher, será uma personificação masculina. Muitas vezes esse segundo personagem simbólico aparece por detrás da sombra, trazendo novos e diferentes problemas. Jung chamou as formas masculina e feminina, respectivamente, de *animus* e *anima*.[18]

Anima é a personificação de todas as tendências psicológicas femininas na psique do homem — os humores e sentimentos instáveis, as intuições proféticas, a receptividade ao irracional, a capacidade de amar, a sensibilidade à natureza e,

por fim, mas não menos importante, o relacionamento com o inconsciente. Não foi por mero acaso que antigamente utilizavam-se sacerdotisas (como Sibila, na Grécia) para sondar a vontade divina e estabelecer comunicação com os deuses.

Um bom exemplo da *anima* como uma figura interior da psique masculina é encontrado nos feiticeiros e profetas (xamãs) dos inuítes[19] e de outros povos árticos. Alguns chegam mesmo a usar roupas femininas ou seios desenhados nas roupas, de modo a evidenciar o seu interior feminino, que lhes vai permitir entrar em contato com "o país dos espíritos" (isto é, com o que chamamos de inconsciente).

Nesses povos, conta-se o caso de um jovem que estava sendo iniciado por um velho xamã e que foi por ele enterrado num buraco na neve. Caiu num profundo estado de sonolência e exaustão. Enquanto estava nessa espécie de coma viu, de repente, uma mulher que emitia luz. Ela ensinou-lhe tudo o que precisava saber e, mais tarde, como seu espírito protetor, ajudou-o a exercitar sua difícil profissão, pondo-o em comunicação com as forças do além. Essa é uma experiência que mostra a *anima* como personificação do inconsciente masculino.

A *anima* (o elemento feminino da psique masculina) é muitas vezes personificada por uma feiticeira ou por uma sacerdotisa — mulheres ligadas às "forças das trevas" e ao "mundo dos espíritos" (o inconsciente). À esquerda, uma feiticeira cercada de diabretes e demônios (numa gravura do século XVII). À extrema esquerda, na página ao lado, um xamã de um povo originário da Sibéria, vestido de mulher — porque acredita-se que as mulheres são mais capazes de entrar em contato com os espíritos.

Acima, uma mulher espírita ou médium (no filme de 1951, *The Medium*, baseado em uma ópera de Gian Carlo Menotti). Atualmente, a maioria dos médiuns é constituída de mulheres; ainda se crê que elas sejam mais receptivas ao irracional do que os homens.

Nas suas manifestações individuais, o caráter da *anima* de um homem é, em geral, determinado por sua mãe. Se o homem sente que a mãe teve sobre ele uma influência negativa, sua *anima* vai expressar-se, muitas vezes, de maneira irritada, depressiva, incerta, insegura e suscetível. (No entanto, se ele for capaz de dominar essas investidas de cunho negativo, elas poderão, ao contrário, servir para fortalecer-lhe a masculinidade.) No interior da alma desse tipo de homem, a figura negativa da mãe-*anima* repetirá, incessantemente, o mesmo tema: "Não sou nada. Nada tem sentido. Com todas as outras é diferente, mas comigo... Nada me dá prazer". Esses humores da *anima* provocam uma espécie de apatia, um medo de doenças, de impotência ou de acidentes. A vida adquire um aspecto tristonho e opressivo. O clima psicológico sombrio pode até mesmo levar um homem ao suicídio, e a *anima* torna-se então o demônio da morte. É nesse papel que ela foi apresentada no filme *Orfeu*, de Cocteau.

Os franceses chamam de *"femme fatale"* essa personificação da *anima*. (Uma versão mais amena deste tipo sombrio de *anima* é a Rainha da Noite, da *Flauta mágica* de Mozart.)

A *anima* (assim como a sombra) tem dois aspectos: o benévolo e o maléfico (ou negativo). Abaixo, à esquerda, uma cena de *Orfeu* (filme de Cocteau sobre o mito de Orfeu): a mulher pode ser considerada uma *anima* letal, pois levou Orfeu (carregado por figuras sombrias e infernais) à perdição. Também malévolas são as *lorelei* do mito germânico (abaixo, à direita, em um desenho do século XIX), espíritos das águas cujo canto conduz os homens à morte. À direita, um paralelo desse tipo de *anima* num mito eslavo: a *Rusalka*. Julgava-se que eram espíritos de jovens afogadas que enfeitiçavam os homens e afundavam-nos nas águas.

O PROCESSO DE INDIVIDUAÇÃO

As sereias da Grécia ou as *lorelei* dos alemães também personificam o aspecto perigoso da *anima*, simbolizando uma ilusão destruidora. O seguinte conto siberiano ilustra bem o comportamento da *anima* malévola:

Um dia um caçador solitário vê uma linda mulher surgir da densa floresta, do outro lado do rio. Ela acena para ele e canta:
"Oh, vem, solitário caçador no silêncio do crepúsculo,
Vem, vem! Sinto tua falta, sinto tua falta!
Agora, vou te abraçar, abraçar!
Vem, vem! Meu ninho está próximo, meu ninho está próximo.
Vem, caçador solitário, vem agora no silêncio do crepúsculo".
O caçador se despe e atravessa o rio a nado, mas de repente a mulher transforma-se numa coruja e foge, rindo e caçoando dele. Ao nadar de volta para buscar suas roupas, ele se afoga no rio gelado.[20]

Neste conto, a *anima* simboliza um sonho irreal de amor, de felicidade e de calor materno (o ninho) — um sonho que afasta o homem da realidade. O caçador se afoga porque perseguiu um desejo fantasioso, que não podia se realizar.

Acima, quatro cenas do filme alemão *O anjo azul*, que conta a paixão de um professor puritano por uma cantora de cabaré. A moça usa os seus encantos para humilhar o professor, fazendo-o aparecer vestido de palhaço no seu espetáculo de cabaré. À direita, um desenho de Salomé com a cabeça de São João Batista, que ela matara para provar o seu poder sobre o rei Herodes.

Outra maneira pela qual a *anima* se manifesta de forma negativa na personalidade de um homem é revelada no tipo de observação rancorosa, venenosa e efeminada que ele pode empregar para desvalorizar todas as coisas. Observações desse tipo sempre contêm uma mesquinha distorção da verdade e são engenhosamente destruidoras. Existem lendas pelo mundo afora em que surge "uma donzela venenosa" (como dizem no Oriente).[21] É sempre uma bela criatura que traz veneno ou armas escondidas no corpo, com as quais mata seus amantes na primeira noite de amor. Quando assim se manifesta, a *anima* é tão fria e indiferente como certos aspectos violentos da própria natureza, e na Europa até hoje isso se traduz, muitas vezes, na crença em feiticeiras.

Se, por outro lado, a experiência de um homem com sua mãe tiver sido positiva, sua *anima* também poderá ser afetada, mas de um modo diferente, tornando-o efeminado ou submisso a mulheres, incapaz, portanto, de lutar em face às dificuldades da vida. Uma *anima* desse tipo pode fazer do homem um sentimental, ou deixá-lo tão melindroso como uma mulher solteira, ou tão sensível como aquela princesa de um conto de fadas que, mesmo deitada sobre trinta colchões, ainda sentia um pequeno grão de ervilha. Uma manifestação ainda mais sutil da *anima* negativa aparece, em alguns contos de fadas, sob a forma da princesa que pede a seus pretendentes que respondam a uma série de enigmas ou que se escondam. Os candidatos morrem se não conseguem encontrar as respostas ou se ela descobre onde se esconderam, e a princesa sempre ganha.[22] A *anima* sob esse aspecto envolve os homens num jogo intelectual destruidor. Podemos notar o efeito dos seus estratagemas em todos os diálogos neuróticos e pseudointelectuais que impedem o contato direto do homem com a vida e suas verdadeiras definições. Ele pensa tanto a respeito da vida que não consegue vivê-la e perde toda a espontaneidade e habilidade de comunicação.

A manifestação mais frequente da *anima* é a que toma a forma de uma fantasia erótica. Os homens podem ser levados a alimentar essas fantasias no cinema, nos shows de striptease ou nas revistas e nos livros pornográficos. É um aspecto primitivo e grosseiro da *anima*, mas que só se torna compulsivo quando o homem não cultiva suficientemente suas relações afetivas — quando a sua atitude para com a vida mantém-se infantil.

Todos esses aspectos da *anima* apresentam as mesmas tendências que observamos na sombra, isto é, podem ser projetados de maneira a parecerem qualidades pertencentes a uma determinada mulher. É a presença da *anima* que faz um homem apaixonar-se subitamente, ao avistar pela primeira vez uma mulher, sentindo de imediato que é "ela".[23] Nesse caso, ele sente como se já a conhecesse a vida inteira, prendendo-se a ela de tal maneira que parece

Acima, um quadro do artista quatrocentista italiano Stefano di Giovanni, apresentando santo Antônio tentado por uma atraente jovem. Suas asas de morcego revelam-lhe a natureza demoníaca — outra encarnação letal da figura da *anima*.

Acima, à direita, cartaz de um cinema da Inglaterra anunciando o filme francês Eva (1962). O filme conta as aventuras de uma *femme fatale* (representada por Jeanne Moreau) — expressão muito usada para designar as mulheres "perigosas", cujo tipo de relacionamento com o sexo oposto exemplifica claramente a natureza negativa da *anima*.

Segue-se uma descrição (tirada do cartaz acima) do personagem central do filme (descrição melodramática, mas que serve a muitas das personificações da *anima* negativa): "Misteriosa — provocadora — atraente — caprichosa — mas dentro dela, sempre a arder, o fogo violento que destrói os homens".

aos outros ter perdido o juízo. Mulheres cujo aspecto lembra um pouco a figura de "fada" atraem especialmente essas projeções da *anima* porque os homens conseguem conferir inúmeras qualidades a criaturas fascinantemente nebulosas, em torno de quem podem tecer as mais variadas fantasias.

Essa projeção da *anima*, arrebatada e repentina como ocorre num caso de amor, pode afetar seriamente um casamento, levando ao conhecido "triângulo amoroso" e a todas as dificuldades que o acompanham. Só existe solução

A importância excessiva que o homem consagra ao intelectualismo pode ser devida a uma *anima* negativa — muitas vezes representada nas lendas e mitos por um personagem feminino propondo enigmas, que os homens devem resolver sob pena de perderem a vida. Acima, um quadro francês do século XIX mostra Édipo decifrando o enigma da Esfinge.

À esquerda, representação tradicional da *anima* demoníaca como uma feia feiticeira — gravura alemã do século XVI.

A *anima* aparece de forma grosseira e infantil nas fantasias eróticas masculinas a que muitos homens se entregam através da pornografia. Abaixo, cenas de um show de um cabaré de striptease, na Inglaterra.

O PROCESSO DE INDIVIDUAÇÃO

para esse drama quando se reconhece a *anima* como um poder interior. O objetivo secreto do inconsciente ao provocar toda essa complicação é forçar o homem a desenvolver e a amadurecer o seu *próprio* ser, integrando melhor a sua personalidade inconsciente e trazendo-a à realidade da sua vida.[24]

Já falamos bastante a respeito do lado negativo da *anima*. Há também igual número de importantes aspectos positivos. A *anima* é, por exemplo, responsável pela escolha da esposa certa. Outra função sua igualmente relevante: quando o espírito lógico do homem se mostra incapaz de discernir os fatos ocultos em seu inconsciente, a *anima* ajuda-o a identificá-los. Mais vital ainda é o papel que representa sintonizando a mente masculina com os seus valores interiores positivos, abrindo assim caminho para um conhecimento interior mais profundo. É como se um "rádio" interno fosse sintonizado em uma frequência que excluísse as interferências inoportunas e captasse a voz do Grande Homem. Estabelecendo essa recepção "radiofônica" interior, a *anima* assume um papel de guia, ou de mediador, tanto para o mundo interior quanto para o *self*. É assim que ela se revela no exemplo que descrevemos anteriormente, da iniciação dos xamãs; é como surge no papel da Beatriz, do "Paraíso" de Dante, e também no da deusa Ísis, ao aparecer em sonhos a Apuleio, o famoso autor de *O asno de ouro*, iniciando-o numa forma de vida mais elevada e espiritual.

O sonho de um psicoterapeuta de 45 anos pode nos ajudar a compreender o papel de guia interior representado pela *anima*. Ao deitar-se, na noite anterior à que teve este sonho, pensou consigo mesmo quanto lhe era difícil suportar a vida sozinho, sem o amparo de uma fé. Pôs-se a invejar aqueles que contam com o amparo maternal de uma organização comunitária (fora criado na religião protestante, mas já não tinha qualquer filiação religiosa). E teve o seguinte sonho:

Encontro-me na nave de uma velha igreja, cheia de gente. Sento-me, com minha mãe e minha mulher, no final da nave, no que me parecem ser lugares extras.

Devo celebrar a missa como um padre e tenho um grande missal em minhas mãos, ou talvez um livro de orações ou uma antologia de versos. O livro não me é familiar e não consigo encontrar o texto certo. Estou muito agitado porque devo começar logo e, aumentando minha aflição, minha mãe e minha mulher me perturbam tagarelando sobre coisas insignificantes. O órgão para de tocar e todos esperam por mim; levanto-me então, resolutamente, e peço a uma das freiras, ajoelhada atrás, que me passe o seu missal indicando-me a leitura certa — o que ela faz cortesmente. Como se fosse uma sacristã, essa religiosa me precede ao altar, que fica em algum lugar atrás de mim, e à esquerda, como se chegássemos de uma nave lateral. O missal parece uma

No filme japonês *Ugetsu Monogatari* (1953), um homem deixa-se seduzir pelo fantasma de uma princesa (acima) — exemplo da projeção da *anima* em "mulheres-fadas", produzindo uma relação fantasiosa de caráter destruidor.

Em *Madame Bovary*, o escritor francês Flaubert descreve a "loucura do amor" provocada por uma projeção da *anima*: a heroína, "pela diversidade do seu amor, ora místico, ora jovial, loquaz, taciturno, arrebatado ou indolente, evocava nele mil desejos, despertando-lhe os instintos e as reminiscências. Era a amorosa de todos os romances, a heroína de todos os dramas, a vaga *musa* de todos os volumes de poesia. Ele encontrava em seus ombros o brilho do âmbar que tem a odalisca ao banhar-se; possuía o longo talhe das castelãs feudais: parecia-se também com a 'pálida dama de Barcelona', mas era, acima de tudo, um anjo". À esquerda, Emma Bovary (no filme de 1949) com o marido (à sua esquerda) e o amante.

grande folha ilustrada, uma espécie de tábua, de três pés de comprimento por um de largura, onde está o texto com gravuras antigas dispostas em colunas, uma ao lado da outra.

Primeiro a freira tem de ler uma parte da liturgia, e continuo sem encontrar o lugar certo do texto. Ela me dissera ser o número 15, mas os números estão embaçados e não consigo achá-lo.

Resolutamente, no entanto, volto-me para a congregação e encontro agora o número 15 (o penúltimo da tábua), apesar de ainda não saber se conseguirei decifrá-lo. Mas quero tentar, de qualquer maneira. Acordo.

Esse sonho expressava, de maneira simbólica, a resposta do inconsciente aos pensamentos que o sonhador tivera na véspera. Essencialmente, dizia-lhe: "Você mesmo deve tornar-se o padre da sua igreja interior — a igreja da sua alma". Assim, o sonho mostra ao sonhador que ele na verdade tem o amparo de uma organização; está dentro de uma igreja — não uma igreja edificada no mundo exterior, mas uma que existe dentro da sua própria alma.

Os homens projetam a *anima* tanto em objetos como em mulheres. Por exemplo, uma embarcação é sempre chamada de "ela": à esquerda, a figura de proa do velho clíper inglês *Cutty Sark*. O capitão de um navio (palavra sempre feminina em inglês, *ship*) é, simbolicamente, seu "marido", o que talvez explique por que (de acordo com a tradição) ele deve afundar com a embarcação quando "ela" naufraga.

O automóvel é, também, outra espécie de propriedade habitualmente feminizada — isto é, que pode se tornar o foco de projeção da *anima* de muitos homens. São acariciados e mimados (à direita) como a mais querida das amantes.

Os fiéis (todas as suas qualidades psíquicas) querem que ele exerça as funções de padre e que celebre a missa. O sonho não faz alusão à missa real, pois o seu missal é diferente do verdadeiro. Parece que a ideia da missa foi usada como símbolo e, portanto, representa um ato sacrificial em que está presente uma divindade com quem o homem pode se comunicar. Essa solução simbólica decerto não é válida de modo geral, mas relaciona-se particularmente com

Duas etapas do desenvolvimento da *anima*: em primeiro lugar, a mulher indígena (à direita, num quadro de Gauguin); em segundo, a beleza romântica, no retrato idealizado (abaixo) de uma jovem italiana da Renascença, representando Cleópatra. Essa segunda fase tem a materialização clássica em Helena de Troia (abaixo, à direita, com Páris).

a pessoa que teve o sonho. É uma solução típica para um protestante, já que o católico praticante geralmente descobre a sua *anima* sob a forma da própria Igreja, enquanto as imagens sacras são, para ele, símbolos do seu inconsciente.

Nosso sonhador não possuía essa experiência eclesiástica, e foi por isso que teve de tomar um rumo interior. Além disso, o sonho disse-lhe o que tinha que fazer: sua fixação materna e sua extroversão (representada pela mulher, que é uma pessoa extrovertida) perturbam-no e deixam-no inseguro, e ocupadas com uma conversa sem nenhum sentido impedem que você celebre a sua missa interior. Mas se você acompanhar a freira (a *anima* introvertida), ela o guiará como acólito e como padre. Ela tem um estranho missal composto de dezesseis (quatro vezes quatro) velhas gravuras. Sua missa consiste na contemplação dessas imagens psíquicas que a sua *anima* religiosa lhe revela. Em outras palavras, se o sonhador conseguir vencer a insegurança interior causada pelo complexo materno, descobrirá que a tarefa que lhe cabe na vida tem a natureza e a propriedade de uma cerimônia religiosa, e que, se meditar sobre o significado simbólico das imagens de sua alma, elas hão de conduzi-lo a uma realização plena.

À esquerda, o terceiro estágio da *anima* é personificado pela Virgem Maria (num quadro de Van Eyck). O vermelho de sua roupa é a cor simbólica do sentimento (ou *eros*), mas, nesse estágio, *eros* está espiritualizado.

Abaixo, dois exemplos do quarto estágio: a deusa grega da sabedoria, Atena (à esquerda), e a Mona Lisa.

Nesse sonho, a *anima* aparece na sua função positiva — isto é, como mediadora entre o ego e o *self*. A configuração de quatro vezes quatro das gravuras revela que a celebração da missa interior é realizada a serviço da totalidade. Como demonstrou Jung, o núcleo da psique (o *self*) expressa-se, normalmente, sob a forma de alguma estrutura quaternária. O número quatro está sempre ligado à *anima* porque, segundo Jung, existem quatro estágios no seu desenvolvimento.[25] O primeiro está bem simbolizado na figura de Eva, que representa o relacionamento puramente instintivo e biológico; o segundo pode ser representado pela Helena de Fausto: ela personifica um nível romântico e estético que, no entanto, é também caracterizado por elementos sexuais. O

Abaixo, à esquerda, gravura do século XVII dominada pela figura simbólica da *anima* como mediadora entre este mundo (o macaco representando provavelmente a natureza instintiva do homem) e o próximo (a mão de Deus se estendendo de entre as nuvens). A figura da *anima* parece evocar a mulher do Apocalipse, que também usava uma coroa com doze estrelas, as antigas deusas da lua, a Sapiência do Velho Testamento e a deusa egípcia Ísis (que também tinha uma cabeleira esvoaçante, uma meia-lua no ventre e um dos pés colocado na terra e outro na água).

À direita, a *anima* como mediadora (ou guia) em um desenho de William Blake. É uma ilustração de uma cena do "Purgatório" de *A divina comédia* de Dante e mostra Beatriz guiando Dante por um caminho simbólico, tortuoso e íngreme.

terceiro estágio poderia ser exemplificado pela Virgem Maria — uma figura que eleva o amor (*eros*) à grandeza da devoção espiritual. O quarto estágio é simbolizado pela Sapiência, a sabedoria que transcende até mesmo a pureza e a santidade, como a Sulamita dos Cânticos de Salomão. (No desenvolvimento psíquico do homem moderno, esse estágio raramente é alcançado. Talvez seja a figura da Mona Lisa a que mais se aproxima desse tipo de *anima*.)

No momento, é suficiente notarmos que o conceito de quaternidade ocorre com frequência em certos tipos de material simbólico. Seus aspectos essenciais serão discutidos mais adiante.

Mas qual a significação, em termos práticos, do papel da *anima* como guia para o mundo interior? Essa função positiva ocorre quando o homem leva a sério os sentimentos, os humores, as expectativas e as fantasias transmitidas por sua *anima* e quando ele os concretiza de alguma forma, por exemplo na literatura, pintura, escultura, música ou dança. Quando trabalha calma e demoradamente todas essas sugestões, outros materiais ainda mais profundos surgem do seu inconsciente, entrando em conexão com o material primitivo. Depois que uma fantasia materializou-se de alguma forma específica, ela deve ser examinada tanto ética como intelectualmente, numa avaliação sensível e calculada. E é necessário considerá-la como absolutamente real, sem qualquer dúvida de que seja "apenas uma fantasia". Se assim for feito, devotadamente e por um longo período, gradualmente irá se tornando a única realidade existente, podendo então expandir-se de maneira plena na sua verdadeira forma.

Muitos exemplos literários mostram a *anima* como guia e mediadora do mundo interior: a *Hypnerotomachia*,[26] de Francesco Colonna; *Ela*, de Rider Haggard; ou o "Eterno Feminino" do *Fausto* de Goethe. Num texto místico medieval, a *anima* explica sua própria natureza da seguinte maneira:

> *Sou a flor dos campos e o lírio dos vales. Sou a mãe do amor terno, do medo, do conhecimento e da sagrada esperança... Sou a mediadora dos elementos, fazendo com que um entre em comunhão com o outro; o que está quente torno frio e o que está frio, quente; o que está seco faço úmido, e vice-versa; o que está rijo eu amacio... Sou a lei na boca do padre, a palavra do profeta e o conselho do sábio. Mato e dou vida, e ninguém pode escapar às minhas mãos.*[27]

Na Idade Média houve uma perceptível diferenciação espiritual nos assuntos religiosos, poéticos e em outras representações culturais; e o mundo fantasioso do inconsciente foi reconhecido mais nitidamente do que antes. Durante esse período, o culto cavalheiresco à dama significava uma tentativa de diferençar o lado feminino da natureza masculina na relação do homem com a mulher (exteriormente) e em relação ao seu próprio mundo interior.[28]

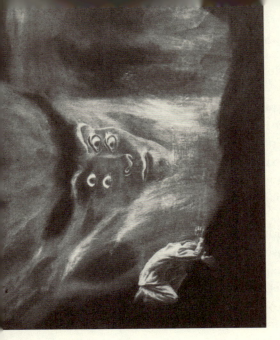

Uma conexão entre o algarismo *quatro* e a *anima* aparece à esquerda no quadro do pintor suíço Peter Birkhäuser. Uma *anima* com quatro olhos surge numa visão opressiva e aterradora. Os quatro olhos têm um significado simbólico, análogo ao das dezesseis gravuras do sonho relatado nas p. 243 e 245: aludem à possibilidade que a *anima* tem de alcançar a totalidade absoluta.

Abaixo à esquerda, em um quadro do pintor contemporâneo Slavko, vê-se o *self* separado da *anima* mas ainda integrado à natureza. Poderíamos chamar o quadro de "paisagem da alma": à esquerda, senta-se uma mulher nua, de pele escura — a *anima*. À direita, vê-se um urso, isto é, a alma animal ou o instinto. Próximo à *anima* está uma árvore dupla, simbolizando o processo de individuação em que os nossos elementos opostos se unem. Ao fundo, vê-se, inicialmente, uma geleira, mas olhando-se mais atentamente distingue-se também o que poderia ser um rosto. Esse rosto (de onde flui o fluxo da vida) é o *self* (ou ser). Tem quatro olhos e parece um animal, pois vem da natureza instintiva. (O quadro nos dá um bom exemplo de como um símbolo inconsciente pode, inadvertidamente, encontrar seu caminho numa paisagem imaginária.)

No canto direito, em um antigo filme baseado em um romance de Rider Haggard, *Ela*, uma mulher misteriosa conduz alguns exploradores montanha acima.

A dama, a cujo serviço o cavalheiro se entregava e por quem praticava os seus feitos heroicos, era, naturalmente, uma personificação da *anima*. O nome da portadora do Santo Graal, na versão da lenda de Wolfram von Eschenbach, é especialmente significativo: *Conduir-amour* (condutor ou guia do amor). Ela ensinava o herói a distinguir tanto os seus sentimentos quanto a sua conduta para com as mulheres. Mais tarde, no entanto, esse esforço individual e pessoal para aperfeiçoar as relações com a *anima* foi abandonado quando o aspecto sublime da figura feminina confundiu-se com a imagem da Virgem, então objeto de devoção e louvor ilimitados. Quando a *anima* — com os traços da Virgem — foi concebida como uma força totalmente positiva, seus aspectos negativos expressaram-se na crença em feiticeiras.

A concepção da Europa medieval do amor cortês foi influenciada pela adoração à Virgem Maria: damas a quem cavalheiros juravam amor eterno eram consideradas virgens puras (como a típica imagem medieval, lembrando as feições de uma boneca, é a escultura em madeira, à esquerda, aproximadamente do ano 1400). Em um escudo do século XV, no centro, um cavaleiro se ajoelha diante da sua dama, tendo a morte às costas. Essa imagem idealizada da mulher produziu uma outra oposta: a crença nas feiticeiras. Acima, à direita, um quadro do século XIX — sabá de feiticeiras.

Quando a *anima* é projetada em uma personificação "oficial", ela tende a gerar uma oposta, como no caso da Virgem Maria e da feiticeira. À direita, outro exemplo da dualidade da *anima* (gravura do século XV): a Igreja (à direita, na identificação com Maria) e a Sinagoga (identificada como Eva, pecadora).

Na China, a figura equivalente à Virgem Maria é a deusa Kwan-Yin. Uma figura mais popular da *anima* chinesa é a "Dama da Lua", que concede o dom da poesia ou da música a seus favoritos, a quem pode também tornar imortais. Na Índia, o mesmo arquétipo é representado por Shakti, Parvati, Rati e muitas outras. Entre os maometanos vamos encontrá-lo em Fátima, a filha de Maomé.

O culto da *anima* como figura religiosa oficialmente reconhecida traz o sério inconveniente de fazê-la perder seus aspectos individuais. Por outro lado, se a considerarmos apenas um ser pessoal há o perigo de, projetando-a no mundo exterior, só nele podermos encontrá-la. Esta última situação pode criar grandes problemas, já que nesse caso ou o homem se torna vítima de fantasias eróticas ou compulsivamente dependente de uma mulher real.

Apenas a decisão dolorosa, mas essencialmente simples, de levar a sério os nossos sentimentos e fantasias pode, nesse estágio, evitar uma completa estagnação do processo de individuação, pois só assim o homem pode descobrir o que significa essa figura como realidade interior. Nesse processo, a *anima* volta ao que era inicialmente — "a mulher no interior do homem", transmitindo-lhe as mensagens vitais do *self*.

ANIMUS: O ELEMENTO MASCULINO INTERIOR

A PERSONIFICAÇÃO MASCULINA DO INCONSCIENTE NA MULHER — o *animus* — apresenta, tal como a *anima* no homem, aspectos positivos e negativos. Mas o *animus* não costuma se manifestar sob a forma de fantasias ou inclinações eróticas; aparece mais comumente como uma convicção secreta "sagrada".[29] Quando uma mulher anuncia tal convicção com voz forte, masculina e insistente, ou a impõe às outras pessoas por meio de cenas violentas, reconhece-se facilmente a sua masculinidade encoberta. No entanto, mesmo em uma mulher que exteriormente se revele muito feminina, o *animus* pode também ter uma força igualmente firme e inexorável. De repente podemos nos deparar com algo de obstinado, frio e totalmente inacessível em uma mulher.

Um dos temas favoritos do *animus* que esse tipo de mulher remói sem cessar é: "A única coisa no mundo que eu desejo é amor, e 'ele' não me ama"; ou "nesta situação existem apenas duas possibilidades e ambas são igualmente más" (o *animus* nunca aceita exceções).

Dificilmente podemos contradizer uma opinião do *animus* porque em geral é uma opinião certa; no entanto, raramente enquadra-se numa determinada

À esquerda, Joana d'Arc (representada por Ingrid Bergman no filme de 1948), cujo *animus* — o lado masculino da psique feminina — toma a forma de uma "convicção sagrada". À direita, duas imagens do *animus* negativo: um quadro do século XVI em que uma mulher dança com a morte e, de um manuscrito de 1500, aproximadamente, Hades e Perséfone, carregada pelo deus para o inferno.

O PROCESSO DE INDIVIDUAÇÃO

situação individual. É uma opinião que parece razoável, mas que está fora de propósito.

Assim como o caráter da *anima* masculina é moldado pela mãe, o *animus* é basicamente influenciado pelo pai da mulher. É o pai que dá ao *animus* da filha convicções incontestavelmente "verdadeiras", irretrucáveis e de um colorido todo especial — convicções que nunca têm a ver com a pessoa real que é aquela mulher. Por isso o *animus*, tal como a *anima*, pode, algumas vezes, tornar-se o demônio da morte. Por exemplo, em um conto de fadas cigano uma mulher solitária acolhe um encantador estranho, apesar de ter tido um sonho que lhe anunciava a chegada do rei da morte. Depois de estarem juntos por algum tempo ela insiste para que ele lhe diga quem é. A princípio, o jovem recusa dizendo-lhe que ela morrerá se ele assim o fizer. Ela insiste, no entanto, e de repente ele lhe confessa que é a própria morte. Naquele mesmo instante, a mulher morre de medo.[30]

Do ponto de vista mitológico, o belo forasteiro é, provavelmente, a imagem pagã do pai ou de um deus, que aparece aqui como o rei dos mortos (lembrando o rapto de Perséfone por Hades). Mas psicologicamente ele representa uma forma particular do *animus*, que afasta as mulheres de qualquer relacionamento humano e, sobretudo, de qualquer contato com os homens. Personifica uma espécie de "casulo" dos pensamentos oníricos, dos desejos e julgamentos que definem as situações como elas "deveriam ser", afastando a mulher da realidade da vida.

Heathcliff, o sinistro protagonista de *O morro dos ventos uivantes*, de Emily Brontë, de 1847, é, em parte, uma figura negativa e demoníaca do *animus* — provavelmente uma manifestação do próprio *animus* da autora. Heathcliff (interpretado por Laurence Olivier, no filme de 1939) defronta-se com Emily (num retrato feito por seu irmão). Ao fundo, os Morros Uivantes, tal como ainda existem atualmente.

Dois exemplos de figuras perigosas do *animus*: à esquerda, na página ao lado, uma ilustração (do artista francês Gustave Doré, século XIX) do conto do Barba Azul, que está avisando sua mulher para que não abra uma determinada porta (evidentemente ela lhe desobedece e encontra corpos das primeiras mulheres de Barba Azul. Ele a descobre e ela vai fazer companhia às suas predecessoras). À direita, num quadro do século XIX, o saqueador de estradas Claude Duval, que, certa vez, ao roubar uma viajante, acabou por restituir-lhe tudo com a condição de que ela dançasse com ele à beira da estrada.

O *animus* negativo não aparece apenas como o demônio da morte. Nos mitos e contos de fadas ele faz o papel de assaltante ou de assassino. Barba Azul, que mata em segredo todas as suas mulheres, é um exemplo desse tipo de *animus*. Sob essa forma, o *animus* personifica todas as reflexões semiconscientes, frias e destruidoras que invadem uma mulher durante a madrugada, especialmente quando ela deixou de realizar alguma obrigação ditada pelos seus sentimentos. É então que ela se põe a pensar nas heranças de família e em outros problemas do mesmo tipo — tecendo uma espécie de rede de pensamentos calculistas, de malícia e intriga, que a leva até mesmo a desejar a morte de outras pessoas ("Quando um de nós morrer, vou mudar-me para a Riviera", disse uma mulher ao marido quando visitavam a costa mediterrânea, um pensamento que se tornou relativamente inocente porque ela o exprimiu!).

Acalentando secretamente tais atitudes destruidoras, uma mulher pode levar o marido a adoecer, se acidentar ou até mesmo morrer, ou a mãe pode fazer o mesmo aos filhos. Também pode resolver impedir o casamento de um deles — uma forma de aberração profundamente oculta e que raramente vem à superfície da consciência materna (uma velha e ingênua senhora disse-me uma vez enquanto me mostrava o retrato do filho, que morrera afogado aos 27 anos: "Prefiro assim; é melhor do que perdê-lo para outra mulher".).

Uma estranha passividade, uma paralisação de todos os sentimentos ou uma profunda insegurança que pode levar a uma sensação de nulidade e de vazio é, às vezes, o resultado de uma opinião inconsciente do *animus*. No mais

O *animus* é, muitas vezes, personificado como um grupo de homens. O *animus* negativo pode surgir encarnado num perigoso bando de criminosos, como os provocadores de naufrágios (acima, num quadro italiano do século XVIII) que, por meio das luzes de fogos, atraíam os navios de encontro às rochas, matavam os sobreviventes e pilhavam os destroços.

O PROCESSO DE INDIVIDUAÇÃO

íntimo de uma mulher murmura o *animus*: "Você não tem salvação. Para que lutar? Não vale a pena realizar nada. Não adianta querer fazer alguma coisa. A vida vai mudar para melhor".

Infelizmente, cada vez que uma dessas personificações do inconsciente se apodera de nossa mente, parece que somos nós mesmos que criamos aquele tipo de pensamento e sentimento. O ego se identifica com eles a tal ponto que se torna incapaz de destacá-los e de reconhecê-los exatamente como são. Fica-se de fato "possuído" pelo personagem do inconsciente. Só quando esse estado de dependência cessa é que se verifica, horrorizado, que se fez e disse coisas diametralmente opostas ao que, na verdade, se pensa e sente — isto é, que se foi vítima de um fator de alienação psíquica.

Tal como a *anima*, o *animus* não consiste apenas de qualidades negativas como a brutalidade, a indiferença, a tendência à conversa vazia, às ideias silenciosas, obstinadas e más. Também apresenta um lado muito positivo e valioso; pode lançar uma ponte para o *self* por meio da atividade criadora. O seguinte sonho de uma mulher de 45 anos ajuda-nos a ilustrar essa afirmação:

> *Duas figuras mascaradas sobem por um balcão e penetram na casa. Estão envoltas em casacos com capuzes e parecem querer perseguir-me e a minha irmã. Ela se esconde debaixo da cama, mas as duas figuras puxam-na com uma vassoura e torturam-na. Chega a minha vez. A figura que parece ser o chefe me empurra de encontro à parede, fazendo gestos mágicos diante do meu rosto. Enquanto isso, a segunda faz um desenho qualquer na parede, e quando olho digo-lhe, para mostrar-me simpática: "Ah! Mas que bem desenhado!". De repente quem me está torturando apresenta-se com o rosto nobre de um artista e diz, orgulhosamente: "É mesmo", e começa a limpar os óculos.*

O aspecto sádico dessas duas figuras era bem familiar à minha paciente, que sofria de sérios ataques de ansiedade durante os quais ficava obcecada pela ideia de que as pessoas a quem amava encontravam-se em perigo ou estavam mortas. Mas o fato de o *animus* estar representado por um personagem duplo sugere que os ladrões personificam um fator psíquico também de efeito duplo, e que poderia ser algo bem diferente desses pensamentos atormentadores. A irmã, que foge dos homens, é apanhada e torturada. Na realidade, ela morrera havia tempos, muito jovem. Era muito bem-dotada do ponto de vista artístico, mas aproveitara pouco o seu talento. A seguir, o sonho revela que os ladrões mascarados são artistas disfarçados e que, se a sonhadora reconhecer os seus dons (que são os dela própria), eles desistirão das suas intenções malévolas.

Qual o sentido profundo do sonho? É aquele que os espasmos de ansiedade denunciam, realmente, um perigo mortal e genuíno; mas também uma

258　　　　　　　　O HOMEM E SEUS SÍMBOLOS

Uma personificação frequente do *animus* negativo nos sonhos das mulheres é a do bando de bandidos românticos, mas perigosos. Acima, um grupo ameaçador de bandidos no filme brasileiro *O cangaceiro* (1953), em que uma professora, mulher de espírito aventureiro, apaixona-se pelo chefe do grupo.

Abaixo, uma ilustração de Fuseli de *Sonhos de uma noite de verão,* de Shakespeare. Um feitiço faz a rainha-fada apaixonar-se por um camponês, a quem uma maldição dera uma cabeça de asno. É uma variação cômica do tema em que o amor de uma jovem pode libertar o homem de um feitiço.

O PROCESSO DE INDIVIDUAÇÃO

possibilidade de atividade criadora para aquela mulher. Tal como sua irmã, ela tinha bastante talento para a pintura, mas estava em dúvida se seria uma ocupação realmente válida para ela. Agora o sonho vem dizer-lhe energicamente que deve aproveitar esse talento. Se obedecer, o *animus* destruidor que a atormenta será transformado numa atividade criadora e rica de sentido.

O *animus* aparece muitas vezes, como nesse sonho, simbolizado por um grupo de homens; neste caso, o inconsciente indica que o *animus* representa um elemento mais coletivo que pessoal. Por isso as mulheres referem-se habitualmente (quando o *animus* se expressa por seu intermédio) a "nós" ou a "eles" ou a "todos" e, em tais circunstâncias, empregam na sua conversa palavras como "sempre", "devíamos", "precisamos" etc..

Um grande número de mitos e de contos de fadas conta a história de um príncipe transformado por feitiçaria em animal ou monstro que é redimido pelo amor de uma jovem — processo que simboliza o modo de integração do *animus* na consciência. (O dr. Henderson comentou sobre o significado desse motivo de *A Bela e a Fera* no capítulo anterior.) Em muitos deles a heroína não tem permissão para fazer qualquer pergunta a respeito do seu misterioso e desconhecido marido e amante; ou então só o encontra no escuro e nunca pode olhar-lhe o rosto. Está implícito que se amá-lo e confiar nele cegamente, poderá libertá-lo. Mas isso não acontece nunca. Ela sempre quebra a promessa feita e só vai encontrar novamente o seu amado depois de longa e sofrida busca.

A analogia desse tipo de situação mitológica com a vida comum está no fato de que a atenção consciente que uma mulher tem de dar aos problemas do seu *animus* toma muito tempo e envolve bastante sofrimento. Mas se ela se der conta da natureza desse *animus* e da influência que ele exerce sobre a sua pessoa, e se

Acima, à esquerda, na página ao lado, o cantor Franz Grass no papel principal da ópera de Wagner *O navio-fantasma*, baseada na história de um capitão condenado a navegar em um navio-fantasma até que o amor de uma mulher quebre a sua maldição.

Em muitos mitos, o amante é uma figura misteriosa que a mulher nunca deve tentar ver. À esquerda, uma gravura do século XVIII exemplifica um velho mito da Grécia: a jovem Psiquê, amada por Eros, mas proibida de vê-lo. Finalmente ela acaba por desobedecer-lhe, e ele a deixa; só depois de uma longa procura e muito sofrimento ela consegue recuperar o seu amor.

enfrentar essa realidade em lugar de se deixar possuir por ela, o *animus* pode tornar-se um companheiro interior precioso que vai contemplá-la com uma série de qualidades masculinas como a iniciativa, a coragem, a objetividade e a sabedoria espiritual.³¹

O *animus*, tal como a *anima*, apresenta quatro estágios de desenvolvimento: o primeiro é uma simples personificação da força física — por exemplo, um atleta ou "homem musculoso". No estágio seguinte, o *animus* possui iniciativa e capacidade de planejamento; no terceiro torna-se "o verbo", aparecendo muitas vezes como professor ou clérigo; finalmente, na sua quarta manifestação, o *animus* é a encarnação do "pensamento". Nessa fase superior torna-se (como a *anima*) o mediador de uma experiência religiosa por meio da qual a vida adquire novo sentido. Dá à mulher uma firmeza espiritual e um invisível amparo

Personificações dos quatro estágios do *animus* de cima para baixo: primeiro, o homem que é apenas força física: Tarzan, o herói da floresta (Johnny Weissmuller). Segundo estágio, o homem "romântico", o poeta inglês do século XIX, Shelley (centro, à esquerda), ou o "homem de ação", o norte-americano Ernest Hemingway, herói de guerra, caçador etc.. Terceiro, o condutor do "verbo" Lloyd George, o grande orador político. Quarto estágio, o sábio guia que leva à verdade espiritual, tantas vezes representado por Gandhi.

Acima, na página ao lado, miniatura indiana de uma jovem contemplando amorosamente o retrato de um homem. Uma mulher que se apaixona por um retrato (ou por um ator de cinema) está evidentemente projetando o seu *animus* em um homem. O ator Rodolfo Valentino (embaixo, num filme de 1922) atraiu a projeção do *animus* de milhares de mulheres enquanto vivo — e mesmo depois de morto. À extrema direita, parte da imensa quantidade de flores enviadas por mulheres de todo o mundo em homenagem a Valentino, no seu enterro, em 1926.

interior que compensam a sua brandura exterior. O *animus*, na sua forma mais desenvolvida, relaciona a mente feminina com a evolução espiritual da sua época, tornando-a assim mais receptiva a novas ideias criadoras do que o homem. É por isso que antigamente, em muitos países, cabia às mulheres a tarefa de adivinhar o futuro ou a vontade dos deuses. A audácia criadora do seu *animus* positivo expressa, por vezes, pensamentos e ideias que estimulam os homens a novos empreendimentos.

O "homem interior" da psique feminina pode provocar problemas semelhantes aos mencionados em relação à *anima*. O que complica bastante tudo isso é o fato de um dos cônjuges, quando possuído pelo *animus* (ou pela *anima*), criar automaticamente tal clima de irritação em torno do outro que ele (ou ela) também acaba por ficar "possuído". *Animus* e *anima* tendem sempre a levar o diálogo ao seu nível mais baixo, gerando um desagradável clima de irascibilidade e emoção.

Como já assinalamos, o lado positivo do *animus* pode personificar um espírito de iniciativa, coragem, honestidade e, na sua forma mais elevada, de grande profundidade espiritual. Por meio do *animus* a mulher pode tornar-se consciente dos processos básicos de desenvolvimento da sua posição objetiva, tanto cultural quanto pessoal, e encontrar, assim, o seu caminho para uma atitude intensamente espiritual em relação à vida. Isso naturalmente pressupõe que seu *animus* já tenha cessado de emitir opiniões absolutas. A mulher deve buscar a coragem e a grandeza de espírito interior capazes de lhe permitir avaliar a inviolabilidade das suas convicções. Só então estará capacitada a aceitar sugestões do seu inconsciente, sobretudo as que contradizem as opiniões do seu *animus*. Só então, repetimos, é que as manifestações do *self* chegarão a ela e a farão compreender conscientemente o seu sentido.

O SELF: SÍMBOLO DA TOTALIDADE

SE UM INDIVÍDUO TEVE UMA LONGA e séria luta contra a sua *anima* ou contra o seu *animus* de maneira a não se deixar identificar parcialmente com eles, o inconsciente muda o seu caráter dominante e aparece sob nova forma simbólica, representada pelo *self*, o núcleo mais profundo da psique. Nos sonhos da mulher, esse núcleo em geral é personificado por uma figura feminina superior — uma sacerdotisa, uma feiticeira, uma Mãe Terra ou uma deusa da natureza ou do amor. No caso do homem, ele manifesta-se como um iniciador masculino ou um guardião (o guru dos hindus), um velho sábio, um espírito da natureza, e assim por diante. Duas lendas folclóricas ilustram o papel que esse tipo de personagem pode desempenhar. A primeira é uma lenda austríaca:

> Um rei ordenara a seus soldados que montassem guarda durante a noite em torno do corpo de uma princesa, que fora enfeitiçada. Todas as noites, à meia-noite, ela se levantava e matava um guarda. Finalmente, um soldado que deveria estar de serviço àquela hora consegue fugir, apavorado, para os bosques. Lá encontra um "velho violonista que era Nosso Senhor em pessoa". Esse músico indica-lhe como se esconder numa igreja e o que fazer para não ser descoberto pela princesa. Graças a essa ajuda divina, o soldado consegue libertar a princesa do encantamento e casa-se com ela.[32]

Logicamente, o "velho violonista que era Nosso Senhor em pessoa" é, em termos psicológicos, uma personificação simbólica do *self*. Graças ao seu auxílio o ego evita a sua destruição e é capaz de vencer — e mesmo de libertar — um aspecto altamente perigoso da sua *anima*.

Na psique da mulher, como já dissemos, o *self* adquire personificações femininas. Este conto inuíte ilustra a nossa observação:

> Uma jovem solitária, que sofreu uma decepção amorosa, encontra um mágico que viaja num barco. Ele é o "Espírito da Lua", aquele que deu à humanidade todos os animais e que também garante boa sorte aos caçadores. Ele carrega a moça para o reinado dos céus. Numa ocasião em que a deixa sozinha, ela vai visitar uma pequena casa que fica perto da sua mansão. Ali encontra uma mulher minúscula, vestida com "a membrana intestinal de uma foca barbuda", que previne a heroína para que tome cuidado com o Espírito da Lua, dizendo-lhe que ele pretende matá-la.

(Parece que esse Espírito é uma espécie de Barba Azul). Arranja-lhe uma longa corda pela qual a jovem poderá descer à Terra quando chegar a lua nova, que é justamente o momento em que o Espírito da Lua pode ser enfraquecido pela pequena mulher. A jovem desce pela corda, mas ao chegar à Terra não abre os olhos tão rapidamente quanto lhe fora recomendado por sua protetora. Por isso transforma-se numa aranha e nunca mais retorna à sua forma humana.[33]

Como já havíamos observado, o músico divino da primeira lenda é uma encarnação do "velho homem sábio", uma personificação típica do *self*. Pertence à mesma família do feiticeiro Merlin das lendas medievais ou do deus grego Hermes. A mulherzinha, na sua estranha vestimenta de membrana, é uma figura equivalente, que simboliza o *self* da psique feminina. O velho músico salva o herói da ação destruidora da *anima* e a mulherzinha protege a jovem do "Barba Azul" inuíte (que é o seu *animus*, sob a forma do Espírito da Lua). Nesse caso, no entanto, as coisas funcionam mal — assunto a que voltarei mais adiante.

O *self* nem sempre toma a forma de um velho sábio ou de uma senhora criteriosa. Tais personificações paradoxais são tentativas de exprimir uma entidade que não está inteiramente contida no tempo humano — algo que é simultaneamente novo e velho. No sonho de um homem de meia-idade, vamos encontrar o *self* com traços de um jovem:[34]

Vindo da rua, um jovem entra a cavalo em nosso jardim (não havia arbustos nem cerca, como na vida real, e o jardim era um espaço aberto, de livre acesso). Eu não sabia se ele o fizera deliberadamente ou se o cavalo o trouxera contra a sua vontade.

Eu estava numa alameda, que leva ao meu estúdio, e assisto à chegada do jovem com grande prazer. A figura do rapaz no seu belo cavalo me impressiona profundamente.

O cavalo é um animal pequeno, selvagem e vigoroso, um verdadeiro símbolo de energia (parecia um javali), e tem o pelo espesso, eriçado e cinza-prateado. O jovem passa por mim, entre o estúdio e a casa, salta do cavalo e guia-o cuidadosamente para que ele não pise nas belas tulipas amarelas e alaranjadas. O canteiro fora plantado e arrumado recentemente por minha mulher (no sonho).

O *self* — o centro interior da psique total — é, muitas vezes, personificado nos sonhos como um ser superior. Às mulheres pode aparecer na figura de uma deusa sábia e poderosa — como a antiga deusa-mãe grega, Deméter (à extrema direita, na página ao lado, num alto-relevo do século V a.C., com o filho Triptolemus e a filha Kore). A "fada-madrinha" de tantos contos infantis é também uma personificação simbólica do *self* feminino: acima, na página ao lado, a madrinha de Cinderela (ilustração de Gustave Doré). Abaixo, uma solícita velha (também uma fada-madrinha) salva a menina (ilustração de um conto de Hans Christian Andersen).

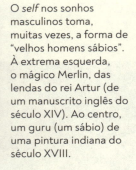

O *self* nos sonhos masculinos toma, muitas vezes, a forma de "velhos homens sábios". À extrema esquerda, o mágico Merlin, das lendas do rei Artur (de um manuscrito inglês do século XIV). Ao centro, um guru (um sábio) de uma pintura indiana do século XVIII.

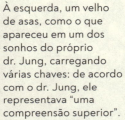

À esquerda, um velho de asas, como o que apareceu em um dos sonhos do próprio dr. Jung, carregando várias chaves: de acordo com o dr. Jung, ele representava "uma compreensão superior".

O *self* aparece nos sonhos usualmente em momentos críticos da vida do sonhador — instantes decisivos em que suas atitudes básicas e todo o seu modo de vida estão em processo de mutação. A própria mudança é, muitas vezes, simbolizada pelo ato de atravessar um curso d'água. Acima, uma travessia de rio verdadeira que acompanhou uma importante transformação: George Washington atravessando o rio Delaware na Revolução Americana (quadro do século XIX). À esquerda, outro grande acontecimento que envolveu uma travessia aquática: o primeiro ataque contra as praias da Normandia no Dia D, junho de 1944.

O *self* nem sempre é personificado por uma figura superior "idosa". À esquerda, representação de um sonho (por Peter Birkhäuser) no qual o *self* aparece como um maravilhoso jovem. Enquanto o artista trabalhava neste quadro, outras ideias e associações surgiram no seu inconsciente. O objeto redondo, como um sol, que aparece ao fundo é um símbolo quádruplo que caracteriza a integração psicológica. Diante das mãos do rapaz flutua uma flor — como se lhe bastasse erguer as mãos para que surgissem flores mágicas. Ele é dessa cor devido à sua origem noturna (isto é, inconsciente).

O jovem significa o *self* e o seu poder de renovação, um elã vital criador, uma nova orientação espiritual por meio da qual tudo se torna cheio de vida e de iniciativa.

Quando um homem segue as instruções do seu inconsciente, pode receber e aplicar esse dom que lhe permite de repente fazer da sua vida, até então desinteressante e apática, uma aventura interior sem fim, repleta de possibilidades criadoras. Numa mulher, essa mesma personificação do *self* pode surgir sob a forma de uma jovem possuidora de dons sobrenaturais. Vejamos como exemplo o sonho de uma mulher que se aproximava dos cinquenta anos:

> *Eu estava diante de uma igreja e lavava a calçada com água. Depois corri rua abaixo, no exato momento da saída da escola de uns ginasianos. Cheguei a um rio de águas calmas sobre o qual haviam colocado uma tábua ou um tronco de árvore; enquanto tentava transpô-lo, um estudante travesso pulou na tábua, que se quebrou, e quase caí n'água. "Idiota!", gritei-lhe. No outro lado do rio, três menininhas estavam brincando, e uma delas estendeu a mão para ajudar-me. Julguei que a sua pequena mão não teria força suficiente para puxar-me, mas quando a segurei ela conseguiu sem o menor esforço fazer-me atravessar a água e pular na margem oposta.*

A sonhadora é uma pessoa religiosa; mas, de acordo com seu sonho, não podia continuar por mais tempo na sua Igreja (a protestante); na verdade, parece ter perdido a possibilidade de entrar na Igreja apesar de tentar conservar tão limpo quanto possível o acesso a ela. Segundo o sonho, ela deve atravessar um rio de águas estagnadas, e isso indica que o seu fluxo de vida tornou-se mais lento devido ao problema religioso não solucionado (atravessar

Muitas pessoas personificam o *self* nos seus sonhos como figuras públicas proeminentes. Os psicólogos junguianos descobriram que nos sonhos masculinos aparecem, com frequência, as imagens do dr. Albert Schweitzer (à extrema esquerda) e de Sir Winston Churchill (à esquerda). Nos sonhos femininos, as figuras de Eleanor Roosevelt (à direita) e da rainha Elizabeth II (ao centro, na página ao lado, num quadro no interior de uma casa africana).

um rio é quase sempre uma imagem simbólica de uma mudança de atitudes fundamental). O estudante foi interpretado pela própria sonhadora como a personificação de um pensamento anterior — isto é, que deveria atender às suas necessidades espirituais frequentando um curso secundário. Obviamente o sonho não se preocupa muito com esse aspecto. Quando ela ousa atravessar sozinha o rio, uma personificação do *self* (a menina), apesar do seu pequeno físico, ajuda-a com força sobrenatural.

Tomar a forma humana, de um jovem ou de um velho, é apenas um dos muitos modos pelos quais o *self* pode aparecer em sonhos ou visões. O fato de adquirir várias idades mostra não só que nos acompanha por toda a nossa vida, como também que subsiste além do fluxo da vida de que temos consciência, de onde nasce a nossa experiência de tempo.

O *self* não está inteiramente contido nela (na nossa dimensão espaço-tempo), mas é, no entanto, simultaneamente onipresente. Além disso, aparece com frequência sob uma forma que sugere essa onipresença de uma maneira toda especial; isto é, manifesta-se como um ser humano gigantesco e simbólico que envolve e contém o cosmos inteiro. Quando essa imagem surge nos sonhos de uma pessoa, podemos ter esperanças de uma solução criadora para o seu conflito porque agora o centro psíquico vital está ativado (isto é, todo o ser encontra-se condensado em uma só unidade), de modo a vencer as suas dificuldades.

Não é de espantar que a figura do Homem Cósmico apareça em muitos mitos e ensinamentos religiosos. Geralmente ele é descrito como uma força positiva e complacente. Apresenta-se como Adão, como o persa Gayomart ou como o hindu Purusha. Pode ser descrito como o princípio básico do mundo. Os antigos chineses, por exemplo, acreditavam que antes da criação existira um homem divino colossal, chamado P'an Ku, que dera forma à terra e ao

O PROCESSO DE INDIVIDUAÇÃO

君臨した古の天子の號。路史注に渾敦氏は即ち盤古といふ。〔三五曆記〕未下有二天地一之時、混沌如二雞子一、盤古生二其中一、一萬八千歳、天地開闢、清陽爲レ天、濁陰爲レ地、盤古在二其中一云

（會圖才三）氏古盤

O Homem Cósmico — figura gigantesca e aconchegante, que personifica e encerra o universo inteiro — é uma representação comum do *self* nos sonhos e nos mitos. À esquerda, a folha de rosto do *Leviatã*, de autoria do filósofo seiscentista inglês Thomas Hobbes. A figura imensa do Leviatã é composta por todos os povos do *Commonwealth* — a sociedade ideal de Hobbes, na qual os homens escolhiam sua própria autoridade central (ou "soberana", daí a coroa, a espada e o cetro de Leviatã). Acima, a figura cósmica do antigo P'an Ku chinês — coberto de folhas para indicar que o Homem Cósmico (ou Primeiro Homem) existiu, simplesmente, como uma planta da natureza. Abaixo, em uma folha de iluminuras de um manuscrito indiano do século XVIII, a deusa cósmica Leoa segurando o Sol (a figura da leoa é formada de seres humanos e animais).

céu.³⁵ Ao chorar, fez nascer das suas lágrimas o rio Amarelo e o Yangtze; ao respirar, fez o vento soprar; quando falou, ribombaram os trovões; e quando olhou à sua volta, os relâmpagos coruscaram. Se ele estava de bom humor, fazia bom tempo; se se entristecia o céu se enevoava. Ao morrer, do seu corpo tombado originaram-se as cinco montanhas sagradas da China: na sua cabeça formou-se a montanha T'ai, a leste; do seu tronco ergueu-se a montanha Sung, ao centro; do braço direito surgiu a montanha Heng, ao norte; do esquerdo, a montanha Heng, ao sul; e a seus pés a montanha Hua, a oeste. Seus olhos tornaram-se o Sol e a Lua.

Já vimos que a estrutura simbólica que parece representar o processo de individuação tende a basear-se no motivo do algarismo quatro — como as quatro funções da consciência e os quatro estágios da *anima* ou do *animus*. Esse motivo reaparece aqui na forma cósmica de P'an Ku. Só em circunstâncias específicas é que se apresentam, no material psíquico, outras combinações numéricas. As manifestações naturais e livres do centro psíquico caracterizam-se pela quaternidade — isto é, por quatro divisões, ou qualquer outra estrutura derivada da série numérica de 4, 8, 16 etc.. O número 16 tem uma função importante, já que é composto de quatro vezes quatro.

Na nossa civilização ocidental, ideias semelhantes à do Homem Cósmico foram associadas ao símbolo de Adão, o Primeiro Homem.³⁶ Segundo uma lenda judaica, ao criar Adão, Deus apanhou, inicialmente, dos quatro cantos do mundo, pó vermelho, preto, branco e amarelo, e assim Adão "se estendia de uma ponta à outra da Terra". Quando se inclinava, sua cabeça ficava no leste e os pés no oeste. De acordo com uma outra tradição judaica, a humanidade inteira estava contida, desde o seu início, em Adão, o que significa que nele se

À esquerda, pintura em rocha da Rodésia, na qual o Primeiro Homem (a Lua) desposa a estrela da manhã e a estrela vespertina para gerar seres da Terra. O Homem Cósmico aparece muitas vezes como o homem original, uma espécie de Adão — e Cristo também acabou sendo identificado com essa personificação do *self*. À direita, uma pintura do artista alemão Grunewald, do século XV, mostra a figura de Cristo em toda a majestade de Homem Cósmico.

encontravam todas as almas por nascer. A alma de Adão, portanto, era "como o pavio de uma lamparina, composto de incontáveis fios". Nesse símbolo está claramente expressa a ideia de uma unidade total da existência humana, além de qualquer unidade individual.

Na antiga Pérsia, o mesmo Primeiro Homem — chamado Gayomart — era descrito como uma figura imensa, que irradiava luz. Quando morreu, todas as qualidades de um metal irromperam do seu corpo, e da sua alma surgiu o ouro. Seu sêmen caiu sobre a terra e dele nasceu o primeiro casal humano, na forma de dois pés de ruibarbo. É espantoso que o chinês P'an Ku também tenha sido representado coberto de folhas, como se fosse uma planta — talvez porque se concebesse a ideia do Primeiro Homem como uma unidade viva que nascera sozinha e que existia sem qualquer impulso animal ou vontade própria. Um pequeno povoado que vive às margens do Tigre continua, ainda hoje, a cultuar a figura de Adão como uma "superalma"[37] secreta ou um "espírito protetor" místico de toda a raça humana. Diz essa gente que ele surgiu de uma tamareira — outra repetição do motivo vegetal.

No Oriente e em alguns círculos gnósticos do Ocidente, as pessoas logo compreenderam que o Homem Cósmico é mais uma imagem psíquica interior do que uma realidade concreta exterior. De acordo com a tradição hindu,

Exemplos do "casal da realeza" (uma imagem simbólica da totalidade psíquica e do *self*): à esquerda, uma escultura indiana do século III a.C., representando Shiva e Parvati, uma ligação intersexo abaixo, as deidades hindus Krishna e Radha em um bosque.

A cabeça grega, abaixo, à esquerda, era considerada pelo dr. Jung ligeiramente intersexo. Jung acrescentou ainda que a cabeça "tem, como as figuras análogas de Adônis, Tamuz e... Baldur, toda a graça e o charme dos dois sexos".

por exemplo, ele é algo que vive dentro do ser humano, sendo a sua única parte imortal. Esse Grande Homem interior age como um redentor, retirando o indivíduo do mundo e de seus sofrimentos para levá-lo de volta à sua esfera eterna original. Mas só pode fazê-lo quando o homem o reconhece e levanta-se do seu sono para segui-lo. Nos mitos simbólicos da Índia Antiga essa figura é conhecida como Purusha, que significa simplesmente "homem" ou "pessoa". Purusha vive dentro do coração de cada indivíduo e ocupa, ao mesmo tempo, todo o cosmos.

De acordo com vários mitos, o Homem Cósmico não significa apenas o começo da vida, mas também o seu destino final, a razão de ser de toda a criação. "Todo cereal significa trigo, todo tesouro natural significa ouro, toda procriação significa Homem", diz o sábio medieval Meister Eckhart.[38] E se analisarmos essa observação do ponto de vista psicológico verificaremos que ela está absolutamente certa. Toda realidade psíquica interior de cada indivíduo é orientada, em última instância, em direção a este símbolo arquetípico do *self*.

Em termos práticos, isso significa que a existência do ser humano nunca será satisfatoriamente explicada por meio de instintos isolados ou de mecanismos intencionais como a fome, o poder, o sexo, a sobrevivência, a perpetuação da espécie etc.. Isto é, o objetivo principal do homem não é comer, beber etc., mas ser *humano*. Acima e além desses impulsos, nossa realidade psíquica interior manifesta um mistério vivo que só pode ser expresso por um símbolo, e, para exprimi-lo, o inconsciente muitas vezes escolhe a poderosa imagem do Homem Cósmico.

Na nossa civilização ocidental, o Homem Cósmico tem sido comparado a Cristo, e, na oriental, a Krishna ou a Buda. No Velho Testamento essa mesma figura simbólica aparece como "o Filho do Homem" e no misticismo judeu surge, mais tarde, como Adão Kadmon.[39] Certos movimentos religiosos do fim da Antiguidade chamaram-no simplesmente *Anthropos* (a palavra grega que significa homem). Como todos os símbolos, essa imagem revela um segredo impenetrável — o sentido essencial e desconhecido da existência humana.[40]

Como já assinalamos, certas tradições afirmam que o Homem Cósmico é o objetivo, o destino da criação, mas a realização desse propósito não deve ser compreendida como um possível acontecimento de ordem exterior. Segundo os hindus, por exemplo, não significa que o mundo exterior se dissolverá um dia no Grande Homem original, mas sim que a orientação extrovertida do ego em direção ao mundo exterior há de desaparecer para dar lugar ao Homem Cósmico. Isso acontece quando o ego se incorpora ao *self*. O fluxo discursivo das representações do ego (que vai de um pensamento a outro) e seus desejos (que correm de um objeto para outro) acalmam-se quando é encontrado o Grande Homem interior. Na verdade, não devemos nunca nos esquecer de que

À direita, a deusa-ursa Artio, dos celtas, numa escultura pré-romana encontrada em Berna (que significa "urso"). Era, provavelmente, uma deusa-mãe, parecida com a ursa do sonho relatado nesta página. Outras analogias com as imagens simbólicas desse sonho: ao centro, aborígines australianos com suas "pedras sagradas", que acreditam encerrar o espírito dos mortos. Abaixo, de um manuscrito alquímico do século XVII, o símbolo do casal real, sob a forma de um casal de leões.

para nós a realidade exterior só existe à medida que a percebemos conscientemente e que não podemos provar que ela existe "em si e por si mesma".

Os inúmeros exemplos oriundos de civilizações e épocas diferentes mostram a universalidade do símbolo do Grande Homem. Sua imagem está presente no espírito humano como uma espécie de objetivo ou expressão do mistério fundamental de nossa vida. E como esse símbolo representa o que é total e pleno, ele é, muitas vezes, concebido como um ser bissexual. Sob essa forma, reconcilia um dos mais importantes pares conflitantes da psicologia: o elemento feminino e o masculino. Tal união aparece também com frequência nos sonhos como um casal divino, da realeza ou, de certa maneira, eminente. O seguinte sonho, de um homem de 47 anos, mostra de modo intenso este aspecto do *self*:[41]

Spiritus & Anima funt conjungendi & redigendi ad corpus fuum.

> *Encontro-me numa plataforma e vejo, abaixo de mim, uma imensa e bela ursa preta, de pelo áspero mas bem-cuidado. Ela ergue-se nas patas*

traseiras e dá polimento a uma pedra chata e oval, que se torna cada vez mais brilhante, e que está colocada sobre uma laje. Não muito distante, uma leoa e sua cria fazem a mesma coisa, mas as pedras que estão polindo são maiores e de formato redondo. Depois de algum tempo, a ursa transforma-se numa mulher gorda e nua, de cabelos pretos e olhos escuros e faiscantes. Comporto-me, em relação a ela, de maneira provocantemente erótica e, de repente, ela se aproxima para agarrar-me. Assusto-me e me refugio na plataforma onde me encontrava antes. Vejo-me, depois, no meio de várias mulheres; a metade do grupo é de mulheres primitivas, com abundante cabeleira negra (como se fossem animais metamorfoseados), a outra metade é constituída por mulheres como eu (isto é, da mesma nacionalidade da sonhadora) e têm cabelos louros ou castanhos. As mulheres primitivas cantam uma canção muito sentimental, em voz aguda e melancólica. Agora, numa elegante carruagem chega um jovem trazendo na cabeça uma coroa real, dourada e cravejada de rubis. É um belo espetáculo! A seu lado está uma jovem loura, provavelmente sua mulher, mas sem coroa. Parece que a leoa e seu filhote foram transformados nesse casal. Fazem parte do grupo de gente primitiva. Depois, todas as mulheres (as primitivas e as outras) entoam um cântico solene, e a carruagem real parte lentamente em direção ao horizonte.

Aqui, o núcleo interior da psique do sonhador aparece, inicialmente, na visão fugidia desse casal régio que emerge das profundezas de sua natureza animal e das camadas mais primitivas do seu inconsciente. A ursa do começo do sonho é uma espécie de deusa-mãe (Artemisa, por exemplo, era adorada na Grécia sob a forma de ursa). A pedra escura e oval que ela está polindo simboliza, provavelmente, o ser mais íntimo do sonhador, sua verdadeira personalidade. Esfregar e polir pedras é uma conhecida e antiquíssima atividade do homem. Na Europa, pedras "sagradas", enroladas em cortiça e escondidas em cavernas foram encontradas em vários lugares, provavelmente guardadas

Nos sonhos, um espelho pode simbolizar o poder que o inconsciente tem de "refletir" objetivamente o indivíduo — dando-lhe uma visão dele mesmo que talvez nunca tenha tido antes. Só por meio do inconsciente tal percepção (que por vezes choca e perturba a mente consciente) pode ser obtida, assim como no mito grego onde a repulsiva Medusa, cujo olhar transformava os homens em pedra, só podia ser contemplada em um espelho. À esquerda, a Medusa refletida num escudo (pintura de Caravaggio, século XVII).

pelos homens da Idade da Pedra como receptáculos de poderes divinos. Atualmente, alguns aborígines da Austrália acreditam que seus ancestrais mortos continuam a existir como forças benéficas e divinas dentro de pedras, e que ao esfregá-las o seu poder é aumentado (como se estivessem carregadas de eletricidade) em benefício de ambos, o morto e o vivo.[42]

O homem cujo sonho estamos discutindo havia recusado casar-se até aquele momento.

Seu medo do casamento o fez fugir da mulher-ursa para a sua plataforma de espectador, de onde podia assistir a todas as ocorrências passivamente e sem se deixar envolver. Por intermédio do motivo da pedra polida pela ursa, o inconsciente está tentando mostrar-lhe que ele deveria tomar contato com esse aspecto da vida e que é por meio dos atritos da vida de casado que o seu ser interior pode ser moldado e polido.

Ao ser polida, a pedra começará a brilhar como um espelho e, assim, a ursa poderá ver-se refletida; isso significa que só ao aceitar o contato humano e o sofrimento é que a alma humana se transforma em um espelho no qual os poderes divinos se reproduzem. Mas o nosso sonhador corre para um lugar mais alto — isto é, para todo tipo de reflexões e de contemplações pelas quais pode escapar às imposições da vida; o sonho então mostra-lhe que se fugir dessas exigências, uma parte da sua alma (sua *anima*) ficará indiferençada, fato simbolizado pelo grupo indefinido de mulheres que se subdivide em uma metade primitiva e outra civilizada.

A leoa e sua cria, que intervêm então na cena, personificam o anseio misterioso de alcançar a individuação, indicado pelo polimento que dão às pedras redondas (a pedra redonda é símbolo do *self*). Os leões, um casal régio, são também um símbolo de totalidade. No simbolismo medieval, a "pedra filosofal" (um símbolo preeminente da totalidade do homem) é representada por um casal de leões ou por um casal humano montado em leões. Simbolicamente, isso indica que muitas vezes o impulso para a individuação aparece de forma velada, escondida na paixão arrebatadora que se sente por alguém. (Na verdade, a paixão que excede os limites naturais do sentimento de amor tem como fim supremo o mistério da totalidade, e é por isso que quando se ama apaixonadamente, tornar-se uma só pessoa com o ser amado é o único objetivo válido de nossa vida.)

Enquanto a imagem da totalidade, nesse sonho, se encontra expressa sob a forma de um casal de leões, está implícito o seu envolvimento nesse tipo de paixão devastadora. Mas quando o leão e a leoa tornam-se rei e rainha, a necessidade de individuação já alcançou um nível de realização consciente e pode, agora, ser compreendida pelo ego como sendo o verdadeiro objetivo da vida do sonhador.[43]

Antes de os leões terem se transformado em seres humanos, só as mulheres primitivas cantavam, e de modo sentimental, significando que os sentimentos do sonhador conservavam-se em um nível primitivo e emotivo. Mas em homenagem aos leões humanizados, tanto as mulheres primitivas quanto as civilizadas unem suas vozes num só canto de louvor. A expressão em uníssono de seus sentimentos mostra que a dissociação interior transformou-se em harmonia.

Uma outra personificação do *self* aparece na descrição feita por uma mulher a respeito da sua "imaginação ativa". (Imaginação ativa é certa forma de meditar com o auxílio da imaginação, e em cujo processo pode-se entrar deliberadamente em contato com o inconsciente, estabelecendo uma relação consciente com os seus fenômenos psíquicos.) A imaginação ativa está entre as mais importantes descobertas de Jung. Em um certo sentido, pode-se

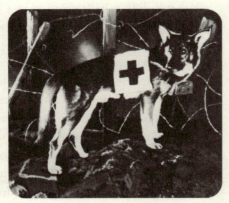

Muitas vezes o *self* é representado como um animal bondoso. Acima, à esquerda, a raposa mágica do conto de fadas dos irmãos Grimm "O pássaro dourado". À esquerda, o deus-macaco dos hindus, Hanuman, carregando dentro do seu coração os deuses Shiva e Parvati. Acima, à direita, Rin-Tin-Tin, o herói cachorro dos filmes e da TV, famoso na primeira metade do século XX. Pedras são representações comuns do *self* porque são objetos completos — imutáveis e duradouros. Muitas pessoas hoje em dia procuram nas praias pedras de beleza peculiar (acima, na página ao lado). Alguns hindus passam de pai para filho pedras (ao centro) que acreditam possuir poder mágico. Pedras "preciosas", como as joias da rainha Elizabeth I (1558-1603), representam um sinal exterior de riqueza e posição (abaixo).

compará-la às formas de meditação orientais, como a técnica do zen-budismo e a da ioga associada ao tantrismo, ou a técnicas ocidentais como as dos "Exercícios Espirituais" dos jesuítas. É, no entanto, fundamentalmente diferente no sentido de que a pessoa que medita está inteiramente ausente de qualquer objetivo ou programa consciente. Assim, a meditação torna-se a experiência solitária de um indivíduo livre, isto é, o oposto de uma tentativa dirigida para dominar o inconsciente. Não é aqui, no entanto, a ocasião de fazermos uma análise detalhada da imaginação ativa; o leitor pode encontrar uma descrição feita pelo próprio Jung no seu ensaio "A função transcendente".

Nas meditações dessa mulher, o *self* aparecia como uma corça, que dizia ao ego: "Sou seu filho e sua mãe. Chamam-me de 'animal de ligação' porque conecto as pessoas, animais e mesmo pedras entre si quando penetro neles. Sou o seu destino ou o seu 'eu objetivo'. Quando apareço, redimo você das eventualidades sem sentido da vida. O fogo que me consome arde em toda a humanidade. Se o homem perder esse fogo, se tornará egocêntrico, solitário, desorientado e fraco."

O *self* é, muitas vezes, simbolizado por um animal que representa a nossa natureza instintiva e a sua relação com o nosso ambiente. (É por isso que existem tantos animais bondosos e solidários nos mitos e contos de fadas.) Essa relação do *self* com a natureza à sua volta e mesmo com o cosmos vem, provavelmente, do fato de o "átomo nuclear" da nossa psique estar, de certo modo, conectado ao mundo inteiro, tanto interior como exteriormente. Todas as manifestações superiores da vida estão, de certa maneira, sintonizadas com o contínuo espaço-tempo. Os animais, por exemplo, têm a sua alimentação específica, seu material particular para construir a sua habitação e seus territórios bem-definidos, com os quais os seus esquemas instintivos encontram-se perfeitamente ajustados e adaptados. Os ritmos temporais também acompanham esse mesmo sistema: por exemplo, a maioria dos animais herbívoros tem suas crias precisamente na época do ano em que a relva é mais abundante e viçosa. Foi com essas considerações em mente que um zoólogo famoso logo declarou que o "interior" de cada animal se estende amplamente sobre o mundo à sua volta, "psiquificando" tempo e espaço.[44]

De um modo que foge completamente à nossa compreensão, o nosso inconsciente também está sintonizado com o nosso ambiente — nosso grupo, a sociedade em geral e, além de tudo, com o contínuo espaço-tempo e a natureza no seu todo. Por isso, o Grande Homem dos indígenas naskapi não lhes revela apenas verdades interiores: ele também lhes dá sugestões de onde e quando caçar. E é partindo dos seus sonhos que o caçador naskapi elabora as palavras e as melodias das canções mágicas com que atrai os animais.

Mas esse auxílio específico do inconsciente não é dado apenas ao homem primitivo. Jung descobriu que os sonhos podem dar também ao homem civilizado a orientação de que ele necessita para a solução dos problemas da sua vida interior e exterior. Na verdade, muitos dos nossos sonhos dizem respeito detalhadamente à nossa vida exterior e ao nosso ambiente. A árvore que

A qualidade "eterna" das pedras é encontrada em rochas e montanhas, como estas, à esquerda, no monte Williamson, Califórnia, sendo usadas em monumentos comemorativos (as cabeças dos quatro presidentes norte-americanos, no monte Rushmore, Dakota do Sul, acima). Eram empregadas também em locais de culto religioso, como a pedra sagrada do Templo de Jerusalém, à extrema direita, na página ao lado, marcando o centro da cidade, que, conforme o mapa medieval à direita, era tida como o centro do mundo.

cresce diante da nossa janela, a nossa bicicleta, o nosso carro ou uma pedra que se apanhou durante uma caminhada podem, por meio da nossa vida onírica, ser elevados ao nível de símbolos, tornando-se especialmente significativos. Se prestarmos atenção a nossos sonhos em lugar de vivermos em um mundo frio, impessoal, de acasos sem maior sentido, poderemos emergir, aos poucos, para um mundo realmente nosso, repleto de acontecimentos importantes que obedecem a uma ordem secreta.

Nossos sonhos, no entanto, não têm como preocupação dominante a nossa adaptação à vida exterior. Em nosso mundo civilizado, a maioria dos sonhos cuida do desenvolvimento (pelo ego) da atitude interior "correta" em relação ao *self*, pois, devido à nossa maneira de pensar e de agir atualmente, sofremos um número muito mais intenso de perturbações nesse relacionamento do que os povos primitivos. Eles em geral vivem diretamente ligados ao seu centro interior, enquanto nós temos a nossa consciência de tal forma desenraizada e envolvida em assuntos exteriores e mesmo "forasteiros" que é difícil ao *self* nos enviar suas mensagens. Nossa mente consciente cria, continuamente, a ilusão de um mundo exterior "real", claro e definido, que bloqueia muitas outras percepções. No entanto, por meio da nossa natureza inconsciente conservamo-nos, por alguma razão inexplicável, ligados ao nosso ambiente psíquico e físico.

Já mencionamos o fato de que o *self* é simbolizado, com muita frequência, na forma de uma pedra, preciosa ou de outro tipo qualquer. Vimos um exemplo na pedra que estava sendo polida pela ursa e pelos leões. Em muitos sonhos, o núcleo central — o *self* — também aparece como um cristal. A constituição de precisão matemática de um cristal desperta em nós o sentimento intuitivo de que mesmo na matéria dita "inanimada" existe um princípio de ordenação espiritual em funcionamento. Assim, o cristal simboliza muitas vezes a união dos extremos opostos — a matéria e o espírito.

Talvez cristais e pedras sejam símbolos do *self* tão adequados devido à "exatidão" da sua natureza. Muitas pessoas não resistem ao impulso de apanhar pedras de cor ou forma incomuns para guardá-las, sem saber por que o fazem. É como se as pedras contivessem um mistério vivo que as fascina. Os homens colecionam pedras desde o início dos tempos, e aparentemente admitiram que algumas delas são receptáculos de força vital, com todo o seu consequente mistério. Os antigos germânicos, por exemplo, acreditavam que os espíritos dos mortos continuavam a existir nas lápides dos seus túmulos. O costume de colocar pedras sobre os túmulos deve ter surgido da ideia simbólica de que algo eterno do morto subsiste, e encontra nas pedras a sua representação mais adequada. Porque apesar de o homem ser, tanto quanto possível, diferente da pedra, o seu centro mais íntimo é, de uma maneira estranha e muito especial, bastante semelhante a ela (talvez porque a pedra simbolize a existência pura, estando o máximo possível distanciada de emoções, sentimentos, fantasias e do pensamento discursivo do nosso ego consciente). Nesse sentido, a pedra simboliza a experiência talvez mais simples e mais profunda, a experiência de algo eterno que o homem conhece naqueles fugazes instantes em que se sente inalterável e imortal.[45]

A necessidade existente em quase todas as civilizações de erigir monumentos de pedra a homens famosos, ou nos cenários de acontecimentos importantes, vem, provavelmente, desse mesmo significado simbólico da pedra. A pedra que Jacó colocou no lugar onde teve seu famoso sonho, ou certas pedras que pessoas comuns depositam sobre os túmulos do santo ou do herói local, mostram a natureza original desse impulso humano de expressar pelo símbolo da pedra experiências de outro modo inexprimíveis. Não nos surpreende que tantas religiões usem uma pedra para representar Deus ou para marcar o local de um culto. O santuário mais sagrado do mundo islâmico é o de Caaba, a pedra negra de Meca, aonde todo muçulmano devoto espera um dia chegar em peregrinação.

De acordo com o simbolismo eclesiástico cristão, Cristo é "a pedra que os edificadores reprovaram" e que "foi feita a cabeça da esquina" (Lucas 20:17), isto é, a pedra angular. Ele também foi chamado de "rocha espiritual", de onde jorra a água da vida (1 Coríntios 10:4). Os alquimistas medievais que buscavam com

O PROCESSO DE INDIVIDUAÇÃO   281

Acima à esquerda, a pedra negra de Meca venerada por Maomé (ilustração de um manuscrito árabe), que a integrou na religião islâmica. Está sendo carregada por quatro líderes (pelos quatro cantos do tapete) para o interior do Caaba, o santuário de peregrinação anual de milhares de maometanos (na segunda linha, à esquerda).

Acima à direita, outra pedra simbólica: a Pedra do Destino, sobre a qual os reis escoceses eram coroados antigamente. Foi levada para a Abadia de Westminster, na Inglaterra, no século XIII, mas nunca perdeu seu valor para os escoceses. No Natal de 1950, um grupo de nacionalistas escoceses roubou a pedra da abadia e levou-a de volta à Escócia (foi devolvida à abadia em abril de 1951).

No quadrante inferior direito, um turista beija a famosa Pedra Blarney, da lenda irlandesa. Supõe-se que concede o dom da eloquência àqueles que a beijam.

um método pré-científico o segredo da matéria, na esperança de assim encontrar Deus, ou ao menos alguma ação divina, julgavam que esse segredo estaria encerrado na famosa "pedra filosofal". No entanto, alguns deles tiveram a vaga intuição de que a sua tão almejada pedra simbolizava algo que só se poderia encontrar na psique do homem. Disse Morienus, um velho alquimista árabe: "Essa coisa [a pedra filosofal] é extraída de *vós*: *vós* sois o seu minério e é em vós que se pode encontrá-la; ou, para falar mais claramente, eles [os alquimistas] a tiram de vós. Se reconhecerdes isso, o amor e a aprovação da pedra crescerão dentro de vós. Saibam que isso é, indubitavelmente, uma verdade".[46]

A pedra alquímica (o *lápis*) simboliza algo que nunca pode ser perdido ou dissolvido, algo de eterno que alguns alquimistas compararam com a experiência mística de Deus dentro de nossas almas. É necessário, em geral, um sofrimento prolongado a fim de consumir todos os elementos psíquicos supérfluos que ocultam a pedra.[47] Mas a maioria das pessoas tem, ao menos uma vez na vida, uma experiência interior profunda do *self*. De um ponto de vista psicológico, uma atitude genuinamente religiosa consiste no esforço de descobrir essa experiência única e de manter-se progressivamente em harmonia com ela (é preciso notar que uma pedra é em si mesma algo permanente), de maneira que o *self* se torne um companheiro interior para quem vamos sempre voltar a nossa atenção.

O fato de esse símbolo do *self*, o mais nobre e o mais frequente, ser um objeto inanimado leva ainda a um outro campo de pesquisa e especulação: a relação, ainda desconhecida, entre o que chamamos a psique inconsciente e o que chamamos "matéria"[48] — um mistério que a medicina psicossomática tenta resolver. Estudando essa conexão indefinida e inexplicada (pode ser que "psique" e matéria sejam o mesmo fenômeno, observado respectivamente do "interior" e do "exterior"), o dr. Jung evidenciou um novo conceito que denominou "sincronicidade". É um termo que significa uma "coincidência significativa" entre acontecimentos exteriores e interiores que não têm, entre si, relação causal imediata. E o importante aqui é a palavra "significativa".[49]

O quadro do artista moderno Hans Haffenrichter lembra a estrutura do cristal, que, como a pedra comum, é também um símbolo da totalidade.

Se acontece um desastre de avião à minha frente enquanto eu estou assoando o nariz, essa coincidência não tem significação alguma. É apenas um tipo de situação casual que se repete com frequência. Mas se eu comprar uma roupa azul e a loja me entregar uma roupa preta no dia da morte de um parente próximo, isso, sim, será uma coincidência significativa. Os dois acontecimentos não têm uma relação causal, mas estão ligados pela significação simbólica que conferimos à cor preta.

Todas as vezes que o dr. Jung observou tais coincidências significativas na vida de um indivíduo, parece (segundo revelações dos sonhos dessas pessoas) que havia um arquétipo ativado no seu inconsciente. Para ilustrarmos este ponto voltemos ao exemplo da roupa preta: pode ser que a pessoa que receba uma roupa preta tenha tido, também, um sonho sobre morte. É como se o arquétipo oculto se manifestasse, simultaneamente, em acontecimentos interiores e exteriores. O denominador comum é uma mensagem expressa simbolicamente — nesse caso, uma mensagem sobre morte.

Assim que se percebeu que certos tipos de acontecimento "gostam" de acontecer simultaneamente em determinados momentos, começamos a entender a atitude dos chineses, cujas teorias a respeito de medicina, filosofia e mesmo de construção são baseadas em uma "ciência" de coincidências significativas. Os textos clássicos chineses não perguntam o que *causa* alguma coisa, mas sim que fato "gosta" de *ocorrer juntamente com* outro. Encontramos esse mesmo tema subjacente na astrologia e na maneira pela qual várias civilizações dependeram de consultas a oráculos e atenderam a presságios. São sempre tentativas que buscam encontrar uma explicação para a coincidência, diferente da mera relação de causa e efeito.

Criando o conceito da sincronicidade, o dr. Jung delineou um método para penetrarmos mais profundamente na inter-relação da psique com a matéria. E é precisamente nessa direção que parece apontar o símbolo da pedra. Mas essa é uma questão ainda em aberto, e insuficientemente explorada, que caberá às futuras gerações de psicólogos e físicos esclarecer.

Pode parecer ao leitor que as minhas observações a respeito da sincronicidade nos tenham afastado do nosso tema principal, mas senti necessidade de fazer ao menos uma breve introdução a esse assunto por ele ser uma hipótese junguiana cheia de futuras possibilidades de pesquisa e aplicação. Acontecimentos "sincronizados", além de tudo, quase sempre acompanham as fases cruciais do processo de individuação. No entanto, muitas vezes passam despercebidos quando o indivíduo não aprendeu a observar tais coincidências nem a lhes dar um sentido em relação ao simbolismo dos seus sonhos.

AS RELAÇÕES COM O *SELF*

HOJE EM DIA, UM NÚMERO CADA VEZ MAIOR de pessoas, sobretudo as que vivem nas grandes cidades, sofre de uma terrível sensação de vazio e tédio, como se estivesse à espera de algo que nunca acontece. Cinema, televisão, espetáculos esportivos e agitações políticas podem distraí-las por algum tempo, mas, exaustas e desencantadas, elas acabam sempre voltando ao deserto de suas próprias vidas.

A única aventura ainda válida para o homem moderno está no reino interior da sua psique inconsciente. Com uma ideia vaga e indefinida desse conceito, algumas pessoas voltam-se para a ioga e para outras práticas orientais que não chegam a oferecer uma aventura genuinamente nova, pois são velhos exercícios espirituais já do conhecimento dos hindus ou dos chineses que não entram em contato direto com o nosso centro interior de vida.[50] Apesar desses métodos orientais favorecerem a concentração mental encaminhando-a para o nosso íntimo (sendo esse procedimento, num certo sentido, semelhante à introversão no tratamento analítico), existe uma diferença muito importante. Jung desenvolveu uma maneira de chegar ao nosso centro interior e de entrar em contato com o mistério vivo do nosso inconsciente desacompanhado e sem qualquer auxílio. É inteiramente diferente de seguir-se uma trilha já desbravada.

A tentativa para darmos à realidade viva do *self* uma porção de atenção cotidiana constante é como tentar viver simultaneamente em dois planos ou em dois mundos diferentes. Ocupamo-nos com as nossas tarefas exteriores, mas ao mesmo tempo mantemo-nos alertas às insinuações e sinais, tanto dos sonhos quanto dos acontecimentos exteriores que o *self* utiliza para simbolizar suas intenções — a direção para onde se move o fluxo da vida.

Antigos textos chineses que tratam desse tipo de experiência empregam, muitas vezes, a imagem de um gato observando o buraco de um camundongo. Diz um dos textos que não se deve permitir a intromissão de nenhum pensamento incidental, mas que também nossa atenção não deve estar nem excessivamente aguçada nem excessivamente inerte. Há um nível exato e bem-definido para a percepção. "Se o treino for praticado desta maneira (...) se tornará eficaz com o tempo, e quando a causa chegar à sua consequência — tal como um melão que quando amadurece cai automaticamente —, qualquer coisa que aconteça de modo a tocá-la ou entrar em contato com ela provocará o despertar supremo do indivíduo. É o momento em que o praticante parece alguém que está bebendo água: só ele poderá saber se está fria ou quente. Liberta-se então de todas as dúvidas a seu próprio respeito e experimenta uma grande felicidade, semelhante à que se sente ao encontrar nosso próprio pai no cruzamento de um caminho." [51]

Assim, durante a nossa vida exterior cotidiana, de repente se é envolvido em uma empolgante aventura interior; e pelo fato de ser única para cada indivíduo, não pode ser copiada ou roubada.

Há duas razões principais que fazem o homem perder contato com o centro regulador da sua alma. Uma delas é algum impulso instintivo ou imagem emocional que, levando-o a uma unilateralidade, o faz perder o equilíbrio. Isso acontece também com os animais; por exemplo, um cervo sexualmente excitado esquecerá por completo a sua fome e a sua segurança. E essa unilateralidade e consequente perda de equilíbrio são muito temidos pelos povos

Os sentimentos de tédio e apatia de que sofrem hoje em dia os habitantes das grandes cidades é apenas temporariamente afastado pelos filmes de aventura (página ao lado, extrema esquerda) e pelos "passatempos" (esquerda). Jung salientou que a única aventura real que resta ao indivíduo é a exploração da sua própria inconsciência. O alvo supremo de tal busca é a formação de um relacionamento harmonioso e equilibrado com o *self*. A mandala circular retrata esse equilíbrio perfeito — encarnado na estrutura da moderna catedral (abaixo) de Brasília.

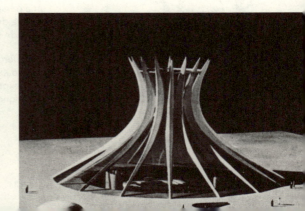

O HOMEM E SEUS SÍMBOLOS

No alto, um indígena navajo faz uma pintura na areia (uma mandala) num ritual de cura: os pacientes sentam-se no interior do desenho. À direita, uma perspectiva do desenho; o doente deve andar à sua volta antes de entrar nele.

À esquerda, uma paisagem de inverno do pintor alemão Kaspar Friedrich. Os quadros de paisagens em geral exprimem "humores" indefinidos — do mesmo modo que as paisagens simbólicas nos sonhos.

originários, que se referem a isso como a "perda da alma". Outra ameaça ao equilíbrio interior vem do devaneio excessivo que, em geral, volteia secretamente ao redor de certos complexos. De fato, os devaneios surgem exatamente porque relacionam o homem com os seus complexos; ao mesmo tempo ameaçam a concentração e a continuidade da sua consciência.

O segundo obstáculo é exatamente o oposto, e deve-se a uma consolidação excessiva da consciência do ego. Apesar de uma consciência disciplinada ser indispensável à realização de atividades civilizadas (sabemos o que acontece quando um sinaleiro de uma estrada de ferro se entrega a devaneios), há também a séria desvantagem de ela se tornar um obstáculo à recepção de impulsos e imagens vindos do centro psíquico. É por isso que muitos sonhos dos homens civilizados cuidam com tanta frequência de restaurar essa receptividade, tentando corrigir a atitude da consciência em relação ao centro inconsciente do *self*.

Entre as representações mitológicas do *self* quase sempre encontramos a imagem dos quatro cantos do mundo e muitas vezes o Grande Homem, representado no centro de um círculo dividido em quatro. Jung usou a palavra de origem hindu mandala (círculo mágico) para designar esse tipo de estrutura, que é uma representação simbólica do "átomo nuclear" da psique humana, cuja essência não conhecemos. É interessante observar que o caçador naskapi não representa pictoricamente o seu Grande Homem como um ser humano, mas como uma mandala.

Nos desenhos à esquerda, baseados no sonho relatado na página seguinte (pintados pela pessoa que o sonhou), o motivo da mandala aparece mais como um quadrilátero do que como um círculo. Usualmente, formas quadriláteras simbolizam uma realização consciente da totalidade interior; ela é representada, na maioria das vezes, em forma circular, como a mesa redonda, que também aparece no sonho. À direita, a lendária Távola Redonda do rei Artur (de um manuscrito do século XV), onde o Santo Graal apareceu numa visão, lançando os cavaleiros à sua majestosa aventura. O Graal simboliza a totalidade interior, sempre tão buscada pelos homens.

Enquanto os naskapis, sem a ajuda de ritos ou de doutrinas religiosas, alcançam uma experiência direta e ingênua do centro interior, outras comunidades usam o motivo da mandala para restabelecer o equilíbrio interior perdido. Por exemplo, os indígenas navajo tentam, por meio de pinturas na areia às quais dão a estrutura da mandala, fazer com que uma pessoa doente harmonize-se consigo mesma e com o cosmos, e, portanto, restabeleça sua saúde.

Nas civilizações orientais, são utilizadas imagens análogas para consolidar o ser interior ou favorecer uma meditação profunda. A contemplação de uma mandala deve trazer paz interior, uma sensação de que a vida voltou a encontrar a sua ordem e o seu significado. A mandala também produz esse sentimento quando aparece, espontaneamente, nos sonhos do homem moderno, que não está influenciado por qualquer tradição religiosa desse tipo e nada sabe a esse respeito. Talvez o efeito positivo seja até maior em tais casos, já que conhecimento e tradição por vezes confundem ou mesmo bloqueiam a experiência espontânea.

Um exemplo de mandala surgida espontaneamente é encontrado no seguinte sonho de uma mulher de 62 anos. Apareceu como se fosse um prelúdio a uma nova fase de sua vida, na qual ela teve uma atividade criadora especialmente intensa:

Vejo uma paisagem à meia-luz. Num plano afastado vejo, em uma linha uniforme, o topo de um morro. No ponto onde o morro começa a elevar-se move-se um disco quadrangular que brilha como ouro. No primeiro plano vejo terra negra, arada, começando a germinar. Percebo, de repente, uma mesa redonda com uma laje de pedra cinza por cima, e no mesmo instante o disco quadrangular coloca-se sobre a mesa. O disco saiu do morro, mas não sei como nem por que mudou de lugar.

Paisagens nos sonhos (e na arte) em geral simbolizam um estado de espírito inexprimível. Nesse sonho, a luz sombria da paisagem indica que a claridade diurna da consciência está toldada. A "natureza interior" pode agora começar a revelar-se à sua própria luz, e assim o disco quadrangular faz-se visível no horizonte. Até aqui o símbolo do *self*, o disco, fora sobretudo uma ideia intuitiva no horizonte mental do sonhador, mas agora, no sonho, ele desloca sua posição e torna-se o centro da paisagem da alma. Uma semente, há muito plantada, começa a germinar: durante muito tempo aquela mulher vinha prestando cuidadosa atenção aos seus sonhos, e agora o seu trabalho começa a dar frutos. (Lembremo-nos da relação entre o símbolo do Grande Homem e a vida vegetal, que mencionamos anteriormente.) De repente o disco dourado move-se para o lado "direito" — o lado onde as coisas se tornam conscientes. Entre outras acepções, "direita" significa, muitas vezes, do ponto de vista psicológico, o lado da consciência, da adaptação, do que é "direito", enquanto "esquerda" significa a esfera das reações inadaptadas e inconscientes ou, algumas vezes, de uma coisa "sinistra". Por fim, o disco dourado para de se movimentar e pousa — significativamente — numa mesa redonda de pedra. Encontrou sua base permanente.

Como Aniela Jaffé observa adiante, a forma redonda (o motivo da mandala) quase sempre simboliza uma totalidade natural, enquanto a forma quadrangular representa a tomada de consciência dessa totalidade. No sonho há um encontro do disco quadrado com a mesa redonda, e temos, assim, uma realização consciente do centro. A mesa redonda, incidentalmente, é um símbolo muito conhecido da totalidade e tem também lugar relevante na mitologia, como a mesa redonda do rei Artur, que é, por sua vez, uma imagem derivada da mesa da Última Ceia.

De fato, cada vez que o ser humano volta-se honestamente para o seu mundo interior e tenta conhecer-se — não remoendo pensamentos e sentimentos subjetivos, mas seguindo as expressões da sua própria natureza objetiva, como os sonhos e as fantasias genuínas —, mais cedo ou mais tarde o *self* emerge. O ego vai encontrar, assim, uma força interior onde estão contidas todas as possibilidades de renovação.

Mas existe uma grande dificuldade que mencionei apenas indiretamente até agora. É que cada personificação do inconsciente — a sombra, a *anima*, o *animus* e o *self* — apresenta tanto um aspecto claro e luminoso como um aspecto escuro e sombrio. Vimos anteriormente que a sombra pode ser mesquinha e má, um impulso instintivo que precisamos vencer. Pode, no entanto, ser um impulso de crescimento que devemos cultivar e seguir. Do mesmo modo, a *anima* e o *animus* têm um duplo aspecto: podem trazer um desenvolvimento vivificante e criativo da personalidade ou podem provocar o empedernimento e a morte física. E mesmo o *self*, o símbolo que abrange todo o inconsciente, tem um efeito ambivalente, como por exemplo na lenda inuíte (p. 261 e 262), quando a "mulherzinha" ofereceu-se para salvar a heroína do Espírito da Lua mas acabou transformando-a numa aranha.

O lado sombrio e obscuro do *self* representa um grande perigo, precisamente porque ele é a maior força da psique. Pode levar as pessoas a "tecer" fantasias megalomaníacas ou outras ilusões capazes de envolvê-las e "possuí-las". Uma pessoa que se encontre nesse estado poderá pensar com crescente excitação ter aprendido e resolvido, por exemplo, os grandes enigmas cósmicos; e perde, portanto, todo o contato com a realidade humana. Um sintoma característico desse estado é a perda do senso de humor e dos contatos humanos.

Assim, a manifestação do *self* pode acarretar grave perigo ao ego consciente do homem. O duplo aspecto do *self* está excelentemente ilustrado neste velho conto de fadas iraniano, "O segredo do balneário Bâdgerd":[52]

O grande e nobre príncipe Hâtim Tâi recebe ordens do seu rei para investigar o misterioso balneário Bâdgerd [castelo da não existência]. Quando se aproxima do lugar, depois de ter passado por muitas aventuras perigosas, ouve contar que ninguém jamais regressou de lá, mas insiste em continuar. É recebido, num edifício redondo, por um barbeiro munido de um espelho que o leva ao banho, mas logo que o príncipe entra na água ouve um barulho tonitruante. Tudo se torna escuro, o barbeiro desaparece e a água começa a subir lentamente.

Hâtim nada desesperadamente em círculos até que a água finalmente alcança o topo da cúpula redonda, que forma o teto daquele local. Julga-se perdido, mas faz uma oração e agarra-se à pedra central da cúpula. Novamente ouve um barulho ensurdecedor e encontra-se então sozinho em um deserto.

Depois de vagar aflito e por muito tempo, chega a um belo jardim, no meio do qual há um círculo de estátuas de pedra. No centro desse círculo vê um papagaio numa gaiola e uma voz do alto lhe diz: "Oh, herói, você provavelmente não vai escapar com vida deste balneário. Uma vez Gayomart [o Primeiro Homem] encontrou um enorme diamante que brilhava mais que o Sol e a Lua. Decidiu escondê-lo onde ninguém o pudesse achar, e para isso construiu um balneário mágico que o protegesse. O papagaio que você está vendo aqui faz parte da mágica. A seus pés estão um arco e flecha presos a uma corrente dourada; com eles você pode tentar, por três vezes, matar o papagaio. Se o acertar, a maldição vai terminar; se não conseguir, você será petrificado, como todas estas outras pessoas".

Hâtim tentou uma primeira vez, e errou. Suas pernas tornaram-se de pedra. Na segunda vez também falhou, e foi petrificado até o peito. Na terceira vez, apenas fechou os olhos, exclamando "Deus é grande", atirando às cegas e, dessa vez, acertando o papagaio. Ouviu-se uma verdadeira explosão de trovões;

levantaram-se nuvens de pó. Quando tudo passou, no lugar do papagaio estava um enorme e belo diamante, e todas as estátuas voltaram à vida. As pessoas agradeceram-lhe por tê-las libertado.

O leitor reconhecerá os símbolos do *self* nesta história — o Primeiro Homem Gayomart, a construção redonda em forma de mandala, a pedra central e o diamante. Mas um diamante cercado de perigo. O papagaio demoníaco significa o nefasto espírito de imitação que nos faz errar o alvo e nos deixa psicologicamente petrificados. Como assinalei anteriormente, o processo de individuação exclui qualquer imitação, do tipo "papagaio". Inúmeras vezes e em todas as terras, as pessoas tentaram copiar, pelo comportamento exterior ou ritualístico, a experiência religiosa original de seus grandes mestres — Cristo, Buda, ou algum outro líder — e tornaram-se, assim, "petrificados". Acompanhar os passos de um grande líder espiritual não significa que se deva copiar exatamente o seu processo de individuação, e sim que se tente, com a mesma sinceridade e devoção desses mestres, viver a própria vida.

O barbeiro com o espelho que desaparece simboliza o dom da reflexão de que Hâtim se priva justamente quando mais necessita dele; as águas montantes representam o risco de mergulharmos na inconsciência e de nos perdermos em nossas emoções. Para entendermos as indicações simbólicas do inconsciente devemos cuidar para não sairmos de nós mesmos (o "ficar fora de si"), mas sim de permanecermos emocionalmente *dentro* de nós mesmos. Na verdade, é de importância vital que o ego continue a funcionar de maneira

À extrema esquerda, as águas torrenciais do rio Heráclito submergem um templo grego, num quadro do pintor moderno francês André Masson. O quadro pode ser considerado uma alegoria do desequilíbrio e de seus resultados: a ênfase excessiva dos gregos sobre a lógica e a razão (o templo), conduzindo a uma deflagração destrutiva das forças instintivas. Ao lado, na página anterior, uma alegoria ainda mais clara em uma ilustração do poema francês do século XV *O romance da rosa*: a figura da Lógica (página ao lado, à direita) fica perturbada ao defrontar-se com a Natureza. À direita, Sta. Maria Madalena arrependida contempla-se num espelho (quadro do artista francês Georges de la Tour, século XVII). Aqui, como no conto do balneário Bâdgerd, o espelho simboliza a capacidade tão necessária de fazer-se uma "reflexão" interior verdadeira.

normal. Só mantendo-me um ser humano normal, consciente do quanto sou imperfeito, é que posso me tornar receptivo aos conteúdos e processos significativos do inconsciente. Mas como pode o ser humano resistir à tensão de sentir-se em união total com o universo inteiro, sendo, ao mesmo tempo, nada mais que uma miserável criatura humana? Se por um lado eu me desprezo considerando-me uma simples cifra estatística, minha vida não terá significação alguma e não valerá a pena vivê-la.[53] Mas se, ao contrário, sinto-me parte de alguma coisa muito mais vasta, como conservar meus pés em terra? É, na verdade, muito difícil unir no nosso íntimo esses dois extremos e permanecer em equilíbrio entre eles.

O ASPECTO SOCIAL DO *SELF*

HOJE EM DIA, O AUMENTO CONSIDERÁVEL da população, sobretudo nas grandes cidades, exerce inevitavelmente sobre nós um efeito depressivo. Pensamos: "Bem, sou uma pessoa qualquer, que vive no endereço tal, como milhares de outras pessoas. Se alguns de nós formos mortos, que diferença faz? De qualquer maneira, há gente sobrando no mundo". E quando lemos nos jornais a respeito da morte de inúmeros desconhecidos que pessoalmente nada nos significam, aumenta a sensação de que nossa vida nada vale. É nesse momento que a atenção dada ao inconsciente é particularmente preciosa, pois os sonhos mostram ao sonhador como cada pequeno detalhe da sua vida está interligado às mais significativas e importantes realidades da existência humana.

O que todos nós sabemos teoricamente — que tudo depende do indivíduo — torna-se, por meio dos sonhos, um fato palpável que cada um pode conhecer pessoalmente. Temos, algumas vezes, uma forte sensação de que o Grande Homem quer alguma coisa de nós, estabelecendo algumas tarefas especiais para cumprirmos. Nossa reação positiva a essa experiência pode ajudar-nos a adquirir forças para nadar contra a corrente do preconceito coletivo, levando a sério nossa própria alma.

Naturalmente, nem sempre será uma tarefa agradável. Por exemplo, se você pretende fazer uma viagem com amigos no próximo domingo, um sonho pode vetar esse passeio pedindo que, em vez disso, faça algum trabalho criativo. Se atender ao seu inconsciente e obedecer-lhe, pode esperar daí em diante interferências constantes nos seus planos conscientes. Nossa vontade é sempre interrompida por outras intenções a que nos devemos submeter ou ao menos considerar com seriedade. É por isso, em parte, que a ideia de dever, de obrigação ligada ao processo de individuação parece-nos, muitas vezes, mais um peso do que uma bênção imediata.

São Cristóvão, padroeiro dos viajantes, é um bom exemplo desse tipo de experiência. Segundo a lenda, ele orgulhava-se arrogantemente da sua tremenda força física e gostava de servir apenas aos mais fortes. Serviu primeiro à um rei; mas quando percebeu que o rei tinha medo do diabo, deixou-o e empregou-se com o diabo. Descobriu, um dia, que o diabo tinha medo do crucifixo e decidiu-se então servir a Cristo, se o encontrasse. Um padre aconselhou-o a esperar Jesus no vau de um rio. Passaram-se vários anos durante os quais são Cristóvão carregou e ajudou várias pessoas a atravessar o rio. Mas uma vez, numa noite escura e tempestuosa, uma criança chamou-o pedindo-lhe que a ajudasse a atravessar. São Cristóvão colocou-a nos ombros com a maior facilidade, mas a cada passo que dava avançava mais lentamente, pois o seu fardo tornava-se cada vez mais pesado. Quando chegou ao meio do rio, parecia-lhe que "carregava o universo inteiro". Percebeu então que fora Cristo que ele trouxera aos ombros — e Cristo absolveu-o de seus pecados e deu-lhe vida eterna.

A criança milagrosa é o símbolo do *self* que "deprime" o ser humano comum, apesar de ser a única coisa capaz de redimi-lo. Em muitos trabalhos de arte, Cristo é retratado como — ou com — a esfera do mundo, imagem que significa claramente o *self*, já que a criança e a esfera são símbolos universais da totalidade.

Quando uma pessoa tenta obedecer ao inconsciente, fica muitas vezes, como vimos, impossibilitada de fazer o que quer. E vai estar igualmente incapacitada de fazer o que as outras pessoas querem que ela faça. Acontece muitas vezes que precisará separar-se do seu grupo — família, parceiro ou outras relações pessoais — para poder encontrar-se. É por isso que se diz que atendendo ao inconsciente as pessoas tornam-se antissociais e egocêntricas. Como regra geral isso não é verdade absoluta, pois há um fator pouco conhecido que intervém nessa atitude: o aspecto coletivo (ou, podemos mesmo dizer, social) do *self*.

De um ponto de vista prático esse fator se manifesta no fato de que se um indivíduo acompanhar seus sonhos durante determinado tempo, vai descobrir que eles dizem respeito ao seu relacionamento com as outras pessoas.[54] Os sonhos podem desaconselhá-lo a depositar excessiva confiança em alguém; ou ele poderá sonhar sobre um encontro produtivo e agradável com uma pessoa a quem antes talvez não tenha notado conscientemente. Se o sonho nos der a imagem de outra pessoa, existem duas interpretações possíveis. Primeiro, a imagem pode ser apenas uma projeção, o que significa que a imagem onírica é um símbolo de um aspecto interior qualquer do próprio sonhador. Podemos

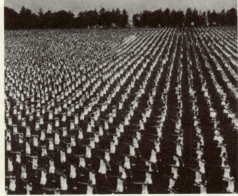

Alcançar a maturidade psicológica é uma tarefa individual, e por isso cada vez mais difícil hoje em dia, quando a individualidade do homem está ameaçada por um conformismo largamente difundido. Na página ao lado, à extrema esquerda, um conjunto habitacional britânico, com suas casas padronizadas. À direita desta, uma exibição esportiva suíça nos dá uma imagem da arregimentação das massas.

Ao lado, uma página dos *Cantos da inocência* e da experiência de William Blake, na qual o poeta revela o seu conceito da "criança divina" — um conhecido símbolo do *self*. Abaixo, à esquerda, uma pintura do século XVI de são Cristóvão carregando Cristo como a criança divina, circundada pela esfera do mundo (a mandala é um símbolo do *self*). Esse fardo simboliza o "peso", que é o dever da individuação — tal como o papel de são Cristóvão como padroeiro dos viajantes (abaixo, à direita, uma medalha de são Cristóvão na chave de ignição de um carro) reflete a necessidade de o homem percorrer o caminho que leva à totalidade psicológica.

A conscientização do *self* pode criar um vínculo entre pessoas que não participam, habitualmente, de grupos mais comuns e naturais, como a família (à esquerda). Esse parentesco espiritual consciente pode, muitas vezes, ser um núcleo de desenvolvimento cultural: acima, os enciclopedistas franceses do século XVIII (incluindo Voltaire, com a mão erguida); abaixo, um quadro de Max Ernst, retratando os dadaístas do início do século XX, e a fotografia de um grupo de físicos ingleses do laboratório britânico Wills.

sonhar, por exemplo, com um vizinho desonesto, mas o vizinho estará sendo usado pelo sonho simplesmente como uma imagem da nossa própria desonestidade. Cabe descobrir na interpretação do sonho em que áreas especiais a nossa própria desonestidade acontece (é a interpretação do sonho em plano objetivo). Mas também acontece, por vezes, de os sonhos nos revelarem legitimamente alguma coisa a respeito de outras pessoas. Nesse caso, o inconsciente age de uma maneira que não nos é fácil compreender. Como em todas as formas mais elevadas de vida, o homem está sintonizado em alto grau com os seres humanos com quem convive.[55] Percebe instintivamente seus sofrimentos e problemas, seus valores positivos e negativos, de forma completamente independente dos pensamentos conscientes que tem a respeito dessas pessoas.

O equilíbrio psicológico e a unidade de que o homem necessita hoje em dia foram simbolizados em muitos sonhos com a união da moça francesa e do homem japonês no famoso filme francês *Hiroshima, meu amor* (1959), acima. E, nesses mesmos sonhos, o oposto da totalidade (isto é, a dissociação psicológica total ou a loucura) foi simbolizado por uma imagem relacionada ao século XX: uma explosão nuclear (à direita).

Nossa vida onírica permite-nos contemplar essas percepções subliminares e nos mostra o quanto elas nos influenciam. Depois de sonharmos com alguém de uma maneira simpática e agradável, mesmo sem interpretarmos o sonho, olha-se involuntariamente essa pessoa com novo interesse. A imagem onírica pode nos iludir, devido a nossas projeções, ou dar-nos uma informação objetiva. Para descobrirmos qual a interpretação correta, é necessário uma atitude honesta e atenta e um cuidadoso raciocínio. Mas como acontece em todo processo interior, é o *self* que, em última instância, ordena e regula nosso relacionamento humano, desde que o ego consciente se dê ao trabalho de detectar essas projeções irreais, ocupando-se delas no seu íntimo e não exteriormente. É assim que pessoas que têm afinidades espirituais e uma mesma orientação descobrem-se umas às outras, criando um novo grupo, que se sobrepõe às organizações e estruturações sociais comuns. Tal grupo não entra em conflito com outros; é apenas diferente e independente. O processo de individuação conscientemente realizado transforma, assim, as relações humanas do indivíduo. Laços de parentesco ou de interesses comuns são substituídos por um tipo de união diferente, vinda do *self*.

Todas as atividades e obrigações que pertencem exclusivamente ao mundo exterior são decididamente nocivas às atividades ocultas do inconsciente. Por meio desses elos inconscientes, aqueles que foram feitos uns para os outros acabam por encontrar-se. Essa é uma das razões por que as tentativas de influenciar as pessoas por meio de anúncios e propaganda política são destruidoras, mesmo quando inspiradas nos motivos mais idealistas.

Com isso, surge a relevante questão de se saber se a parte inconsciente da psique humana é passível de sofrer qualquer influência. Experiências práticas e observações cuidadosas mostram que não se pode influenciar os próprios sonhos. Existem pessoas, no entanto, que afirmam poder fazê-lo. Mas se verificarmos os seus materiais oníricos, descobriremos que fazem apenas aquilo que costumo fazer com o meu cachorro desobediente: ordeno-lhe sempre que faça tudo o que sei que de qualquer modo ele irá fazer, e assim preservo a minha ilusão de autoridade. Só um longo processo de interpretação dos nossos sonhos e o confronto com o que eles nos dizem podem transformar, gradualmente, o inconsciente. Nesse processo, também as atitudes conscientes devem mudar. Se um homem deseja influenciar a

Como veremos no sonho citado na p. 300, imagens positivas da *anima* muitas vezes ajudam e guiam os homens. No alto, em um saltério do século X, Davi inspirado pelas musas. Ao centro, uma deusa salvando um náufrago (num quadro do século XVI). À esquerda, um cartão-postal de Monte Carlo, do início do século XX: "a dama da sorte" dos jogadores é também uma *anima* positiva.

À direita, na página ao lado, a Liberdade conduzindo os revolucionários franceses (num quadro de Delacroix) representa a função da *anima* de auxiliar a individuação, liberando os conteúdos inconscientes. À extrema direita, numa cena do filme *Metrópolis* (1925), uma mulher incentiva trabalhadores-robôs a encontrarem a "liberação" espiritual.

opinião pública e, com esse objetivo, abusa do emprego de símbolos, eles impressionarão as massas se forem símbolos verdadeiros, mas é impossível prever antecipadamente se o inconsciente das pessoas vai ser ou não emocionalmente afetado.[56] Nenhum produtor musical, por exemplo, pode adiantar se determinada música vai alcançar sucesso ou não, mesmo que ela traduza imagens e melodias populares. Nenhuma tentativa de influenciar deliberadamente o inconsciente já produziu qualquer resultado significativo, e parece que o inconsciente das massas preserva, tanto quanto o inconsciente individual, a sua autonomia.

Por vezes o inconsciente, para expressar seus propósitos, pode empregar uma imagem do nosso mundo exterior, dando a impressão de que foi influenciado por ele. Vários sonhos que me foram relatados, por exemplo, diziam respeito à cidade de Berlim. Nesses sonhos, Berlim era símbolo de algum ponto psíquico fraco — Berlim, o local perigoso — e, por isso, lugar que o *self* está pronto para frequentar. É o ponto onde se manifestam os conflitos que dilaceram o sonhador e onde, portanto, ele talvez possa solucionar suas contradições interiores. Encontrei também um número extraordinário de sonhos relacionados com o filme *Hiroshima, meu amor*. A ideia principal expressa nesses sonhos era a de que ou os dois amantes do filme deveriam unir-se (simbolizando a união dos opostos interiores) ou a de que haveria uma explosão atômica (símbolo de uma total dissociação, equivalente à loucura). Só quando os manipuladores da opinião pública adicionam às suas atividades certa pressão comercial ou atos de violência é que parecem alcançar sucesso temporário. No entanto, na realidade tudo isso provoca apenas uma repressão das

reações inconscientes autênticas. E a repressão da massa leva ao mesmo resultado da repressão individual, isto é, à dissociação neurótica e à enfermidade mental: todas as tentativas para reprimir as reações do inconsciente a longo prazo acabam por falhar, já que estão em oposição fundamental aos nossos instintos.

Por meio do estudo do comportamento social dos animais superiores sabemos que pequenos grupos (de cerca de dez a cinquenta indivíduos) criam as melhores condições de vida tanto para o indivíduo sozinho quanto para o grupo, e o homem não parece ser uma exceção. Seu bem-estar físico, sua saúde mental e, além da esfera das atividades animais, sua eficiência cultural parecem florescer com mais vigor nesse tipo de estrutura social.

Tanto quanto compreendemos hoje o processo de individuação, o *self* tende, aparentemente, a produzir esses pequenos grupos, criando, ao mesmo tempo, laços afetivos bem-definidos entre certos indivíduos e um sentimento de solidariedade geral. Só quando essas conexões são criadas pelo *self* é que se pode ter alguma certeza de que o grupo não será dissolvido pela inveja, pelo ciúme, por lutas ou por qualquer tipo de projeção negativa. Assim, a devoção incondicional ao nosso processo de individuação traz também melhor adaptação social.

Isso não significa, é claro, que não vão mais ocorrer choques de opinião e deveres conflitantes ou desacordos sobre o que está "certo"; por isso devemos entregar-nos constantemente a um recolhimento que nos deixe ouvir a nossa voz interior a fim de descobrirmos o ponto de vista individual que o *self* nos reserva.

A atividade política fanática (mas não o desempenho de deveres políticos essenciais) parece, de certa maneira, incompatível com a individuação. Um homem que se devotara integralmente a libertar o seu país da ocupação estrangeira teve o seguinte sonho:

Com alguns de meus compatriotas subo uma escada até o sótão de um museu, onde há um vestíbulo pintado de preto lembrando uma cabine de navio. Uma senhora de meia-idade, de aspecto distinto, abre a porta; seu nome é X, filha de Y (Y foi um famoso herói nacional da pátria do sonhador e que tentou, há alguns séculos, libertar seu país. Poderia ser comparado a Joana d'Arc ou a Guilherme Tell. E não teve filhos.) No vestíbulo vemos os retratos de duas senhoras de aspecto aristocrático vestidas de brocado florido. Enquanto a sra. X nos dá explicações sobre os quadros, eles de repente se animam: primeiro os olhos das senhoras parecem vivos, depois é o peito que começa a arfar. As pessoas ficam surpresas e dirigem-se a uma sala de conferências onde a sra. X lhes vai falar sobre aquele fenômeno. Diz-nos que pela sua intuição e sensibilidade deu vida aos retratos. Algumas pessoas ficam indignadas e afirmam que a sra. X está louca; outras retiram-se da sala.

O ponto importante desse sonho é que a figura da *anima*, a sra. X, é pura criação do sonho. Ela traz, no entanto, o nome de um famoso herói libertador (como se fosse, por exemplo, Guilhermina Tell, filha de Guilherme Tell). Pelas implicações contidas no seu nome, o inconsciente está indicando que hoje o sonhador não deverá tentar, como X o fez em outra época, libertar seu país de uma maneira externa. Agora, diz o sonho, a liberação deve ser feita pela *anima* (a alma do sonhador), que vai realizá-la dando vida às imagens do inconsciente.

É significativo que o vestíbulo do sótão desse museu lembre, de certa maneira, a cabine de um navio pintada de preto. A cor preta sugere escuridão, noite, interiorização, e se o vestíbulo é uma cabine, então o museu será, também, uma espécie de navio. Esses aspectos do sonho sugerem que quando o continente da consciência coletiva se inunda de barbarismo e de inconsciência, esse navio-museu, onde existem quadros vivos, pode vir a ser uma arca salvadora que levará os que nela entrarem a uma outra praia espiritual. Retratos dependurados em um museu são, geralmente, remanescentes mortos de um passado, e muitas vezes as imagens do inconsciente também são assim consideradas, até descobrirmos que estão vivas e cheias de sentido. Quando a *anima* (que aparece aqui no seu legítimo papel de guia espiritual) contempla essas imagens com intuição e sensibilidade, elas começam a viver.

As pessoas que no sonho se mostraram indignadas representam a parte do sonhador influenciada pela opinião coletiva — alguma coisa nele que rejeita e desconfia da evocação viva das imagens psíquicas. Elas personificam uma resistência ao inconsciente que poderia expressar-se da seguinte maneira: "Mas e se começarem a jogar bombas atômicas sobre nós? A nossa compreensão psicológica de nada vai nos servir!".

Esse lado que oferece resistência é incapaz de libertar-se de pensamentos estatísticos e de preconceitos racionais extrovertidos. O sonho, no entanto, indica que, atualmente, a verdadeira liberação só pode ter início com uma transformação psicológica. Com que propósito vamos libertar a nossa pátria se, depois, não temos um objetivo de vida significativo pelo qual valha a pena ser livre? Se o homem não encontrar mais qualquer sentido em sua vida, não lhe faz maior diferença dissipá-la sob um regime comunista ou capitalista. Só se ele puder usar a sua liberdade para criar algo significativo é que vai valer a pena obtê-la.[57] É por isso que encontrar o sentido profundo da vida é mais importante para um indivíduo do que tudo o mais, e é por esse motivo que o processo de individuação deve ter prioridade.

Tentativas de influenciar a opinião pública por meio de jornais, rádio, televisão e anúncios estão baseadas em dois fatores. De um lado, fundamentam-se em técnicas de sondagem que revelam a inclinação da "opinião" ou das "necessidades" — isto é, das atividades coletivas. De outro lado, exprimem os preconceitos, as projeções e os complexos inconscientes (sobretudo os jogos de poder) daqueles que manipulam a opinião pública. Mas as estatísticas não fazem justiça ao indivíduo. Mesmo que o tamanho médio das pedras de uma pilha seja de cinco centímetros, vamos encontrar nela pouquíssimas pedras de exatamente cinco centímetros.

De início, fica bem claro que o segundo fator não pode criar nada de positivo. Mas quando um indivíduo dedica-se à individuação, ele frequentemente tem um efeito contagiante sobre as pessoas que o rodeiam. É como se uma centelha saltasse de um a outro. E isso geralmente ocorre quando não se tem a intenção de influenciar ninguém e quando muitas vezes não se empregam palavras. Foi por esse caminho interior que a sra. X tentou conduzir o nosso sonhador.

Quase todos os sistemas religiosos contêm imagens que simbolizam o processo de individuação ou, pelo menos, algumas das suas fases.[58] Nos países cristãos o *self* é projetado, como já mencionei, no segundo Adão: Cristo. No Oriente, as figuras de relevo são Krishna e Buda.

Para as pessoas que dependem de uma religião (isto é, que ainda acreditam nos seus conteúdos e ensinamentos), os preceitos psicológicos de suas vidas são criados por símbolos religiosos, e mesmo seus sonhos, muitas vezes, giram em torno deles. Quando o papa Pio XII proclamou o dogma da Assunção de Maria, uma mulher católica sonhou, por exemplo, que era uma sacerdotisa católica. Seu inconsciente parecia ter dado ao dogma o seguinte desenvolvimento: "Se Maria é agora quase uma deusa, ela deve ter tido sacerdotisas". Outra mulher católica, que se opunha a alguns aspectos menores e exteriores da sua religião, sonhou que a igreja da sua cidade natal fora demolida e reconstruída, mas que o tabernáculo com a hóstia consagrada e a estátua da Virgem Maria deveriam ser transferidos da velha igreja para a nova. O sonho mostrou-lhe que alguns dos aspectos criados pelo homem da sua religião precisavam ser renovados, mas que seus símbolos básicos — Deus feito Homem e a Grande Mãe (a Virgem Maria) — sobreviveriam às mudanças.

Tais sonhos demonstram o vivo interesse que o inconsciente tem nas representações religiosas conscientes do indivíduo[59] e levantam o problema de sabermos se é possível encontrar uma tendência geral nos sonhos religiosos de pessoas contemporâneas. Nas manifestações do inconsciente examinadas entre homens e mulheres da nossa cultura cristã moderna — tanto a protestante quanto a católica —, o dr. Jung observou que existe muitas vezes uma tendência inconsciente de acrescentar à nossa fórmula trinitária da divindade um quarto elemento, que tende a ser feminino, sombrio e mesmo maléfico. Na verdade, esse quarto elemento sempre existiu em nossas representações religiosas, mas foi separado da imagem de Deus tornando-se a sua antítese, sob a forma da matéria em si (ou do senhor da matéria, o demônio). Agora, o inconsciente parece querer juntar esses extremos, talvez porque a luz se tenha feito demasiadamente brilhante e a escuridão excessivamente sombria. Claro que o símbolo central da religião, a Divindade, está mais exposto às tendências do inconsciente para realizar uma transformação.[60]

Um monge tibetano disse uma vez ao dr. Jung que as mandalas mais impressionantes do Tibete são concebidas pela imaginação ou pela fantasia dirigida, quando o equilíbrio psicológico do grupo está perturbado ou quando um determinado pensamento não pôde ser expresso por não estar contido ainda na sagrada doutrina, sendo preciso, primeiro, encontrá-lo. Nessas observações surgem dois aspectos básicos igualmente importantes em relação ao simbolismo da mandala. Ela serve a um propósito conservador — isto é, restabelece uma ordem preexistente; mas serve também ao propósito criador de dar forma e expressão a algo que ainda não existe, algo novo e único. O segundo aspecto é, talvez, mais importante que o primeiro, mas não o contradiz. Pois na maioria dos casos o que restaura a antiga ordem envolve, ao mesmo tempo, algum elemento novo de criação; na nova ordem, o esquema antigo retorna em um nível mais elevado. O processo lembra uma espiral ascendente, que cresce para o alto enquanto retorna, simultaneamente, ao mesmo ponto.

Um quadro pintado por uma mulher simples, educada em ambiente protestante, mostra uma mandala na forma de espiral. Essa mulher recebera, por um sonho, uma ordem para fazer um desenho de Deus. Mais tarde (também num sonho) ela O viu em um livro. De Deus propriamente só percebeu o manto ondulado, em cujo drapeado luz e sombra se alternavam magnificamente. Tudo isso contrastava de maneira impressionante com a estabilidade da espiral no profundo céu azul. Fascinada pelo manto e pela espiral, a mulher

Esta estátua da Virgem Maria do século XV contém no seu interior imagens de Deus e de Cristo — exprimindo claramente que a Virgem Maria pode ser considerada uma representação do arquétipo da "Mãe Grande".

não prestou maior atenção a uma outra figura que estava sobre os rochedos. Quando acordou e começou a pensar quem seriam aquelas figuras divinas, percebeu de repente que era "Deus, Ele mesmo". Teve um choque terrível de que se ressentiu por muito tempo.

O Espírito Santo é habitualmente representado na arte cristã por um círculo de fogo ou por uma pomba, mas no sonho dessa mulher apareceu na forma de uma espiral. Era um novo pensamento, "que ainda não fazia parte da doutrina", e que surgira espontaneamente do inconsciente. Não é uma ideia nova a de que o Espírito Santo seja uma força que trabalhe para um maior desenvolvimento da nossa compreensão religiosa, mas é nova a sua representação simbólica em forma de espiral.

A mesma mulher pintou então um segundo quadro, também inspirado num sonho, no qual ela se encontrava com o seu *animus* positivo sobre Jerusalém, quando as asas de Satanás descem para mergulhar a cidade em escuridão. A asa satânica lembrou-lhe o manto ondulado de Deus, do seu primeiro quadro; mas no primeiro sonho o espectador encontrava-se no alto, em algum ponto do céu, quando vê à sua frente uma terrível brecha entre os rochedos. O movimento do manto de Deus é uma tentativa falha de alcançar Cristo, a figura que está à direita. No segundo quadro, a mesma situação é observada de baixo, de um ângulo humano. Visto do ângulo mais elevado, o

Uma miniatura da obra francesa *Livro das horas* (século XV) mostrando a Virgem Maria com a Santíssima Trindade. Pode-se dizer que o dogma da Assunção da Virgem, da Igreja Católica — no qual Maria, como *domina rerum*, Rainha da Natureza, entra no Paraíso com seu corpo e alma reunidos —, tornou-se uma trindade quádrupla, correspondendo ao arquétipo básico de plenitude.

que se move e se estende é uma parte de Deus; acima ergue-se a espiral como símbolo de um eventual desenvolvimento ulterior. Já visto de baixo, da nossa perspectiva humana, o que se move no ar é a asa negra e sinistra do demônio.

Na vida daquela mulher, essas duas imagens tornaram-se reais em um sentido que aqui não nos diz respeito, mas é óbvio que encerram também uma significação coletiva que transcende a vida pessoal da sonhadora. Poderá ser uma profecia da descida das trevas divinas sobre o hemisfério cristão, mas que indicam a possibilidade de evolução futura. Desde que o eixo da espiral não se mova para cima, mas sim para o fundo do quadro, essa futura evolução nem vai levar a grandes alturas espirituais nem há de descer até a matéria, mas apresentará uma outra dimensão, provavelmente num segundo plano dessas duas silhuetas divinas, o que significa dentro do inconsciente.

Quando símbolos religiosos, parcialmente diferentes dos que conhecemos, emergem do inconsciente individual, receia-se muitas vezes que possam alterar de maneira errada ou enfraquecer os símbolos religiosos oficialmente reconhecidos. E é o temor de que isso realmente aconteça que faz muita gente rejeitar a psicologia analítica e todo o inconsciente.

Analisando essa resistência de um ponto de vista psicológico, devo evidenciar que, em relação à religião, os seres humanos podem ser divididos em três tipos. Primeiro existem os que creem verdadeiramente nas suas doutrinas

Representações dos sonhos discutidos nas p. 303 e 304: à esquerda, a espiral (uma forma de mandala) representa o Espírito Santo; à direita, a asa negra de Satanás, do segundo sonho. Para muitas pessoas, nenhuma dessas imagens seria um símbolo religioso conhecido (como não o eram para a mulher que com eles sonhou); surgiram espontaneamente do inconsciente.

religiosas, quaisquer que sejam elas. A essas pessoas, os símbolos e doutrinas ajustam-se de uma maneira tão satisfatória com o que sentem no seu íntimo que não há possibilidade de que se insinuem quaisquer dúvidas mais sérias; o que acontece quando os pontos de vista do consciente e o segundo plano do inconsciente estão em relativa harmonia. Gente desse tipo pode permitir-se o conhecimento de novos fatos e descobertas psicológicas sem nenhum preconceito e sem receio de que lhes possam fazer perder a fé. Mesmo quando os seus sonhos trazem qualquer detalhe não ortodoxo, conseguem integrá-lo facilmente no conjunto geral de suas crenças.

O segundo tipo consiste de pessoas que perderam completamente a fé e substituíram-na por opiniões puramente conscientes e racionais. Para essas, a psicologia profunda significa apenas uma introdução às áreas recém-descobertas da psique e não lhes causa maior problema entregar-se a uma nova aventura, investigando os seus sonhos para provar-lhes a veracidade.

Há um terceiro grupo que, de um lado (provavelmente o do cérebro), não acredita mais nas suas tradições religiosas, enquanto em alguma outra parte de si a crença permanece. O filósofo Voltaire é um bom exemplo desse terceiro grupo. Atacou violentamente a Igreja Católica com argumentos racionais ("*écrasez l'infâme*" — esmaguem a infame), mas em seu leito de morte dizem que pediu a extrema-unção. Se é verdade ou não, o certo é que seu espírito era seguramente o de um antirreligioso, enquanto seus sentimentos e emoções conservaram-se cristãos. Essas pessoas lembram-nos o indivíduo que fica imprensado nas portas automáticas de um ônibus sem poder sair ou entrar. Evidentemente, os sonhos dessas pessoas poderiam ajudá-las a sair desse dilema, mas quase sempre elas hesitam em se voltar para o seu inconsciente, já que elas mesmas não sabem o que pensam ou querem. Levar o inconsciente a sério é, afinal de contas, uma questão de coragem pessoal e integridade.

A complicada situação daqueles que se encontram numa verdadeira terra de ninguém situada entre esses dois estados de espírito é criada em parte pelo fato de todas as doutrinas religiosas oficiais pertencerem à consciência coletiva (ao que Freud chamava superego), mas que originalmente surgiram do inconsciente há muito tempo. Este é um ponto muito contestado pelos teólogos e historiadores da religião, que preferem crer que o que existiu foi uma espécie de "revelação". Procurei, durante anos, uma evidência concreta para a hipótese junguiana a respeito desse problema, mas é uma tarefa difícil, já que a maioria dos rituais é tão antiga que se torna impossível traçar-lhes a origem. O seguinte exemplo, no entanto, parece-me conter uma indicação da maior importância:

Black Elk (o alce negro), um médico dos Sioux Oglala que morreu nos anos 1950, conta-nos na sua autobiografia *Black Elk Speaks* (O alce negro fala) que aos nove anos ficou seriamente doente, e durante uma espécie de estado de coma teve uma visão terrível. Viu quatro grupos de belos cavalos vindos dos quatro cantos do mundo, e depois avistou, sentado dentro de uma nuvem, os Seis Pais-Grandes, os espíritos ancestrais de seu povo, "os avós do mundo inteiro". Deram-lhe, para uso do seu povo, seis símbolos com poder de cura e mostraram-lhe novas maneiras de viver. No entanto, quando estava com dezesseis anos, manifestou-se nele uma terrível fobia de tempestades, pois ouvia sempre os "seres dos trovões" dizendo-lhe que "se apressasse". Lembrou-se do barulho ensurdecedor dos cavalos da sua visão. Um velho curandeiro explicou-lhe que aquele medo vinha do fato de ele estar guardando a visão para si mesmo, quando deveria contá-la ao povo. Assim o fez e, mais tarde, o povo reconstituiu a visão em um rito, empregando cavalos verdadeiros. Não apenas Black Elk, mas vários outros membros da comunidade, sentiram-se muito melhor depois que fizeram essa representação; e alguns ficaram curados das doenças que os afligiam. Disse Black Elk: "Depois da dança, até os cavalos pareciam mais saudáveis e felizes".[61]

O ritual não se repetiu porque o povo, pouco depois, foi destruído. Mas temos o exemplo de um caso diferente em que o ritual foi conservado. Várias tribos de inuítes que vivem no Alasca, perto do rio Colville, explicam assim a origem do seu festival da águia:[62]

Um jovem caçador atirou em uma águia de aspecto raro e ficou tão impressionado com a sua beleza que a empalhou e fez dela um fetiche, a quem oferecia sacrifícios. Um dia, quando se embrenhara mato adentro para caçar, dois homens-animais lhe apareceram como mensageiros e levaram-no à terra das águias. Lá ouviu um barulho surdo de tambores, e os mensageiros explicaram-lhe que era o pulsar do coração da mãe da águia morta. Apareceu-lhe então o espírito da águia sob a forma de uma mulher vestida de preto. Ela pediu-lhe que instituísse entre o seu povo uma festa em homenagem às águias e em memória do seu filho morto. Depois de ter aprendido como realizar o cerimonial, ele encontrou-se novamente, exausto, no lugar onde deparara com os mensageiros. De volta à sua casa, ensinou ao seu povo como organizar a grande festa da águia — que até hoje celebram, fielmente.

Esses exemplos nos mostram como um ritual ou um costume religioso pode nascer de uma revelação inconsciente, transmitida a um único indivíduo. Partindo dessas origens, as pessoas que vivem em agrupamentos culturais elaboram suas várias atividades religiosas, que exercem enorme influência na vida da sociedade. Durante um longo processo evolutivo o material original é moldado por palavras e ações, é embelezado e adquire formas cada vez mais definidas. Esse processo de cristalização, no entanto, apresenta uma grande desvantagem: as pessoas perdem gradativamente o conhecimento da experiência original e ficam limitadas ao que os mais velhos e os mestres espirituais lhes ensinam a respeito do assunto. Já não sabem que esses conhecimentos tiveram origem real e, logicamente, desconhecem as emoções que acompanham tais experiências.[63]

Na sua forma atual, produto de longa e antiga elaboração, essas tradições religiosas resistem muitas vezes a outras alterações criadoras vindas do inconsciente. Os teólogos por vezes chegam mesmo a defender os símbolos religiosos e doutrinas simbólicas, que consideram "verdadeiros", em detrimento da manifestação de uma função religiosa da psique inconsciente, esquecendo-se de que os valores pelos quais estão lutando devem sua existência exatamente a essas mesmas funções. Sem a psique humana para receber inspirações divinas e traduzi-las em palavras ou moldá-las pela arte, nenhum símbolo religioso teria se tornado realidade (basta lembrarmo-nos dos profetas e dos evangelistas).

Se alguém argumentar que existe uma realidade religiosa em si mesma, independente da psique humana, só se pode responder com a pergunta: "E quem afirma isso, senão a psique humana?". Não importa o que sustentamos, a verdade é que nunca nos poderemos dissociar da existência da psique — pois estamos contidos nela e é ela o único meio que temos para alcançar a realidade.

Assim, a descoberta moderna do inconsciente fecha uma porta para sempre. Ela exclui definitivamente a ideia, defendida por alguns, de que o homem pode conhecer a realidade espiritual em si. Na física moderna, outra porta foi cerrada pelo "princípio da indeterminação" de Heisenberg, que destrói a ilusão de se poder compreender uma realidade física absoluta. A descoberta do inconsciente, no entanto, compensa a perda dessas ilusões tão queridas, abrindo-nos um enorme e inexplorado campo de realizações, no qual a investigação científica objetiva combina-se de modo novo e curioso com a aventura ética individual.[64]

Este quadro (de Erhard Jacoby) ilustra o fato de que cada um de nós, conhecendo o mundo por meio da sua psique individual, conhece-o de maneira um pouco diferente das outras pessoas. O homem, a mulher e a criança estão olhando a mesma cena, mas para cada um deles os diferentes detalhes aparecem mais ou menos claros e mais ou menos escuros. Só por nossa percepção consciente é que o mundo "lá de fora" existe: estamos cercados por algo completamente desconhecido e impenetrável (representado pelo segundo plano acinzentado do quadro).

O PROCESSO DE INDIVIDUAÇÃO

Entretanto, como dissemos no início, é praticamente impossível transmitir a realidade total da nossa experiência nesse novo campo. Ela é, muitas vezes, única e só pode ser expressa pela linguagem de modo parcial. E aqui também fecha-se uma outra porta, dessa vez à quimera de que se pode entender completamente uma outra pessoa e dizer-lhe o que é melhor para ela. Mais uma vez, no entanto, vamos encontrar uma compensação para essa lacuna no novo reino que se apresenta à nossa experiência graças à descoberta da função social do *self*, que trabalha secretamente na união de indivíduos que se acham separados e que foram feitos, no entanto, para se entender.

A ladainha intelectual é, assim, substituída por acontecimentos significativos que se produzem na psique. É por isso que quando o indivíduo se entrega seriamente ao processo de individuação do modo que esboçamos anteriormente, ele vai adquirir uma orientação totalmente nova e diferente em relação à vida. Para os cientistas, isso significa também uma diferente maneira de abordar os fenômenos exteriores.

Não se pode predizer o que vai resultar de tudo isso no campo do conhecimento e na vida social dos seres humanos. Mas a mim parece-me certo que a descoberta do processo de individuação pelo dr. Jung é um fato que as gerações futuras terão de levar em conta se desejarem evitar a estagnação ou mesmo uma possível regressão.

IV

O SIMBOLISMO NAS ARTES PLÁSTICAS

Aniela Jaffé

Variação dentro de uma esfera nº 10: O sol,
por Richard Lipp.

SÍMBOLOS SAGRADOS: A PEDRA E O ANIMAL

A HISTÓRIA DO SIMBOLISMO mostra que tudo pode assumir uma significação simbólica: objetos naturais (pedras, plantas, animais, homens, vales e montanhas, lua e sol, vento, água e fogo) ou fabricados pelo homem (casas, barcos ou carros) e até mesmo formas abstratas (os números, o triângulo, o quadrado, o círculo). De fato, todo o cosmos é um símbolo em potencial.

Com a sua propensão de criar símbolos, o homem transforma inconscientemente objetos ou formas em símbolos (conferindo-lhes assim enorme importância psicológica) e lhes dá expressão, tanto na religião quanto nas artes visuais. A história interligada da religião e da arte, que remonta aos tempos pré-históricos, é o registro deixado por nossos antepassados dos símbolos que tiveram especial significação para eles e que, de alguma forma, os emocionaram. Mesmo hoje em dia, como mostram a pintura e a escultura modernas, continua a existir viva interação entre religião e arte.

Na primeira parte desta exposição sobre o simbolismo nas artes plásticas, pretendo examinar alguns dos problemas específicos que foram, de uma maneira universal, sagrados ou misteriosos para o homem. No restante do capítulo tratarei do fenômeno da arte do século XX, não pelo ângulo da sua utilização como símbolo, mas em termos da sua significação como o *próprio símbolo* — isto é, como uma expressão simbólica das condições psicológicas do mundo moderno.

Nas páginas seguintes, escolhi três imagens recorrentes para ilustrar a presença e a natureza do simbolismo na arte, em várias e diferentes épocas:

a pedra, o animal e o círculo. Cada um desses símbolos teve uma significação psicológica que se manteve constante, desde as mais primitivas expressões da consciência até as mais sofisticadas formas da arte do século XX.

Sabemos que mesmo a pedra não trabalhada tinha uma significação altamente simbólica para as sociedades antigas. Pedras naturais e em forma bruta eram, muitas vezes, consideradas morada de espíritos ou deuses, e essas culturas utilizavam-nas como lápides, marcos ou objetos de veneração religiosa. Podemos considerar esse emprego da pedra como uma forma primitiva de escultura — uma primeira tentativa de dar à pedra maior poder expressivo do que o oferecido pelo acaso ou pela natureza.

A história do sonho de Jacó, no Velho Testamento, é um exemplo típico de como, há milhares de anos, o homem sentia que um deus vivo ou um espírito divino estavam corporificados numa pedra e de como ela veio, então, a tornar-se um símbolo:

E Jacó (...) foi a Haran. E chegou a um lugar onde passou a noite, porque já o sol era posto, e tomou uma das pedras daquele lugar e a pôs por sua cabeceira, e deitou-se ali para dormir. E sonhou: e eis uma escada colocada na terra, cujo topo alcançava os céus; e eis que os anjos de Deus subiam e desciam por ela. E eis que o Senhor estava em cima dela e disse: "Eu sou o Senhor, o Deus de Abraão teu pai, e o Deus de Isaac: e esta terra, em que estás deitado, ta darei a ti e à tua semente".

Acordado do seu sono, disse Jacó: "Certamente o Senhor está neste lugar; e eu não o sabia". E temeu, e disse: "Que terrível é este lugar! Este não é outro lugar senão a casa de Deus, e esta é a porta dos céus". Então levantou-se Jacó de manhã cedo e tomou a pedra que tinha posto por sua cabeceira e a pôs por coluna, e derramou azeite em cima dela. E deu àquele lugar o nome Beth-el.

À extrema esquerda, os alinhamentos de pedra do Carnac, na Bretanha, que datam do ano 2000 a.C. — pedras toscas alinhadas em fileiras que se julga terem sido utilizadas em rituais sacros e procissões religiosas. À direita, na p. 314, pedras brutas sobre a areia trabalhada, em um jardim de pedra zen-budista (no templo Ryoanji, Japão). Embora aparentemente natural, o arranjo de pedras expressa, na verdade, uma espiritualidade altamente refinada.

À direita, um menir pré-histórico — uma rocha esculpida superficialmente com forma feminina (provavelmente uma deusa-mãe). À extrema direita, uma escultura de Max Ernst (nascido em 1891) em que a forma natural da pedra sofreu poucas alterações.

Para Jacó, a pedra fazia parte integrante da Revelação. Era a mediadora entre ele e Deus.

Em muitos santuários de pedra primitivos a divindade é representada não por uma única pedra, mas por muitas pedras brutas, arrumadas em configurações precisas (os alinhamentos geométricos de pedras na Bretanha e o círculo de pedras de Stonehenge são exemplos famosos). Arranjos de pedras brutas são, também, parte importante nos jardins altamente civilizados do zen-budismo. Sua disposição não é geométrica e parece devida ao mesmo acaso. Elas são, no entanto, a expressão da mais refinada espiritualidade.

O homem começou muito cedo a tentar exprimir aquilo que sentia ser a alma ou o espírito de uma rocha, trabalhando-a de forma distinta. Em muitos casos, a forma era uma aproximação mais ou menos definida da figura humana — por exemplo, os antigos menires que esboçam toscamente as linhas de um rosto, as hermas nascidas dos marcos divisórios da antiga Grécia ou os vários ídolos primitivos com feições humanas. A animação da pedra é explicada como a projeção de um conteúdo mais ou menos preciso do inconsciente sobre ela.

A tendência primitiva de apenas sugerir uma figura humana, conservando muito da forma natural da pedra, pode ser encontrada também na escultura moderna. Muitos exemplos mostram-nos a preocupação do artista em manter a "expressão própria" da rocha; com o uso de uma linguagem mitológica, permite-se que a pedra "fale por ela mesma". É o caso da obra do escultor suíço Hans Aeschbacher, do escultor norte-americano James Rosati e do alemão Max Ernst. Em uma carta de Maloja, datada de 1935, escreve Ernst:[1]

Alberto (o artista suíço Giacometti) *e eu estamos atacados de "esculturice". Trabalhamos grandes e pequenos blocos de granito, na moraina da geleira Forno. Maravilhosamente polidos pelo tempo, pela geada e pelas intempéries, eles já são*

O SIMBOLISMO NAS ARTES PLÁSTICAS

À extrema esquerda, na página anterior, pinturas de animais nas paredes das cavernas de Lascaux. As pinturas não eram apenas decorativas: tinham uma função mágica. À esquerda dessa, desenho de um bisão coberto de marcas de flecha e lança. Os moradores das cavernas acreditavam que "matando" ritualmente a imagem, ficava mais garantido matarem o próprio animal.

Mesmo hoje em dia a destruição de uma efígie ou de uma estátua significa a morte simbólica da pessoa representada. À direita, uma estátua de Stalin destruída pelos húngaros revoltados, em 1956; ao lado, rebeldes enforcam um busto do antigo *premier* húngaro stalinista Matyas Rakosi.

fantasticamente belos por si mesmos. Mão humana alguma consegue fazer isso. Portanto, por que não deixar o trabalho essencial à natureza e nos limitarmos a rabiscar sobre essas pedras as ruínas do nosso próprio mistério?

O que Ernst queria dizer por "mistério" não está explicado. Mais adiante, neste capítulo, tentarei mostrar que os "mistérios" do artista moderno não são muito diferentes daqueles dos velhos mestres que conheciam o "espírito da pedra".

O relevo dado por muitos escultores a esse "espírito" é uma indicação da indefinível e movediça fronteira existente entre religião e arte. Algumas vezes uma não pode separar-se da outra. A mesma ambivalência pode ser encontrada em um outro motivo simbólico, existente nas expressões artísticas mais antigas: o símbolo do animal.

As figuras de animal remontam ao último período glacial (entre 60.000 e 10.000 anos a.C.). Foram descobertas nas paredes de cavernas da França e da Espanha no final do século XIX, mas só no início do século XX é que os arqueólogos começaram a perceber sua extrema importância e a pesquisar o seu significado. Essas pesquisas revelaram uma cultura pré-histórica infinitamente remota, de cuja existência jamais se suspeitara.

Mesmo hoje em dia uma estranha maldição parece assombrar as cavernas onde estão os baixos-relevos e as pinturas. De acordo com um historiador de arte, o alemão Herbert Kühn, os habitantes das regiões da África, Espanha, França e Escandinávia onde as pinturas foram encontradas recusavam-se a chegar perto dessas cavernas. Uma espécie de temor religioso, ou talvez um medo dos espíritos que pairavam entre as rochas e pinturas, os detinha.[2] Viajantes nômades ainda depositam oferendas votivas diante das velhas pinturas rupestres na África do Norte. No século XV, o papa Calisto II proibiu a realização de cerimônias religiosas na "caverna com pinturas de cavalos". Não sabemos a que caverna se referia o papa, mas não temos dúvidas de que seria uma caverna da Idade Glacial, com animais pintados. Tudo isso demonstra que cavernas e rochas com desenhos de animais foram sempre instintivamente investidas de uma função religiosa, como lhes acontece desde a sua origem. O nume do lugar resistiu aos séculos.

Em numerosas cavernas o visitante de agora deve caminhar por passagens estreitas, escuras e úmidas até chegar ao local onde se abrem, de repente, as grandes "câmaras" pintadas. Esse acesso difícil parece expressar o desejo dos homens primitivos de salvaguardar dos olhares comuns o que as cavernas guardavam e todas as cerimônias que ali aconteciam, além de proteger o seu mistério. A repentina e inesperada visão das pinturas, revelada após uma progressão trabalhosa e amedrontadora revelada pelas passagens escuras, devia causar uma enorme impressão ao homem primitivo.

As pinturas paleolíticas das cavernas consistem quase inteiramente de figuras de animais cujos movimentos e posturas foram observados na natureza e reproduzidos com grande habilidade artística. Há, no entanto, muitos detalhes que mostram ter havido a intenção de fazer das figuras mais do que simples reproduções. Segundo Kühn: "O curioso é que um bom número de pinturas foi utilizado como alvo. Em Montespan há um cavalo sendo impelido para uma armadilha; está crivado de marcas de projéteis. Um urso de argila, na mesma caverna, apresenta 42 orifícios".

Essas imagens sugerem uma espécie de magia, como a praticada hoje pelos povos de caçadores da África. O animal pintado tem a função de um dublê, isto é, de um substituto. Com o seu massacre simbólico, os caçadores antecipam e asseguram a morte do animal verdadeiro. É uma forma de "simpatia", baseada na "veracidade" atribuída ao substituto: o que acontece com a pintura deve acontecer com o original. A explicação psicológica subjacente é uma forte identificação entre o ser vivo e sua imagem, que é considerada a alma daquele ser. (Essa é uma das razões por que um grande número de pessoas de povos originários, hoje em dia, evita ser fotografada.)

Outras pinturas em cavernas provavelmente serviram como ritos mágicos de fecundidade. Mostram animais no instante do acasalamento, como o casal de bisões da caverna Tuc d'Audubert, na França. Assim, as reproduções realistas dos animais eram enriquecidas por elementos de magia e ganhavam significação simbólica: tornavam-se a imagem da essência viva do animal.

As mais interessantes figuras pintadas nas cavernas são as de seres semi-humanos disfarçados em animais, por vezes encontrados ao lado da imagem do animal verdadeiro. Na caverna Trois Frères, na França, vê-se um homem envolto por uma pele de animal tocando uma flauta primitiva, como se quisesse enfeitiçar

O SIMBOLISMO NAS ARTES PLÁSTICAS

os bichos. Na mesma caverna existe a pintura de um ser humano que dança, com chifres de veado, cabeça de cavalo e patas de urso. Esse personagem, dominando um grupo de algumas centenas de animais, é, sem dúvida, o "Rei dos Animais".

Os usos e costumes de certas povos originários africanos contemporâneas podem trazer alguma luz sobre o significado que teriam essas figuras misteriosas e indubitavelmente simbólicas. Nas iniciações, nas sociedades secretas e mesmo na instituição monárquica dessas tribos, os animais e as máscaras de animais têm um papel muito importante; o rei e o chefe são animais — em geral leões ou leopardos. Vestígios desses costumes ainda permanecem no título do último imperador da Etiópia, Hailé Selassié ("O Leão de Judá") ou no título honorífico do dr. Hastings Banda ("O Leão de Malawi").

Quanto mais recuarmos no tempo, ou quanto mais ligada à natureza for a sociedade, mais literalmente devem ser considerados esses títulos. Um chefe de um povo não se disfarça apenas de animal; quando aparece nos ritos de iniciação inteiramente vestido com sua roupa de animal, ele *é* o animal. Mais ainda, é o espírito do animal, um demônio aterrador que pratica a circuncisão. Nessas ocasiões, ele encarna ou representa o ancestral do seu povo e do clã, portanto, o próprio deus original. Representa e é o totem animal. Assim, não há engano em vermos na figura do homem-animal que dança na caverna Trois Frères uma espécie de chefe, transformado pelo disfarce em um animal demoníaco.

Com o passar dos tempos, a roupa ou a fantasia completa de animal foi substituída, em muitos lugares, por máscaras de animais e de demônios. Os homens primitivos empregavam toda a sua habilidade artística em tais máscaras, e algumas delas têm uma força e uma intensidade de expressão insuperáveis. E são, muitas vezes, objeto da mesma veneração dedicada ao deus ou ao demônio. Máscaras de animais também fazem parte da arte popular de muitos países modernos, como a Suíça, e também dos antigos dramas japoneses *No*, ainda representados no Japão e em que são utilizadas máscaras admiravelmente expressivas.[3] A função simbólica da máscara é a mesma do disfarce completo do animal original. A expressão do indivíduo humano desaparece, mas em seu lugar o portador da máscara adquire a dignidade e a beleza (e também a expressão aterradora) de um demônio animal. Em termos psicológicos, a máscara transforma o seu portador em uma imagem arquetípica.

A dança, que originalmente nada mais era que um complemento do disfarce animal, com movimentos e gestos apropriados, foi provavelmente acrescentada à iniciação e a outros ritos. Era, a bem dizer, uma dança de demônios executada em homenagem a um demônio. Na argila macia da caverna Tuc d'Audubert, Herbert Kühn encontrou sinais de pegadas ao redor das figuras de animais. Mostram que a dança fazia parte dos ritos da Idade Glacial. "Só se pode ver a marca dos calcanhares", escreve Kühn. "Os dançarinos moviam-se como bisões. Teriam dançado uma dança de bisões para assegurar a fertilidade e a proliferação dos animais que matariam mais tarde?"

Em seu capítulo introdutório, o dr. Jung assinalou a relação íntima, ou mesmo a identificação, entre o nativo e o seu totem animal (ou "alma do mato"). Existem cerimônias especiais para o estabelecimento dessa relação, sobretudo nos ritos de iniciação dos meninos. Os rapazes tomam posse da sua "alma animal" e ao mesmo tempo sacrificam o seu próprio "ser animal" por meio da circuncisão. Esse duplo processo é que o admite no clã totêmico, estabelecendo o seu relacionamento com o seu totem animal. Vai tornar-se, acima de tudo, um homem e (num sentido mais amplo) um ser humano.

Os africanos da costa oriental descreviam os incircuncisos como "animais": não haviam recebido uma alma animal nem sacrificado a sua "animalidade". Em outras palavras, já que nem o lado humano nem o lado animal da alma de um menino incircunciso se tinha tornado consciente, o que predominava era o seu aspecto animal.

A imagem animal habitualmente simboliza a natureza primitiva e instintiva do homem. Mesmo os homens civilizados não desconhecem a violência dos seus impulsos instintivos e a sua impotência ante as emoções involuntárias que irrompem do inconsciente. Essa é uma realidade ainda mais evidente nos homens primitivos, que estão menos bem equipados para suportar as tempestades emocionais e cuja consciência é menos desenvolvida. No primeiro capítulo deste livro, quando discute os meios pelos quais o homem desenvolve o seu

poder de reflexão, o dr. Jung cita o exemplo de um africano enraivecido que mata seu filho ainda bebê. Quando o homem recobrou o juízo, ficou tomado de dor e remorso pelo que fizera. Nesse caso, um impulso negativo escapou ao controle do indivíduo e fez sua obra da morte, independente da vontade consciente. O animal-demônio é um símbolo altamente expressivo desse impulso. O caráter intenso e concreto da imagem permite que o homem se relacione com ela como representativa do poder irresistível que existe dentro dele. E porque teme, procura abrandá-la por meio de sacrifícios e ritos.

Um grande número de mitos diz respeito ao animal original que deve ser sacrificado para assegurar a fertilidade ou mesmo a criação. Um exemplo dessa prática é o sacrifício de um touro por Mitras, o deus-sol dos persas, dando origem à Terra com toda a sua riqueza e fecundidade. Na lenda cristã de são Jorge matando o dragão também aparece o mesmo sacrifício ritual primitivo.

Nas religiões e na arte religiosa de quase todas as raças, os atributos animais associam-se aos deuses supremos, ou esses deuses são representados como animais.[4] Os antigos babilônios projetavam seus deuses nos céus, sob a forma dos signos do Zodíaco: o Leão, o Escorpião, o Touro, o Peixe etc. Os egípcios representavam a deusa Hátor com cabeça de vaca, o deus Amon com cabeça de íbis ou sob a forma de um cinocéfalo. Ganesha, o deus hindu da sorte, tem corpo humano e cabeça de elefante, Vishnu é um javali, Hanuman é um deus-macaco etc.. (Os hindus, incidentalmente, não colocam os homens em primeiro lugar na hierarquia dos seres: o elefante e o leão estão acima dele.)

À extrema esquerda, uma pintura pré-histórica da caverna Trois Frères incluindo (canto inferior, à direita) uma figura humana, talvez um xamã, com chifres e patas. Vários exemplos de danças de "animais": à direita, na página anterior, uma dança birmanesa de búfalos, na qual os dançarinos mascarados são possuídos pelo espírito do animal; abaixo, à esquerda, a dança do diabo boliviana, onde os dançarinos usam máscaras de animais demoníacos; à direita, uma antiga dança popular do sudeste da Alemanha, com os dançarinos disfarçados de feiticeiras e de "homens selvagens" animalescos.

Na mitologia grega encontramos inúmeros símbolos animais. Zeus, o pai dos deuses, muitas vezes se aproxima das jovens que deseja sob a forma de um cisne, um touro ou uma águia. Na mitologia germânica, o gato é consagrado à deusa Freya, enquanto o javali, o corvo e o cavalo o são a Wotan.

Mesmo no cristianismo, o simbolismo animal representa um papel surpreendentemente importante. Três dos evangelistas têm emblemas de animais: são Lucas, o boi; são Marcos, o leão; e são João, a águia. Apenas são Mateus é representado como um homem ou um anjo. O próprio Cristo aparece simbolicamente como o cordeiro de Deus ou como o peixe; é também a serpente, louvada na cruz, o leão e, em alguns casos raros, um unicórnio.[5]

À esquerda, máscara usada nos antigos dramas *No* japoneses, em que os atores muitas vezes fazem o papel de deuses, espíritos ou demônios. Abaixo, à esquerda, um ator no drama japonês *Kabuki*, vestido como um herói medieval e com uma maquiagem que imita a máscara.

Esses atributos animais de Cristo indicam que mesmo o Filho de Deus (a personificação suprema do homem) não prescinde da sua natureza animal, do mesmo modo que não dispensa a sua natureza espiritual. Considera-se tanto o subumano quanto o sobre-humano como partes do reino divino. Essa relação entre os dois aspectos do homem é admiravelmente simbolizada na imagem do nascimento de Cristo em um estábulo, entre animais.

A profusão de símbolos animais na religião e na arte de todos os tempos não acentua apenas a importância do símbolo: mostra também o quanto é vital para o homem integrar em sua vida o conteúdo psíquico do símbolo, isto é, o instinto. O animal em si não é bom nem mau; é parte da natureza e não pode desejar nada que não pertença a ela. Em outras palavras, ele obedece a seus instintos. Esses por vezes nos parecem misteriosos, mas guardam correlação com a vida humana: o fundamento da natureza humana é o instinto.

Mas no homem, o "ser animal" (que é a sua psique instintiva) pode tornar-se perigoso se não for reconhecido e integrado na vida do indivíduo. O homem é a única criatura capaz de controlar por vontade própria o instinto, mas é também o único capaz de reprimi-lo, distorcê-lo e feri-lo — e um animal, para usarmos uma metáfora, quando ferido, atinge o auge da sua selvageria e periculosidade. Instintos reprimidos podem tomar conta de um homem, e até mesmo destruí-lo.

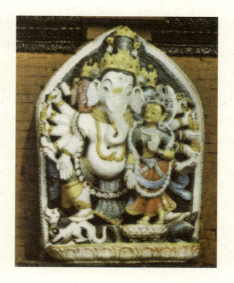

Exemplos de símbolos animais de divindades pertencentes a três religiões: no alto desta página, o deus hindu Ganesha (escultura pintada no Palácio Real do Nepal), deus da prudência e da sabedoria; abaixo, à direita, o deus grego Zeus sob a forma de um cisne (com Leda); ao lado deste, nas duas faces de uma moeda medieval, o Cristo crucificado apresentado como homem e como serpente.

O sonho bastante comum em que o sonhador é perseguido por um animal indica, quase sempre, que um instinto se dissociou da consciência e deve ser (ou está tentando ser) readmitido e integrado na vida do indivíduo. Quanto mais perigoso o comportamento do animal do sonho, mais inconsciente é a alma primitiva instintiva do sonhador e mais imperativa é a sua integração à sua vida para que seja evitado algum mal irreparável.

Instintos reprimidos e feridos são os perigos que rondam o homem civilizado; impulsos desenfreados são os piores riscos que ameaçam o homem primitivo. Em ambos os casos, o "animal" encontra-se alienado da sua natureza verdadeira; e, para ambos, a aceitação da alma animal é a condição primordial para alcançar a totalidade e a vida plena. O homem primitivo precisa domar o animal que há dentro dele e torná-lo um companheiro útil; o homem civilizado precisa cuidar do seu eu para dele fazer um amigo.

Outros colaboradores deste livro discutiram a importância dos temas da pedra e do animal nos aspectos do sonho e do mito; eu os utilizei aqui apenas como exemplos, de ordem geral, da recorrência desses símbolos vivos na história da arte (em especial da arte religiosa). Vamos agora examinar, com o mesmo enfoque, um símbolo universal de enorme força: o círculo.

O SÍMBOLO DO CÍRCULO

A DRA. M.-L. VON FRANZ explicou o círculo (ou esfera) como um símbolo do *self*: ele expressa a totalidade da psique em todos os seus aspectos, incluindo o relacionamento entre o homem e a natureza. Não importa se o símbolo do círculo está presente na adoração primitiva do Sol ou na religião moderna, em mitos ou em sonhos, nas mandalas desenhadas pelos monges do Tibete, nos planejamentos das cidades ou nos conceitos de esfera dos primeiros astrônomos: ele indica sempre o mais importante aspecto da vida — sua extrema e integral totalização.

Um mito indiano da criação conta que o deus Brahma, erguido sobre um imenso lótus de milhares de pétalas, voltou seus olhos para os quatro pontos cardeais. Essa inspeção quádrupla do círculo do lótus era uma espécie de orientação preliminar, uma tomada de contas indispensável antes de ele começar o seu trabalho da criação.

Conta-se história semelhante a respeito de Buda. No momento do seu nascimento, uma flor de lótus nasceu da terra e ele subiu nela para contemplar as dez direções do espaço. (O lótus, nesse caso, tinha oito pétalas; e Buda olhou também para o alto e para baixo, perfazendo dez direções.) Esse gesto simbólico foi a maneira mais concisa de mostrar que, desde o instante de seu nascimento, Buda foi uma personalidade única, destinada a receber luz. Sua personalidade e existência ulterior receberam o cunho da unidade.[6]

A orientação espacial realizada por Brahma e por Buda pode ser considerada um símbolo da necessidade de orientação psíquica do homem. As quatro funções da consciência descritas pelo dr. Jung no capítulo inicial deste livro — o pensamento, o sentimento, a intuição e a sensação — preparam o homem para lidar com as impressões que recebe do exterior e do interior. É por meio dessas funções que ele compreende e assimila a sua experiência. E é ainda por meio delas que pode reagir.[7] A inspeção quádrupla do universo feita por Brahma simboliza a integração dessas quatro funções que o homem deve alcançar. (Na arte, o círculo tem muitas vezes oito raios, exprimindo a superposição recíproca das quatro funções da consciência, que dão lugar a quatro outras funções intermediárias — por exemplo, o pensamento realçado pelo sentimento ou pela intuição, ou o sentimento inclinando-se para a sensação.)

Nas artes plásticas da Índia e do Extremo Oriente, o círculo de quatro ou de oito raios é o padrão habitual das imagens religiosas que servem de instrumento à meditação. No lamaísmo, particularmente no dos tibetanos, mandalas ricamente ornamentadas representam um importante papel: o cosmos na sua relação com os poderes divinos.[8]

Entretanto, muitas dessas imagens de meditação oriental são apenas desenhos geométricos chamados *iantras*. Além do círculo, uma imagem muito comum do *iantra* é formada por dois triângulos que se interpenetram, um apontando para cima, outro para baixo. Tradicionalmente, essa forma simboliza a união de Shiva e Shakti, as divindades masculina e feminina, e aparece também na escultura em um sem-número de variações. Com relação ao simbolismo psicológico, expressa a união dos opostos — a união do mundo pessoal e temporal do ego com o mundo impessoal e atemporal do não ego. Concluindo, essa união é a consumação e o alvo de todas as religiões: é a união da alma com Deus. Os dois triângulos interpenetrados têm um significado simbólico semelhante ao da mandala circular mais comum: representam a unidade e a totalidade da psique — ou *self* —, de que fazem parte tanto o consciente quanto o inconsciente.

Em ambos, tanto nos triângulos *iantras* quanto nas esculturas representando a união de Shiva e Shakti, é acentuada a tensão entre os opostos. Daí o caráter marcadamente erótico e emocional de muitos desses símbolos. Essa qualidade dinâmica implica um processo — a criação ou o nascimento da unidade —, enquanto o círculo de quatro ou oito raios representa a própria unidade, isto é, uma entidade existente.

O círculo abstrato também aparece na pintura zen. Referindo-se a um quadro intitulado *O círculo*, do famoso sacerdote zen Sangai, outro mestre zen escreve: "Na seita zen, o círculo representa o esclarecimento, a iluminação. Simboliza a perfeição humana".

Mandalas abstratas também aparecem na arte cristã europeia. Alguns dos mais admiráveis exemplos são as rosáceas das catedrais: representam o *self* do homem transposto para um plano cósmico (Dante teve uma visão da mandala cósmica sob a forma de uma resplandecente rosa branca). Podemos considerar as mandalas as auréolas de Cristo e dos santos cristãos das pinturas religiosas. Em muitos casos, apenas a auréola de Cristo é dividida em quatro, uma alusão significativa ao seu sofrimento como Filho do Homem e à sua morte na cruz;

À esquerda, um *iantra* (uma forma de mandala) composto por nove triângulos unidos. A mandala, simbolizando a unidade, é muitas vezes associada a seres excepcionais míticos ou lendários. À direita, o nascimento de Alexandre, o Grande (ilustrando um manuscrito do século XVI), anunciado por cometas — em forma circular ou de mandala. À extrema direita, na p. 327, uma pintura tibetana representando o nascimento de Buda. No canto inferior esquerdo da imagem, Buda dá os seus primeiros passos sobre uma cruz formada de flores circulares.

e, ao mesmo tempo, um símbolo da sua unidade diversificada. Nas paredes das primeiras igrejas romanas encontram-se, algumas vezes, figuras circulares abstratas; devem remontar a origens pagãs.

Na arte não cristã estes círculos são chamados "rodas solares". Aparecem gravadas em rochedos que datam da época neolítica, quando a roda ainda não havia sido inventada.Como Jung assinalou, a expressão "roda solar" exprime apenas o aspecto exterior da figura. O que realmente importa em todas as épocas é a experiência de uma imagem arquetípica interior, que o homem da Idade da Pedra exprimiu de maneira tão fiel quanto possível na sua pintura de touros, gazelas ou cavalos selvagens.

Encontramos muitas mandalas na arte pictórica cristã, como a raríssima imagem da Virgem no centro de uma árvore circular, que é símbolo divino da sarça ardente.[9] As mais comuns são as que representam Cristo cercado pelos quatro evangelistas. Têm sua origem nas antigas representações egípcias do deus Hórus com seus quatro filhos.

Na arquitetura, a mandala também ocupa um lugar relevante — embora às vezes passe despercebida. Constitui o plano básico das construções seculares e sagradas de quase todas as civilizações,[10] figurando no traçado das cidades antigas, medievais e mesmo modernas.[11] Um exemplo clássico aparece no relato de Plutarco sobre a fundação de Roma. De acordo com Plutarco, Rômulo mandou buscar arquitetos na Etrúria que lhe ensinaram costumes sacros e leis a respeito

das cerimônias que seriam feitas, do mesmo modo que nos "mistérios". Primeiro cavaram um buraco redondo — onde se ergue agora o Comitium, ou Congresso — e dentro dele jogaram oferendas simbólicas de frutos da terra. Depois cada homem pegou um pouco de terra do lugar onde nascera e jogou-a dentro da cova feita. A essa cova deu-se o nome de *mundus* (que também significava "cosmos"). Ao seu redor, Rômulo, com uma charrua puxada por um touro e uma vaca, traçou os limites da cidade em um círculo. Nos lugares planejados para as portas retirava-se a relha do arado e carregava-se a charrua.

A cidade fundada nessa cerimônia solene tinha forma circular. No entanto, a velha e famosa descrição de Roma refere-se à *urbs quadrata*, a cidade quadrada. De acordo com uma teoria que tenta explicar essa contradição, a palavra *quadrata* deve ser entendida como *quadripartita*, isto é, a cidade circular dividida em quatro partes por duas artérias principais que corriam de norte a sul e de leste a oeste. O ponto de interseção coincidia com o *mundus* mencionado por Plutarco.[12]

De acordo com outra teoria, a contradição pode ser compreendida como um símbolo, isto é, como a representação visual do problema matematicamente insolúvel da quadratura do círculo, que tanto preocupava os gregos e que devia ocupar um lugar tão significativo na alquimia. Estranhamente, também Plutarco, antes de descrever a cerimônia do traçado do círculo por Rômulo, refere-se à cidade como *Roma quadrata*. Para ele, Roma era, a um tempo, um círculo e um quadrado.[13]

Em cada uma dessas teorias está sempre envolvida a mandala verdadeira, e isso condiz com a declaração de Plutarco de que a fundação da cidade foi ensinada a Rômulo pelos etruscos, "como nos mistérios", como um rito secreto. Era mais do que uma simples forma exterior. Por seu projeto em forma de mandala, a cidade, com seus habitantes, é exaltada acima do domínio puramente temporal. E isso é ainda acentuado pelo fato de ela ter um centro, o *mundus*, que estabelece a sua relação com "outro" reino, a morada dos espíritos ancestrais. (O *mundus* era coberto com uma grande pedra, chamada "pedra da alma". Em certas ocasiões a pedra era removida e, dizia-se, os espíritos dos mortos saíam da cova.)

Inúmeras cidades medievais foram edificadas sobre a planta baixa de uma mandala e rodeadas por muralhas de forma aproximadamente circular. Nessas cidades, como em Roma, as artérias principais dividiam-nas em "quartos" e levavam a quatro portões. A igreja ou a catedral erguia-se no ponto de interseção dessas artérias. O modelo de inspiração dessas cidades fora a Jerusalém Celeste[14] (do Livro do Apocalipse), que tinha uma planta baixa de formato quadrado e muralhas que comportavam doze portões, três em cada lado. Mas Jerusalém não tinha um templo no seu centro, já que o seu centro religioso era a presença próxima de Deus. (A planta de uma cidade em forma de mandala não está em desuso. Washington D.C. é um exemplo atual.)

No alto, à esquerda, exemplo da mandala na arquitetura religiosa: o templo budista de Angkor Wat, no Camboja, uma construção quadrada com entradas pelos quatro cantos. No alto, à direita, as ruínas de um forte na Dinamarca (mais ou menos do ano 1000), construído em círculo — como na cidade fortificada (acima, à esquerda) de Palmanova, na Itália (construída em 1593), com suas fortificações em forma de estrela. Acima, à direita, as avenidas que se juntam na Étoile, em Paris, e formam uma mandala.

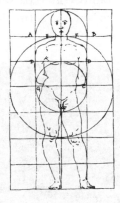

A arte religiosa da Renascença mostra um retorno à terra e ao corpo: acima, projeto de uma igreja ou basílica circular, baseada nas proporções do corpo (desenho do artista e arquiteto italiano do século XV Francesco di Giorgio).

A arquitetura religiosa medieval era baseada, comumente, no formato da cruz. À esquerda, uma igreja do século XIII (na Etiópia), talhada na rocha.

A planta baixa em forma de mandala nunca foi, tanto na arquitetura clássica quanto na primitiva, ditada por considerações estéticas ou econômicas. Era a transformação da cidade em uma imagem ordenada do cosmos, um lugar sagrado ligado pelo seu centro ao "outro" mundo. E essa transformação estava de acordo com os sentimentos e necessidades vitais do homem religioso.

Toda construção, religiosa ou secular, baseada no plano de uma mandala é uma projeção da imagem arquetípica do interior do inconsciente humano sobre o mundo exterior. A cidade, a fortaleza e o templo tornam-se símbolos da unidade psíquica e, assim, exercem influência específica sobre o ser humano que entra ou que vive naquele lugar. (É inútil salientar que mesmo na arquitetura a projeção do conteúdo psíquico é um processo puramente inconsciente. "Essas coisas não podem ser inventadas", escreveu o dr. Jung, "devendo ressurgir de profundezas esquecidas para expressar as mais elevadas percepções da consciência e as mais sublimes intuições do espírito, unindo assim o caráter singular da consciência moderna com o passado milenar da humanidade".)[15]

O símbolo central da arte cristã não é a mandala, mas a cruz ou o crucifixo. Até a época carolíngia, a forma comum era a cruz grega ou equilateral, e portanto a mandala estava indiretamente envolvida naquele desenho.[16] No entanto, com o passar do tempo, o centro deslocou-se para o alto até que a cruz tomou sua forma latina, com a estaca e o travessão, como se usa até hoje. Essa

evolução é importante porque corresponde à evolução interior da Cristandade até uma época adiantada da Idade Média. Em termos mais simples, simboliza a tendência de deslocar da terra o centro do homem e sua fé e "elevá-lo" a uma esfera espiritual. Essa tendência surgiu do desejo de traduzir em ação as palavras de Cristo: "Meu reino não é deste mundo". A vida terrena, o mundo e o corpo eram, portanto, forças a serem vencidas. As esperanças do homem medieval estavam dirigidas para o além, pois só o paraíso lhe acenava com a promessa de uma realização total.

Essa busca alcançou seu clímax na Idade Média e no misticismo medieval. As esperanças do além não encontraram expressão apenas na elevação do centro da cruz; podem ser percebidas também na altura crescente das catedrais góticas, que parecem desafiar as leis da gravidade. Seu projeto cruciforme é o da cruz latina alongada (apesar de os batistérios, com suas fontes batismais ao centro, serem construídos sobre a planta da verdadeira mandala).

Na aurora do Renascimento uma mudança revolucionária começou a ocorrer na concepção que o homem fazia do mundo. O movimento "para o alto" (que alcançara o seu auge no final da Idade Média) foi invertido; o homem voltou-se para a terra. Redescobriu as belezas do corpo e da natureza, fez a primeira viagem de circum--navegação do globo e provou que o mundo era uma esfera. As leis da mecânica e da causalidade tornaram-se o fundamento

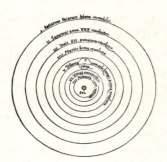

O interesse do Renascimento pela realidade exterior produziu o universo copérnico, centralizado no Sol (à esquerda), e desviou o artista da arte "imaginativa" para levá-lo à natureza. Abaixo, à esquerda, o estudo do coração humano feito por Leonardo da Vinci.

A arte renascentista — com o seu interesse sensual pela luz, pela natureza e pelo corpo (à esquerda, na p. 328, um quadro de Tintoretto, século XVI) — estabeleceu um padrão que se conservou até os impressionistas. Abaixo, um quadro de Renoir (1841-1919).

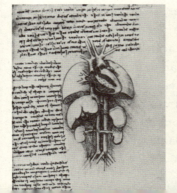

da ciência. O mundo do sentimento religioso, do irracional e do misticismo, que tivera um papel tão importante na época medieval, estava cada vez mais oculto pelos triunfos do pensamento lógico.

Da mesma maneira, a arte tornou-se mais realista e mais sensual. Libertou-se dos temas religiosos da Idade Média e abrangeu todo o mundo visível. Foi dominada pela multiplicidade de aspectos do mundo, por seus esplendores e horrores, e tornou-se o que fora a arte gótica: um verdadeiro símbolo do espírito da época. Assim, dificilmente poderemos considerar acidental a mudança ocorrida também na arquitetura eclesiástica. Em contraste com as elevadas catedrais góticas, fizeram-se mais plantas baixas circulares. O círculo substituiu a cruz latina.[17]

Essa mudança de forma, no entanto — e é o que importa para a história do simbolismo —, deve ser atribuída a causas estéticas, e não religiosas. É a única explicação possível para o fato de o centro dessas igrejas redondas (o verdadeiro lugar "sagrado") ser um espaço vazio, enquanto o altar se ergue fora desse centro, no recanto de uma parede. Por isso não se pode descrever esse plano como uma mandala: exceção importante é a igreja de são Pedro, em Roma, construída segundo plantas de Bramante e Michelangelo, colocando o altar no centro. Temos a tentação de atribuir essa exceção à genialidade dos arquitetos, pois os grandes gênios transcendem sempre a sua época.

A despeito de alterações consideráveis nas artes, na filosofia e na ciência produzidas pelo Renascimento, o símbolo central do cristianismo manteve-se imutável. O Cristo continuou a ser representado sobre a cruz latina, como ainda é hoje. Isso significava que o centro do homem religioso permanecia fixado em um plano mais elevado e espiritual do que o do homem terrestre, que retornava à natureza. Assim, fez-se uma divisão entre o cristianismo tradicional e a mente racional ou intelectual. Desde aquela época, esses dois aspectos do homem moderno nunca mais se encontraram. Com o passar dos séculos, e à medida que se ampliava o conhecimento da natureza e de suas leis, a divisão se alargou mais; e ainda hoje em dia separa a psique do cristão ocidental.

Certamente, o breve resumo histórico que aqui apresentamos foi muito simplificado. Além do mais, ele omite os movimentos religiosos secretos dentro do cristianismo que cuidavam, nas suas crenças, do que era ignorado pela maioria dos cristãos: o problema do mal, do espírito ctoniano (ou terrestre). Tais movimentos foram sempre minoritários e raramente exerceram qualquer influência visível. A seu modo, porém, realizaram o importante papel de um acompanhamento em contrapeso à espiritualidade cristã.

Entre as muitas seitas e movimentos que surgiram por volta do ano 1000, os alquimistas ocuparam lugar especialmente importante. Exaltaram os mistérios da matéria e colocaram-nos no mesmo plano daqueles de espírito "celeste" do cristianismo. O que buscavam era a totalidade humana que abrangesse corpo e mente, e para representá-la inventaram inúmeros nomes e símbolos. Um dos seus símbolos principais foi a *quadratura circuli* (a quadratura do círculo), que nada mais é que uma mandala.

Os alquimistas não consignaram esse trabalho apenas nos seus escritos; criaram uma imensidão de imagens de seus sonhos e visões — imagens simbólicas, tão profundas quanto desconcertantes. Eram inspiradas pelo lado sombrio da natureza — o mal, o sonho, o espírito da terra. A forma utilizada para expressá-las era fabulosa, sonhadora e irreal, tanto na palavra quanto na imagem. O grande pintor holandês do século XV, Hieronymus Bosch, é o principal representante dessa arte imaginativa.

Mas, enquanto isso, os pintores mais característicos do Renascimento (trabalhando, pode-se dizer, à luz do dia) produziam as maiores e mais esplêndidas obras da arte sensorial. O fascínio que sentiam pela terra e pela natureza era tão profundo que foi, praticamente, o fator determinante na evolução da arte visual nos cinco séculos que se seguiram. Os últimos grandes representantes da arte sensorial, a arte do instante que passa, a arte da luz e do ar, foram os impressionistas do século XIX.

Podemos aqui fazer uma distinção entre dois modos de expressão artística radicalmente opostos. Muitas tentativas foram feitas para definir as suas características. Recentemente, Herbert Kühn (cujo trabalho sobre a pintura das cavernas já foi mencionado aqui) tentou estabelecer uma distinção entre o que chamou de estilo "imaginativo" e estilo "sensorial". O estilo "sensorial" faz uma reprodução direta da natureza ou do assunto do quadro. O "imaginativo", por sua vez, apresenta uma fantasia ou uma experiência do artista, de maneira "irreal" e sonhadora, e algumas vezes "abstrata". Essas duas concepções de Kühn são tão claras e tão simples que alegro-me de poder servir-me delas.

Os primórdios da arte imaginativa alcançam uma longa distância na História. Na bacia mediterrânea, o seu florescimento data do terceiro milênio

À esquerda, o conceito simbólico alquímico da quadratura do círculo — símbolo da totalidade e da união dos contrários (note-se as figuras masculina e feminina). À direita da imagem anterior, um exemplo do círculo quadrado na arte moderna, pelo artista britânico Ben Nicholson (nascido em 1894). É uma forma estritamente geométrica e vazia, de harmonia e beleza estéticas, mas sem qualquer significação simbólica.

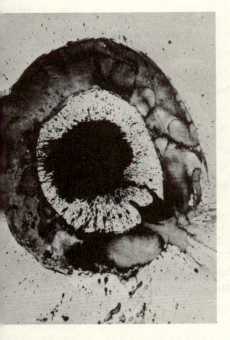

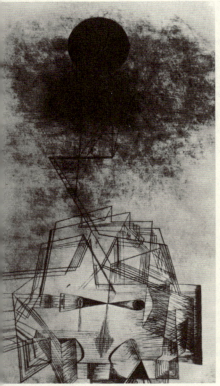

antes de Cristo. Só há pouco tempo percebeu-se que essas antigas obras de arte não são resultado de incompetência ou de ignorância, mas sim expressões de uma emoção religiosa e espiritual perfeitamente definida. E exercem hoje em dia um fascínio todo especial, pois nesta última metade do século XX, a arte vem passando novamente por uma fase a que pode ser aplicado o termo "imaginativo".

Atualmente, o símbolo geométrico — ou "abstrato" — do círculo volta a ocupar um lugar respeitável na pintura. No entanto, com raras exceções, o modo tradicional de representá-lo sofreu uma transformação característica que corresponde ao dilema da existência do homem moderno. O círculo já não é uma única figura significativa que envolve o mundo inteiro e domina o quadro. Algumas vezes o artista o retira dessa posição dominante, substituindo-o por um grupo de círculos dispostos de maneira solta; outras vezes o plano circular é assimétrico.

Um exemplo do plano circular assimétrico pode ser visto nos famosos discos solares do pintor francês Robert Delaunay. Um quadro do pintor inglês moderno Ceri Richards, que agora faz parte da coleção do dr. Jung, contém um plano circular inteiramente assimétrico enquanto, bem à esquerda, aparece um círculo vazio, muito menor.

No quadro *Natureza-morta — Vaso de capuchinhas*, de Henri Matisse, o centro é constituído por uma esfera verde sobre uma trave negra

Acima, *Roda do sol*, quadro do artista japonês contemporâneo Sofu Teshigahara (nascido em 1900), mostra a tendência de muitos pintores modernos de usar formas "circulares" para torná-las assimétricas.

À esquerda, *Limits of Understanding* (Os limites do entendimento), de Paul Klee (1879-1940) — um quadro do século XX, século em que o símbolo do círculo tem posição dominante.

inclinada, que parece reunir em si os múltiplos círculos das folhas da capuchinha.[18] A esfera sobrepõe-se a uma forma retangular, cujo canto superior esquerdo está dobrado. A perfeição artística do quadro faz esquecer que no passado essas duas figuras abstratas (o círculo e o quadrado) estariam unidas para exprimir um mundo de pensamentos e de sentimentos. Mas quem se lembrar disso e interrogar-se a respeito do sentido do quadro vai encontrar bom alimento para suas reflexões: nesse quadro, as duas figuras que, desde o início dos tempos, formaram uma unidade, estão ali separadas ou relacionadas de maneira incoerente. No entanto, ambas estão presentes e em contato uma com a outra.

Em um quadro pintado pelo russo Wassily Kandinsky há uma reunião de bolas coloridas ou círculos soltos, que parecem vagar sem rumo, como bolhas de sabão.[19] Também essas bolas estão tenuemente ligadas a um grande retângulo, ao fundo, que contém dois retângulos menores, quase quadrados. Em outro quadro, que o pintor chamou de *Alguns círculos*, uma nuvem negra (ou será um pássaro que alçou voo?) abriga um grupo de bolas brilhantes, também num arranjo solto.

Nas misteriosas concepções do artista britânico Paul Nash, muitas vezes aparecem círculos em conexões imprevistas.[20] Na solidão primitiva da sua paisagem *Event on the Downs* (Acontecimento nas dunas), uma bola jaz à direita, no primeiro plano. Apesar de ser aparentemente uma bola de tênis, o desenho da sua superfície forma o *Tai gi-tu*, símbolo chinês da eternidade. Abre-se assim uma nova dimensão na solidão da paisagem. Algo semelhante acontece no seu *Landscape from a Dream* (Paisagem de um sonho). Círculos rolam a perder de vista numa paisagem infinita refletida em um espelho, com um imenso sol aparecendo no horizonte. No primeiro plano há uma outra bola, diante de um espelho quase quadrado.

No seu desenho *Limits of Understanding*, o artista suíço Paul Klee coloca a simples figura de uma esfera ou de um círculo sobre uma complexa estrutura de escadas e linhas. O professor Jung assinalou que o símbolo autêntico só aparece quando há necessidade de expressar aquilo que o pensamento não consegue formular ou que é apenas adivinhado ou pressentido; é esse o propósito da imagem simples de Klee a respeito dos "limites do entendimento".

É importante observarmos que o quadrado, grupo de quadrados e retângulos, ou retângulos e romboides, aparecem na arte moderna tão frequentemente quanto os círculos. O mestre em composições harmoniosas (podemos dizer mesmo musicais) com quadrados é o artista holandês Piet Mondrian. Como regra geral, seus quadrados não têm um centro verdadeiro, e no entanto formam um conjunto ordenado, de formação rigorosa e quase ascética. Mais comuns ainda nos quadros de outros artistas são as composições quaternárias irregulares, ou de numerosos retângulos combinados em grupos mais ou menos soltos.

O círculo é um símbolo da psique (o próprio Platão descreveu a psique como uma esfera); o quadrado (e muitas vezes o retângulo) é um símbolo da matéria terrestre, do corpo e da realidade. Na maior parte das obras da arte moderna, a conexão entre essas duas formas primárias ou não existe ou é absolutamente livre e acidental. Essa separação é outra expressão simbólica do estado psíquico do homem do século XX: sua alma perdeu as raízes e ele está ameaçado de uma dissociação. Mesmo no plano político do mundo atual (como o dr. Jung assinalou em seu capítulo introdutório) a cisão torna-se evidente: as duas metades da terra, a ocidental e a oriental, estão separadas por uma Cortina de Ferro.

Não devemos desprezar, porém, a frequência com que aparecem o quadrado e o círculo na arte moderna. Parece haver um impulso psíquico constante para trazer à consciência os fatores básicos de vida que eles simbolizam.

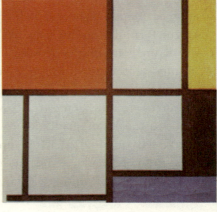

Os círculos aparecem quebrados ou livremente espalhados em *O Sol e a Lua*, acima, de Robert Delaunay (1855-1941); em *Alguns círculos*, acima à direita, de Kandinsky (1866-1944); e em *Paisagem de um sonho*, na página ao lado, de Paul Nash (1889-1946). À direita, *Composição*, de Piet Mondrian (1872-1944), é dominada por quadrados.

Também em certas pinturas abstratas de hoje (que apenas representam uma estrutura colorida ou uma espécie de "matéria primitiva"), essas formas aparecem ocasionalmente, como se fossem os germes de um novo crescimento.

O símbolo do círculo representava, e eventualmente ainda representa, uma parte curiosa de um fenômeno incomum da nossa vida de hoje. Nos últimos anos da Segunda Grande Guerra houve "rumores" a respeito de visões de corpos voadores redondos, que se tornaram conhecidos como "discos voadores" (ou "objetos voadores não identificados").[21] Jung explicou esses objetos como a projeção de um conteúdo psíquico (de totalidade) que, em todas as épocas, sempre foi simbolizado pelo círculo. Em outras palavras, essas "visões", como também se pode verificar em muitos sonhos de agora, são uma tentativa da psique inconsciente coletiva para curar a dissociação de nossa época apocalíptica por meio do símbolo do círculo.

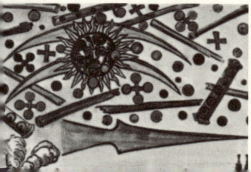

À esquerda, uma ilustração alemã, do século XVI, de alguns estranhos objetos circulares vistos no céu — semelhantes aos "discos voadores" recentemente observados. Jung sugere que tais visões seriam projeções do arquétipo da totalidade.

A PINTURA MODERNA COMO UM SÍMBOLO

AS EXPRESSÕES "ARTE MODERNA" E "PINTURA MODERNA" são usadas, neste capítulo, no sentido que lhes dá o leigo. Tratarei aqui da pintura moderna *imaginativa* (segundo as expressões de Kühn). Quadros desse gênero podem ser "abstratos" (ou antes, "não figurativos"), mas não necessariamente. Não vou procurar estabelecer distinção entre as várias escolas, como o fovismo, o cubismo, o expressionismo, o futurismo, o suprematismo, o construtivismo, o orfismo etc.. Qualquer alusão particular a um ou outro desses grupos será feita em caráter excepcional. Tampouco estou preocupada em fazer uma diferenciação estética da pintura moderna; nem, acima de tudo, em estabelecer hierarquias artísticas. A pintura moderna imaginativa será discutida apenas como um fenômeno da nossa época. É a única maneira de justificar e explicar o seu conteúdo simbólico. Neste breve capítulo, só mencionarei alguns artistas e algumas das suas obras, mais ou menos ao acaso. Devo contentar-me em discorrer sobre a pintura moderna utilizando um número limitado de seus representantes.

Nosso ponto de partida é o fato psicológico de que o artista sempre foi o instrumento e o intérprete do espírito de sua época. Em termos de psicologia pessoal, sua obra só pode ser parcialmente compreendida. Consciente ou inconscientemente, o artista dá forma à natureza e aos valores da sua época, que, por sua vez, são responsáveis pela sua formação.

O artista moderno muitas vezes reconhece a inter-relação entre a sua obra de arte e a sua época. Assim escreve a esse respeito o crítico e pintor francês Jean Bazaine em seu *Notas sobre a pintura contemporânea*: "Ninguém pinta como quer. Tudo o que um pintor pode fazer é querer, com todas as suas forças, a pintura de que a sua época é capaz".[22] E declara o artista alemão Franz Marc, morto na Primeira Grande Guerra: "Os grandes artistas não buscam suas formas nas brumas do passado, mas sondam tão profundamente quanto podem o centro de gravidade recôndito e autêntico da sua época".[23] E, já em 1911, Kandinsky escrevia no seu famoso ensaio *A propósito do espiritual em arte*: "Cada época recebe sua própria dose de liberdade artística, e nem mesmo o mais criador dos gênios consegue transpor as fronteiras dessa liberdade".[24]

Nos últimos cinquenta anos, a "arte moderna" tem sido um pomo de discórdia geral, e a discussão ainda não perdeu nem um pouco do seu calor. Seus partidários são tão exaltados quanto seus adversários; no entanto, a reiterada profecia de que a arte "moderna" está liquidada nunca se verificou. Esse novo modo de expressão tem feito uma carreira triunfal e surpreendente. E, se existe ameaça a este triunfo, será por se ter degenerado em maneirismo e modismo.[25] (Na União Soviética, onde a arte não figurativa foi tantas vezes oficialmente desencorajada e só conseguiu desenvolver-se clandestinamente, a arte figurativa está ameaçada de idêntica degeneração.)

De qualquer modo, na Europa, o grande público ainda está em plena batalha. A violência da discussão mostra que as paixões continuam bem vivas em ambos os lados. Mesmo os hostis à arte moderna não podem deixar de se impressionar com as obras que rejeitam; irritam-se ou revelam o seu desdém, mas (como revela a violência de seus sentimentos) também são perturbados por elas. Em geral, o fascínio negativo é tão forte quanto o positivo. O turbilhão de visitantes às exposições de arte moderna, onde quer que se realizem, prova que há algo mais do que uma simples curiosidade. A curiosidade já estaria satisfeita. E os preços fantásticos que alcançam as obras de arte moderna dão a medida do *status* que a sociedade lhes confere.

O fascínio resulta de uma emoção do inconsciente. O efeito que a obra de arte moderna produz não pode ser explicado exclusivamente por sua forma visível e aparente. Para o olho treinado na arte "clássica" ou na arte "sensorial", ela é nova e estranha. Nada na concepção da arte não figurativa lembra ao espectador o seu próprio mundo — nenhum objeto do seu ambiente

Arte sensorial (ou representativa) *versus* arte imaginativa (ou "irreal"). À direita, um quadro do artista inglês William Frith (século XIX), pertencente a uma série que mostra a derrocada de um jogador. É um limite extremo da arte representativa: desviou-se para o maneirismo e para o sentimentalismo. À esquerda, um extremo da arte imaginativa (e, aqui, "abstrata"), por Kazimir Malevich (1878-1935): a composição *Branco no branco* (1918), Museu de Arte Moderna, Nova York.

cotidiano, nenhum ser humano ou animal que lhe fale em linguagem familiar. Ela não o acolhe de maneira cordial e o cosmos criado pelo artista não lhe faz concessões. E, no entanto, sem dúvida estabelece-se um vínculo humano, talvez mais intenso que nas obras de arte sensoriais, que fazem um apelo direto à sensibilidade e à empatia.

O objetivo do artista moderno é dar expressão à sua visão interior do homem, ao segundo plano espiritual da vida e do mundo. A obra de arte moderna abandonou não só o domínio do mundo concreto, "natural" e sensorial, mas também o universo individual. Tornou-se altamente coletiva e, portanto (mesmo na sua forma abreviada, o hieróglifo pictórico), deixou de tocar a poucos para atingir a muitos. O que resta de individual é a maneira de expressão, o estilo e a qualidade da moderna obra de arte. Muitas vezes é difícil para o leigo reconhecer se as intenções do artista moderno são sinceras e suas expressões espontâneas, e não o resultado de imitações ou de uma busca de efeitos. Em muitos casos vai ter de acostumar-se a novos tipos de linhas e de cores. Precisa aprendê-las como se aprende uma língua estrangeira, antes de poder julgar sua expressividade e qualidade.

Os pioneiros da arte moderna aparentemente compreenderam o quanto estavam exigindo do público. Nunca os artistas publicaram tantos "manifestos" e explicações dos seus objetivos como no século XX. No entanto, não é apenas para os outros que eles tentam explicar e justificar o que estão fazendo; é também para si mesmos. A maioria desses manifestos são confissões de fé artísticas ou tentativas poéticas, muitas vezes confusas ou autocontraditórias demais para trazer alguma claridade ao estranho resultado das atividades artísticas de hoje.

O que é realmente importante, na verdade, é (e sempre foi) o encontro direto do indivíduo com a obra de arte. No entanto, para o psicólogo que está preocupado com o conteúdo simbólico da arte moderna, o estudo desses textos é muito instrutivo. Por essa razão, sempre que possível, será permitido que os próprios artistas falem por si mesmos na discussão que se segue.

Os primórdios da arte moderna datam do início do século XX. Uma das personalidades mais impressionantes dessa fase inicial foi Kandinsky, cuja influência é ainda claramente sentida na pintura da segunda metade do século. Muitas de suas ideias provaram-se proféticas. Em seu ensaio *A propósito da forma*, escreveu: "A arte de hoje encarna o espiritual amadurecido até o ponto de revelação. As formas dessa incorporação podem ser ordenadas entre dois polos: 1) uma grande abstração; 2) um grande realismo. Esses dois polos abrem dois caminhos, que levam a *um único* alvo final. Esses dois elementos sempre estiveram presentes na arte: o primeiro expressava-se no segundo. Hoje parece que estão a ponto de levar existências separadas. A arte

O SIMBOLISMO NAS ARTES PLÁSTICAS   **341**

À esquerda e acima, duas composições de Kurt Schwitter (1887-1948). Esta forma de arte imaginativa utiliza (e transforma) coisas comuns — neste caso, velhos bilhetes, papel, metal etc.. Abaixo, peças de madeira empregadas do mesmo modo por Hans Arp (1887-1966). Abaixo, a esquerda, em uma escultura de Picasso (1881-1973) objetos comuns — folhas — são parte da imagem, mais do que material.

parece ter posto fim ao agradável e perfeito acabamento do abstrato feito pelo concreto, e vice-versa."[26]

Para ilustrar o ponto de vista de Kandinsky de que os dois elementos da arte, o abstrato e o concreto, estão de relações rompidas: em 1913, o pintor russo Kazimir Malevich pintou um quadro que consistia apenas em um quadrado preto sobre um fundo branco. Talvez tenha sido o primeiro quadro puramente "abstrato" que se pintou. Ele escreveu a respeito: "Na minha luta desesperada para liberar a arte do lastro deste mundo de objetos, refugiei-me na forma do quadrado".

Um ano mais tarde, o artista plástico francês Marcel Duchamp colocou um objeto escolhido ao acaso (um porta-garrafas) sobre um pedestal e o expôs. Jean Bazaine escreveu a propósito: "Esse porta-garrafas, arrancado ao seu destino útil, posto de lado, foi investido da dignidade solitária do destroço abandonado. Servindo a nada, disponível, pronto para tudo, vive. Vive à margem da existência a sua própria vida inquietante e absurda — o inquietante objeto, o primeiro passo para a arte".[27]

Nessa estranha dignidade e nesse abandono, o objeto foi exaltado de maneira ilimitada e ganhou um significado que se pode considerar mágico. Daí sua "vida inquietante e absurda". Tornou-se ídolo e, ao mesmo tempo, objeto de zombaria. Sua realidade intrínseca foi anulada.

Tanto o quadrado de Malevich quanto o descanso de garrafas de Duchamp foram gestos simbólicos que nada tinham a ver com arte, no sentido estrito da palavra. No entanto, marcam os dois extremos ("grande abstração" e "grande realismo") entre os quais a arte imaginativa das décadas que se sucederam pode ser situada e compreendida.

Do ponto de vista psicológico, esses dois gestos, um em direção ao objeto puro (matéria) e outro em direção à abstração pura (espírito) indicam uma cisão psicológica coletiva que criou sua expressão simbólica nos anos que antecederam a catástrofe da Primeira Grande Guerra. Essa divisão se manifestara, inicialmente, na Renascença, no conflito entre o conhecimento e a fé. Nesse ínterim, a civilização distanciava o homem cada vez mais dos seus fundamentos instintivos, abrindo-se um abismo entre a natureza e a mente, entre o inconsciente e o consciente. Esses contrários caracterizam a situação psíquica que está buscando expressão na arte moderna.

A ALMA SECRETA DAS COISAS

COMO JÁ VIMOS, O PONTO DE PARTIDA do "concreto" foi o famoso porta-garrafas de Duchamp. Esse objeto não pretendia qualificar-se de "artístico" e Duchamp o definia mesmo como antiartístico. Entretanto, trouxe à luz um elemento que iria significar muito para os artistas nos anos que se seguiram. O nome que lhe deram foi *objet trouvé* ou *ready-made*, isto é, o assunto já feito, pronto, preparado.

O pintor espanhol Juan Miró, por exemplo, vai à praia toda manhã para "coletar coisas trazidas pela maré. Coisas largadas por ali, à espera de que alguém lhes descubra a personalidade". Guarda seus achados no estúdio. Vez ou outra, reúne alguns deles, resultando daí as mais curiosas composições: "O artista muitas vezes se surpreende com as formas das suas próprias criações".[28]

Já em 1912, Picasso e o francês Georges Braque faziam o que chamavam "colagens", com todo tipo de lixo e entulhos. Max Ernst cortava tiras de jornais ilustrados da "idade do ouro" dos negócios fáceis e reunia-os segundo a fantasia do momento, transformando assim a solidez sufocante da época burguesa em pesadelos irreais e demoníacos. O pintor alemão Kurt Schwitter trabalhava com os elementos descartados da sua lata de lixo: usava pregos, papel de embrulho, tiras de jornais, bilhetes de trem, pedaços de tecidos etc.. Conseguia reunir todo esse lixo com tanta seriedade e com tanta pureza que obtinha efeitos de estranha beleza. A obsessão de Schwitter por esse tipo de material, no entanto, resultava por vezes em composições simplesmente absurdas. Fez uma construção de vários entulhos que chamou de "uma catedral construída para as coisas". Schwitter trabalhou nessa "catedral" durante dez anos, e três andares de sua própria casa foram demolidos para dar-lhe espaço.[29]

A obra de Schwitter e a exaltação mágica do objeto foram a primeira indicação do lugar que a arte moderna ocupa na história do espírito humano e de sua significação simbólica. Revelam uma tradição que estava sendo perpetuada inconscientemente, a tradição das herméticas irmandades cristãs da Idade Média e dos alquimistas, que consideravam a matéria a essência da terra, digna da sua contemplação religiosa.

A elevação ao nível de arte feita por Schwitter dos materiais mais grosseiros, utilizando-os para uma "catedral" (na qual o entulho quase não deixava mais lugar para o ser humano), seguia fielmente o velho princípio dos alquimistas, segundo o qual o objeto precioso que buscamos será encontrado na matéria mais vil. Kandinsky expressou as mesmas ideias quando escreveu: "Tudo que está *morto* palpita. Não apenas o que pertence à poesia, às estrelas, à Lua, aos bosques e às flores, mas também um simples botão branco de calça a cintilar na lama da rua... Tudo possui uma alma secreta, que se cala mais do que fala".[30]

Os artistas, como os alquimistas, provavelmente não se deram conta do fato psicológico de que estavam projetando parte da sua psique sobre a matéria ou sobre objetos inanimados. Daí a "misteriosa animação" que se apossa dessas coisas e o grande valor que se atribui até mesmo ao lixo. Os artistas projetavam suas próprias trevas, sua sombra terrestre, um conteúdo psíquico que tanto eles quanto sua época haviam perdido e abandonado.

Ao contrário dos alquimistas, no entanto, homens como Schwitter não estavam integrados nem protegidos pela ordem cristã. Em um certo sentido, a obra de Schwitter está mesmo em oposição àquele sistema: uma espécie de obsessão o liga à matéria, enquanto o cristianismo procura sobrepujá-la. E, no entanto, paradoxalmente, é a obsessão de Schwitter que despoja o material que utiliza da significação inerente à sua realidade concreta. Em seus quadros, a matéria é transformada em composição "abstrata". Começa, portanto, a perder seu caráter de substância e a dissolver-se. Nesse processo, esses quadros se tornam uma expressão simbólica da nossa época, um século que assistiu ao conceito de "absoluta" concreção da matéria ser minado pela física atômica moderna.

Os pintores começaram a pensar a respeito do "objeto mágico" e da "alma secreta" das coisas. O pintor italiano Carlo Carrà escreveu: "São as coisas comuns que nos revelam as formas simples pelas quais podemos alcançar a condição mais elevada e significativa do ser, onde se encontra todo o esplendor da arte".[31] Diz Paul Klee: "O objeto expande-se além dos limites da sua aparência pelo conhecimento que temos de que ele significa mais do que o que vemos exteriormente, com os nossos olhos".[32] E segundo Jean Bazaine: "Um objeto desperta o nosso amor simplesmente porque parece ser portador de forças maiores que ele mesmo".[33]

Declarações desse tipo lembram o velho conceito alquimista do "espírito da matéria", que se considerava como sendo o espírito que se encontra dentro e por detrás de objetos inanimados, como o metal ou a pedra. Em termos psicológicos, esse espírito é o inconsciente. Manifesta-se sempre que o conhecimento consciente ou racional alcança seus limites extremos e o mistério se estabelece, pois o homem tende a preencher o inexplicável e o imponderável com os conteúdos do seu inconsciente: é como se ele os projetasse em um receptáculo escuro e vazio.

A sensação de que o objeto significa "mais do que o olho pode perceber" que é compartilhada por muitos artistas encontrou expressão realmente notável no trabalho do pintor italiano Giorgio de Chirico. De temperamento místico, era um investigador trágico que não encontrava nunca o que buscava.

Escreveu no seu autorretrato, em 1908: *Et quid amabo nisi quod aenigma est?* (E o que devo eu amar, senão o enigma?).

De Chirico foi o fundador da chamada pintura metafísica. "Todo objeto", escreveu ele, "tem dois aspectos: o aspecto comum, que é o que vemos em geral e que os outros também veem, e o aspecto fantasmagórico e metafísico que só uns raros indivíduos veem nos seus momentos de clarividência e meditação metafísica. Uma obra de arte deve exprimir algo que não apareça na sua forma visível."[34]

As obras de De Chirico revelam esse "aspecto fantasmagórico" das coisas. São transposições sonhadoras da realidade que surgem como visões do inconsciente. Mas sua "abstração metafísica" é expressada numa rigidez que toca as raias do pânico, e a atmosfera dos seus quadros é de pesadelo e de melancolia ilimitada. As praças de cidades italianas, as torres e os objetos são colocados numa perspectiva exageradíssima, como se estivessem no vácuo, iluminados por uma luz fria e impiedosa vinda de uma fonte invisível. Cabeças antigas e estátuas de deuses evocam o passado clássico.

Em um dos seus quadros mais impressionantes ele colocou ao lado da cabeça de mármore de uma deusa um par de luvas de borracha vermelhas, um "objeto mágico", no sentido moderno. Uma bola verde no chão atua como um símbolo, unindo esses opostos absolutos; sem ela, haveria ali mais do que uma insinuação de desintegração psíquica. Esse quadro não é, evidentemente, resultado de uma elaboração sofisticada; deve ser apreciado como a imagem de um sonho.

De Chirico foi profundamente influenciado pelas filosofias de Nietzsche e Schopenhauer. Escreveu: "Schopenhauer e Nietzsche foram os primeiros a ensinar a profunda significação do nenhum sentido da vida, e a mostrar como se podia transformar isso em arte (...). O vazio terrível que descobriram é a verdadeira beleza, imperturbada e despida de alma, da matéria".[35] Não se sabe ao certo se De Chirico teve sucesso em traduzir esse "vazio terrível" em

Um exemplo de arte "surrealista": *Os sapatos vermelhos*, do pintor francês René Magritte (1898-1967). Grande parte do efeito perturbador da pintura surrealista vem da associação e justaposição de objetos sem nenhuma relação entre si — muitas vezes absurdas, irracionais e oníricas.

O SIMBOLISMO NAS ARTES PLÁSTICAS

"beleza imperturbada". Alguns dos seus quadros são extremamente perturbadores; outros são aterradores como um pesadelo. Mas no seu esforço para dar ao vazio uma expressão artística, ele penetrou no âmago do dilema existencial do homem contemporâneo.

Nietzsche, que De Chirico cita como autoridade no assunto, deu nome ao "vazio terrível" quando disse "Deus está morto". Sem referir-se a Nietzsche, Kandinsky escreveu no seu *O espiritual na arte*: "O céu está vazio. Deus está morto".[36] Uma frase desse tipo soa de maneira abominável, mas não é nova. A ideia da "morte de Deus" e sua consequência imediata, o "vazio metafísico", já inquietava o espírito dos poetas do século XIX, sobretudo na França e na Alemanha.[37] Passou por uma longa evolução que, no século XX, alcançou um estágio de discussão livre e encontrou expressão na arte. A cisão entre a arte moderna e o cristianismo foi, afinal, consumada.

O dr. Jung também percebeu que o estranho e misterioso fenômeno da morte de Deus é um fato psíquico de nossa época. Escreveu, em 1937: "Sei — e expresso aqui o que inúmeras pessoas também sabem — que a época atual é a do desaparecimento e da morte de Deus".[38] Durante anos ele observara como a imagem cristã de Deus vinha se enfraquecendo nos sonhos dos seus pacientes — isto é, no inconsciente do homem moderno. A perda dessa imagem é a perda do fator supremo que dá significação à vida.

Deve ser ressaltado, porém, que nem a declaração de Nietzsche de que Deus está morto, nem o "vazio metafísico" de De Chirico, nem as deduções de Jung constituem afirmações definitivas sobre realidade e existência de Deus ou de algum ser ou não ser transcendental. São apenas afirmações humanas.

Tanto Giorgio de Chirico (nascido em 1888) como Marc Chagall (nascido em 1887) procuraram ver para além da aparência exterior das coisas; suas obras parecem ter brotado das profundezas do inconsciente. Mas a visão de De Chirico (acima, à esquerda, o seu quadro *Filósofo e poeta*) era sombria, melancólica, vizinha do pesadelo, enquanto a de Chagall sempre foi rica, quente e viva. Acima, à direita, uma das suas grandes janelas coloridas, criada em 1962 para uma sinagoga de Jerusalém.

Em *Canção de amor* (à extrema esquerda), de De Chirico, a cabeça de mármore da deusa e a luva de borracha são elementos opostos. A bola verde parece funcionar como um símbolo de união.

À esquerda, *Musa metafísica*, de Carlos Carrà (1881-1966). O manequim sem rosto é também um tema frequente em De Chirico.

Em cada caso estão fundamentadas, como Jung mostrou em *Psicologia e religião*, nos conteúdos da psique inconsciente que penetraram na consciência sob a forma tangível de imagens, sonhos, ideias ou intuições. A origem desses conteúdos e a causa de tal transformação (de um Deus vivo para um Deus morto) vão permanecer desconhecidas, situadas nas fronteiras do mistério.

De Chirico jamais encontrou solução definitiva para o problema que lhe foi apresentado pelo inconsciente. Essa derrota é facilmente observada na sua representação da figura humana. Devido às condições religiosas atuais, é ao próprio homem que deve ser outorgada uma dignidade e uma responsabilidade novas, ainda que impessoais (Jung a define como uma responsabilidade para com a consciência). No entanto, na obra de De Chirico o homem é privado de sua alma; torna-se um *manichino*, um boneco sem rosto (e portanto também sem consciência).

Nas várias versões do seu *Grande metafísico*, uma figura sem rosto está entronada em um pedestal feito de entulho. A figura é, consciente ou inconscientemente, uma representação irônica do homem que luta para descobrir a "verdade" metafísica e, ao mesmo tempo, é um símbolo de solidão e insensatez totais. Ou talvez os *manichini* (que também perseguem as obras de outros artistas contemporâneos)[39] sejam uma premonição do homem massificado, sem face.

Quando estava com quarenta anos, De Chirico abandonou sua pintura metafísica; voltou ao estilo tradicional, mas sua obra perdeu em profundidade. Temos aí uma prova segura de que para a mente criadora, cuja inconsciência foi envolvida no dilema fundamental da existência moderna, não existe a "volta às origens".

O pintor russo Marc Chagall pode ser considerado o contrapeso de De Chirico. Também ele busca na sua obra uma "misteriosa e solitária poesia" e o "aspecto fantasmagórico das coisas que só raros indivíduos conseguem vislumbrar". Mas o simbolismo de Chagall, muito rico, está enraizado na piedade do judaísmo oriental e num sentimento de cálida ternura pela vida. Não enfrentou nem o problema do vazio nem o da morte de Deus. Escreveu: "Tudo pode mudar no nosso desmoralizado mundo, menos o coração, o amor do homem e sua luta para conhecer o divino. A pintura, como toda a poesia, participa do divino; e as pessoas sentem isso hoje em dia tanto quanto antigamente".

O autor britânico *Sir* Herbert Read escreveu uma vez que Chagall nunca transpôs totalmente a fronteira do inconsciente, tendo "sempre conservado um pé na terra que o alimentara". Essa é a relação "correta" que se deve ter com o inconsciente. E o mais importante, como acentua Read, é que "Chagall tornou-se um dos mais influentes artistas da nossa época".[40]

O SIMBOLISMO NAS ARTES PLÁSTICAS

O contraste estabelecido entre Chagall e De Chirico levanta uma questão importante para a compreensão do simbolismo na arte moderna: que forma toma o relacionamento entre a consciência e a inconsciência na obra do artista moderno? Ou, melhor ainda, onde fica o homem nisso tudo?

Pode-se encontrar resposta a essas indagações no movimento chamado surrealismo, que se considera ter sido fundado pelo poeta francês André Breton (De Chirico também pode ser considerado um surrealista). Como estudante de medicina, Breton tomara conhecimento da obra de Freud. Assim, os sonhos vieram a ocupar um lugar importante em seus pensamentos. "Não se poderá usar os sonhos para resolver os problemas fundamentais da vida?", escreveu ele. "Creio que o antagonismo aparente entre sonho e realidade será resolvido por uma espécie de realidade absoluta: o surrealismo."[41]

Breton percebeu esse ponto admiravelmente. O que ele buscou foi a reconciliação dos contrários, o consciente e o inconsciente. Mas a maneira que utilizou para alcançar esse objetivo só podia levá-lo a extraviar-se. Começou experimentando o método de Freud da livre associação e o da escrita automática, em que as palavras e frases que surgem do inconsciente são escritas sem nenhum controle consciente. Breton chamava isso de "ditado do pensamento, independente de qualquer preocupação estética ou moral".

Mas esse processo significa, simplesmente, que o caminho está aberto para o fluxo das imagens inconscientes, e que a parte importante e mesmo decisiva representada pelo consciente fica ignorada. Como o dr. Jung mostrou em seu capítulo, é o consciente que detém a chave dos valores do inconsciente e que, portanto, representa a parte decisiva da reconciliação. Só o consciente é competente o bastante para determinar o significado das imagens e reconhecer o seu sentido para o homem, aqui e agora, na realidade concreta do seu presente. É apenas na *interação* do consciente com o inconsciente que este último pode provar o seu valor e, talvez mesmo, revelar uma maneira de vencer a melancolia do vazio. Se o inconsciente, uma vez ativado, for abandonado a si próprio, há o risco de os seus conteúdos se tornarem dominadores ou manifestarem o seu lado negativo e destruidor.

Se observarmos quadros surrealistas (como *A girafa em fogo*, de Salvador Dalí) tendo essas considerações em mente, podemos sentir a riqueza da fantasia e a pujança das imagens inconscientes desses artistas, e ao mesmo tempo constatamos o horror e o simbolismo de um fim para todas as coisas que emanam de tantos deles. O inconsciente é natureza pura e, como a natureza, distribui prodigamente as suas dádivas. Mas, entregue a si próprio e sem a reação humana da consciência, pode (mais uma vez tal como a natureza) destruir seus dons, e mais cedo ou mais tarde aniquilá-los.

A questão da função da consciência na pintura moderna aparece também em conexão com o uso do *acaso* como meio de composição. Em *Beyond Paint-ing* (Para além da pintura) Max Ernst escreveu: "A associação de uma máquina de costura com um guarda-chuva sobre uma mesa cirúrgica [citação do poeta Lautréamont] é um exemplo familiar, agora clássico, do fenômeno descoberto pelos surrealistas de que a associação de dois (ou mais) elementos aparentemente estranhos um ao outro sobre um plano estranho aos dois é o fator de combustão mais potente da poesia".[42]

Isso é provavelmente tão difícil para o leigo entender quanto o comentário de Breton sobre o mesmo assunto: "O homem que não

Um dos mais conhecidos pintores "surrealistas" é Salvador Dalí (nascido em 1904). Acima, seu famoso quadro *A girafa em fogo*. Abaixo, à esquerda, um dos *frottages* (desenho obtido por uma técnica de raspagem e esfrega de ladrilhos) de Max Ernst, da sua *História natural*.

A série *História natural* de Ernst lembra o interesse que havia em tempos passados pelas formas "acidentais" da natureza. Abaixo, à direita, gravura de uma coleção holandesa, do século XVIII, também uma espécie de "história natural" surrealista, com suas pedras, corais e esqueletos.

O SIMBOLISMO NAS ARTES PLÁSTICAS

pode visualizar um cavalo galopando sobre um tomate é um perfeito idiota". (Podemos evocar aqui a associação fortuita da cabeça de mármore com as luvas de borracha vermelhas no quadro de De Chirico.) Certamente, muitas dessas associações foram simples brincadeiras e disparates. Mas o que a maioria dos artistas modernos pretende nada tem de engraçado.

O acaso tem um papel significativo na obra do escultor francês Jean (ou Hans) Arp. Suas gravuras de folhas e outras formas jogadas ao acaso são uma outra expressão da busca, como diz ele, de "um significado secreto e primitivo que dorme sob o mundo das aparências".[43] Chamou essas composições de *Folhas agrupadas segundo as leis do acaso* e *Quadrados agrupados segundo as leis do acaso*. Nessas composições é o acaso que dá profundidade à obra de arte, salientando um princípio desconhecido, mas ativo, de sentido e de ordem que se manifesta nas *coisas* como sua "alma secreta".

Foi acima de tudo o desejo de "tornar o acaso essencial" (segundo Paul Klee) que fundamentou os esforços dos surrealistas de tomar veios da madeira, formações de nuvens etc. como ponto de partida para a sua pintura visionária. Max Ernst, por exemplo, retornou a Leonardo da Vinci, que escreveu um ensaio sobre observações feitas por Botticelli de que, jogando-se uma

Abaixo, moedas romanas usadas em localidades progressivamente mais distantes de Roma. A face da última moeda (a mais distante do centro de controle) desintegrou-se. Há nesta imagem uma estranha correspondência com a desintegração psíquica que drogas como o LSD podem provocar. Mais abaixo, desenhos de um artista drogado para uma experiência realizada na Alemanha, em 1951. Os desenhos vão se tornando cada vez mais abstratos à medida que o controle do consciente vai sendo vencido pelo inconsciente.

esponja empapada de tinta numa parede, as manchas resultantes nos fazem ver cabeças, animais, paisagens e uma extensa gama de configurações.

Ernst descreve como foi perseguido por uma visão, no ano de 1925. Ela se impôs verdadeiramente a ele quando fixava um chão ladrilhado e marcado por milhares de ranhuras. "Para dar base às minhas faculdades de meditação e alucinação, fiz uma série de desenhos dos ladrilhos colocando sobre eles, ao acaso, folhas de papel e depois esfregando lápis de cera por cima. Quando olhei o resultado, espantei-me em sentir, de repente, com uma intensa acuidade, a série alucinante de imagens contrastantes e superpostas. Reuni os primeiros resultados obtidos daquelas esfregações (*frottages*) e chamei-os de *História natural*."[44]

É importante notarmos que Ernst colocou por cima ou por trás desses *frottages* um anel ou círculo dando à imagem uma atmosfera e uma profundidade particulares. O psicólogo pode reconhecer aqui o impulso inconsciente de opor ao acaso caótico daquela linguagem natural da imagem um símbolo de totalidade psíquica autossuficiente, estabelecendo assim o equilíbrio. O anel ou círculo domina o quadro. A totalidade psíquica, tendo um sentido próprio e dando um sentido às coisas, rege a natureza.

Nas tentativas de Max Ernst de descobrir a ordem secreta das coisas, podemos perceber uma afinidade com os românticos do século XIX.[45] Eles se referiam à "caligrafia" da natureza, que podemos ver escrita em todos os lugares — nas asas dos pássaros, nas nuvens, nas cascas dos ovos, na neve, nos cristais de gelo e em outras "estranhas conjunções do acaso", assim como nos sonhos ou nas visões. Os românticos viam em tudo a expressão de uma única e mesma "linguagem pictórica da natureza". Foi então um gesto genuinamente romântico o de Max Ernst ao chamar de "história natural" os quadros resultantes das suas experiências. E estava certo, pois o inconsciente (que evocara as suas imagens na configuração acidental das coisas) *é* natureza.

É com a *História natural* de Ernst ou com as composições ao acaso de Arp que começam a surgir as reflexões do psicólogo. Ele se defronta com o problema de saber que sentido pode ter um arranjo feito ao acaso — onde e quando ele aconteça — para o homem que ocasionalmente o encontra. Com essa indagação, o homem e a consciência também intervêm no assunto e, com eles, a possibilidade de descobrir o seu sentido.

O quadro que é consequência do acaso pode ser bonito ou feio, harmonioso ou dissonante, rico ou pobre de conteúdo, bem ou mal pintado. Esses fatores determinam o seu valor artístico, mas não são suficientes para o psicólogo (para desespero do artista e dos que encontram na contemplação da forma a sua suprema alegria). Ele investiga mais além e tenta compreender o "código secreto" do arranjo resultante do acaso, na medida em que o homem o pode

O SIMBOLISMO NAS ARTES PLÁSTICAS

decifrar. O número e a forma dos objetos jogados juntos e ao acaso por Arp suscitam tantas questões quanto qualquer dos detalhes dos fantásticos *frottages* de Ernst. Para o psicólogo, eles são símbolos, e portanto não podem ser apenas sentidos, devendo, até certo ponto, ser interpretados.

O afastamento aparente ou real do homem de muitas obras de arte moderna, a falta de reflexão, a predominância do inconsciente sobre o consciente oferecem ao crítico inúmeros pontos de ataque. Referem-se eles, então, como arte patológica ou comparam esse tipo de composição com quadros pintados por loucos, pois uma das características da psicose é a consciência e o ego ficarem submersos, "afogados" no fluxo dos conteúdos provenientes das regiões inconscientes da psique.

É bem verdade que as comparações críticas de hoje não são tão violentas quanto as que se faziam há uma geração. Quando o dr. Jung estabeleceu, pela primeira vez, uma analogia desse tipo num ensaio sobre Picasso (1932), provocou uma tempestade de protestos. Hoje o catálogo de uma conhecida galeria de arte de Zurique refere-se à "obsessão quase esquizofrênica" de um famoso artista, e o escritor alemão Rudolf Kassner, apontando Georg Trakl como "um dos maiores poetas germânicos", prossegue dizendo: "Havia nele algo de esquizofrênico. Pode-se perceber na sua obra marcada, também ela, por um toque de esquizofrenia. Sim, Trakl é um grande poeta".[46]

Hoje já se admite que a esquizofrenia não exclui a visão artística, e vice-versa. Em minha opinião, as famosas experiências com mescalina e drogas similares contribuíram para essa mudança de atitude. As drogas criam um estado visionário no qual cores e formas se intensificam, como na esquizofrenia. E mais de um artista contemporâneo tem buscado esse tipo de inspiração.

A FUGA DA REALIDADE

FRANZ MARC DISSE UM DIA: "A arte do futuro dará expressão formal às nossas convicções científicas". Foi uma afirmação profética. Já observamos a influência que exerceram sobre os artistas, nos primeiros anos do século XX, a psicanálise de Freud e a descoberta (ou redescoberta) do inconsciente. Outro ponto importante foi a relação entre a arte moderna e os resultados obtidos nas pesquisas da física nuclear.

Em termos simples, não científicos, a física nuclear despojou as unidades básicas da matéria do seu caráter absolutamente concreto. Tornou a matéria misteriosa. Paradoxalmente, massa e energia, onda e partícula provaram sua permutabilidade. As leis de causa e efeito mostraram-se válidas apenas até certo ponto. Já pouco importa que todas essas relatividades, descontinuidades e paradoxos só se apliquem aos limites extremos do nosso mundo o infinitamente pequeno (o átomo) e o infinitamente grande (o cosmos). Provocaram uma mudança drástica no conceito de realidade, pois uma realidade nova, e irracional e totalmente diferente, surgiu por trás do nosso mundo real e "natural", regido pelas leis da física clássica.

Relatividades e paradoxos análogos foram descobertos no domínio da psique. Aqui também surgiu um outro mundo às margens do mundo da consciência, governado por novas e até então desconhecidas leis, estranhamente semelhantes às da física nuclear. O paralelismo entre a física nuclear e a psicologia do inconsciente coletivo foi matéria muitas vezes discutida por Jung e por Wolfgang Pauli, ganhador do prêmio Nobel de física. O contínuo tempo-espaço da física e o inconsciente coletivo podem ser considerados, por assim dizer, como o aspecto exterior e interior de uma única realidade que se esconde por trás das aparências. (A relação

entre a física e a psicologia será discutida pela dra. M.-L. von Franz na conclusão deste livro.)

É característica desse mundo único que se encontra por trás do universo da física e da psique ter leis, processos e conteúdos inimagináveis. E esse é um fator de extrema importância para a compreensão da arte de nossos tempos, pois o tema principal da arte moderna é também, em certo sentido, inimaginável. Por isso, grande parte dela tornou-se "abstrata". Os grandes artistas do século XX procuraram dar forma visível à "vida que existe por trás das coisas", e por isso suas obras são a expressão simbólica de um mundo que se encontra por trás da consciência (ou, talvez, por trás dos sonhos, pois só raramente os sonhos não são figurativos). Assinalam, assim, a realidade "única", a vida "única" que parece ser um segundo plano comum aos dois domínios das aparências, o da física e o da psicologia.

Só alguns poucos artistas tomaram consciência da relação entre a forma de expressão dessa segunda realidade e a física e a psicologia. Kandinsky é um dos mestres que expressou a profunda emoção que lhe despertaram as primeiras descobertas da física moderna. "No meu espírito, o colapso do átomo foi o colapso de todo um mundo: de repente, tombaram as minhas mais firmes muralhas. Tudo se tornou instável, inseguro e sem substância. Não me surpreenderia se uma pedra se volatizasse diante de meus olhos. A ciência parecia-me ter sido aniquilada." O resultado dessa decepção foi o afastamento do artista do "reino da natureza", do "populoso primeiro plano das coisas". "Parecia", acrescentou Kandinsky, "que eu estava vendo a arte desprender-se firmemente da natureza."[47]

Essa ruptura com o mundo das coisas aconteceu mais ou menos ao mesmo tempo com outros artistas. Franz Marc escreve: "Não aprendemos, depois de milhares de anos de experiências, que as coisas falam cada vez menos quando lhes damos a precisão óptica de um espelho? A aparência será eternamente pobre de relevos...".

Os quadros das páginas 357 e 355, todos de Franz Marc (1880-1916), mostram a sua evolução progressiva de um interesse por objetos exteriores para uma arte completamente "abstrata". À extrema esquerda, *Cavalos azuis* (1911); ao lado, *Cabritos em um bosque* (1913-14); abaixo, *Jogo de formas* (1914).

À esquerda, *Tela nº1* de Piet Mondrian — um exemplo da aproximação moderna à "forma pura" (termo de Mondrian) através do emprego de estruturas geométricas totalmente abstratas.

A arte de Paul Klee é exploração visual e expressão do espírito que se esconde por trás da natureza — o inconsciente, ou como ele diz, "o secretamente percebido". Algumas vezes sua visão pode ser perturbadora e demoníaca, como em *Morte e fogo*, página ao lado, à direita; ou revelar uma imaginação poética, como em *Simbad, o marinheiro* (extrema direita).

Para Marc, o objetivo da arte era "revelar a vida sobrenatural que existe por trás de tudo, quebrar o espelho da vida para que se possa contemplar o verdadeiro rosto do Ser".[48] E escreve Paul Klee: "O artista não atribui às formas naturais do universo aparente a mesma significação convincente dos realistas que o criticam. Ele não se sente intimamente ligado a essa realidade porque não consegue ver nos produtos formais da natureza a essência do processo criador. Está mais interessado nas forças formativas do que nas formas que estas forças produzem".[49] Piet Mondrian acusou o cubismo de não ter perseguido a abstração até a sua conclusão lógica, "a expressão da realidade pura". Isso só se conseguiria com a "criação da forma pura", livre de qualquer condicionamento a sentimentos e ideias subjetivas. "Por trás das mudanças das formas naturais existe a realidade pura, que não muda jamais."[50]

Um grande número de artistas tentou passar das aparências à realidade de um segundo plano, ou ao "espírito da matéria", por um processo de transmutação dos objetos — por meio da fantasia, do surrealismo, das imagens oníricas, do acaso etc.. Os artistas "abstratos", no entanto, voltaram as costas aos objetos. Seus quadros não continham objetos identificáveis; eram, segundo Mondrian, nada mais que "forma pura".

Mas é preciso nos darmos conta de que o que interessava a esses artistas era um problema muito mais complexo que o da forma ou da distinção entre "concreto" e "abstrato", figurativo e não figurativo. Seu objetivo era o centro da vida e das coisas, o seu imutável segundo plano e a aquisição de certeza interior. A arte se tornara misticismo.

O espírito em cujo mistério a arte estava submersa era um espírito terrestre, aquele que os alquimistas medievais chamavam de Mercúrio. Mercúrio é o símbolo do espírito que esses artistas pressentiam ou buscavam por trás da natureza e das coisas, "por trás da aparência da natureza". O seu misticismo não era cristão, pois o espírito de Mercúrio é estranho ao espírito "celeste". Na

verdade, era o velho e tenebroso adversário do cristianismo que maquinava seu caminho pela arte. Começamos a ver aqui a verdadeira significação histórica e simbólica da "arte moderna". Tal como os movimentos herméticos da Idade Média, ela deve ser compreendida como um misticismo do espírito da terra e, portanto, uma expressão de nossa época de compensação ao cristianismo.

Nenhum artista sentiu esse segundo plano místico da arte mais agudamente ou falou a seu respeito com mais paixão do que Kandinsky. A importância das grandes obras de arte de todos os tempos não repousa, a seu ver, "na superfície, no exterior, mas na raiz das raízes — no conteúdo místico da arte". E por isso afirma: "O olho do artista deveria estar sempre voltado para a sua vida íntima e seu ouvido sempre alerta à voz da necessidade interior. É o único meio para dar expressão ao que a visão mística comanda".

Kandinsky descrevia seus quadros como uma expressão espiritual do cosmos, uma música das esferas, uma harmonia de cores e formas. "A forma, mesmo quando abstrata e geométrica, tem uma ressonância interior; é um ser espiritual cujas qualidades coincidem exatamente com aquela forma". "O impacto do ângulo agudo de um triângulo em um círculo tem um efeito tão surpreendente quanto o dedo de Deus tocando o dedo de Adão, em Michelangelo."[51]

Em 1914, Franz Marc escreveu nos seus *Aforismos*:[52]

> *A matéria é um assunto que o homem consegue no máximo tolerar; ele se recusa a reconhecê-la. A contemplação do mundo tornou-se a penetração no mundo. Não existe místico que, nos seus momentos de êxtase mais sublimes, jamais alcance a abstração perfeita do pensamento moderno, ou que não ausculte as suas ressonâncias com sonda mais profunda.*

Paul Klee, que podemos considerar o poeta dos pintores modernos, diz:

> *É missão do artista penetrar o mais fundo possível naquele âmago secreto onde uma lei primitiva sustenta o seu crescimento. Que artista não desejaria habitar a fonte central de todo o movimento espaço-tempo (esteja ele situado no cérebro ou no coração da criação), de onde todas as funções extraem a sua seiva vital? Onde se esconde a chave secreta de todas as coisas? No ventre da natureza, na fonte original de toda criação? (...) Coração a palpitar, somos levados cada vez mais para baixo, em direção à fonte primordial.*

E o que encontramos nessa jornada "deve ser levado muito a sério, desde que, combinado integralmente com os meios artísticos apropriados, desabroche em estrutura". Porque, como acrescenta Klee, não é apenas questão de reproduzir o que se vê, mas de "tornar visível tudo o que se percebe secretamente". Toda a obra de Klee se inspira e se fixa diretamente nessa fonte original das formas. "Minha mão é, inteira, o instrumento de uma esfera mais distante. E tampouco é a minha mente que age; é alguma outra coisa..." Na sua obra, o espírito da natureza e o espírito do inconsciente são forças inseparáveis. E atraíram-no, a ele e a nós, espectadores, para dentro do seu círculo mágico.

A obra de Klee é a expressão mais complexa — ora poética, ora demoníaca — do espírito ctônico ou terrestre. O humor e o bizarro lançam uma ponte do mundo subterrâneo para o mundo humano. A ligação entre a sua fantasia e a terra é a observação atenta das leis da natureza e o amor por todos os seres. "Para o artista", escreveu uma vez, "o diálogo com a natureza é a condição *sine qua non* de sua obra."[53]

Encontramos uma expressão diversa desse espírito inconsciente e secreto em um dos mais jovens pintores "abstratos", Jackson Pollock, um americano morto aos 44 anos em um acidente de automóvel. Sua obra exerceu enorme influência sobre artistas mais jovens de nossa época.[54] Em *Minha pintura*, ele revelou que trabalhava em uma espécie de transe:

Quando pinto não me dou conta do que estou fazendo. Só após um período de "familiarização" é que verifico o que resultou. Não receio fazer mudanças ou destruir imagens porque o quadro tem vida própria. E tento deixá-la surgir. Apenas quando perco contato com o quadro é que o resultado é confuso. De outro modo, há harmonia pura, um cômodo tomar e dar, e o quadro responde bem.[55]

Os quadros de Pollock, pintados praticamente em estado de inconsciência, são carregados de uma veemência emocional sem limites. Na sua falta de estrutura, são quase caóticos, um ardente fluxo de cores, linhas, planos e pontos. Podem ser considerados análogos àquilo que os alquimistas chamavam de *massa confusa*, *a prima materia* ou caos — termos todos que definem a preciosa matéria-prima do processo alquímico, o ponto de partida da busca da essência do ser. Os quadros de Pollock significam o nada, que é tudo — isto é, o próprio inconsciente. Parecem vir de uma época anterior ao aparecimento da consciência e do ser; ou parecem, ainda, evocar fantásticas paisagens de uma época em que a consciência e o ser estariam extintos.

Na metade do século XX a pintura puramente abstrata, sem qualquer disposição regular de formas e cores, tornou-se a forma mais comum de pintura. Quanto mais profunda a dissolução da "realidade", mais o quadro perde seu conteúdo simbólico. A razão desse fenômeno está na natureza do símbolo e na sua função. O símbolo é um objeto do mundo conhecido que sugere alguma coisa desconhecida; é o conhecimento expressando vida e sentido do que é inexprimível. Mas nos quadros somente abstratos o mundo conhecido é completamente afastado. Nada resta que permita lançar uma ponte para o desconhecido.

Por outro lado, essas pinturas revelam um segundo plano inesperado, um sentido oculto. Muitas vezes são imagens mais ou menos exatas da própria natureza, e mostram uma impressionante semelhança com a estrutura molecular de seus elementos orgânicos e inorgânicos dessa mesma natureza, o que nos

Os quadros de Jackson Pollock (à esquerda, o *N° 23*) eram pintados em transe (inconscientemente), a exemplo do que acontece com outros artistas modernos — como o francês Georges Mathieu (à extrema esquerda), adepto da pintura "de ação". O resultado caótico, mas forte, pode ser comparado com a "massa confusa" da alquimia, e lembra estranhamente formas reveladas nas microfotografias (veja p. 21). À direita, uma configuração semelhante: vibrações produzidas pelas ondas do som na glicerina.

deixa perplexos. A abstração pura tornou-se uma imagem da natureza concreta. Mas Jung pode dar-nos, talvez, a chave do problema:

"As camadas mais profundas da psique", disse ele, "perdem sua singularidade individual à medida que mergulham na escuridão. Nos níveis mais baixos, isto é, quando se aproximam dos sistemas funcionais autônomos, tornam-se cada vez mais coletivas até que se universalizam e desaparecem na materialização do corpo, ou seja, em substâncias químicas. O carbono do corpo é carbono, simplesmente. Assim, 'intrinsecamente', a psique é apenas 'mundo'."[56]

Uma comparação entre pintura abstrata e microfotografia mostra que a abstração pura na arte imaginativa tornou-se, de um modo secreto e surpreendente, "naturalista", já que tem por objeto os elementos da matéria. A "grande abstração" e o "grande realismo" que haviam se separado no início do século XX juntaram-se de novo. Lembremo-nos das palavras de Kandinsky: "Os polos abrem dois caminhos que levam, no final, a um *único* alvo". Esse "alvo", esse ponto de união, é alcançado na pintura abstrata moderna, mas de maneira totalmente inconsciente. O processo não é determinado por nenhuma intenção do artista.

Essa observação nos leva a um dado muito importante da arte moderna: o artista não é, como parece, tão livre na sua criação quanto acredita ser. Se sua obra for realizada de maneira mais ou menos inconsciente, ela será controlada por leis da natureza que, no plano mais profundo, correspondem às leis da psique, e vice-versa.

Os grandes pioneiros da arte moderna deram a mais clara expressão a seus verdadeiros objetivos e às profundezas de onde nasce o espírito que os marcou com suas impressões. Esse ponto é importante, apesar de nem sempre os artistas que os sucederam (e que podem não ter percebido tudo isso) terem auscultado as mesmas profundezas. No entanto, Kandinsky ou Klee jamais avaliaram o grave risco psicológico a que se expunham com a sua submersão mística no espírito terrestre e no cerne original da natureza. Agora ele deve ser explicado.

Como ponto de partida, podemos abordar outro aspecto da arte abstrata. O escritor alemão Wilhelm Worringer a interpretou como a expressão de um mal-estar e de uma angústia metafísica que lhe pareciam mais acentuados entre os povos nórdicos. Como explicou, a realidade lhes é motivo de sofrimento. Não possuem a naturalidade da gente sulina e anseiam por um mundo super-real e supersensual a que dão expressão por meio da arte imaginativa ou abstrata.

No entanto, como assinala *Sir* Herbert Read na sua *Uma história da pintura moderna*, a ansiedade metafísica já não é só germânica ou nórdica; atualmente, é uma característica de todo o mundo moderno. Read cita Klee, que escrevia em seu *Diário* no início de 1915: "Quanto mais horrível se torna o mundo (como nestes nossos dias) mais a arte se torna abstrata; já um mundo em paz produz uma arte realista".[57] Para Franz Marc, a abstração oferecia um refúgio contra o mal e a feiura existentes no mundo: "Cedo em minha vida senti que o homem era feio. Os animais pareciam mais amáveis e puros, e, no entanto, mesmo entre eles, descobri tanta coisa revoltante e odiosa que minha pintura tornou-se cada vez mais esquemática e abstrata".[58]

Muito podemos aprender com um diálogo que ocorreu em 1958 entre o escultor italiano Marino Marini e o escritor Edouard Roditi.[59] O tema dominante de que Marini se ocupara durante anos, sob múltiplas formas, era a figura de um jovem nu sobre um cavalo. Nas primeiras versões, descritas por ele nessa conversa como "símbolos de esperança e gratidão" (após o término da Segunda Grande Guerra), o cavaleiro monta seu cavalo com os braços estendidos e o corpo levemente inclinado para trás. Com o passar dos anos, o tratamento do tema tornou-se mais "abstrato". A forma mais ou menos "clássica" do cavaleiro foi gradualmente se dissolvendo.

Referindo-se ao sentimento que motivou essa transformação, disse Marini: "Se repararem nas minhas estátuas equestres dos últimos doze anos, em ordem cronológica, vão verificar que o pânico do animal cresce continuamente, mas que ele fica transido de terror e paralisado em lugar de empinar-se ou disparar. Tudo isso porque acredito que estamos nos aproximando do fim do mundo. Em cada estátua esforcei-me por exprimir esse medo e esse desespero crescentes. Assim, tento simbolizar a última etapa de um mito agonizante, o mito do indivíduo, herói vitorioso; do homem virtuoso do humanismo".

Nos contos de fadas e nos mitos, o "herói vitorioso" simboliza a consciência. Sua derrota, como diz o próprio Marini, significa a morte do indivíduo, um fenômeno que se manifesta socialmente pela dissolução do indivíduo na massa e artisticamente pelo declínio do elemento humano.

Quando Roditi perguntou se Marini estava renunciando aos cânones clássicos para tornar-se "abstrato", o pintor respondeu: "No momento em que a arte tem de expressar medo, deixa por ela mesma o ideal clássico".

Marini encontrou temas para sua obra nos corpos petrificados pelo Vesúvio descobertos em Pompeia. Roditi denominou a arte do escultor "estilo Hiroshima", pois ela evoca visões do fim do mundo. Marini, aliás, concordou com a classificação. Sentia-se, dizia ele, como se tivesse sido expulso de um paraíso terrestre. "Até recentemente, o escultor visava ao vigor das formas e à plenitude sensual. Mas, nos últimos quinze anos, a escultura prefere formas em desintegração."

O diálogo entre Marini e Roditi explica claramente a transformação da arte "sensorial" em abstrata para qualquer um que já tenha percorrido atentamente uma exposição de arte moderna. Não importa o quanto o visitante vá apreciar ou admirar suas qualidades convencionais, ele dificilmente poderá deixar de sentir o medo, o desespero, a agressão e a zombaria que soam como um grito lançado de muitas das obras expostas. A "inquietude metafísica" expressa na angústia desses quadros e esculturas pode ter brotado, como aconteceu com Marini, do desespero de um mundo condenado. Em outros casos, pode ter sido acentuado o fator religioso ante o sentimento de que Deus está morto. Há uma íntima ligação entre os dois motivos.

Na raiz dessa angústia interior está a derrota (ou melhor, o recuo) da consciência. No estuário da experiência mística, tudo que já ligou o homem ao universo humano, à terra, ao tempo e ao espaço, à matéria e à vida natural foi rejeitado ou destruído. Mas se a inconsciência não for contrabalançada pela experiência consciente, ela vai manifestar implacavelmente o seu aspecto desfavorável ou negativo. A riqueza do som criador que fez a harmonia das esferas ou os maravilhosos mistérios da natureza original foram substituídos pela destruição e pelo desespero. Em mais de um caso, o artista tornou-se uma vítima passiva do seu inconsciente.

Também na física o mundo que jaz num segundo plano revelou sua essência paradoxal; as leis dos elementos mais íntimos da natureza, as estruturas e as relações recentemente descobertas na sua unidade básica, o átomo, tornaram-se o fundamento científico de armas de destruição sem precedente, e abriram caminho para o aniquilamento. O conhecimento máximo e a destruição do mundo são dois aspectos dessa descoberta dos alicerces primordiais da natureza.

Jung, tão familiarizado com o perigo da dupla natureza do inconsciente quanto com a importância da consciência humana, só pôde oferecer à humanidade uma arma contra a catástrofe: o apelo à consciência individual, que parece tão simples, no entanto é extremamente árduo.

A consciência não é indispensável apenas como contrapeso ao inconsciente e não é só ela que dá significado à vida. Exerce também uma função eminentemente prática. Podemos, da mesma maneira como vemos o mal no mundo exterior, nos nossos vizinhos ou em outros povos, tomar consciência dele também nos conteúdos nefastos da nossa própria psique, e esse conhecimento seria o primeiro passo para uma mudança radical de atitude para com o nosso próximo.

A inveja, a luxúria, a sensualidade, a mentira e todos os outros vícios são o aspecto "sombrio" e negativo do inconsciente, que se pode manifestar de dois modos. No seu aspecto positivo, aparece como um "espírito da natureza",

cuja força criadora anima o homem, as coisas e o mundo. É o "espírito ctônico" ou terrestre, que tantas vezes mencionamos neste livro. No aspecto negativo, o inconsciente (aquele mesmo espírito) manifesta-se como o espírito do mal, como uma propulsão destruidora.

Como já observamos, os alquimistas consideram esse espírito "o espírito de Mercúrio" e chamaram-no, muito adequadamente, de *Mercurius duplex* (o Mercúrio de duas caras, dual). Na linguagem religiosa do cristianismo, chamam-no de diabo. Mas, tão improvável quanto possa parecer, também o diabo tem um aspecto de dualidade. No sentido positivo, aparece como Lúcifer — literalmente, aquele que traz a luz.

Analisada sob o ângulo dessas dificuldades e paradoxos, a arte moderna (que reconhecemos como um símbolo do espírito terrestre) também tem um aspecto duplo. No sentido positivo, é a expressão de um misticismo da natureza, tão misterioso quanto profundo; no negativo, só pode ser interpretada como a expressão de um espírito mau e

Ao alto e ao centro, duas esculturas de Marino Marini (1901-66), respectivamente de 1945 e 1951, mostram como o tema do cavaleiro sobre o cavalo passou de uma expressão de tranquilidade para uma de medo torturante e desespero, enquanto as esculturas foram se tornando cada vez mais abstratas. As obras mais recentes de Marini foram influenciadas pelo aspecto igualmente tocado de pânico, de corpos petrificados encontrados em Pompeia (à esquerda).

destruidor. Os dois aspectos são inseparáveis, pois o paradoxo é uma das qualidades básicas do inconsciente e dos seus conteúdos.

Para evitar qualquer mal-entendido, deve ser mais uma vez assinalado que as considerações aqui feitas nada têm a ver com os valores artísticos e estéticos das obras, dizendo respeito apenas à interpretação da arte moderna como símbolo de nossa época.

A UNIÃO DOS CONTRÁRIOS

HÁ MAIS UM PONTO QUE DEVEMOS ABORDAR. O espírito de uma época está em movimento incessante. É como um rio que corre, de maneira invisível mas constante; e, dado o ritmo de vida do nosso século, até mesmo o espaço de dez anos é um tempo bastante longo.

Mais ou menos na metade do século XX começou a manifestar-se uma mudança na pintura. Nada de revolucionário, nada comparável à transformação de 1910, que reconstruiu a arte sobre novas bases. Mas certos grupos de artistas formularam seus objetivos em termos ainda não conhecidos. E essa transformação prossegue dentro das fronteiras da pintura abstrata.

A representação da realidade concreta, advinda da necessidade elementar que o ser humano tem de agarrar o momento que passa ainda em pleno voo, tornou-se uma arte verdadeiramente concreta e sensorial graças à fotografia, tal como praticada na França por Henri Cartier-Bresson, na Suíça por Werner Bischof, e outros. Podemos assim compreender por que os artistas continuam no rumo de uma arte interior e imaginativa. Para muitos artistas jovens, no entanto, a arte abstrata como foi praticada durante anos não oferece mais aventura e nenhuma possibilidade original de conquista. Buscando o novo, encontraram-no no que lhes estava mais próximo e que fora perdido — na natureza e no homem. Não estavam nem estão preocupados em reproduzir a natureza, mas sim em expressar a sua experiência emocional particular nesse reencontro.

O pintor francês Alfred Manessier definiu os objetivos da sua arte nas seguintes palavras:

> *O que temos de reconquistar é o peso da realidade perdida. Precisamos fazer para nós mesmos um novo coração, um novo espírito, uma nova alma, na medida exata do homem. A verdadeira realidade do pintor não está nem na abstração nem no realismo, mas na recuperação do seu peso como ser humano. Atualmente, a arte não figurativa parece-me oferecer ao pintor a única oportunidade de abordar sua realidade interior e de tomar consciência do seu eu essencial ou mesmo do seu ser. Só reconquistando essa posição, creio eu, é que o pintor será capaz, em tempos vindouros, de voltar lentamente a ele mesmo, de redescobrir seu próprio peso e de fortalecê-lo de tal maneira que possa chegar a alcançar a realidade exterior do mundo.*[60]

Jean Bazaine se exprime de maneira análoga:

O SIMBOLISMO NAS ARTES PLÁSTICAS

É uma grande tentação para o pintor de hoje pintar o próprio ritmo do seu sentimento, o pulsar mais secreto do seu coração, em lugar de incorporá-los a uma forma concreta. Isso, porém, leva apenas a uma matemática dessecada ou a uma espécie de expressionismo abstrato, que termina em monotonia e em um progressivo empobrecimento da forma... Mas uma forma que consegue reconciliar o homem com o seu ambiente é uma "arte de comunhão", através da qual, a qualquer momento, ele poderá reconhecer no mundo o seu próprio semblante informe.[61]

O que na verdade interessa aos artistas de hoje é a união consciente da sua realidade interior com a realidade do mundo ou da natureza; ou, em última instância, uma nova união de corpo e alma, de matéria e espírito. É a sua maneira de "reconquistar seu peso como ser humano". Só agora é que a enorme fenda existente na arte moderna entre a "grande abstração" e a "grande realidade" está sendo conscientizada e a caminho de encontrar a sua cicatrização.

Para o espectador, isso se torna evidente, em primeiro lugar, pela mudança de atmosfera nas obras desses artistas. Dos quadros de pintores como Alfred Manessier ou o belga Gustave Singier, a despeito de toda a abstração, irradiam uma nova crença no mundo e, a despeito de toda a intensidade emocional, uma harmonia de formas e cores que muitas vezes alcança a serenidade. As famosas tapeçarias de Jean Lurçat da década de 1950 estão impregnadas de toda a exuberância da natureza. Sua arte pode ser chamada ao mesmo tempo de sensorial e imaginativa.

Encontramos também uma serena harmonia de formas e cores na obra de Paul Klee. Essa harmonia é o que ele sempre buscara. Acima de tudo, Klee tomou consciência da necessidade de não negar o mal. "O próprio mal não deve ser um inimigo triunfante ou degradante, mas uma força que colabora com o todo." Mas o ponto de partida de Klee não foi o mesmo. Ele viveu perto "dos mortos e dos que não nasceram",[62] a uma distância quase cósmica, enquanto a geração mais jovem de pintores está mais firmemente enraizada na terra.

Um ponto importante a enfatizar é que a pintura moderna, ao avançar o bastante para distinguir a união dos contrários, retomou os temas religiosos. O "vazio metafísico" parece ter sido vencido. E aconteceu o absolutamente

No século XX, a representação da atualidade – outrora domínio do pintor e do escultor – foi assumida pelo fotógrafo, cuja câmera não só documenta (como qualquer quadro paisagístico dos séculos anteriores), como também expressa a sua experiência emocional em relação ao assunto. À esquerda, uma cena japonesa fotografada por Werner Bischof (1916-54).

inesperado: a Igreja tornou-se freguesa da arte moderna![63] Basta mencionar aqui a igreja de Todos os Santos, em Basileia, com vitrais de Alfred Manessier; a igreja de Assy, com um grande número de quadros modernos; e a de Audincourt, com obras de Jean Bazaine e de Fernand Léger.

A abertura da Igreja à arte moderna significa mais que um ato de tolerância de seus patronos: simboliza o fato de que a relação da arte moderna com o cristianismo está mudando. A função compensatória dos velhos movimentos herméticos deu lugar a uma possibilidade de cooperação. Quando discutimos os símbolos animais de Cristo, assinalamos que o espírito luminoso e o ctônico se pertenciam mutuamente. Parece que chegou o momento de se alcançar uma nova etapa na solução desse problema milenar.

Não sabemos o que nos reserva o futuro — se a aproximação dos contrários dará resultados positivos ou se vai levar ainda a maiores e inimagináveis catástrofes. Há muita ansiedade e medo no mundo e estes ainda são fatores que predominam na arte e na sociedade. Acima de tudo, o homem ainda está pouco disposto a aplicar nele mesmo e na sua vida as conclusões que pôde deduzir da arte, apesar de estar pronto a aceitá-las sob o ponto de vista estético. O artista consegue expressar muitas coisas, inconscientemente e sem despertar hostilidade, que quando formuladas por um psicólogo provocam ressentimentos (fato que pode ser ainda mais bem exemplificado na literatura do que nas artes plásticas). Confrontado com as revelações do psicólogo, o indivíduo sente-se diretamente desafiado; mas o que o artista tem a declarar, particularmente no século XX, em geral mantém-se em um campo impessoal.

No entanto, parece importante que uma forma de expressão mais completa, e portanto mais humana, tenha surgido nessa época. É afinal um vislumbre de esperança, simbolizado para mim (em 1961, ano em que escrevo estas palavras) por inúmeros quadros do artista francês Pierre Soulages. Por trás de um amontoado de caibros imensos e escuros cintila um azul claro e puro ou um radioso amarelo. A aurora começa a raiar ao fundo das trevas.

O SIMBOLISMO NAS ARTES PLÁSTICAS   369

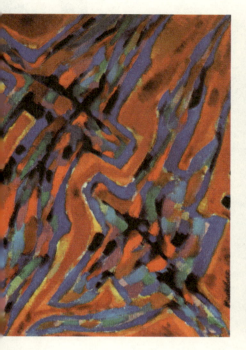

Na metade do século XX, a arte parece estar se afastando do desespero de um Marini para voltar à natureza e à terra — como se vê no gesto de Jean Lurçat, ao expor suas obras a céu aberto (na página ao lado). Acima, *Dédicace à Sainte Marie Madeleine*, de Alfred Manessier (nascido em 1911). Acima, à direita, *Pour la naissance du surhomme*, do francês Pierre-Yves Trémois (nascido em 1921). Ambos os trabalhos indicam uma tendência de abertura à vida e à plenitude. O quadro, à direita, de Pierre Soulages (nascido em 1919) pode ser traduzido como um símbolo de esperança: por trás do cataclismo das trevas, distingue-se um bruxulear de luzes.

V

SÍMBOLOS EM UMA ANÁLISE INDIVIDUAL

Jolande Jacobi

Gravura francesa do século XVII: *O Palácio dos Sonhos.*[1]

O COMEÇO DA ANÁLISE

EXISTE UMA CRENÇA MUITO DIFUNDIDA de que os métodos da psicologia junguiana só se aplicam a pessoas de meia-idade. Na verdade, muitos homens e mulheres alcançam a "meia-idade" sem a correspondente maturidade psicológica, sendo portanto necessário ajudá-los a reparar as fases negligenciadas do seu desenvolvimento. São pessoas que não terminaram a primeira parte do processo de individuação, descrito pela dra. M.-L. von Franz. Mas é certo também que um jovem pode enfrentar sérios problemas no curso do seu crescimento. Se tem medo da vida e encontra dificuldades para ajustar-se à realidade, pode preferir viver dentro das suas fantasias ou conservar-se criança. Nesse tipo de jovem (sobretudo no introvertido) vamos descobrir, por vezes, no seu inconsciente insuspeitados tesouros, e trazendo-os à consciência podemos fortalecer-lhe o ego e dar-lhe a energia psíquica necessária para tornar-se uma pessoa amadurecida. É essa a poderosa função do simbolismo de nossos sonhos.

Os outros autores deste livro descreveram a natureza desses símbolos e o papel que representam na natureza psicológica do homem. Quero mostrar como a análise pode favorecer o processo de individuação relatando o caso de um jovem engenheiro de 25 anos, que chamarei de Henry.

Henry nasceu num distrito rural do leste da Suíça. Seu pai, de família camponesa protestante, era clínico geral. Henry o descreveu como um homem de elevados padrões morais, mas alguém muito recolhido dentro de si mesmo e com dificuldades para relacionar-se com outras pessoas. Era melhor pai para seus pacientes do que para seus filhos. Em casa, a personalidade dominante era a da mãe de Henry: "Fomos criados pela vigorosa mão de nossa mãe", disse ele uma vez. Ela pertencia a uma família de boa formação intelectual, gente que se interessava também por arte. Possuía, a despeito de sua severidade, um largo horizonte espiritual. Era impulsiva e romântica (amava a Itália). Apesar de ser católica de nascimento, os filhos foram educados na religião protestante do pai. Henry também tinha uma irmã mais velha, com quem se dava muito bem.

Nosso jovem era introvertido, tímido, louro, de traços finos, estatura elevada, testa alta e pálida, olhos azuis e grandes olheiras. Não julgava que havia sido neurose o que o trouxera a mim (como de hábito), mas sim uma necessidade interior de se ocupar da sua psique. Por trás desse anseio, no entanto, escondiam-se uma fixação pela figura da mãe e um grande medo de entregar-se à vida, problemas que só foram descobertos durante o processo de análise.

Ele acabara de se formar, arranjara emprego em uma grande fábrica e estava enfrentando os muitos problemas de um jovem que chega à idade adulta. "Parece-me", escreveu na carta em que me pedia uma consulta, "que esta fase da minha vida é particularmente importante e significativa. Devo decidir se permaneço inconsciente, ao abrigo de minha bem protegida segurança, ou se me aventuro por um caminho ainda desconhecido, mas no qual deposito grandes esperanças." A escolha com que se defrontava era, portanto, ou permanecer um jovem solitário, vacilante e fora da realidade ou tornar-se um adulto responsável e autossuficiente.

Henry disse-me que preferia os livros à sociedade; sentia-se inibido entre as pessoas e muitas vezes atormentava-se com dúvidas e autocríticas. Era bastante culto para sua idade e tinha uma inclinação para o intelectualismo estético. Depois de uma fase de ateísmo, tornara-se protestante convicto e adotara, por fim, uma atitude religiosa absolutamente neutra. Escolhera um ramo técnico de estudo porque reconhecia seu talento para a matemática e para a geometria. Tinha uma inteligência lógica, disciplinada pelas ciências naturais, mas também uma propensão ao irracional e ao místico que não queria admitir nem a si próprio.

Cerca de dois anos antes de começar a análise, ficara noivo de uma jovem católica, da Suíça francesa. Descreveu-a como uma pessoa encantadora, eficiente e cheia de iniciativa. No entanto, perguntava-se se deveria assumir as responsabilidades de um casamento. Como convivia pouco com moças, julgava melhor esperar ou mesmo continuar solteiro, dedicando-se a uma vida de estudos. Suas dúvidas eram suficientemente fortes para impedi-lo de tomar uma decisão; precisava dar mais alguns passos em direção à maturidade antes de se sentir seguro.

Apesar das características de seus pais estarem bastante combinadas em Henry, ele era acentuadamente ligado à mãe. Conscientemente, identificava-se com aquela mãe real (com o seu lado "claro") que representava para ele um conjunto de ideais elevados e ambições intelectuais. Mas inconscientemente

À esquerda, o palácio e monastério do Escorial, na Espanha, construído em 1563 por Felipe II. Sua estrutura de fortaleza simboliza o afastamento do introvertido do mundo. Abaixo, um desenho feito por Henry do estábulo que construiu quando criança, com ameias de fortaleza.

estava sob o poder dos aspectos tenebrosos da fixação materna. Seu inconsciente sufocava-lhe o ego de maneira asfixiante. Todo o seu raciocínio bem-delineado e seus esforços para encontrar um ponto de vista firme no plano racional não passavam de puro exercício intelectual.

Expressava a necessidade de escapar dessa "prisão materna" com reações hostis à mãe verdadeira e uma rejeição à "mãe interior", símbolo do lado feminino do seu inconsciente. No entanto, uma força no seu íntimo tentava prendê-lo à infância, fazendo-o resistir a tudo que o atraía ao mundo exterior: nem mesmo as encantadoras qualidades da noiva eram suficientes para libertá-lo dos laços maternos e ajudá-lo a encontrar-se. Não se dava conta de que o seu anseio interior para desenvolver-se (anseio que sentia tão agudamente) incluía a necessidade de desligar-se da mãe.

Meu trabalho de análise com Henry durou nove meses. Tivemos 35 sessões, durante as quais ele contou-me cinquenta sonhos. Uma análise de duração tão curta é muito rara. Só se torna possível quando sonhos carregados de energia, como os de Henry, aceleram o processo evolutivo. Naturalmente, do ponto de vista junguiano, não há uma regra geral do tempo necessário para o sucesso da análise. Tudo depende da capacidade do indivíduo de tomar consciência das ocorrências interiores e do material apresentado pelo seu inconsciente.

Como a maioria dos introvertidos, Henry levava uma vida exterior bastante monótona. Durante o dia, era completamente absorvido pelo trabalho. À noite, saía algumas vezes com a noiva ou com amigos com

Uma das recordações de infância de Henry aludia a um *croissant* (pãozinho em forma de lua crescente) que ele desenhou (à esquerda, ao alto). Ao centro, o mesmo desenho na placa de uma padaria moderna, na Suíça. A forma de crescente está associada, já há muito tempo, à Lua e, portanto, ao princípio feminino, como na coroa (à esquerda) da deusa Ishtar da Babilônia (século III a.C.).

quem gostava de ter discussões literárias. Muitas vezes ficava em casa, mergulhado em algum livro ou nos próprios pensamentos. Apesar de discutirmos regularmente os acontecimentos da sua vida diária e também os da sua infância e juventude, frequentemente chegávamos logo ao estudo dos seus sonhos e aos problemas que a sua vida interior lhe apresentava. Era impressionante ver com que insistência os sonhos o convocavam a um crescimento espiritual.

Devo deixar claro que nem tudo o que aqui está descrito foi comentado com Henry. No processo de análise precisamos sempre estar conscientes do quanto os símbolos oníricos podem ter um valor explosivo para o paciente. O analista nunca será cuidadoso e reservado o bastante. Se uma luz excessivamente forte for lançada sobre a linguagem onírica dos símbolos, o sonhador pode ser levado a um estado de ansiedade e, como mecanismo de defesa, à racionalização. Ou então não consegue mais assimilar esses símbolos e entra em séria crise psíquica. Os sonhos relatados e comentados aqui não são a totalidade dos que Henry teve durante a análise. Posso discutir apenas os mais importantes, aqueles que tiveram mais influência sobre o seu processo evolutivo.

No começo do nosso trabalho, apresentaram-se algumas recordações de infância de importante sentido simbólico. A mais recuada alcançava o quarto ano de vida de Henry. Disse-me ele: "Uma manhã fui com minha mãe à padaria e lá ganhei da mulher do padeiro um *croissant*. Não o comi, mas segurei-o orgulhosamente. Só minha mãe e a padeira estavam presentes; assim, era eu o único homem". O nome popular dado a esses pães é "dente de lua", e essa alusão simbólica à Lua acentua o poder dominante feminino — um poder ao qual o pequeno menino pode ter se sentido exposto e ao qual, como o "único homem", estava orgulhoso de enfrentar.

Outra lembrança de sua infância datava dos seus cinco anos. Dizia respeito à irmã, que chegara de exames na escola e o encontrara construindo um estábulo de brinquedo. Utilizava blocos de madeira arrumados na forma de um quadrado, rodeado de uma espécie de cerca que lembrava as ameias de um castelo. Henry estava contente com a sua obra e disse brincando à irmã: "Você começou a ir à escola, e já está de férias". A menina respondeu-lhe que, enquanto isso, ele passava o ano inteiro de férias, o que o aborreceu tremendamente. Magoou-se ao ver que seu "trabalho" não fora levado a sério.

Anos mais tarde, Henry ainda não esquecera a mágoa pungente e o sentimento de injustiça que lhe causara ver sua construção rejeitada. Os problemas posteriores que encontrou para firmar a sua masculinidade e o conflito entre valores racionais e fantasia já são perceptíveis nesse primeiro incidente. E são os mesmos problemas que aparecem nas imagens do seu primeiro sonho.

O PRIMEIRO SONHO

NO DIA SEGUINTE À PRIMEIRA CONSULTA, Henry teve o seguinte sonho:

Eu fazia uma excursão com um grupo de pessoas desconhecidas. Íamos a Zinalrothorn. Saíramos de Samaden. Andamos apenas durante uma hora porque deveríamos acampar e organizar uma representação teatral. Eu não tinha nenhum papel na peça. Lembro-me particularmente de uma atriz — uma jovem que interpretava um personagem patético e que usava um longo vestido esvoaçante.

Era meio-dia e eu desejava prosseguir em direção ao desfiladeiro. Como todos os outros preferiram ficar, caminhei sozinho, deixando meu equipamento de excursão. No entanto, encontrei-me de novo no vale e perdi completamente o rumo. Queria voltar ao meu grupo, mas não sabia por qual lado da montanha deveria subir. Hesitava em perguntar. Por fim, uma velha me indicou o caminho.

Escalei por um ponto diferente do que o nosso grupo usara pela manhã. A uma determinada altura, deveria virar à direita e seguir a encosta da montanha para reencontrar meus camaradas. Subi ao longo de uma estrada de ferro de cremalheira, pelo lado direito. À minha esquerda passavam incessantemente pequenos carros, cada um deles com um homenzinho todo inchado e vestindo um terno azul. Dizia-se que estavam mortos. Eu estava com medo que viessem carros por trás de mim e olhava constantemente para trás para não ser atropelado. Mas minha angústia não tinha fundamento.

No lugar em que eu deveria virar à direita, havia pessoas à minha espera. Levaram-me a um albergue. Caiu uma chuvarada: lamentei não ter trazido meu equipamento (minha mochila e minha motocicleta), mas disseram-me que só fosse buscá-lo na manhã seguinte. Aceitei o conselho.

O dr. Jung dava grande importância ao primeiro sonho em uma análise,[2] pois, no seu entender, ele tinha muitas vezes um valor de antecipação. A decisão de ir a um analista está sempre acompanhada de uma convulsão emocional que perturba as camadas psíquicas mais profundas, de onde surgem os símbolos arquetípicos. Os primeiros sonhos, portanto, muitas vezes apresentam "imagens coletivas" que dão uma perspectiva geral à análise e permitem ao terapeuta melhor percepção dos conflitos psíquicos do paciente.

O que nos conta o sonho acima relatado acerca do desenvolvimento futuro de Henry? Precisamos inicialmente examinar algumas associações que o próprio Henry forneceu. A vila de Samaden era o lugar onde vivera Jürg Jenatsch, famoso suíço que lutou em prol da liberdade de sua pátria, no século XVII. A representação teatral trouxe-lhe a ideia dos *Anos de aprendizado de Wilhelm Meisters*, de Goethe, livro de que Henry gostava especialmente. Na mulher, viu certa semelhança com um personagem de *A Ilha dos mortos*, do pintor suíço do século XIX Arnold Böcklin. A "sábia velha", como ele dizia, parecia estar associada por um lado ao seu analista e, por outro, à empregada diarista da peça de J. B. Priestley, *They Came to a City* (Chegaram a uma cidade). A estrada de ferro de cremalheira lembrou-lhe o estábulo (com as ameias) que construíra quando criança.

O sonho descreve uma "excursão", estabelecendo uma impressionante analogia à decisão de Henry de fazer análise. O processo de individuação é muitas vezes simbolizado por uma viagem de descobrimento a terras desconhecidas. Ocorre uma viagem assim em *O peregrino*, de John Bunyan, em *A divina comédia*, de Dante. O "viajante", no poema de Dante, buscando um caminho, chega a uma montanha que decide escalar. Mas, devido a três estranhos animais (um motivo que também aparece em um dos últimos sonhos de Henry), é obrigado a descer até o vale e mesmo ao inferno. (Mais adiante sobe novamente ao purgatório e alcança, afinal, o paraíso.) Dessa analogia pode-se deduzir que Henry também poderá atravessar um período semelhante de desorientação e busca solitária. A primeira parte dessa jornada existencial, representada na escalada da montanha, simboliza uma ascensão do inconsciente até um ponto de vista mais elevado do ego — isto é, até uma maior conscientização.

Samaden é o ponto de partida da excursão. Foi a vila onde Jenatsch (encarnando a "necessidade de liberdade" no inconsciente de Henry) começou sua campanha para libertar a região de Veltlin dos franceses. Jenatsch possuía outras características comuns a Henry: era um protestante que se apaixonara por uma jovem católica; e, tal como Henry, cuja análise deveria libertá-lo da fixação materna e do medo da vida, Jenatsch também lutava por uma libertação. Podia-se interpretar isso como um sinal favorável para Henry na sua luta pela liberdade. O objetivo da excursão era Zinalrothorn, uma montanha na Suíça ocidental que ele não conhecia. A palavra *rot* (vermelho), contida em Zinalrothorn, toca diretamente no problema emocional de Henry. O vermelho simboliza, usualmente, sentimento ou paixão; aqui indica o valor da função do sentimento, insuficientemente desenvolvido em Henry. E a palavra *horn* (chifre) lembra o *croissant* da padaria da sua infância.

Depois de uma curta caminhada, o grupo faz uma parada e Henry pode voltar ao seu estado de passividade, um traço da sua natureza que é acentuado pela representação teatral. Ir ao teatro (que é uma imitação da vida real) é uma maneira comum de fugir do papel ativo que nos cabe no drama da vida. O espectador pode identificar-se com a peça, continuando a entregar-se a suas

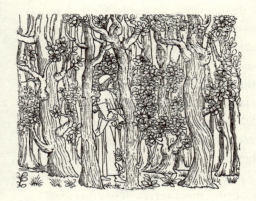

A fase inicial do processo de individuação pode ser um período de "desorientação" — como aconteceu com Henry. À esquerda, a primeira gravura em madeira de um livro do século XV, *O sonho de Poliphilo*, mostra o sonhador penetrando temerosamente num bosque escuro — representando, talvez, o ingresso no desconhecido.

Associações fornecidas por Henry para o seu primeiro sonho: à direita, *A ilha dos mortos*, do pintor suíço Arnold Böcklin (século XIX).

À extrema direita, cena da produção inglesa (1944) da peça de Priestley, *They Came to a City*, que diz respeito às relações de um grupo de pessoas, vindas de diferentes caminhos da vida, em uma "cidade ideal". Um dos personagens principais é uma empregada diarista (à esquerda, na fotografia).

fantasias. Esse tipo de identificação permitiu aos gregos a experiência da catarse tal como o psicodrama criado pelo psiquiatra norte-americano J. L. Moreno é utilizado agora na terapêutica. Um processo desse tipo pode ter ajudado Henry a evoluir interiormente, quando suas associações fizeram-no lembrar o *Wilhelm Meisters*, no qual Goethe descreve o amadurecimento de um jovem.

Não causa surpresa o fato de Henry ter se impressionado com o aspecto romântico de uma mulher. É uma imagem que lembra sua mãe e que, ao mesmo tempo, personifica o seu lado feminino inconsciente. A conexão que fez entre ela e *A ilha dos mortos*, de Böcklin, revela o seu estado depressivo, tão bem expresso pelo quadro no qual uma figura de branco, lembrando um padre, dirige um barco, com um esquife dentro, em direção a uma ilha. Temos aqui um paradoxo duplo e significativo: a quilha do barco parece indicar um curso contrário, para longe da ilha; e o "padre" é uma figura de sexo incerto. Nas associações de Henry, ela tem, certamente, caráter intersexo. O duplo paradoxo coincide com a ambivalência de Henry: os opostos na sua alma ainda estão bastante indiferençados para se apresentarem claramente separados.

Após esse interlúdio em seu sonho, Henry percebe, de repente, que é meio-dia e que deve partir. Dirige-se então ao desfiladeiro. Um desfiladeiro é símbolo bastante conhecido de uma "situação transitória", que leva de uma antiga atitude mental para uma nova. Henry deve seguir sozinho; é essencial ao seu ego vencer o teste sem auxílio. Assim, deixa a mochila para trás — uma ação que mostra o quanto o seu equipamento mental tornou-se um fardo, ou que precisa ao menos mudar de método nos seus empreendimentos.

No entanto, não chega ao desfiladeiro. Desorienta-se e encontra-se de novo no vale. Esse fracasso mostra que quando o ego de Henry decide ativar-se,

suas outras entidades psíquicas (representadas pelos outros membros do grupo) permanecem passivas e recusam-se a acompanhá-lo. (Quando o sonhador aparece pessoalmente no sonho, representa em geral só o seu ego consciente; os outros personagens representam suas qualidades inconscientes, mais ou menos desconhecidas.)

Henry encontra-se numa situação indefesa, mas envergonha-se de admiti-lo. Nesse momento encontra uma velha que lhe indica o caminho certo. Só lhe resta seguir o conselho da senhora. A "velha" prestimosa é um símbolo bem conhecido dos mitos e contos de fadas, nos quais representa a sabedoria do eterno feminino. O racionalista Henry hesita em aceitar seu auxílio porque implicaria um *sacrificium intellectus* — um sacrifício ou uma rejeição de um pensamento racional (essa exigência será feita várias vezes, nos sonhos subsequentes). É um sacrifício inevitável, e aplica-se tanto ao seu relacionamento com a análise quanto ao seu cotidiano.

Henry associou a figura da "velha" à empregada doméstica da peça de Priestley a respeito de uma nova cidade, uma cidade "de sonho" (talvez uma analogia à Nova Jerusalém do Apocalipse), onde os personagens só podem entrar após uma espécie de iniciação. Essa associação parece mostrar que Henry, intuitivamente, reconhecera nesse confronto algo de decisivo para ele. A empregada da peça de Priestley declara que, na cidade, "prometeram-me um quarto só para mim". Lá ela vai se sentir confiante e independente, como Henry procura ser.

Se um jovem de espírito racional como Henry escolhe conscientemente o caminho da evolução psíquica, ele deve estar preparado para uma mudança completa em suas antigas atitudes. Portanto, a conselho da mulher, deve reiniciar sua escalada de um outro local. Só então lhe será possível decidir em que ponto deve fazer o desvio que lhe vai permitir alcançar o grupo — as outras qualidades da sua psique que deixou para trás.

Sobe um caminho de trem de cremalheira (um motivo que talvez reflita a sua educação técnica) e conserva-se à direita — seu lado consciente. Na história do simbolismo, o lado direito representa, geralmente, o domínio da consciência; a esquerda significa o inconsciente. Pelo lado esquerdo, descem pequenos carros onde há homenzinhos escondidos. Henry receia que, inesperadamente, um automóvel suba e o atropele pelas costas. Não existe fundamento para sua ansiedade, mas ela revela que Henry teme, por assim dizer, o que está por trás do seu ego.

Os homens gordos, de azul, podem simbolizar pensamentos intelectuais estéreis que estão sendo mecanicamente eliminados. O azul denota, muitas vezes, o pensamento. Portanto, os homens podem ser símbolos de ideias ou de atitudes que morreram nas elevadas altitudes intelectuais, onde o ar é rarefeito. Podiam também representar os aspectos mortos do interior da psique de Henry.

Há um comentário no sonho a respeito desses homens: "Dizia-se que estavam mortos". Mas Henry está sozinho. Quem então fez essa declaração?

À esquerda, a donzela grega Dânae, que Zeus fecundou tomando a forma de uma chuva de ouro (quadro do século XVI do artista flamengo Jan Gossaert). Tal como no sonho de Henry, esse mito reflete o simbolismo da chuvarada como bodas sagradas entre o céu e a terra.

Em outro sonho de Henry aparece uma corça — imagem da feminilidade tímida, como a do cervo no quadro abaixo, do pintor oitocentista inglês Edwin Landseer.

Uma voz — e quando se ouve uma voz num sonho é uma ocorrência das mais significativas. O dr. Jung identifica o aparecimento de uma voz num sonho como uma intervenção do *self*. Exprime um conhecimento que tem suas raízes nos fundamentos coletivos da psique. O que é dito pela voz não pode ser discutido.

O conhecimento que Henry teve a respeito das fórmulas "mortas" nas quais confiara por tanto tempo marca um momento importante do sonho. Ele alcançou, finalmente, o lugar certo de onde deve tomar uma nova direção — para a direita (direção da consciência), isto é, em direção à consciência e ao mundo exterior. Lá encontra as pessoas que deixara à sua espera; e assim conscientiza aspectos até então desconhecidos da sua personalidade. Como o seu ego suplantou sozinho os perigos que encontrara (um feito que podia torná-lo mais amadurecido e estável), ele conseguiu reunir-se ao grupo, isto é, à coletividade, e abrigar-se e alimentar-se.

Vem então a chuva, um aguaceiro que relaxa a tensão e torna a terra fértil. Na mitologia, a chuva era considerada, muitas vezes, uma "união amorosa" entre o céu e a terra. Nos mistérios de Elêusis, por exemplo, depois de tudo ter se purificado pela água, elevava-se uma invocação ao céu: "Deixai chover!"; e à terra: "Sê fecunda!". Era o casamento sagrado dos deuses. Portanto, pode-se dizer que a chuva representa uma "solução".

Ao descer, Henry encontra novamente os valores coletivos simbolizados pela mochila e a motocicleta. Atravessara uma fase na qual fortalecera seu ego consciente, provando sua capacidade de manter-se firme, e sente uma renovada necessidade de contato social. No entanto, aceita a sugestão dos amigos para esperar e apanhar suas coisas na manhã seguinte. Submete-se assim, pela segunda vez, a um conselho que vem de outros: da primeira vez, ao conselho da velha mulher, um poder subjetivo, uma figura arquetípica; da segunda vez, a uma estrutura coletiva. Com essa atitude, Henry transpõe um marco importante no seu caminho para a maturidade.

Como antecipação da evolução interior a que Henry almejava alcançar por meio da análise, esse sonho revelou-se extremamente promissor. O conflito dos contrários, que deixava tensa a alma de Henry, está aí simbolizado de modo impressionante. De um lado o seu impulso consciente para elevar-se e de outro sua tendência à contemplação passiva. Há também a imagem da patética jovem de vestido branco (representando os sentimentos românticos e sensíveis de Henry) contrastando com os cadáveres intumescidos, vestidos de azul (representando o seu mundo intelectual estéril). No entanto, vencer esses obstáculos e estabelecer um equilíbrio entre eles só se tornaria possível para Henry após as mais severas provas.

O MEDO DO INCONSCIENTE

OS PROBLEMAS QUE ENCONTRAMOS no sonho inicial de Henry apareceram em vários outros sonhos — como a oscilação entre a atividade masculina e a passividade feminina, ou a tendência a refugiar-se em um ascetismo intelectual. Temia o mundo, mas ao mesmo tempo sentia-se atraído por ele. Fundamentalmente, Henry receava as obrigações do casamento, que exigiam a responsabilidade de uma relação permanente com uma mulher. Essa ambivalência é comum no limiar da vida adulta. Apesar de, em termos cronológicos, Henry já ter passado dessa fase, sua maturidade interior não estava no mesmo nível. É um problema frequente no introvertido, que teme a realidade e a vida exterior.

O quarto sonho contado por Henry ilustra de maneira impressionante esse estado psicológico:

Parece-me que já tive este sonho inúmeras vezes. Serviço militar, uma corrida de longa distância. Vou sozinho. E nunca alcanço a meta de chegada. Chegarei por último? Conheço bem o caminho, todo ele já foi visto antes (déjà-vu). O lugar da partida é num pequeno bosque, e o chão está coberto de folhas marrons. O terreno desce suavemente até um pequeno e idílico riacho, que nos convida a um retardamento. Adiante, há uma poeirenta estrada campestre. Leva a Hombrechtikon, uma pequena vila perto do lago superior de Zurique. Um riacho cercado por salgueiros lembra um quadro de Böcklin, no qual uma figura sonhadora de mulher segue o curso da água. A noite cai. Numa aldeia, pergunto que direção devo tomar. Dizem-me que a estrada continua por umas sete horas até chegar a um desfiladeiro. Encho-me de ânimo e prossigo.

Entretanto, desta vez o final do sonho é diferente. Depois do riacho margeado de salgueiros, entro num bosque. Lá descubro uma corça que foge. Fico orgulhoso de tê-la percebido. A corça aparecera pelo lado esquerdo e, agora, volto-me para a direita. Vejo três estranhas criaturas, metade porco, metade cachorro, com pernas de canguru. As caras são meio indistintas, com grandes orelhas penduradas. Talvez sejam mascarados. Quando menino, fantasiei-me uma vez de jumento de circo.

O começo do sonho é manifestamente semelhante ao primeiro sonho de Henry. Uma figura sonhadora de mulher torna a aparecer, e o cenário do sonho está associado a outro quadro de Böcklin. O quadro, *Pensamentos de outono*, e as folhas secas mencionadas no início do sonho acentuam o clima outonal. Reaparece também a atmosfera romântica. Aparentemente, essa paisagem interior, representativa da melancolia de Henry, lhe é muito familiar. Está novamente num grupo de pessoas, mas dessa vez com camaradas militares numa corrida de longa distância.

Toda essa situação (como sugere também o serviço militar) pode representar o destino do homem comum. O próprio Henry comentou: "É um símbolo da vida". Mas o sonhador não quer adaptar-se a ele. Segue sozinho — o que provavelmente sempre devia acontecer com Henry. É por isso que tem a impressão do *déjà-vu*. Seu comentário ("nunca alcanço a meta de chegada") indica um forte sentimento de inferioridade e a convicção de que não poderá ganhar a "corrida de fundo".

O caminho leva a Hombrechtikon, um nome que lhe lembra seu projeto secreto de sair de casa (*Hom* = casa, *brechen* = brecha, rompimento). Mas como o rompimento com a casa não acontece, ele novamente (como no sonho inicial) perde o rumo e precisa pedir que o orientem.

Os sonhos compensam de modo mais ou menos explícito a atitude consciente de quem sonha. A figura jovem e romântica, um ideal consciente de Henry, é contrabalançada pelo aparecimento de animais estranhos que parecem fêmeas. O mundo dos instintos de Henry é simbolizado por algo feminino. O bosque é símbolo de uma área inconsciente, um lugar escuro onde vivem os animais. Inicialmente, surge uma corça — símbolo da feminilidade tímida, fugidia e inocente —, mas por um momento apenas. Henry vê então três animais híbridos, de aparência estranha e repulsiva. Parecem representar a instintividade indiferençada — uma espécie de massa confusa de instintos, contendo a matéria-prima de uma evolução futura. Sua característica mais gritante é que aparentemente não possuem rostos e, portanto, nenhum vislumbre de consciência.

À esquerda, o desenho feito por Henry dos estranhos animais do seu sonho. Mudos e cegos, incapazes de qualquer comunicação, representam o inconsciente. O animal que está no chão (que ele coloriu de verde, a cor da vegetação e da natureza, e símbolo folclórico da esperança) exprime a possibilidade de crescimento e de diferenciação.

Para muitos, o porco está intimamente associado ao baixo nível de sexualidade (Circe, por exemplo, transformava em porcos os homens que a desejavam). O cachorro representa a fidelidade mas também a promiscuidade, pois não mostra discriminação na escolha dos companheiros. O canguru, no entanto, é um símbolo da maternidade e de terna capacidade protetora.

Todos esses animais apresentam apenas traços rudimentares e, mesmo assim, absurdamente misturados. Na alquimia, a "matéria-prima" era muitas vezes representada por esse tipo de criatura híbrida — formas misturadas de vários animais. Em termos psicológicos, simbolizam provavelmente a totalidade original do inconsciente, de onde o ego individual pode emergir e começar a desenvolver-se até a maturidade.

O medo que os monstros inspiravam em Henry torna-se evidente com a sua tentativa de dar-lhes uma aparência inofensiva. Deseja convencer-se de que são apenas homens disfarçados, como ele mesmo num baile à fantasia

O animal do sonho, parecido com um porco, une a bestialidade à luxúria — como no mito de Circe, que transformava os homens em porcos. À esquerda, em um vaso grego, um homem-porco, Ulisses e Circe. Abaixo, em uma das caricaturas de George Grosz de crítica à sociedade germânica pré-guerra, um homem (em companhia de uma prostituta) com cabeça de porco, como sinal da sua vulgaridade.

de sua infância. Sua angústia é natural. Quando um homem descobre tais monstros inumanos dentro de si como símbolos de certos traços do seu inconsciente, ele tem todos os motivos para ter medo.

Um outro sonho mostra também o medo que as profundezas do inconsciente inspiravam em Henry:

Sou grumete de um veleiro. Paradoxalmente, as velas estão desfraldadas, apesar de haver uma completa calmaria. Minha tarefa consiste em segurar uma corda que fixa um mastro. Estranhamente, a amurada do barco é uma parede recoberta de lajes de pedra. Toda essa estrutura fica exatamente no limite entre a água e o barco, que flutua sozinho. Agarro-me à corda (e não ao mastro) e proíbem-me de olhar a água.

Nesse sonho, Henry encontra-se numa situação psicológica extrema. A amurada é uma parede que o protege mas ao mesmo tempo lhe impede a visão. Está proibido de olhar a água (onde pode descobrir forças ocultas). Todas essas imagens revelam suas dúvidas e seu medo.

O homem que teme entrar em contato com suas profundezas interiores (como Henry) tem tanto medo do elemento feminino que há dentro dele quanto de mulheres reais. Ao mesmo tempo que o fascinam, ele tenta fugir delas; enfeitiçado e aterrorizado, escapa para não se tornar sua "presa". Não ousa aproximar-se da companheira amada (e portanto idealizada por ele) com a sua sexualidade animal.

Como resultado típico da sua fixação materna, Henry encontrava dificuldade em conjugar ternura e sensualidade e conferi-las a uma mesma mulher. Seus sonhos testemunhavam repetidamente o seu desejo de libertar-se desse dilema. Em um dos sonhos, apareceu como um "monge em missão secreta"; em outro seus instintos o levaram a um bordel:

Junto com um camarada militar que tivera muitas aventuras eróticas, encontro-me à espera na porta de uma casa, numa rua escura de uma cidade desconhecida. Só é permitida a entrada a mulheres. Por isso, no saguão, meu amigo coloca uma máscara carnavalesca com um rosto de mulher e sobe as escadas. Possivelmente devo ter feito o mesmo que ele, mas não me recordo claramente.

O que esse sonho propõe satisfaria a curiosidade de Henry, mas a um preço fraudulento. Como homem, falta-lhe coragem para entrar na casa, que é obviamente um bordel. Mas se se despojar da sua masculinidade, poderá descobrir esse mundo proibido — proibido pela sua mente consciente. O sonho não nos diz, no entanto, se decidiu entrar. Henry ainda não dominara suas inibições, uma falha compreensível se considerarmos as implicações contidas na ida ao bordel.

Esse sonho pareceu-me revelar uma "deformação" homossexual de Henry: julgava que uma "máscara" feminina o tornaria atraente para os homens. Essa hipótese foi confirmada no seguinte sonho:

Volto aos meus cinco ou seis anos. Meu colega dessa época diz-me como se entregou a um ato obsceno com o diretor de uma fábrica. Colocou sua mão direita sobre o pênis do homem para aquecê-lo e, ao mesmo tempo, para aquecer sua mão. O diretor era amigo íntimo de meu pai e eu o respeitava por inúmeras razões. Mas ríamo-nos dele chamando-o "o eterno adolescente".

Em crianças dessa idade, brincadeiras de caráter homossexual não são raras. O fato de Henry voltar a esse assunto no sonho indica que estava dominado por um sentimento de culpa fortemente reprimido. Tais sentimentos estavam ligados a um profundo receio de estabelecer um laço duradouro com uma mulher. Um outro sonho e suas associações ilustram esse conflito:

Participo do casamento de um casal desconhecido. À uma da manhã, o pequeno grupo — os recém-casados, o padrinho e a dama de honra — volta da cerimônia. Entram num grande pátio onde os espero. Parece que os noivos já tiveram uma briga, assim como o outro casal. Solucionam o problema decidindo que os dois homens e as duas mulheres irão dormir separados.

Henry explicou: "É a guerra dos sexos como Giraudoux a descreve". E acrescenta: "O palácio da Bavária, onde me lembro ter visto esse pátio, esteve até pouco tempo transformado em abrigo de emergência para pessoas pobres. Quando o visitei perguntei-me se não seria preferível levar uma existência de pobreza entre as ruínas de uma beleza clássica a uma vida ativa na feiura de uma grande cidade. Perguntei-me também, quando fui testemunha do casamento de um colega, se aquela união iria durar, pois não tive boa impressão da noiva".

O desejo de recolher-se na passividade e na introversão, o medo de um casamento fracassado, a separação dos sexos feita no sonho — são todos sintomas indubitáveis das dúvidas secretas escondidas no fundo da consciência de Henry.

O SANTO E A PROSTITUTA

A CONDIÇÃO PSÍQUICA DE HENRY foi revelada de maneira ainda mais impressionante no sonho seguinte, no qual exprime o seu medo da sensualidade primitiva e o seu desejo de fugir para uma espécie de ascetismo. Podemos ver neste sonho o rumo que estava tomando o seu desenvolvimento. Por isso, a sua interpretação será mais longa.

Encontro-me numa estreita estrada de montanha. À esquerda, em declive, há um abismo profundo, e à direita, uma muralha de pedra. Ao longo da estrada existem várias cavernas e abrigos cortados na rocha para proteger do tempo o viajante solitário. Em uma das grutas, meio escondida, refugia-se uma prostituta. Estranhamente eu a vejo por trás, isto é, do lado do rochedo. Ela tem um corpo esponjoso e informe. Olho-a com curiosidade e toco em suas nádegas. Parece-me, de repente, que talvez não seja uma mulher, mas um homem que se prostitui.

Essa mesma criatura aparece em primeiro plano como se fosse um santo, um casaco vermelho jogado sobre os ombros. Desce a estrada e dirige-se a outra caverna, muito maior que a primeira, onde há cadeiras e bancos toscos. Com olhar altivo, expulsa todos os que se encontram no local, e também a mim. Então ele e seus discípulos entram e se instalam ali.

A associação pessoal que Henry achou para a prostituta foi a "Vênus de Willendorf", uma pequena estatueta (da era paleolítica) de uma mulher carnuda, provavelmente uma deusa da natureza ou da fecundidade. Acrescentou depois:

Ouvi falar pela primeira vez em tocar nas nádegas como um rito de fecundidade numa excursão que fiz ao Valais [um cantão da Suíça francesa], onde visitei túmulos e escavações antigas dos celtas. Lá disseram-me que, em outros tempos, havia uma superfície de ladrilhos inclinada e lisa, besuntada com todo tipo de substâncias. As mulheres estéreis deveriam escorregar nessa superfície com as nádegas desnudas, para curar a sua esterilidade.

Com o casaco do "santo", Henry fez a seguinte associação: "Minha noiva tem uma jaqueta parecida, mas é branca. À noite, antes do sonho, estávamos dançando e ela a estava vestindo. Outra moça, sua amiga, estava conosco. Usava uma jaqueta vermelha de que gostei mais".

Se os sonhos não são a realização de desejos (como ensinou Freud), mas antes, como supõe Jung, "autorrepresentações do inconsciente", então devemos admitir que as condições psíquicas de Henry dificilmente estariam mais bem representadas do que na sua descrição do sonho do "santo".

Henry é um "viajante solitário" em uma estrada estreita. Mas (talvez graças à análise) está em vias de descer de suas inóspitas alturas. À esquerda, no lado do inconsciente, sua estrada é margeada por terríveis abismos. No lado direito, o lado da consciência, o caminho está bloqueado pela rígida muralha de pedra das suas opiniões conscientes. No entanto, nas cavernas (que podem representar, por assim dizer, zonas inconscientes no interior do campo da consciência de Henry) há lugares onde se pode encontrar refúgio em caso de mau tempo — em outras palavras, quando as tensões externas tornam-se por demais ameaçadoras.

As cavernas são resultado de trabalho humano determinado: cortadas na rocha. De certo modo, lembram as lacunas que ocorrem em nossa consciência quando o nosso poder de concentração alcançou seu limite máximo e se rompe, deixando que os produtos da fantasia nos invadam à vontade. Nessas ocasiões, alguma coisa inesperada pode nos ser revelada, permitindo-nos observar atentamente o segundo plano da nossa psique e deixando-nos entrever as regiões inconscientes, onde a nossa imaginação tem livre curso. Além disso, as cavernas podem ser símbolos do ventre da Mãe Terra, onde ocorrem transformações e renascimentos.

Assim, o sonho parece representar a retirada introvertida de Henry — quando o mundo se torna demasiadamente difícil — para dentro de uma "caverna" no interior da sua consciência, onde pode se entregar a fantasias subjetivas. Essa interpretação explicaria também por que ele busca a figura feminina, réplica de alguns dos traços interiores femininos da sua psique.

À esquerda, o desenho que Henry fez do barco do seu sonho, com um muro de pedra como amurada — outra imagem da sua introversão e do medo que a vida lhe provocava.

À direita, escultura pré-histórica conhecida como a "Vênus de Willendorf" — uma das associações de Henry com a prostituta do seu sonho. No mesmo sonho, o santo é visto numa gruta sagrada. Muitas grutas, atualmente, são lugares sacros — como a gruta de Bernadette (extrema direita), em Lourdes, onde a menina teve uma visão da Virgem Maria.

É uma mulher sem formas, esponjosa, uma prostituta meio escondida representando a imagem reprimida do seu inconsciente, a imagem de uma mulher por quem Henry, conscientemente, nunca se apaixonaria. Ela seria sempre um tabu para Henry (como o oposto de uma mãe, a quem ele muito respeitava), a despeito de exercer um fascínio secreto sobre ele — como sobre todo filho que tem um complexo materno.

A ideia de limitar suas relações com mulheres a uma sensualidade puramente instintiva é muitas vezes sedutora para esse tipo de jovem. Numa união desse gênero ele pode pôr de lado a parte sentimental e assim permanecer, em última instância, "fiel" à sua mãe. O tabu estabelecido pela mãe a respeito de qualquer outra mulher permanece, portanto, inflexivelmente presente na psique do filho.

Henry, que parece ter se retirado totalmente para o fundo da sua caverna imaginária, vê a prostituta "por trás". Não ousa encará-la. Mas vê-la "por trás" significa, também, ver o seu aspecto menos humano — as nádegas (isto é, a parte do corpo que estimularia a atividade sexual do macho).

Tocando nas nádegas da prostituta, Henry inconscientemente pratica uma espécie de rito da fecundidade, semelhante aos ritos praticados em muitas tribos primitivas. Tocar com as mãos e curar são ações que muitas vezes ocorrem juntas; do mesmo modo, tocar qualquer coisa com a mão pode ser um gesto de defesa ou de maldição.

Logo surge em Henry a ideia de que aquela não é uma figura de mulher, mas a de um homem prostituído. A criatura torna-se, assim, intersexo como muitas figuras mitológicas (e como o "padre" do primeiro sonho). A insegurança a respeito do seu próprio sexo pode, muitas vezes, ser observada na

puberdade; e por isso a homossexualidade no período da adolescência não é um fator raro. Tampouco é excepcional essa incerteza num jovem com a estrutura psicológica de Henry; ele já deixara entrever isso em alguns dos seus primeiros sonhos.

No entanto, também a repressão (além da indecisão sexual) pode ter provocado a confusão a respeito do sexo da prostituta. A figura feminina que tanto atraiu quanto repeliu Henry é transformada — primeiro em um homem e depois em um santo. A segunda metamorfose elimina da imagem qualquer ideia de sexo e subentende que o único meio para escapar à realidade sexual está na adoção de uma vida ascética e santa, de negação da carne. Essas inversões dramáticas são comuns nos sonhos: as coisas transformam-se no seu contrário (como a prostituta num santo), como se demonstrasse que, pela transmutação, mesmo os extremos opostos se podem converter um no outro.

Henry viu também algo significativo no casaco do santo. Um casaco é, muitas vezes, símbolo de abrigo protetor ou da máscara que o indivíduo apresenta ao mundo (que Jung chamava de *persona*). Tem dois propósitos: primeiro, dar determinada impressão aos outros; segundo, ocultar o íntimo do indivíduo da curiosidade alheia. A *persona* dada por Henry ao santo diz-nos um pouco da sua atitude para com a noiva e a amiga dela. O casaco do santo tem a mesma cor da jaqueta da amiga, que Henry admirara, mas também o modelo da jaqueta da noiva. Isso implica que o inconsciente de Henry queria santificar ambas as mulheres, de maneira a proteger-se contra a sua sedução feminina. É preciso notar também que o casaco é vermelho, cor tradicionalmente

Um casaco pode simbolizar, muitas vezes, a máscara exterior ou *persona*, que apresentamos ao mundo. O manto do profeta Elias trazia um sentido semelhante: quando subiu aos céus (à esquerda, numa pintura primitiva sueca), deixou o manto para seu sucessor, Eliseu. O manto representava, assim, o poder e a função do profeta, que deveriam ser assumidos por seu substituto. (No quadro, o manto é vermelho, como o casaco do santo de Henry.)

O fato de Henry ter tocado na prostituta pode estar ligado à crença no poder mágico do toque. À direita, o irlandês Valentine Greatrakes (século XVII), famoso pelas curas que realizava com o simples toque das mãos.

À extrema direita, outro exemplo de *persona*: as roupas usadas pelos *beatniks* ingleses na década de 1960 indicam os novos valores de vida que desejavam mostrar ao mundo exterior.

simbólica de sentimento e paixão (como já acentuamos antes). Assim, é dada à figura do santo uma espécie de espiritualidade erótica — qualidade frequentemente encontrada nos homens que reprimem sua própria sexualidade e tentam confiar no seu "espírito" ou na sua razão.

Essa fuga do mundo carnal, no entanto, não é natural nos jovens. Na primeira metade da vida devemos justamente aprender a aceitar nossa sexualidade: é essencial à preservação e à continuação da nossa espécie. O sonho parece lembrar justamente esse ponto a Henry.

Quando o santo deixa a caverna e desce ao longo da estrada (do alto para o vale), entra numa segunda caverna com bancos e cadeiras toscos, que lembra um dos primitivos lugares cristãos de culto e refúgio às perseguições. Essa gruta parece ser um local de regeneração e santidade — um lugar de meditação, onde o que é terrestre se transforma misteriosamente em celeste, e o carnal em espiritual.

Henry não tem permissão para seguir o santo, que o expulsa da caverna com todos os presentes (isto é, com suas entidades inconscientes). Aparentemente, está sendo sugerido que Henry e todos os outros que não são seguidores do santo devem viver no mundo exterior. O sonho parece dizer que Henry deve primeiro obter sucesso na sua vida exterior antes de penetrar numa esfera religiosa ou espiritual. A figura do santo parece também simbolizar (de um modo relativamente indistinto e antecipado) o *self*; mas Henry ainda não está bastante maduro para permanecer tão próximo desta imagem.

EVOLUÇÃO DA ANÁLISE

A DESPEITO DE SEU CETICISMO e resistência iniciais, Henry começou a se interessar pelo que estava acontecendo na sua psique. Mostrava-se claramente impressionado com os seus sonhos. Pareciam compensar a sua vida inconsciente de um modo significativo e davam-lhe uma valiosa percepção da sua ambivalência, das suas vacilações e da sua preferência pela passividade.

Depois de algum tempo, surgiram sonhos mais positivos revelando que Henry já estava "em bom caminho". Dois meses depois do início da sua análise, ele relatou-me o seguinte sonho:

No porto de um lugarejo perto de minha casa, estão retirando do fundo de um lago próximo locomotivas e caminhões submersos na última guerra. Primeiro veio à tona um grande cilindro parecendo uma caldeira de locomotiva; depois um caminhão enorme e enferrujado. O quadro é ao mesmo tempo horrível e romântico. As peças recuperadas precisam ser transportadas para a estação da estrada de ferro vizinha. Depois, o fundo do lago transforma-se numa campina verdejante.

Vemos aqui o notável avanço interior feito por Henry. Locomotivas (símbolos, provavelmente, de energia e dinamismo) foram "submersas" — isto

é, reprimidas no inconsciente —, mas estão agora sendo içadas à luz do dia. Junto com elas há caminhões, nos quais todo tipo de carga de valor (qualidades psíquicas) pode ser transportada.

Agora que esses "objetos" tornaram-se novamente disponíveis para a vida consciente de Henry, ele começa a se dar conta de quanta energia ativa pode dispor. A transformação do fundo escuro do lago em uma campina acentua a sua potencialidade positiva.

Algumas vezes, na "jornada solitária" de Henry em direção à maturidade, ele também foi auxiliado pelo lado feminino da sua psique. No seu 24º sonho, encontra uma "menina corcunda":

> Estou a caminho da escola junto com uma jovem desconhecida, pequena e graciosa, mas desfigurada por uma corcunda. Muitas outras pessoas entram na escola conosco. Enquanto os outros se dispersam pelas diferentes salas para tomar lições de canto, a menina e eu sentamo-nos numa pequena mesa quadrada. Ela me dá uma aula de canto particular. Sinto pena dela e por isso beijo-a na boca. Tenho consciência, no entanto, de que com esse ato estou sendo infiel à minha noiva — mesmo havendo uma desculpa para ele.

O canto é uma expressão imediata de sensibilidade. Mas (como já vimos) Henry receia os seus sentimentos; só os conhece sob uma forma adolescente e imaginária. No entanto, nesse sonho ensinam-lhe a cantar (a exprimir seus sentimentos) numa mesa quadrada. A mesa, com seus quatro lados iguais, é uma representação da imagem da "quaternidade", um símbolo comum da totalidade. Assim, a relação entre o canto e a mesa quadrada parece indicar que Henry deverá integralizar seus "sentimentos" antes de alcançar a totalidade

Como no quadro da página ao lado (do pintor oitocentista inglês William Turner), intitulado *Chuva, vapor e velocidade*, a locomotiva é uma imagem clara de energia motora e dinâmica. No sonho de Henry (que ele desenhou, à direita) as locomotivas são retiradas de um lago — exprimindo a liberação de uma valiosa capacidade de ação que até então estivera reprimida no seu inconsciente.

psíquica. De fato, a lição de canto o emociona, e ele beija a menina na boca. Portanto, num certo sentido, ele a "desposa" (de outro modo não se teria considerado "infiel"). Aprendeu a relacionar-se com a "mulher interior".

Um outro sonho demonstra o papel que a menina corcunda desempenhou na evolução interior de Henry:

Estou numa escola desconhecida, de meninos. Durante o período de aulas me introduzo secretamente no edifício, não sei para que fim. Escondo-me na sala atrás de um pequeno armário quadrado. A porta para o corredor está entreaberta. Passa um adulto sem me ver. Mas uma menininha corcunda entra e logo me descobre. Ela me faz sair do meu esconderijo.

Não só a mesma jovem aparece em ambos os sonhos, mas nas duas vezes essas aparições ocorrem numa escola. Em ambas as vezes, Henry precisa aprender alguma coisa que irá ajudar o seu desenvolvimento. Aparentemente, ele gostaria de satisfazer seu desejo de aprender, mas permanecendo despercebido e em atitude passiva.

A figura de uma menina corcunda aparece em inúmeros contos de fadas. Nesses contos, a fealdade da corcunda esconde, em geral, uma grande formosura, revelada quando o "homem certo" surge para libertar a jovem de um feitiço — muitas vezes com um beijo. A jovem do sonho de Henry pode ser um símbolo da sua alma, que também precisa libertar-se da "magia" que a desfigurou. Quando a jovem corcunda tenta despertar os sentimentos de Henry por meio do canto, ou quando o tira do seu esconderijo (forçando-o a enfrentar a luz do dia), revela-se uma excelente guia. Henry pode e precisa, em certo sentido, pertencer simultaneamente à sua noiva e à jovem corcunda (à primeira como representante da mulher exterior e real e à segunda como uma encarnação da *anima* psíquica interior).

O SONHO DO ORÁCULO[3]

PESSOAS QUE CONFIAM TOTALMENTE no raciocínio e afastam ou reprimem qualquer manifestação de vida psíquica muitas vezes se inclinam inexplicavelmente para a superstição. Ouvem oráculos e profecias e podem ser facilmente burladas ou influenciadas por mágicos e charlatães. E pelo fato de os sonhos compensarem nossa vida exterior, a importância que essas pessoas dão ao intelecto é contrabalançada por eles. É lá que as pessoas encontram o irracional sem possibilidade de fuga.

Henry experimentou esse fenômeno, no curso de sua análise, de modo impressionante. Quatro sonhos extraordinários, baseados em temas irracionais, representaram etapas decisivas no seu desenvolvimento espiritual. O primeiro aconteceu cerca de dez semanas depois do início da análise. Ele o narrou da seguinte maneira:

> *Sozinho numa viagem arriscada pela América do Sul, finalmente sinto vontade de voltar para casa. Numa cidade de um país estrangeiro, situada na montanha, tento alcançar a estação de trem que julgo, instintivamente, situar-se no centro da cidade, em seu ponto mais alto. Receio estar atrasado.*
>
> *Felizmente, no entanto, uma passagem abobadada corta uma fileira de casas à minha direita. São casas construídas muito juntas, como na arquitetura medieval, e formam uma muralha impenetrável atrás da qual suponho estar a estação. Todo o cenário é muito pitoresco. Vejo as fachadas ensolaradas e pintadas das casas, e a arcada sombria em cuja calçada mal-iluminada quatro silhuetas maltrapilhas acomodaram-se. Com um suspiro de alívio, corro em direção à passagem, quando de repente um tipo estranho, parecendo um caçador, surge à minha frente, evidentemente com o mesmo propósito de apanhar o trem.*
>
> *À nossa aproximação, os quatro porteiros, que são chineses, levantam-se de um salto para evitar nossa passagem. Na luta que se segue, minha perna esquerda se machuca nas longas unhas do pé esquerdo de um dos chineses. Um oráculo tem então de decidir se nos deixam passar ou se devemos perder a vida.*
>
> *Eu sou o primeiro. Enquanto meu companheiro é amarrado e afastado, os chineses consultam o oráculo usando pequenas varetas de marfim. O julgamento é contra mim, mas dão-me outra oportunidade. Sou algemado e posto de lado, tal como meu companheiro, e ele agora toma meu lugar. Na sua presença o oráculo vai decidir minha sorte, pela segunda vez. Aí ela me é favorável. Salvo-me.*

Nota-se logo a singularidade e o significado excepcional do sonho, a sua riqueza de símbolos e a sua densidade. No entanto, parece que o consciente de Henry queria ignorá-lo. Devido ao ceticismo que manifestava em relação aos produtos do seu inconsciente, era importante não expor o sonho ao perigo de uma racionalização, e antes deixá-lo agir sem interferências. Abstive-me de dar minha interpretação. Ofereci-lhe uma única sugestão: aconselhei-o a ler e consultar (como as figuras chinesas do sonho) o famoso livro chinês de oráculos, o *I Ching*.

O *I Ching*, chamado "Livro das Transmutações", é um velho livro de sabedoria; suas raízes remontam aos tempos mitológicos e, na sua forma atual, data do ano 3000 a.C. De acordo com Richard Wilhelm (que o traduziu para o alemão e fez-lhe admirável comentário), os dois principais ramos da filosofia chinesa — o taoismo e o confucionismo — originaram-se do *I Ching*. O livro baseia-se na hipótese da *unidade* do homem e do cosmos, e da existência de um par de princípios opostos e complementares, o *Yin* e o *Yang* (isto é, os princípios feminino e masculino). Consiste de 64 "sinais", cada um representado por um desenho de seis linhas. Nesses sinais estão contidas todas as possíveis combinações de Yin e Yang. As linhas retas são consideradas masculinas; as quebradas, femininas.

Cada sinal descreve mudanças na situação do homem ou do cosmos, e cada um prescreve, em linguagem pictórica, a atitude a adotar em tais ocasiões. Os chineses consultavam esse oráculo de uma maneira que lhes indicava qual dos sinais se aplicaria a um momento definido. Empregavam para isso, de um modo bastante complicado, cinquenta pequenas varetas, obtendo então um determinado número. (Incidentalmente, Henry já me havia dito que lera — provavelmente no comentário de Jung sobre *O segredo da flor dourada* — a respeito de um estranho jogo usado pelos chineses para adivinhar o futuro.)

Hoje em dia, o método usado para consultar o *I Ching* utiliza três moedas. Cada vez que se lançam as moedas obtém-se uma linha. "Cara" significa a linha masculina e vale três; "coroa", uma linha quebrada, feminina, e vale dois. Jogam-se seis vezes as moedas, e o número obtido indica o sinal do hexagrama (ou seja, do conjunto de seis linhas) a ser consultado.

Mas o que significa atualmente essa "adivinhação"? Mesmo aqueles que aceitam a ideia de o *I Ching* ser um depósito de sabedoria hão de achar difícil acreditar que a consulta ao oráculo seja qualquer coisa mais que uma simples experiência de ocultismo. De fato, não é fácil perceber que essas consultas envolvem outros fenômenos, pois o homem comum, hoje em dia, considera qualquer técnica divinatória um contrassenso arcaico. No entanto, não são contrassensos. Como mostrou o dr. Jung, esse sistema de consultas está baseado no que chamou "o princípio da sincronicidade" (ou, mais simplesmente, coincidências significativas). Descreveu esta nova e difícil concepção no seu ensaio "Sincronicidade: um princípio de relação acausal". Baseia-se na hipótese de um conhecimento interior inconsciente ligar um acontecimento físico a uma condição psíquica, de modo que um determinado acontecimento que parece "acidental" ou "coincidente" pode, na verdade, ser psiquicamente significativo; e o seu sentido é, muitas vezes, indicado simbolicamente pelos sonhos que coincidem com o acontecimento.

Várias semanas depois de ter estudado o *I Ching*, Henry seguiu minha sugestão (com uma considerável dose de ceticismo) e jogou as moedas. O que encontrou no livro causou-lhe enorme impacto. Em resumo, o oráculo que resultou continha referências espantosas ao seu sonho e à sua condição psicológica geral. Por uma incrível coincidência "sincronística", o sinal indicado pelas moedas chamava-se *Meng*[4] — ou "loucura da juventude".

Nesse capítulo, há várias analogias com as imagens do sonho. De acordo com o texto do *I Ching*, as três linhas superiores desse hexagrama simbolizam uma

Abaixo, à esquerda, duas páginas do *I Ching* mostrando o hexagrama *Meng* (que significa "loucura da juventude"). As três linhas do alto do hexagrama simbolizam uma montanha e podem, também, representar um portão; as três linhas inferiores simbolizam a água e o abismo.

À direita, o desenho feito por Henry da espada e do elmo que lhe apareceram em sonho e que também se relacionam com uma seção do *I Ching* — Li, "o apego, o fogo".[5]

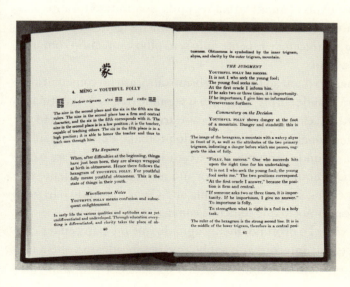

montanha, e significam "aquietar-se"; podem também ser interpretadas como um portão. As três linhas inferiores simbolizam a água, o abismo e a Lua.

Todos esses símbolos ocorreram em sonhos anteriores de Henry. Entre muitas outras declarações que parecem aplicar-se a Henry havia o seguinte aviso: "Para a loucura da juventude, a coisa mais perigosa é entregar-se a fantasias ocas. Quanto mais obstinadamente apegar-se a esse tipo de irrealidade, mais certo a humilhação há de chegar".[6]

Desse modo e por outros mais complexos, o oráculo parecia aplicar-se diretamente ao problema de Henry. Isso o chocou bastante. A princípio, tentou apagar aquelas impressões por meio da força de vontade, mas não conseguiu escapar nem ao que leu nem aos sonhos. A despeito da linguagem enigmática, a mensagem do *I Ching* pareceu tocá-lo profundamente. Sentiu-se derrotado pela irracionalidade que tanto negara. Ora silencioso, ora irritado, relia as palavras que pareciam coincidir tão fortemente com os símbolos dos seus sonhos, dizendo-me por fim: "Preciso pensar sobre tudo isso". E saiu, antes de nossa sessão ter terminado. Cancelou por telefone a sessão seguinte, devido a um resfriado, e não reapareceu. Esperei ("aquietei-me") porque imaginei que ele ainda não tivesse digerido o oráculo.

Passou-se um mês. Finalmente Henry apareceu de novo, agitado e desconcertado, e contou-me o que acontecera até então. A princípio, seu intelecto (no qual sempre confiara tanto) sofrera um grande choque — que ele de início tentara negar. No entanto, logo teve de admitir que as comunicações do oráculo o perseguiam. Tencionara consultar novamente o livro, porque no seu sonho o oráculo fora consultado duas vezes. Mas o texto do capítulo "Loucura da juventude" proibia expressamente uma segunda pergunta. Durante duas noites Henry se debatera, insone; mas na terceira, uma imagem onírica, luminosa, de grande força, apareceu de repente ante seus olhos: um elmo com uma espada flutuando no vácuo.

Henry imediatamente voltou ao *I Ching* e abriu-o ao acaso no comentário do capítulo 30, onde (para grande surpresa sua) leu o seguinte trecho: "A obstinação é fogo, significa armadura, elmos; significa lanças e armas". Entendeu então por que uma consulta intencional ao oráculo teria sido proibida. Pois no seu sonho o ego fora excluído da segunda pergunta, fora o caçador quem consultara o oráculo a segunda vez. Do mesmo modo, foi por um ato semi-inconsciente que Henry fizera, sem intenção, a segunda pergunta ao *I Ching*,[7] abrindo o livro ao acaso e encontrando um símbolo que coincidia com a sua visão onírica.

Henry estava tão visível e profundamente agitado que me pareceu ter chegado o momento de tentar interpretar o sonho que desencadeara aquela metamorfose. Diante dos acontecimentos do sonho, era óbvio que os elementos oníricos deveriam ser interpretados como conteúdos da personalidade interior de Henry, e as seis figuras do sonho como personificações das suas qualidades psíquicas. Esses sonhos são relativamente raros, mas quando ocorrem provocam as mais intensas repercussões. Por isso, poderiam ser chamados "sonhos de transformação".

Com sonhos de tal poder pictórico, o sonhador raramente encontra mais do que poucas associações pessoais. Toda a contribuição que Henry pôde oferecer foi a de que recentemente tentara arranjar um emprego no Chile e fora recusado porque não aceitavam homens solteiros. Sabia também que alguns chineses deixam crescer as unhas da mão esquerda como sinal de que, em lugar de trabalhar, resolveram dedicar-se à meditação.

O fracasso de Henry (em obter um emprego na América do Sul) foi-lhe apresentado no sonho. Nele, Henry foi transportado a um mundo tropical e meridional — um mundo que, em comparação com a Europa, poderia qualificar de primitivo, livre de inibições e sensual. Representa uma excelente imagem simbólica do reino do inconsciente.

Esse mundo era o oposto do intelectualismo refinado e do puritanismo suíço que dominavam a mente consciente de Henry. Na verdade, era a terra natural da sua "sombra", pela qual tanto ansiara. Mas depois de certo tempo não parecia sentir-se muito confortável nela. Dessas forças ctônicas, sombrias e maternais (simbolizadas pela América do Sul) ele retorna, no sonho, à mãe real e luminosa e à noiva. De repente, dá-se conta do quanto se afastara delas: encontra-se só, numa "cidade de um país estrangeiro".

À direita, uma analogia com os porteiros do "sonho do oráculo" de Henry: uma das esculturas (são um par) que guardam a entrada das cavernas Mai-chi-san, na China (séculos X a XIII).

Essa maior conscientização é simbolizada no sonho como "o ponto mais alto": a cidade está construída numa montanha. Assim, Henry "galgou" uma conscientização mais aguda no "país da sombra". Dali esperava "encontrar o caminho de casa". O problema de subir uma montanha já lhe fora proposto em seu primeiro sonho. E, tal como no sonho do santo e da prostituta ou em muitos contos mitológicos, a montanha muitas vezes simboliza um lugar de revelação, onde se produzem mudanças e transformações.

A "cidade na montanha" é também um conhecido símbolo arquetípico que aparece na história da nossa cultura sob inúmeras variações. A cidade, cuja planta corresponde a uma mandala, representa a "região da alma" em cujo centro o *self* (centro e totalidade da psique) habita.[8]

Surpreendentemente, a sede do *self* está representada no sonho de Henry como um centro de circulação da coletividade humana — uma estação de

Abaixo, à direita, desenho de um paciente durante o seu processo de análise, revelando um monstro preto (no lado vermelho ou do "sentimento") e uma mulher, semelhante a uma madona (no lado azul ou espiritual). Era essa a posição de Henry: insistência exagerada sobre a pureza, a castidade etc. e medo do inconsciente irracional. (Note-se contudo que a flor verde, lembrando uma mandala, age como elemento de ligação entre os dois lados conflitantes.)

Abaixo, à esquerda, desenho de um outro paciente representando a sua insônia — causada pela repressão expressiva dos seus impulsos passionais, vermelhos e instintivos (que podem dominar sua consciência), repressão exercida por uma "parede" negra de ansiedade e depressão.

estrada de ferro. Talvez isso aconteça porque o *self* (quando o sonhador é jovem e tem um nível de desenvolvimento espiritual relativamente baixo) é habitualmente simbolizado por um objeto que faz parte da sua experiência pessoal — muitas vezes um objeto banal, para compensar as suas aspirações mais elevadas. Só na pessoa amadurecida, familiarizada com as imagens da alma, é que o *self* é representado por um símbolo que corresponde ao seu valor único.

Apesar de Henry não saber onde está localizada a estação, supõe que fique no centro da cidade, em seu ponto mais elevado. Aqui, como nos primeiros sonhos, ele é auxiliado pelo seu inconsciente. A mente consciente de Henry estava identificada com a sua profissão de engenheiro e por isso, certamente, ele gostaria que o seu mundo interior estivesse relacionado com produtos racionais da civilização, como o é uma estrada de ferro. O sonho, no entanto, rejeita essa atitude e indica um caminho inteiramente diferente.

O caminho leva-o até uma passagem abobadada e escura. Um portão abobadado é também símbolo de soleira, de limiar, um ponto onde o perigo está à espreita, um lugar que une e separa ao mesmo tempo. Em vez da estação de trem procurada por Henry, que ligaria a agreste América do Sul à Europa, ele encontrou-se diante de uma entrada escura e abobadada, onde quatro chineses andrajosos, estendidos no chão, bloqueavam a passagem. O sonho não faz nenhuma distinção entre esses chineses, por isso eles podem ser considerados como quatro aspectos ainda indiferençados da totalidade masculina. (O número quatro, um símbolo de totalidade e integridade, representa um arquétipo que o dr. Jung discutiu amplamente nos seus livros.)[9]

Os chineses representam, assim, partes inconscientes da psique masculina de Henry que ele não consegue evitar, pois o "caminho para o *self*" (isto é, para o centro psíquico) está barrado por eles e ainda precisa lhe ser franqueado. Até resolver esse problema, ele não pode continuar sua jornada.

Ainda sem perceber o perigo iminente, Henry corre para a passagem esperando ao menos alcançar a estação ferroviária. Mas no caminho encontra sua "sombra" — seu lado primitivo e negligenciado que surge sob a forma de um caçador, grosseiro e rude. O aparecimento dessa figura significa, provavelmente, que o ego introvertido de Henry associou-se ao seu lado extrovertido (e compensador), que representa os seus aspectos afetivos e irracionais reprimidos. Essa figura da "sombra" ultrapassa o ego consciente, colocando-se em primeiro plano e, porque personifica a atividade e a autonomia dos caracteres inconscientes, torna-se um enviado do destino, por meio do qual tudo acontece.

O sonho então caminha para o clímax. Durante a luta entre Henry, o caçador e os quatro chineses andrajosos, a perna esquerda de Henry é arranhada pelas longas unhas do pé esquerdo de um dos quatro porteiros.

(Aqui, parece-nos, o caráter europeu do ego consciente de Henry colide com uma personificação da antiga sabedoria oriental, isto é, com o seu contrário absoluto. Os chineses vêm de um continente psíquico totalmente diferente, de um "outro lado" ainda bastante desconhecido de Henry e que lhe parece perigoso.)

Os chineses também podem ser considerados representantes da "terra amarela", pois são um povo vinculado à terra como poucos. E foi justamente essa qualidade terrestre e ctônica que Henry teve de aceitar. A totalidade masculina inconsciente da sua psique, com a qual ele se deparou no sonho, tinha um aspecto material ctônico que faltava ao seu lado intelectual consciente. Assim, o fato de ter identificado como chineses as quatro figuras andrajosas mostra que Henry aumentara sua percepção interior a respeito da natureza de seus adversários.

Henry ouvira dizer que os chineses às vezes deixam as unhas da mão esquerda crescerem exageradamente. No entanto, no sonho as unhas longas são do pé esquerdo: são, por assim dizer, garras. Isso pode significar que os chineses têm um ponto de vista tão diferente de Henry que isso chega a feri-lo. Como sabemos, a atitude consciente de Henry em relação ao ctônico, ao feminino e às profundezas materiais da sua natureza era incerta e ambivalente. Essa atitude, simbolizada por sua "perna esquerda" (o ponto de vista ou "opinião" do seu lado feminino e inconsciente, que ele ainda receia), foi "machucada" pelos chineses.

Não foi, porém, esse "ferimento" que provocou uma mudança na personalidade de Henry. Toda transformação pede como condição primordial "o fim de um mundo" — o colapso de uma arraigada filosofia de vida. Como o dr. Henderson acentuou anteriormente neste livro, nas cerimônias de iniciação o jovem deve sofrer uma morte simbólica antes de renascer como homem e ingressar na tribo como seu membro efetivo. Assim, a atitude científica e racional do engenheiro precisa desaparecer para dar lugar a um novo comportamento.

Na psique de um engenheiro, tudo que é "irracional" deve ser reprimido e acaba revelando-se, muitas vezes, em paradoxos dramáticos do mundo onírico. O irracional apareceu no sonho de Henry como um "jogo de oráculos" de origem estrangeira, que teria o poder assustador e inexplicável de decidir a sorte dos seres humanos. Ao seu ego racional não resta outra alternativa senão a de capitular incondicionalmente, num verdadeiro *sacrificium intellectus*.

No entanto, a mente consciente de uma pessoa imatura e inexperiente como Henry não está suficientemente preparada para um ato desse tipo. O oráculo lhe é desfavorável e ele deve pagar com a vida. Fica imobilizado, incapaz de seguir seu caminho habitual ou de voltar à sua casa — para escapar

SÍMBOLOS EM UMA ANÁLISE INDIVIDUAL

às suas responsabilidades de adulto. (Era para chegar a esse discernimento que Henry deveria ser preparado por esse "grande sonho".)

Em seguida, o ego consciente e civilizado de Henry é algemado e posto de lado enquanto permitem que o caçador primitivo tome seu lugar e consulte o oráculo. A vida de Henry depende deste resultado. Mas quando o ego encontra-se aprisionado no seu próprio isolamento, os conteúdos do inconsciente, personificados na figura da "sombra", podem trazer auxílio e solução. Isso se torna possível quando se reconhece a existência de tais conteúdos e já se experimentou o seu poder. Podem, então, ser conscientemente aceitos como nossos companheiros constantes. Como o caçador (sua sombra) ganhou o jogo em seu lugar, Henry se salva.

CONFRONTO COM O IRRACIONAL

O COMPORTAMENTO POSTERIOR DE HENRY mostra claramente que o sonho (e o fato de os seus sonhos e o livro de oráculos, o *I Ching*, terem-no obrigado a enfrentar forças irracionais que estavam no fundo dele mesmo) o impressionou muito. Daí em diante ele passou a ouvir ansiosamente as comunicações do seu inconsciente, e a análise tomou um caráter cada vez mais inquieto. A tensão que até aí ameaçara romper as profundezas da sua psique veio à tona. No entanto, ele corajosamente agarrou-se à crescente esperança de que chegaria a um epílogo satisfatório.

Mal haviam transcorrido duas semanas do sonho do oráculo (mas antes de o termos discutido e interpretado) e Henry teve outro sonho no qual se defrontou, novamente, com o perturbador problema do irracional:

Estou sozinho em meu quarto. Uma porção de besouros pretos e repugnantes sai de um buraco e se espalha sobre minha prancheta. Tento fazê-los voltar ao buraco com uma espécie de passe de mágica. Consigo que isso aconteça, e restam do lado de fora apenas quatro ou cinco besouros, que deixam a minha mesa de trabalho e se dispersam pelo quarto. Desisto de persegui-los; já não me parecem tão asquerosos. Ponho fogo no seu esconderijo. As chamas erguem-se numa coluna alta. Receio que meu quarto se incendeie, mas é um medo sem qualquer fundamento.

Nessa época, Henry tornara-se bastante hábil na interpretação dos seus sonhos, e tentou dar a esse uma explicação própria. Disse ele: "Os besouros são minhas qualidades obscuras. Foram despertadas com a análise e vêm, agora, à superfície. Há perigo de invadirem meu trabalho profissional (simbolizado pela prancheta). No entanto, não ouso esmagar os besouros — que me lembram um tipo de escaravelho negro — com a mão, como pretendi inicialmente, e por isso precisei fazer uma 'mágica'. Pondo fogo ao seu esconderijo eu, por assim dizer, pedi a ajuda de alguma coisa divina, pois a coluna de chamas faz-me lembrar o fogo que associo à Arca do Pacto, da Bíblia".

Para chegar mais ao fundo do simbolismo desse sonho precisamos, primeiramente, notar que os besouros são pretos, cor da escuridão, da depressão, da morte. No sonho, Henry está "sozinho" no seu quarto — uma situação que pode levar à introversão e a um correspondente estado de melancolia. Na mitologia, os escaravelhos são muitas vezes dourados; no Egito eram animais sagrados que simbolizavam o Sol. Mas se são pretos, simbolizam o lado oposto do Sol: algo demoníaco. Portanto, o instinto de Henry está certo quando quer lutar contra os besouros com alguma mágica.

Apesar de quatro ou cinco dos besouros terem sobrevivido, a redução do seu número é suficiente para livrar Henry do medo e do nojo. Procura então destruir o buraco com fogo. É uma ação positiva, porque o fogo, simbolicamente, pode levar à transformação e ao renascimento (como acontecia, por exemplo, no antigo mito da fênix).

Na sua vida diurna, Henry parecia agora ser dono de um auspicioso espírito de iniciativa, mas aparentemente ainda não aprendera a usá-lo de maneira apropriada. Por isso quero relatar outro sonho posterior, que mostra ainda mais claramente o seu problema. Este sonho exprime em linguagem simbólica o medo que Henry tinha de qualquer relacionamento com uma mulher que envolvesse responsabilidade, e a sua tendência em fugir do lado sentimental da vida:

> *Um velho homem exala seu último suspiro. Está cercado por seus parentes e encontro-me entre eles. Cada vez chega mais gente ao grande quarto, cada um se distinguindo por alguma declaração precisa. Há bem umas quarenta pessoas presentes ali. O velho geme e resmunga a respeito de "uma vida não vivida". Sua filha, que deseja facilitar sua confissão, pergunta-lhe em que sentido ela não foi bem vivida, se moral ou culturalmente. O velho não responde. A filha manda-me ir a uma pequena sala contígua onde devo encontrar a resposta deitando cartas. O "nove" que eu virar dará a resposta, de acordo com a cor.*
>
> *Espero virar um nove logo no início, mas aparecem vários reis e rainhas. Fico desapontado. Agora só viro pedaços de papel que não pertencem ao baralho. Por fim verifico que não há mais cartas, apenas envelopes e mais papel. Procuro as cartas por toda parte, juntamente com minha irmã, que está presente. Afinal encontro uma, debaixo de um livro ou de um caderno. É um nove, o nove de espadas. Parece-me que o significado disso é apenas um: que foram grilhões morais que impediram o velho homem de "viver sua vida".*

A mensagem essencial desse estranho sonho foi avisar a Henry o que o aguardava se ele deixasse de "viver sua vida". O "velho homem" provavelmente representa a agonia de um "princípio dominante" — o princípio que domina a consciência de Henry, mas cuja natureza lhe é desconhecida. As quarenta pessoas presentes simbolizam a totalidade dos traços psíquicos de Henry (quarenta é um número de totalidade, um múltiplo de quatro). O fato de o velho estar morrendo poderia significar que parte da personalidade masculina de Henry está à beira de uma transformação final.

A indagação da filha sobre a possível causa da reclamação do velho é a questão inevitável e decisiva. Parece estar implícito que a "moralidade" do velho impediu-lhe de expandir plenamente os sentimentos e impulsos naturais. No entanto, o moribundo está silencioso. Por isso sua filha (a personificação do princípio feminino mediador, a *anima*) precisa intervir.

Ela manda Henry descobrir a resposta nas cartas — resposta que será dada pela cor do primeiro nove a ser virado. A sorte tem que ser tirada num cômodo separado e sem uso (revelando o quanto esse acontecimento está distante da atitude consciente de Henry).

Ele se desaponta quando vira apenas reis e rainhas do baralho (talvez imagens coletivas que exprimem a sua admiração juvenil pelo poder e pela riqueza). A decepção aumenta quando as cartas acabam, mostrando que os seus símbolos do mundo interior também se esgotaram. Restam apenas "pedaços de papel" sem qualquer imagem. Assim, a fonte de imagens secou no sono. Henry tem, então, de aceitar a ajuda do seu lado feminino (dessa vez representado por sua irmã) para encontrar a última carta. Juntos, afinal encontram uma carta — o nove de espadas, que deve indicar pela cor o sentido da frase "uma vida não vivida". É significativo que a carta esteja oculta sob um livro ou caderno, representando, provavelmente, as áridas fórmulas intelectuais dos interesses técnicos de Henry.

Acima, à esquerda, um relevo egípcio (cerca do ano 1300 a.C.) mostra um escaravelho e o deus Amon dentro do círculo do Sol. No Egito, o escaravelho dourado simbolizava o Sol.

Acima, à direita, um tipo de inseto bem diferente, mais parecido com os besouros "demoníacos" do sonho de Henry: gravura de James Ensor (século XIX) mostrando seres humanos com corpos repulsivos de insetos.

O nove foi por muitos séculos um "número mágico". De acordo com o simbolismo tradicional dos números, ele representa a forma perfeita de uma trindade aperfeiçoada por sua tripla elevação. E há incontáveis significados associados ao número nove, em várias épocas e em diferentes culturas.[10] A cor do nove de espadas é a cor da morte, da ausência de vida. E a figura de "espadas" evoca a forma de uma folha, enquanto sua cor negra acentua que em lugar de ser verde, vital e natural, ela está morta. Além disso, a palavra "espada" é derivada do italiano *spada*, arma que simboliza a função "cortante" e penetrante do intelecto.[11]

Assim, o sonho esclarece que eram os "laços morais" (mais do que os "culturais") que não permitiram ao velho "viver sua vida". No caso de Henry, esses "laços" eram, provavelmente, o seu medo de entregar-se por completo à vida e de aceitar responsabilidades em relação a uma mulher, tornando-se então "infiel" à mãe. O sonho declara que "uma vida não vivida" é uma doença de que se pode morrer.

Henry não podia desconhecer por mais tempo a mensagem desse sonho. Compreendeu que não basta a razão para que nos orientemos nos emaranhados da vida; é necessário também buscar conselhos nas forças inconscientes que emergem como símbolos das profundezas da psique. Tendo reconhecido esse fato, o objetivo dessa parte de sua análise foi alcançado. Sabia agora que fora afinal expulso do paraíso de uma vida sem compromissos, para onde nunca mais poderia voltar.

O SONHO FINAL

UM OUTRO SONHO POSTERIOR veio confirmar irrevogavelmente os conhecimentos adquiridos até então por Henry. Depois de alguns sonhos curtos e sem especial importância a respeito de sua vida cotidiana, o último sonho (o quinquagésimo da série) veio com toda a riqueza de símbolos que caracteriza os chamados "grandes sonhos".

Somos quatro pessoas que formam um grupo de amigos e temos as seguintes experiências:

Entardecer — Estamos sentados a uma longa mesa, de tábuas toscas, e bebemos de três vasilhas diferentes: de uma garrafa de licor, um líquido claro, amarelo e doce; de uma garrafa de vinho, um Campari vermelho-escuro; de um recipiente maior, de forma clássica, chá. Além de nós quatro, há uma jovem retraída e delicada que despeja o seu licor no chá.

À esquerda, uma fênix renascendo das chamas (de um manuscrito medieval árabe) — exemplo muito conhecido da morte e do renascimento pelo fogo. Abaixo, uma gravura do artista francês Grandville (século XIX) que reflete alguns dos valores simbólicos das cartas. As espadas, por exemplo (*piques* em francês, lança), estão simbolicamente ligadas à "penetração" do intelecto e, por sua cor preta, à morte.

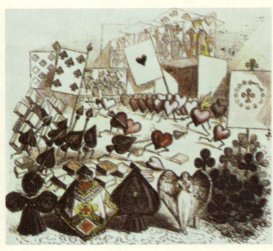

SÍMBOLOS EM UMA ANÁLISE INDIVIDUAL

Noite — Voltamos de uma grande bebedeira. Um de nós é o presidente da República francesa. Estamos no palácio. Chegando à sacada, percebemos que embaixo, na rua toda branca, o presidente, bêbado, está urinando num monte de neve. Parece que sua bexiga tem uma capacidade inexaurível. Agora, ele corre atrás de uma solteirona que carrega nos braços uma criança embrulhada em um cobertor marrom. Molha a criança com urina. A mulher se sente atingida, mas julga que foi a criança. Ela anda rapidamente, a passos largos.[12]

Manhã — Pela rua, que brilha com o sol do inverno, caminha um homem negro: uma figura magnífica, completamente nua. Vai na direção leste, para Berna (a capital suíça). Estamos na Suíça francesa. Decidimos ir visitá-lo.

Meio-dia — Depois de uma longa viagem de carro por uma região deserta e cheia de neve, chegamos a uma cidade e a uma casa sombria onde dizem que está o homem. Temos medo que ele tenha morrido congelado. No entanto, o seu empregado, também negro, nos recebe. Os dois homens são mudos. Procuramos em nossas mochilas para ver o que cada um de nós pode dar de presente a ele. É preciso que seja algum objeto característico da nossa civilização. Sou o primeiro a me decidir e apanho do chão uma caixa de fósforos, oferecendo-a respeitosamente ao homem. Depois de todos terem dado o seu presente, juntamo-nos a ele numa alegre refeição.

Mesmo à primeira vista, o sonho em quatro partes causa uma impressão pouco comum. Compreende um dia inteiro e move-se "à direita", na direção de uma consciência crescente. O movimento começa ao entardecer, entra pela noite e termina à tarde, quando o sol está no seu apogeu. Assim, o ciclo de 24 horas aparece com um esquema de totalidade.

Nesse sonho, os quatro amigos parecem simbolizar a expansão da masculinidade da psique de Henry, e sua progressão por quatro "atos" tem um esquema geométrico, que nos lembra a estrutura essencial da mandala. Como vêm primeiramente do lado leste, depois do oeste, dirigindo-se para a "capital" da Suíça (ou seja, para o centro), parecem descrever um esquema que procura unir os contrários em um mesmo centro. Esse ponto é acentuado pelo passar do tempo — a descida na noite da inconsciência, acompanhando a marcha do sol, e depois a ascensão ao claro apogeu da consciência.

O sonho começa ao anoitecer, hora em que o limiar da consciência está mais enfraquecido, permitindo a passagem de impulsos e imagens do inconsciente. E nessas condições (quando o lado feminino do homem manifesta-se mais facilmente) é natural que um personagem feminino venha juntar-se aos quatro amigos. É a figura da *anima* que pertence a todos eles ("retraída e delicada", lembrando a Henry sua irmã) e que os liga entre si. Sobre a mesa estão três vasilhas de formas diversas, acentuando pela sua forma côncava à receptividade simbólica da mulher. O fato de estas vasilhas serem utilizadas igualmente por todos os presentes indica uma relação mútua e íntima entre eles. Diferem na forma (garrafa de licor, de vinho e um recipiente de formato clássico) e na cor dos seus conteúdos. Os contrários em que se dividem os líquidos — doce e amargo, vermelho e amarelo, alcoólico e não alcoólico — estão todos misturados, já que são consumidos por todos os cinco personagens do sonho, que mergulham, assim, numa comunhão inconsciente.

A jovem parece ser o agente secreto, o catalisador que precipita os acontecimentos (pois é papel da *anima* levar o homem ao seu inconsciente, forçando-o assim a reminiscências mais profundas e a uma aguda conscientização). É como se a mistura do licor e do chá conduzisse a reunião a um clímax próximo.

A segunda parte do sonho conta-nos os acontecimentos da "noite". De repente, os quatro amigos encontram-se em Paris (que para o suíço representa a cidade da sensualidade, da alegria e do amor sem inibições). Aqui se produz certa discriminação entre os quatro amigos, sobretudo entre o ego do sonho (que se identifica em grande parte com a função diretriz da reflexão) e o "presidente da República", que representa as funções afetivas não desenvolvidas do inconsciente.

O ego (Henry e dois amigos, que podem ser considerados representantes das suas funções semi-inconscientes) olha do alto de um balcão para o presidente, cujas características são exatamente as que se poderia esperar do lado não discriminado da psique. Ele é instável, e abandonou-se aos seus instintos. No estado de embriaguez em que se encontra, urina na rua; não tem consciência de si, como uma pessoa primitiva que obedece apenas aos instintos animais. O presidente exprime, portanto, um grande contraste em relação às normas de conduta conscientemente aceitas por um bom cientista suíço da classe média. Esse lado da psique de Henry só se poderia revelar na mais escura noite do seu inconsciente.

No entanto, a figura do presidente tem também um aspecto muito positivo. Sua urina (que poderia simbolizar o fluxo da libido) parece inesgotável. Evidencia abundância, força criadora e vital (os povos originários, por exemplo, consideram tudo que vem do corpo — cabelo, excrementos, urina ou saliva — como criativo e dotado de poderes mágicos). Essa desagradável imagem presidencial, portanto, poderia também ser um sinal de uma energia e de uma abundância que se juntam muitas vezes à "sombra" do ego. Não só ele urina sem qualquer constrangimento, como corre atrás de uma velha mulher que carrega uma criança.

Essa "solteirona" é, de certo modo, o oposto ou o complemento daquela *anima* tímida e frágil da primeira parte do sonho. Ainda é virgem, apesar de velha e de parecer mãe da criança. Na verdade, Henry associou-a à imagem arquetípica de Maria com o menino Jesus. Mas o fato de o bebê estar embrulhado num cobertor marrom (cor da terra) o faz mais parecer a imagem oposta, ctônica e terrestre do Salvador do que uma criança divina. O presidente, que respinga a criança de urina, parece realizar uma paródia do batismo. Se tomarmos a criança como símbolo de uma potencialidade ainda em estado infantil dentro de Henry, pode ser que esse rito a fortifique.[13] Mas o sonho não acrescenta mais nada, e a mulher se afasta com a criança.

Essa cena marca o ponto crítico do sonho. É manhã novamente. Tudo que era escuro, preto, primitivo e vigoroso no último episódio foi reunido e simbolizado num magnífico negro, nu — isto é, real e verdadeiro.

Assim como a obscuridade da noite e a luz da manhã, ou a urina quente e a neve fria são elementos contrários, também agora o homem negro e a paisagem branca formam uma violenta antítese. Os quatro amigos precisam orientar-se dentro dessas novas dimensões. Sua posição está mudada: o caminho que os levava a Paris trouxe-os, inesperadamente, à Suíça francesa (pátria da noiva de Henry). Na primeira fase, quando estava dominado pelos conteúdos inconscientes da psique, operou-se uma transformação em Henry. Agora, pode afinal começar a encontrar seu caminho, partindo do lugar onde nascera sua noiva (mostrando que ele aceita o passado psicológico da jovem).

No início, foi da Suíça oriental para Paris (de leste para oeste, caminho que leva à obscuridade, à inconsciência). Faz agora uma volta de 180° em direção ao nascer do sol e à claridade cada vez maior da consciência. Esse caminho leva ao centro da Suíça, à sua capital, Berna, e simboliza o esforço de Henry para chegar a um centro que una os opostos existentes dentro dele.

O negro é, para algumas pessoas, a imagem arquetípica da "criatura primitiva e sombria", portanto, uma personificação de certos conteúdos do

Uma vasilha de água, do antigo Peru, com forma de mulher, reflete o simbolismo feminino desses recipientes, como ocorre no sonho final de Henry.

inconsciente. Talvez seja essa uma das razões por que o negro é tantas vezes rejeitado e temido pelos brancos. Nele o homem branco vê, diante de si, a sua contrapartida viva, o seu lado secreto e tenebroso (exatamente o que as pessoas tentam sempre evitar, o que elas ignoram e reprimem). Os brancos projetam no homem negro os impulsos primitivos, as forças arcaicas, os instintos incontrolados que se recusam a admitir em si próprios, de que estão inconscientes e que imputam, consequentemente, a outros.

Para um jovem da idade de Henry, o negro pode representar, por um lado, a soma de todos os aspectos tenebrosos reprimidos na sua inconsciência; e por outro, a soma da sua força masculina, primitiva, e das suas potencialidades e faculdades emocionais e físicas. O fato de Henry e seus amigos terem a intenção consciente de se encontrar com o homem negro significa, assim, um passo decisivo no caminho da sua masculinidade total.

Nesse meio-tempo já é meio-dia, o sol está no seu apogeu e a consciência alcançou também a sua maior claridade. Poderíamos dizer que o ego de Henry continua cada vez mais compacto e que ele intensificou sua capacidade de tomar decisões conscientemente. Ainda é inverno, o que pode indicar certa falta de sentimento e calor em Henry; sua paisagem psíquica ainda é invernosa e aparentemente muito fria do ponto de vista intelectual. Os quatro amigos estão receosos de que o o homem negro, nu (acostumado a um clima quente), morra congelado. Mas seu temor é infundado, porque, após uma longa viagem por uma região deserta e coberta de neve, param numa estranha cidade e entram numa casa escura. A viagem e a região erma são simbólicas da longa e fatigante busca de autodesenvolvimento.

Uma nova complicação espera os quatro amigos. O homem negro e seu empregado são mudos. Assim, não é possível estabelecer contato verbal com eles; os quatro amigos precisam encontrar outro meio de comunicação. Não podem usar meios intelectuais (palavras), mas sim algum gesto que exprima seus sentimentos. Oferecem-lhe presentes, como se costuma fazer ofertas a um deus para obter as suas graças. Precisa ser um objeto da nossa civilização, qualquer coisa que faça parte dos valores intelectuais do homem branco. Novamente é exigido um outro *sacrificium intellectus* para ganhar o favor do negro, que encarna a natureza e o instinto.

Henry é o primeiro a decidir o que fazer, o que é natural, já que é ele quem representa o ego cuja orgulhosa consciência (ou *hybris*) deve se humilhar. Apanha uma caixa de fósforos no chão e a oferece "respeitosamente" ao negro. À primeira vista pode parecer absurdo que um pequeno objeto apanhado do chão e que fora, provavelmente, jogado fora seja um presente apropriado; mas foi uma escolha certa. Fósforos são fogo controlado e guardado em reserva, um meio pelo qual se pode acender uma chama que se apaga quando queremos. Fogo e chama simbolizam afeição e calor, sentimento e paixão; são qualidades inerentes ao coração e encontradas onde quer que exista um ser humano.

Dando ao homem esse presente, Henry combina, simbolicamente, um produto altamente civilizado do seu ego consciente com o centro do seu "primitivismo" e da sua força viril, representados na pessoa negra. Desse modo, ele pode entrar em plena posse do seu lado masculino, com o qual o ego deve manter contato frequente daí em diante.

Como resultado final, os seis personagens masculinos — os quatro amigos, o homem negro e o seu empregado — reúnem-se felizes numa refeição descontraída. Está claro que a totalidade masculina de Henry foi agora completada. Seu ego parece ter encontrado a segurança necessária para poder submeter-se, consciente e livremente, à sua personalidade arquetípica superior que prenuncia, dentro dele, a emergência do *self*.

O que ocorreu no sonho é análogo ao que aconteceu na vida de Henry. Agora ele se sente seguro. Tomando uma decisão rápida, continuou o seu noivado. Exatamente nove meses após ter iniciado a análise, casou-se numa pequena igreja da Suíça ocidental, partindo no dia seguinte com a sua jovem esposa para o Canadá, onde lhe haviam oferecido um trabalho durante as semanas decisivas dos seus últimos sonhos. Desde então, vem levando uma vida ativa e fecunda como chefe de uma pequena família e ocupando um cargo de direção numa grande indústria.

O caso de Henry mostra um processo acelerado de amadurecimento que levou a uma virilidade independente e responsável. Representa uma iniciação à realidade da vida exterior, um fortalecimento do ego e da masculinidade, concluindo, assim, a primeira metade do processo de individuação. A outra metade — o estabelecimento de uma relação correta entre o ego e o *self* — ainda será realizada por Henry na segunda parte de sua vida.

Nem todos os casos de análise seguem um curso tão bem-sucedido e rápido, e nem todos podem ser tratados de maneira semelhante. Pelo contrário, cada caso é diferente em si. O tratamento não difere apenas segundo a idade e o sexo, mas também em função da individualidade dentro de todas essas categorias. Até os mesmos símbolos requerem uma interpretação diferente para cada caso. Escolhi particularmente este porque é um exemplo impressionante da autonomia dos processos do inconsciente e também porque mostra, na sua abundância de imagens, a incansável faculdade de criar símbolos que têm o nosso segundo plano psíquico. Prova que a ação autorreguladora da psique (quando não está perturbada por explicações ou dissecações demasiado racionais) pode sustentar e fortalecer o processo de desenvolvimento da alma.

Na obra *Psicologia e alquimia*, o dr. Jung discute uma sequência de cerca de mil sonhos de um só homem. Essa sequência revelou uma quantidade e uma variedade impressionantes de representações da imagem da mandala — que é tantas vezes ligado à realização do *self* (ver p. 285-287). Estas páginas apresentam alguns exemplos de figurações da mandala nos sonhos, mostrando a imensa variedade de formas nas quais esse arquétipo pode se manifestar, mesmo no inconsciente do indivíduo. As interpretações aqui propostas, devido à sua concisão, podem parecer arbitrárias. Na prática, nenhum psicanalista junguiano oferecerá a interpretação de um sonho sem um conhecimento da pessoa que o sonhou e um cuidadoso estudo das suas associações com o sonho. Portanto, essas interpretações devem ser consideradas simples sugestões de possíveis significados — e nada mais que isso. À esquerda: no sonho, a *anima* acusa o homem de não lhe dar atenção. Um relógio marca cinco minutos para a hora exata. O homem está sendo "atormentado" pelo seu inconsciente; a tensão que se criou é aumentada pelo relógio, pela espera do que vai acontecer dentro de cinco minutos.

Abaixo: uma caveira (que o homem tenta afastar em vão) transforma-se numa bola vermelha e depois numa cabeça de mulher. Aqui, o homem parece rejeitar o inconsciente (afastando o crânio), mas afirma-se por meio de uma bola (talvez uma alusão ao Sol) e da figura da *anima*.

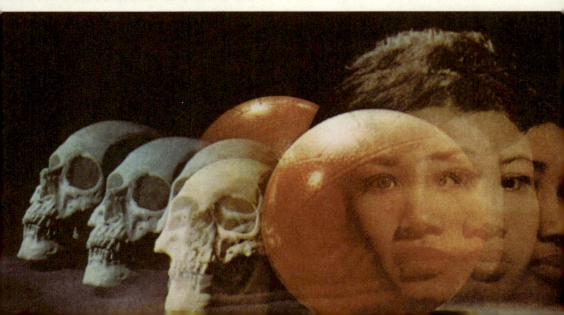

SÍMBOLOS EM UMA ANÁLISE INDIVIDUAL

À esquerda, num sonho, um príncipe coloca um anel com brilhantes no quarto dedo da mão esquerda da pessoa que sonha. O anel usado como uma aliança indica um "juramento" feito ao *self*.

Abaixo, à esquerda: uma mulher de véu descobre o rosto, que brilha como o Sol. A imagem revela uma iluminação do inconsciente (envolvendo a *anima*) — bem diferente de uma elucidação consciente. Abaixo: de uma esfera transparente contendo outras esferas menores, nasce uma planta. A esfera simboliza unidade; a planta simboliza vida e crescimento.

Abaixo: tropas que não estão em preparativos bélicos formam uma estrela com oito braços que gira para a esquerda. Esta imagem talvez signifique que algum conflito interior deu lugar à harmonia.

CONCLUSÃO

M.-L. von Franz

A CIÊNCIA E O INCONSCIENTE

NOS CAPÍTULOS PRECEDENTES, Carl G. Jung e alguns dos seus colegas procuraram deixar claro o papel representado pela função criadora de símbolos na psique inconsciente do homem e indicaram alguns campos de aplicação desse aspecto da vida recentemente descoberto. Ainda estamos longe de compreender o inconsciente ou os arquétipos — os núcleos dinâmicos da psique —[1] em todas as suas implicações. Tudo que podemos constatar até agora é o enorme impacto que os arquétipos produzem no indivíduo, determinando suas emoções e perspectivas éticas e mentais, influenciando o seu relacionamento com as outras pessoas e afetando, assim, todo o seu destino. Vemos também que os símbolos arquetípicos combinam-se no indivíduo seguindo uma estrutura de totalidade, e que é possível que uma compreensão adequada desses símbolos tenha efeito terapêutico. Podemos verificar ainda que os arquétipos são capazes de agir em nossa mente como forças criadoras ou destruidoras; criadoras quando inspiram ideias novas, destruidoras quando essas mesmas ideias se consolidam em preconceitos conscientes que impossibilitarão futuras descobertas.[2]

Jung mostrou no seu capítulo inicial o quanto as tentativas de interpretação devem ser sutis e específicas para que não se igualem nem se enfraqueçam os valores individuais e culturais das ideias e símbolos arquetípicos com o seu nivelamento — isto é, com a possibilidade de dar-lhes um sentido estereotipado e de fórmula intelectualizada. Jung dedicou a vida a essas pesquisas e a esse trabalho de interpretação; e, evidentemente, este livro esboça apenas uma parte infinitesimal da sua intensa atuação nesse novo campo de descobertas psicológicas. Foi um pioneiro que se conservou absolutamente consciente de que muitas questões continuam sem resposta e pedem investigações adicionais. Por isso, seus conceitos e hipóteses são concebidos numa base extremamente ampla (sem torná-los demasiadamente vagos e generalizados) e suas opiniões formam um "sistema aberto" que não cerra nenhuma porta a possíveis novas descobertas. Para Jung, seus conceitos eram simples instrumentos ou hipóteses heurísticas destinados a facilitar a exploração da vasta e nova área da realidade a que tivemos acesso com a descoberta do inconsciente — descoberta que não só alargou nossa visão total do mundo, mas, na verdade, a duplicou. Devemos sempre, agora, indagar se um fenômeno mental é consciente ou inconsciente e também se um fenômeno exterior "real" é percebido por meios conscientes ou inconscientes.

CONCLUSÃO

As poderosas forças do inconsciente manifestam-se não apenas no material clínico, mas também no mitológico, no religioso, no artístico e em todas as outras atividades culturais por meio das quais o homem se expressa. Obviamente, se todos os homens receberam uma herança comum de padrões de comportamento emocional e intelectual (que Jung chamava de arquétipos), é natural que os seus produtos (fantasias simbólicas, pensamentos ou ações) apareçam em praticamente *todos* os campos da atividade humana. As importantes investigações contemporâneas realizadas em muitos desses setores foram profundamente influenciadas pela obra de Jung. Por exemplo, essa influência pode ser percebida no estudo da literatura, em livros como *Literature and Western Man*, de J.B. Priestley, *Fausts Weg zu Helena*, de Gottfried Diener, ou *Shakespeare's Hamlet*, de James Kirsch. Da mesma maneira, a psicologia junguiana contribuiu para o estudo da arte, como nas obras de Herbert Read ou de Aniela Jaffé, nas pesquisas de Erich Neumann a respeito de Henry Moore, ou nos ensaios de Michael Tippett sobre música. Os trabalhos de história de Arnold Toynbee e os de antropologia de Paul Radin também se beneficiaram com os ensinamentos de Jung, assim como as obras de Richard Wilhelm, Enwin Rousselle e Manfred Porket a respeito de sinologia.

No entanto, isso não significa que os caracteres particulares da arte e da literatura (e a sua interpretação) só possam ser entendidos *unicamente* a partir da sua base arquetípica. Todos esses campos têm suas próprias leis de atividade; e, como toda realização criadora, não podem ter uma explicação racional definitiva. Mas dentro do seu campo de ação podemos reconhecer as suas configurações arquetípicas como uma atividade dinâmica em segundo plano. E também podemos, muitas vezes, decifrar nelas (como nos sonhos) uma mensagem denunciadora de alguma tendência evolutiva e intencional do inconsciente.

A fecundidade das ideias de Jung é mais fácil de entender na área das atividades culturais do homem: logicamente, se os arquétipos determinam a nossa conduta mental, *devem* necessariamente manifestar-se em todos esses campos. Mas, imprevisivelmente, os conceitos de Jung abriram novas perspectivas também no domínio das ciências naturais, como, por exemplo, na biologia.

O físico Wolfgang Pauli assinalou que, devido às novas descobertas, a ideia que fazemos da evolução da vida requer uma revisão, levando-se em conta a área de inter-relação entre a psique inconsciente e os processos biológicos.[3] Até recentemente supunha-se que a mutação das espécies ocorria por acaso, e que

Ondas sonoras produzidas pela vibração de um disco de aço e registradas fotograficamente apresentam uma incrível semelhança com a mandala.

só então se processava uma seleção por meio da qual sobreviviam as variedades "significativas" e bem-adaptadas, enquanto outras desapareciam.[4] Mas os evolucionistas modernos explicam que as seleções dessas mutações devidas ao acaso teriam exigido muito mais tempo do que a idade conhecida do nosso planeta.

O conceito de Jung de sincronicidade pode nos ser útil neste assunto pois explica a ocorrência de certos "fenômenos-limite" ou acontecimentos excepcionais; explicando, assim, como adaptações e mutações "significativas" podem ocorrer em menor prazo de tempo do que o requerido por mutações inteiramente casuais. Hoje em dia conhecemos muitos casos em que acontecimentos significativos "acidentais" foram produzidos graças à ativação de um arquétipo. Por exemplo, a história da ciência comporta inúmeros casos de invenção ou descoberta simultâneos. Um dos mais famosos diz respeito a Darwin e sua teoria da origem das espécies. Ele expusera a teoria em um longo ensaio e, em 1844, cuidava de desenvolvê-la em um volumoso tratado.

Enquanto trabalhava nesse projeto, recebeu um manuscrito de um jovem biólogo, A. R. Wallace, que não conhecia. O manuscrito era uma exposição mais sucinta, porém idêntica à de Darwin. Naquela ocasião, Wallace estava nas ilhas Molucas, no arquipélago da Malásia. Conhecia Darwin como naturalista, mas não tinha a menor ideia do gênero de trabalho teórico com o qual ele se ocupava naquele momento.[5]

Nos dois casos, cada um dos cientistas chegara independentemente à formulação de uma hipótese que iria mudar todo o futuro da ciência. E cada um deles concebera, inicialmente, a sua hipótese em um "lampejo" intuitivo (mais tarde reforçado por provas documentadas). Os arquétipos parecem, portanto, ser agentes de uma *creatio continua* (o que Jung chama acontecimentos sincrônicos são, na verdade, atos de criação eventuais).

"Coincidências significativas" semelhantes podem ocorrer quando há uma necessidade vital de o indivíduo saber, por exemplo, da morte de um parente ou de algum bem perdido. Em muitos casos, tais informações são obtidas por meio da percepção extrassensorial. Tudo isso parece sugerir que podem ocorrer fenômenos paranormais devido ao acaso quando surge uma necessidade ou um impulso vital; o que, por sua vez, explica por que certas espécies de animais, sob grande pressão ou grande necessidade, podem produzir mudanças "significativas" (mas *casuais*) na sua estrutura orgânica.

Entretanto, o campo mais promissor para pesquisas futuras (como Jung percebeu) parece, inesperadamente, ter sido aberto em conexão com o complexo campo da microfísica. À primeira vista, parece pouco verossímil que se possa encontrar relação entre a psicologia e a microfísica. A relação entre essas duas ciências pede uma pequena explicação.

CONCLUSÃO

O aspecto mais evidente dessa conexão reside no fato de os conceitos básicos da física (como o espaço, o tempo, a matéria, a energia, o contínuo ou campo, a partícula etc.) terem sido, originalmente, ideias intuitivas semimitológicas, arquetípicas, dos antigos filósofos gregos — ideias que foram evoluindo vagarosamente, tornaram-se mais precisas e hoje em dia são expressas sobretudo em termos matemáticos abstratos. A noção de partícula, por exemplo, foi formulada no século IV a.C. pelo filósofo grego Leucipo e seu aluno Demócrito, que chamaram de "átomo", isto é, "unidade indivisível". Apesar de se ter depois obtido a desintegração do átomo, ainda concebemos a matéria como consistindo de ondas e partículas (ou *quanta* descontínuos).

A noção de energia e sua relação com força e movimento foi também formulada pelos antigos pensadores gregos e desenvolvida pelos partidários do estoicismo. Postulavam a existência de uma espécie de "tensão" criadora de vida (*tonos*) que seria o fundamento dinâmico de todas as coisas. É um evidente germe semimitológico do nosso moderno conceito de energia.

Mesmo os cientistas e pensadores de uma época relativamente recente apoiaram-se em imagens semimitológicas e arquetípicas na criação de novos conceitos. No século XVII, por exemplo, a absoluta validade da lei da causalidade parecia a René Descartes estar "provada" pelo fato de que "Deus é imutável nas suas ações e decisões".[6] E o grande astrônomo germânico Johannes Kepler assegurava que, em razão da Santíssima Trindade, o espaço não poderia ter nem mais nem menos do que três dimensões.[7]

Esses são apenas dois exemplos entre os muitos reveladores de que mesmo os nossos conceitos modernos e basicamente científicos permaneceram durante muito tempo ligados a ideias arquetípicas procedentes, originalmente, do inconsciente. Não expressam necessariamente fatos "objetivos" (ou pelo menos não podemos provar que o façam), mas se originam de tendências inatas no homem — tendências que o induzem a buscar explicações racionais "satisfatórias" nas relações

A física norte-americana Maria Mayer, prêmio Nobel de Física de 1963. Sua descoberta — a respeito da constituição do núcleo atômico — foi obtida, como tantas outras descobertas científicas, como resultado de um lampejo intuitivo (provocado por uma observação ocasional de um colega). Sua teoria mostra que o núcleo consiste de conchas concêntricas: a mais central contém dois prótons ou dois nêutrons, a seguinte contém oito, de um ou de outro, e assim por diante, numa progressão que ela chama de "números mágicos" — 20, 28, 50, 82,126. Há uma relação evidente entre essa estrutura e os arquétipos da esfera e dos números.

entre os vários fatos exteriores e interiores de que se deve ocupar. Segundo o físico Werner Heisenberg, o homem, ao examinar a natureza e o universo, em lugar de procurar e achar qualidades objetivas, "encontra-se a si mesmo".[8]

Devido às implicações dessa perspectiva, Wolfgang Pauli e outros cientistas começaram a estudar o papel do simbolismo arquetípico no campo dos conceitos científicos. Pauli acreditava que deveríamos conduzir nossas pesquisas de objetos exteriores paralelamente a uma investigação psicológica da *origem interior* dos nossos conceitos científicos. (Essa investigação poderia trazer nova luz a um conceito de grande envergadura que será discutido logo adiante — o de unicidade entre as esferas física e psicológica, aspectos quantitativos e qualitativos da realidade.)[9]

Ao lado dessa relação evidente entre a psicologia do inconsciente e a física, existem outras conexões ainda mais fascinantes. Jung (em estreita colaboração com Pauli) descobriu que a psicologia analítica viu-se forçada, por investigações no seu próprio campo, a criar conceitos que mais tarde se revelaram incrivelmente semelhantes àqueles criados pelos físicos ao se confrontarem com fenômenos microfísicos. Um dos mais importantes conceitos da física é a noção de *complementaridade* de Niels Bohr.[10]

A microfísica moderna descobriu que só se pode descrever a luz por meio de dois conceitos complementares, mas logicamente contraditórios: a onda e a partícula. Em termos absolutamente simples, pode-se dizer que sob certas condições de experiência a luz se manifesta como se composta por partículas, e em outras como se fosse uma onda. Descobriu-se também que se pode observar detalhadamente a posição ou a velocidade de uma partícula subatômica — mas não ambas ao mesmo tempo.[11] O observador deve escolher o seu plano experimental, mas ao fazê-lo exclui (ou, antes, "sacrifica") outros possíveis planos e resultados. Além disso, o mecanismo de avaliação deve ser incluído na descrição dos acontecimentos porque exerce influência decisiva, mas incontrolável, nas condições da experiência.

Pauli declara:

> *A ciência da microfísica, devido à "complementaridade" básica das situações, enfrenta a impossibilidade de eliminar os efeitos da intervenção do observador por meio de neutralizantes determinados e deve, portanto, em princípio, abandonar qualquer compreensão objetiva dos fenômenos físicos. Onde a física clássica ainda vê o determinismo das leis causais da natureza, nós agora só buscamos leis estatísticas de probabilidades imediatas.*[12]

Em outras palavras, na microfísica o observador interfere na experiência de um modo que não pode ser exatamente calculado e que, portanto, não se pode também eliminar. Nenhuma lei natural deve ser formulada dizendo-se "tal coisa acontecerá em tal circunstância". Tudo o que o microfísico pode afirmar é que "de acordo com as probabilidades estatísticas, tal fenômeno *deve* acontecer".[13] Isso, naturalmente, representa um problema considerável para o pensamento da física clássica. Exige que, na experiência científica, se leve em conta a perspectiva mental do observador-participante. Verifica-se, então, que os cientistas já não podem pretender descrever quaisquer aspectos dos objetos exteriores de modo totalmente "objetivo".

A maioria dos físicos modernos aceitou o fato de que o papel representado pelas ideias conscientes de um observador em todas as experiências microfísicas não pode ser eliminado. Mas esses cientistas não se preocuparam com a possibilidade de que as condições psicológicas *totais* do observador (tanto as conscientes quanto as inconscientes) também estivessem envolvidas na experiência. Como observa Pauli, não existem razões *a priori* para rejeitar essa possibilidade, mas precisamos considerá-la um problema ainda inexplorado e não solucionado.

A ideia de Bohr a respeito da complementaridade é especialmente interessante para os psicólogos junguianos, pois Jung percebeu que o relacionamento entre o consciente e o inconsciente forma também um par complementar de contrários. Cada novo conteúdo que vem do inconsciente é alterado na sua natureza básica ao ser parcialmente integrado na mente consciente do observador. Mesmo os conteúdos oníricos (quando percebidos) são, desse ponto de vista, semi-inconscientes. E cada ampliação do consciente do observador provocada pela interpretação dos sonhos tem, novamente, uma repercussão e uma influência inestimáveis sobre o inconsciente. Assim, o inconsciente só pode ser aproximadamente descrito (como as partículas da microfísica) por conceitos paradoxais. O que existe realmente no inconsciente "em si" não saberemos jamais, assim como jamais descobriremos o que há na matéria "em si".

Para conduzirmos ainda mais longe a comparação entre a psicologia e a microfísica: aquilo que Jung chama de arquétipos (ou esquemas do comportamento emocional e mental do homem) também poderia chamar-se, empregando-se os termos de Pauli, "probabilidades dominantes" das reações psíquicas. Como já foi acentuado neste livro, não existem leis que governem a forma específica em que o arquétipo vai emergir do inconsciente. Existem "tendências" (ver p. 69) que, mais uma vez, permitem-nos apenas dizer que é provável acontecer certo fenômeno em determinadas situações psicológicas.[14]

Como observou o psicólogo norte-americano William James, a noção de inconsciente pode ser comparada ao conceito de "campo", na física. Poderíamos dizer que, assim como num campo magnético as partículas se distribuem em uma certa ordem, também os conteúdos psicológicos aparecem ordenados na área psíquica que chamamos de inconsciente. Quando o nosso consciente decide que alguma coisa é "racional" ou "significativa" e aceita essa qualificação como uma "explicação" satisfatória, isso provavelmente se deve ao fato de nossa explicação consciente estar em harmonia com algumas constelações pré-conscientes dos conteúdos do nosso inconsciente.

Em outras palavras, nossas representações conscientes são por vezes ordenadas (ou esquematizadas) *antes* de tomarmos consciência delas — Pauli, seguindo Jung, concorda com o argumento em *Vorträge*, na página 122. O matemático alemão do século XVIII Karl Friedrich Gauss nos dá um exemplo dessa ordenação inconsciente de ideias. Declara ter descoberto uma determinada regra de teoria dos números "não devido a pesquisas exaustivas, mas, por assim dizer, pela graça divina. O enigma *resolveu-se por ele mesmo, como um raio*, sem que eu mesmo pudesse dizer ou mostrar a conexão entre o que eu sabia anteriormente, os elementos utilizados na minha última experiência e aquilo que produziu o sucesso final".[15] O cientista francês Henri Poincaré é ainda mais explícito a respeito desse fenômeno; descreve como durante uma noite insone assistiu a suas representações matemáticas praticamente chocando-se com ele, até que algumas delas "conseguiram uma combinação mais estável. Parece, nesse caso, que estamos assistindo ao trabalho do nosso próprio inconsciente, tornando-se a sua atividade parcialmente perceptível à consciência sem perder o seu caráter peculiar. Em tais momentos, damo-nos conta vagamente da diferença entre os mecanismos dos dois egos".[16]

Como exemplo final da evolução paralela da microfísica e da psicologia, podemos considerar o conceito de Jung de *significado*. Onde, anteriormente, os homens buscavam explicações causais (isto é, racionais) dos fenômenos, Jung introduziu a ideia de procurar-se o significado (ou seja, o "propósito"). Vale dizer que, em lugar de perguntar *por que* alguma coisa acontece (o que a causou), Jung pergunta: para que ela acontece? Essa mesma tendência aparece na física: inúmeros físicos modernos procuram na natureza as "conexões" mais do que as leis causais (o determinismo).

Pauli esperava que um dia a ideia do inconsciente haveria de expandir-se além da "terapêutica" para passar a influenciar todas as ciências naturais que se ocupam dos fenômenos da vida em geral.[17] Desde então, essa sugestão encontrou apoio em alguns físicos interessados na nova ciência da cibernética — isto é, no estudo comparativo do sistema de "controle" formado pelo cérebro, o sistema nervoso e os sistemas de controle e de informação mecânica ou eletrônica, como os computadores. Em resumo, como disse o cientista francês Olivier Costa de Beauregard, a ciência e a psicologia devem no futuro "estabelecer um diálogo ativo".

Essa inesperada analogia de ideias na psicologia e na física sugere, como Jung assinalou, uma possível unicidade final em ambos os campos de realidade que a física e a psicologia estudam — isto é, uma unidade psicofísica de todos os fenômenos da vida.[18] Jung estava realmente convencido de que o que ele chama de inconsciente liga-se, de uma certa maneira, à estrutura da matéria inorgânica — uma união que o problema das doenças chamadas psicossomáticas também parece indicar. O conceito de uma ideia unitária de realidade (adotada por Pauli e por Erich Neumann) era chamado por Jung de *unus mundus*[19] (o mundo único, no qual a matéria e a psique ainda não estão discriminadas ou atualizadas separadamente). Jung preparou caminho para essa perspectiva unitária ao indicar que um arquétipo mostra um aspecto "psicoide" (isto é, não puramente psíquico, mas quase material) quando aparece dentro de um acontecimento sincrônico — pois tal acontecimento é, com efeito, um acordo significativo entre fatos psíquicos interiores e *exteriores*.

Em outras palavras, os arquétipos não apenas se ajustam a situações exteriores (tal como os padrões animais de comportamento se ajustam ao seu meio), mas, no fundo, tendem a manifestar-se em um "arranjo" sincronizado que inclui tanto a psique quanto a matéria.[20] No entanto, essas constatações contentam-se apenas em sugerir alguns caminhos a serem percorridos no futuro dessas investigações dos fenômenos da vida. Jung achava que deveríamos, de início, aprender ainda muito mais a respeito da inter-relação dessas duas áreas (matéria e psique) antes de nos lançarmos em uma série de especulações abstratas a seu respeito.

O campo que parecia a Jung mais fértil para investigações futuras é o estudo dos axiomas básicos da matemática — que Pauli chama de "intuições matemáticas primordiais" e entre as quais menciona, especificamente, as noções de uma série infinita de números, na aritmética, ou de um *continuum* na geometria, entre outros. Como disse a autora germânica Hannah Arendt, na sua modernização, a matemática não expande só o seu conteúdo ou alcança o infinito aplicando-se à imensidão de um universo de crescimento e de expansão ilimitados, mas cessa completamente de se preocupar com as aparências. Ela já não é o princípio primeiro da filosofia ou a "ciência" do Ser na sua verdadeira aparência, mas torna-se a ciência da estrutura da mente humana. (Um junguiano perguntaria logo: que mente, a consciente ou a inconsciente?)[21]

Como vimos em relação às experiências de Gauss e de Poincaré, os matemáticos descobriram também que nossas representações são "ordenadas" antes de nos tornarmos conscientes delas. B.L. van der Waerden, que cita vários exemplos de intuições matemáticas essenciais vindas do inconsciente, conclui:

"...o inconsciente não é capaz apenas de associar e de combinar, mas também de *julgar*. É um julgamento intuitivo mas, em circunstâncias favoráveis, absolutamente correto."[22]

Entre as muitas intuições matemáticas primordiais, ou ideias *a priori*, as mais interessantes do ponto de vista psicológico parecem ser os "números naturais". Eles não servem apenas às nossas operações cotidianas para contar e medir, mas foram, durante séculos, a única maneira existente de "ler" o significado das antigas formas de adivinhação, como a astrologia, a numerologia, a geomancia etc., todas elas baseadas em cálculos aritméticos e todas investigadas por Jung no âmbito da sua teoria da sincronicidade. Além disso, os números naturais — examinados de um ângulo psicológico — devem ser certamente representações arquetípicas, pois somos forçados a pensar a seu respeito de maneira definida. Ninguém, por exemplo, pode negar que 2 é o único primeiro número par já existente, mesmo que nunca tenha pensado sobre isso de modo consciente. Em outras palavras, números não são conceitos conscientes inventados pelo homem com o propósito de calcular: são produtos espontâneos e autônomos do inconsciente, como o são outros símbolos arquetípicos.[23]

No entanto, os números naturais são também qualidades pertencentes aos objetos exteriores: podemos assegurar e contar que aqui existem duas pedras ou três árvores acolá. Mesmo se despojarmos os objetos de outras qualidades como cor, temperatura, tamanho etc. ainda resta a sua "quantidade" ou multiplicidade especial. No entanto, esses mesmos números também fazem parte indiscutível da nossa própria organização mental — conceitos abstratos que podemos estudar sem nos referirmos a objetos exteriores. Os números parecem ser, portanto, uma conexão tangível entre as esferas da matéria e as da psique. De acordo com certas sugestões feitas por Jung, encontraremos neles um campo promissor para pesquisas futuras.

Menciono rapidamente esses difíceis conceitos a fim de mostrar que, na minha opinião, as ideias de Jung não constituem uma "doutrina", mas são o começo de uma nova perspectiva que continuará a desenvolver-se e a evoluir. Espero que tenham dado ao leitor um lampejo do que me parece essencial e típico na atitude científica de Jung. Ele vivia em permanente busca revelando uma liberdade rara em relação aos preconceitos tradicionais e possuindo, ao mesmo tempo, uma grande modéstia e precisão no seu desejo de melhor compreender os fenômenos da vida. Não avançou mais nas ideias acima mencionadas porque sentiu que ainda não tinha à sua disposição um número suficiente de fatos que lhe permitisse fazer pronunciamentos relevantes — da mesma maneira que esperava vários anos antes de anunciar suas novas descobertas, cauteloso com sua vaidade tanto quanto podia e levantando ele mesmo todas as possíveis dúvidas a seu respeito.

CONCLUSÃO

Portanto, o que talvez pareça ao leitor inicialmente uma certa imprecisão de ideias vem da sua atitude científica de modéstia intelectual, uma atitude que se esforça por não excluir (através de pseudoexplicações superficiais e precipitadas ou de excessivas simplificações) a possibilidade de novas descobertas, e que respeita a complexidade do fenômeno da vida. Este sempre foi um mistério fascinante para Carl G. Jung, que nunca o considerou, como acontece às pessoas de mente limitada, uma realidade "explicada" a respeito da qual pode-se julgar conhecer inteiramente.

O valor das ideias criativas está em que, tal como acontece com as "chaves", elas ajudam a "abrir" conexões até então ininteligíveis de vários fatos, permitindo que o homem penetre mais profundamente no mistério da vida. Acredito firmemente que as ideias de Jung podem assim servir à descoberta e à interpretação de novos fatos em muitos campos da ciência (e também da vida cotidiana), levando o indivíduo, simultaneamente, a uma visão mais equilibrada, mais ética e mais ampla do mundo. Se o leitor sentir-se estimulado a se ocupar mais profundamente da exploração e da assimilação do inconsciente — tarefa que se inicia sempre por investigar o nosso próprio inconsciente —, o propósito desta obra introdutória terá sido plenamente alcançado.

NOTAS

CHEGANDO AO INCONSCIENTE
Carl G. Jung

[1] A criptomnésia de Nietzsche é discutida na obra de Jung "Sobre a psicologia e patologia dos fenômenos chamados ocultos", no volume I de *Obras Completas*. A passagem a respeito do diário de bordo e o trecho correspondente redigido por Nietzsche são os seguintes: De J. Kerner, *Blätter aus Prevorst*, vol. IV, p. 57, sob o título "Extrato de significação amedrontadora..." (1831-37):

"Os quatro capitães e um comerciante, sr. Bell, desembarcaram na ilha do monte Stromboli para caçar coelhos. Às três horas reuniram o equipamento para regressar a bordo quando, para seu indizível espanto, viram dois homens voando velozmente no ar em sua direção. Um estava vestido de preto, outro, de cinza. Passaram perto deles em grande velocidade, e para ainda maior susto seu desceram na cratera do terrível vulcão. Reconheceram-nos como dois conhecidos de Londres".

De F. Nietzsche, *Assim falou Zaratustra*, 1883, capítulo XI, "Grandes acontecimentos" (tradução ligeiramente modificada): "Nesta época em que Zaratustra residia nas ilhas Happy, aconteceu de um navio ancorar na ilha onde fica o vulcão fumegante e a tripulação descer a terra para caçar coelhos. Ao meio-dia, no entanto, quando o capitão e seus homens se haviam reunido novamente, viram, de repente, um homem que vinha pelo ar em sua direção e uma voz que dizia nitidamente: 'É tempo, é mais que tempo!'.

"Mas quando a figura aproximou-se deles, passando rápido como uma sombra em direção ao vulcão, reconheceram com grande espanto que era Zaratustra... 'Vejam!', disse o velho timoneiro. 'Vejam Zaratustra, que vai para o inferno!'".

[2] Robert Louis Stevenson discute o seu sonho a respeito de Jekyll e Hyde em "A Chapter on Dreams", de *Across the Plain*.

[3] Mais detalhes sobre o sonho de Jung estão em *Memórias, sonhos, reflexões de C.G. Jung*, de Aniela Jaffé (Editora Nova Fronteira).

[4] Exemplos de ideias e imagens subliminares podem ser encontrados nas obras de Pierre Janet.

[5] Outros exemplos de símbolos culturais estão em Mircea Eliade, *Der Schamanismus*, Zurique, 1947 (publicado no Brasil como *O xamanismo e as técnicas arcaicas do êxtase*. São Paulo: Martins Fontes, 1998).

OS MITOS ANTIGOS E O HOMEM MODERNO

Joseph L. Henderson

[1] A propósito da finalidade da ressurreição de Cristo: o cristianismo é uma religião escatológica, isto é, tem um fim, já que é arraigado à ideia do Julgamento Final. Outras religiões, nas quais subsistem elementos de caráter matriarcal vindos de uma cultura tribal (como o orfismo), são cíclicas, como o demonstra Eliade em *O mito do eterno retorno*, Coleção Debates, Editora Perspectiva.

[2] Ver Paul Radin, *Hero Cycles of the Winnebago*, Indiana University Publications, 1948.

[3] A propósito de Hare, observa o dr. Radin: "Hare é um herói típico conhecido em todo o mundo, tanto o civilizado quanto o de tradição oral, desde os mais remotos períodos da história".

[4] Os *Twins* são comentados por Maud Oakes em *Where the Two Come to their Father, A Navaho War Ceremonial*, Nova York, Bollingen, 1943.

[5] Jung discute *Trickster* em "Psicologia da figura do Trickster", *Obras Completas*, vol. IX.

[6] O conflito entre o ego e a sombra é tratado em "The Battle for Deliverance from the Mother", de Jung, *Obras Completas*, vol. V.

[7] Para a interpretação do mito do Minotauro, ler a novela de Mary Renault, *The King Must Die*, Pantheon, 1958.

[8] O simbolismo do labirinto é discutido por Erich Neumann em *The Origins and History of Consciousness*, Bollingen, 1954 (publicado no Brasil como *História da origem da consciência*. São Paulo: Cultrix, 1990).

[9] A respeito do mito navajo do coiote, ler *The Pollen Path*, de Margaret Schevill Link e J.L. Henderson, Stanford, 1954.

[10] A emergência do ego é discutida por Erich Neumann, *op. cit.*; por Michael Fordham, *New Developments in Analytical Psychology*, Londres, Routledge & Kegan Paul, 1957; e por Esther M. Harding, *The Restoration of the Injured Archetypal Image* (edição limitada), Nova York, 1960.

[11] O estudo de Jung sobre a iniciação está em "Analytical Psychology and the Weltanschauung", *Obras Completas*, vol. VIII. Ver também *The Rites of Passage*, de Arnold van Gennep, Chicago, 1961.

[12] As provas iniciatórias de força femininas são discutidas por Erich Neumann em *Amor and Psyche*, Bollingen, 1956 (publicado no Brasil como *Amor e psiquê*. São Paulo: Cultrix, 1990).

[13] O conto "A Bela e a Fera" aparece em *The Fairy Tale Book*, de Mm. Leprince de Beaumont, Nova York, Simon & Schuster, 1958.

[14] O mito de Orfeu pode ser encontrado em *Prolegomena to the Study of Greek Religion*, de Jane E. Harrison, Cambridge University Press, 1922. Ver também *Orpheus and Greek Religion*, de W.K.C. Guthrie, Cambridge, 1935.

[15] As observações de Jung sobre o ritual católico do cálice estão em "Transformation Symbolism in the Mass", *Obras Completas*, vol. XI. Ver também *Myth and Ritual in Christianity*, de Alan Watts, Vanguard Press, 1953.

[16] A interpretação de Linda Fierz-David sobre o ritual de Orfeu está em *Psychologische Betrachtungen zu der Freskenfolge der Villa dei Misteri in Pompeji, ein Versuch von Linda Fierz-David* (edição limitada), Zurique, 1957.

[17] A urna funerária romana da colina Esquilina é discutida por Jane Harrison, *op. cit.*

[18] Ver *The Transcendent Function*, de Jung, Students' Association, Carl G. Jung Institute, Zurique.

[19] Joseph Campbell discute o xamã em *The Symbol without Meaning*, Zurique, Reno-Verlag, 1958.

[20] Ver "The Waste Land", de T.S. Eliot, nos seus *Collected Poems*, Londres, Faber and Faber, 1963.

O PROCESSO DE INDIVIDUAÇÃO
M.-L. von Franz

[1] Uma detalhada análise da estrutura em "meandros" dos sonhos encontra-se em *Obras Completas*, de Jung, vol.VIII, p. 23 e 237-300 (especialmente p. 290).Ver outro exemplo no vol. XII, parte 1.Também em *Studies in Analytical Psychology*, de Gerhard Adler, Londres, 1948.

[2] A respeito do *self*, ver *Obras Completas*, vol. IX, parte 2, p. 5 e 23; vol. XII, p. 18, 41, 174 e 193.

[3] Os naskapi são analisados por Franz G. Speck em *Naskapi: the Savage Hunter of the Labrador Peninsula*, University of Oklahoma Press, 1935.

[4] O conceito da totalidade psíquica é discutido por Jung em *Obras Completas*, vol. XIV, p. 117, e vol. IX, parte 2, p. 6 e 190.

Ver também vol. IX, parte 1, p. 275 e 290.

[5] A história do carvalho foi reproduzida de *Dschuang Dsi; Das wahre Buch vom südlichen Blütendland*, de Richard Wilhelm, Jena, 1923, p. 33-4.

[6] Jung trata da árvore como símbolo do processo de individuação em "Der philosophische Baum", *Von den Wurzeln des Bewusstseins*, Zurique, 1954.

[7] O "deus local" a quem ofereciam sacrifícios sobre um altar de pedra corresponde, em muitos aspectos, ao antigo *genius loci*. Ver *La Chine antique*, de Henri Maspéro, Paris, 1955, p. 140 (informação gentilmente cedida pela srta. Ariane Rump).

[8] Jung assinala a dificuldade de descrever o processo de individuação em *Obras Completas*, vol. XVII, p. 179.

[9] A breve descrição da importância dos sonhos infantis encontra-se no livro *Psychological Interpretation of Children's Dreams* (notas e conferências), E.T.H., Zurique, 1938-39 (edição limitada). O exemplo comentado pertence a uma pesquisa, *Psychologische Interpretation von Kinderträumen*, 1939-40, p. 76.Ver também "The Development of Personality", *Obras Completas*, vol. XVII, de Jung; *The Life of Childhood*, de Michael Fordham, Londres, 1944 (especialmente p. 104); *História da origem da consciência*, de Erich Neumann; *The Inner World of Consciousness*, de Frances Wickes, Nova York-Londres, 1927; e *Human Relationships*, de Eleanor Bertine, Londres, 1958.

[10] Jung discute o núcleo da psique em "The Development of Personality", *Obras Completas*, vol. XVII, p. 175, e vol. XIV, p. 9.

[11] A respeito dos esquemas dos contos de fadas referentes ao tema do rei enfermo, ver *Anmerkungen zu den Kinder-und Hausmärchen der Brüder Grimm*, de Joh. Bolte e G. Polivka, vol. 1, 1913-32, p. 503 — são variações do conto dos irmãos Grimm "O pássaro dourado".

[12] Outros detalhes a respeito da sombra podem ser encontrados em *Obras Completas*, de Jung, vol. IX, parte 2, capítulo 2, e no volume XII, p. 29; também em *The Undiscovered Self*, Londres, 1958, p. 8-9.Ver ainda *The Inner World of Man*, de Frances Wickes, Nova York-Toronto, 1938. Um bom exemplo da realização da sombra encontra-se, também, em *Komplexe Psychologie und Körperliches Symptom*, de G. Schmalz, Stuttgart, 1955.

[13] Exemplos do conceito egípcio sobre o mundo subterrâneo podem ser encontrados no livro *The Tomb of Ramses VI*, Bollingen, série XL, partes 1 e 2, Pantheon Books, 1954.

[14] Jung trata da natureza da projeção no vol.VI de *Obras Completas*, Definitions, p. 582; e no vol.VIII, p. 272.

[15] O Alcorão foi também traduzido para o inglês por E.H. Palmer, Oxford University Press, 1949.Ver também a interpretação de Jung da história de Moisés e Khidr no vol. IX de *Obras Completas*, p. 135.

[16] A história hindu *Somadeva: Vetalapanchavimsati* foi traduzida por C.H. Tawney, Jaico-book, Bombaim, 1956. Ver também a excelente interpretação psicológica de Henry Zimmer em *The King and the Corpse*, Bollingen, série IX, Nova York, Pantheon, 1948.

[17] As referências ao mestre do zen-budismo são de *Der Ochs und sein Hirte* (tradução para o inglês de Koichi Tsujimura), Pfullingen, 1958, p. 95.

[18] Para mais detalhes a respeito da *anima*, ver *Obras Completas*, de Jung, vol. IX, parte 2, p. 11-2, e capítulo 3; vol. XVII, p. 198; vol. VIII, p. 345, vol. XI, p. 29-31, 41, 476 etc.; vol. XII, parte 1. Ver também *Animus and Anima* (publicado no Brasil como *Animus e anima*. São Paulo: Cultrix, 1995), *Two Essays,* de Emma Jung, The Analytical Club of Nova York, 1957; *Human Relationships*, de Eleanor Bertine, parte 2; *Psychic Energy*, de Esther Harding, Nova York, 1948, *passim*, e outros.

[19] O xamanismo dos inuítes foi descrito por Mircea Eliade em *Der Schamanismus*, Zurique, 1947, especialmente p. 49 (publicado no Brasil como *O xamanismo e as técnicas arcaicas do êxtase*. Rio de Janeiro: Martins Fontes, 2020); e por Knud Rasmussen em *Thulefahrt*, Frankfurt, 1926, *passim*.

[20] A história do caçador siberiano é de Rasmussen, em *Die Gabe des Adlers*, Frankfurt a.M., 1926, p. 172.

[21] A "donzela venenosa" aparece em *Die Sage vom Giftmädchen*, de W. Hertz, Abh. der k. bayr. Akad. der Wiss., 1, cap. XX, vol. 1, Abt., Munique, 1893.

[22] A princesa assassina é abordada por Chr. Hahn em *Griechische und Albanesische Märchen,* vol. 1, Munique-Berlim, 1918, p. 301: "Der Jäger und der Spiegel der alles sieht".

[23] "Loucura de amor" causada pela projeção da *anima* é examinada por Eleanor Bertine em *Human Relationships*, p. 113 e segs. Ver também o excelente estudo do professor H. Strauss, "Die Anima als Projection erlebnis", manuscrito não publicado, Heidelberg, 1959.

[24] Jung discute a possibilidade de integração psíquica pela *anima* negativa em *Obras Completas*, vol. IX, p. 224; vol. XI, p. 164 e segs.; vol. XII, p. 25, 110, 128.

[25] Para os quatro estágios da *anima*, ver Jung, *Obras Completas*, vol. XVI, p. 174.

[26] *Hypnerotomachia*, de Francisco Colonna, foi interpretado por Linda Fierz-David em *Der Liebestraum des Poliphilo*, Zurique, 1947.

[27] A citação que descreve a natureza da *anima* é de *Aurora Consurgens I*, traduzido por E.A. Glover. Edição alemã por M.-L. von Franz, em *Mysterium Coniunctionis* (publicado no Brasil como *Mysterium coniunctionis*. Petrópolis: Vozes, 1998), de Jung, vol. 3, 1958.

[28] Jung estuda o culto cavalheiresco à dama em *Obras Completas*, vol. VI, p. 274 e 290. Ver também *Die Graalslegende in psychologischer Sicht*, de Emma Jung e M.-L. von Franz, Zurique, 1960.

[29] A respeito do aparecimento do *animus* como uma "convicção sagrada", ver *Two Essays in Analytical Psychology*, de Jung, Londres, 1928, p. 127 e segs.; *Obras Completas*, vol. IX, cap. 3. Ver também, de Emma Jung, *Animus and Anima*, *passim*, de Esther Harding, *Woman's Mysteries* (publicado no Brasil como *Os mistérios da mulher*. São Paulo: Edições Paulinas, 1985)*,* Nova York, 1955; de Eleanor Bertine, *Human Relationships,* p. 128 e segs.; de Toni Wolff, *Studien zu Carl G. Jung's Psychologie*, Zurique, 1959, p. 257 e segs; de Erich Neumann, *Zur Psychologie des Weiblichen*, Zurique, 1953.

[30] O conto de fadas cigano pode ser encontrado em *Der Tod Als Geliebter*, Zigeuner-Märchen. *Die Märchen der Weltliteratur*, de F. von der Leyen e P. Zaunert, Jena, 1926, p. 117.

[31] O *animus* como fonte de valiosas qualidades masculinas é estudado por Jung em *Obras Completas*, vol. IX, p. 182; e em *Two Essays*, cap. 4.

[32] Para o conto austríaco da princesa negra, ver *Die schwarze Königstochter*, *Märchen aus dem Donaulande*, *Die Märchen der Weltliteratur*, Jena, 1926, p. 150.

NOTAS **437**

[33] O conto inuíte do Espírito da Lua é tirado de "Von einer Frau die zur Spinne wurde", traduzido de *Die Gabe des Adlers*, de K. Rasmussen, p. 121.

[34] As várias personificações do *self* são estudadas em *Obras Completas* de Jung, vol. IX, p. 151.

[35] O mito de P'an Ku pode ser encontrado em *Myths of China and Japan*, de Donald A. MacKenzie, Londres, p. 260, e em *Le Taoisme*, de H. Maspéro, Paris, 1950, p. 109. Ver também *Universismus*, de J.J.M. de Groot, Berlim, 1918, p. 130-1; *Simbolik des Chinesischen Universismus*, de H. Koestler, Stuttgart, 1958, p. 40; e *Mysterium Coniunctionis*, de Jung, vol. 2, p. 160 e 161.

[36] A respeito de Adão como o Homem Cósmico, ver *Schöpfung und Sündenfall des ersten Menschen*, de August Wünsche, Leipzig, 1906, p. 8, 9 e 13; *Die Gnosis*, de Hans Leisegang, Leipzig, Krönersche Taschenausgabe. Para a interpretação psicológica, ver *Mysterium Coniunctionis*, de Jung, vol. 2, cap. 5, p. 140-99; e *Obras Completas*, vol. XII, p. 346. Pode também haver conexões históricas entre o P'an Ku dos chineses, o Gayomart dos persas e as lendas de Adão. Ver *Gayomart*, de Sven S. Hartmann, Upsala, 1953, p. 46 e 115.

[37] O conceito de Adão como "superalma" e originado de uma tamareira é tratado por E.S. Drower em *The Secret Adam, a Study of Nasoruean Gnosis*, Oxford, 1960, p. 23, 26, 27 e 37.

[38] A citação de Meister Eckhardt é de F. Pfeiffer, em *Meister Eckhardt*, Londres, 1924, vol. II, p. 80.

[39] Adão Kadmon é discutido em *Major Trends in Jewish Mysticism*, 1941, de Gershom Sholem; e em *Mysterium Coniunctionis*, de Jung, vol. 2, p. 182.

[40] Para o estudo de Jung sobre o Homem Cósmico, ver *Obras Completas*, vol. XI, e *Mysterium Coniunctionis*, vol. 2, p. 215. Ver também Esther Harding, *Journey into Self*, Londres, 1956, *passim*.

[41] O símbolo do casal real é estudado em *Obras Completas*, de Jung, vol. XVI, p. 313; em *Mysterium Coniunctionis*, vol. 1, p. 143, 179; vol. 2, p. 86, 90, 140 e 285. Ver também *Symposium* de Platão e o Homem-deus dos gnósticos, o Antropos.

[42] Para a pedra como símbolo do *self*, ver *Von den Wurzeln des Bewusstseins*, de Jung, Zurique, 1954, p. 200, 415 e 449.

[43] O ponto em que a necessidade de individuação é conscientemente praticada está discutido em *Obras Completas*, de Jung, vol. XII, *passim*; e em *Von den Wurzeln des Bewusstseins*, p. 200; vol. IX, parte 2, p. 139, 236, 247 e 268; vol. XVI, p. 164. Ver também o vol. VIII, p. 253; e, de Toni Wolff, *Studien zu C.G. Jung's Psychologie*, p. 43. Consultar especificamente *Mysterium Coniunctionis*, de Jung, vol. 2, p. 318.

[44] O zoólogo Adolf Portmann descreve a "interioridade" animal em *Das Tier als soziales Wesen*, Zurique, 1935, p. 366.

[45] Antigas crenças germânicas a respeito de pedras tumulares são discutidas em *Das altgermanische Priester wesen*, de Paul Herrmann, Jena, 1929, p. 52; e em *Von den Wurzeln des Bewusstseins*, de Jung, p. 198.

[46] A descrição de Morienus da pedra filosofal é citada em *Obras Completas*, de Jung, vol. XII, p. 300, nota 45.

[47] A máxima dos alquimistas de que é necessário o sofrimento para se encontrar a pedra filosofal pode ser verificada no vol. XII, p. 280, de *Obras Completas*, de Jung.

[48] Jung discute a relação entre psique e matéria em *Two Essays on Analytical Psychology*, p. 142-6.

[49] Para uma explicação completa da sincronicidade, ver "Synchronicity: an Acausal Connecting Principle", no vol. VIII de *Obras Completas*, de Jung, p. 419.

[50] A respeito dos pontos de vista de Jung sobre o inconsciente e as religiões orientais, ver "Concerning Mandala Symbolism", em *Obras Completas*, vol. IX, parte 1, p. 335; vol. XII, p. 212 (e também, do mesmo volume, p. 19, 42, 91, 101, 119, 159 e 162).

[51] As citações do texto chinês são de *Lu K'uan Yü*, de Charles Luk, Ch'an and Zen Teaching, Londres, p. 27.

[52] O conto do balneário Bâdgerd é de *Märchen aus Iran, Die Märchen der Weltliteratur*, Jena, 1959, p. 150.

[53] Jung examina o sentimento atual de sermos apenas uma "cifra estatística" em *The Undiscovered Self*, p. 14 e 109.

[54] A interpretação dos sonhos em nível subjetivo é discutida em *Obras Completas*, de Jung, vol. VIII, p. 266; e vol. XVI, p. 243.

[55] A afirmação de que o homem está instintivamente "sintonizado" com o seu meio ambiente é estudada por A. Portmann em *Das Tier als soziales Wesen*, p. 65 e *passim*. Ver também *A Study of Instinct*, de N. Tinbergen, Oxford, 1955, p. 151 e 207.

[56] El. E.E. Hartley discute o inconsciente das massas em *Fundamentals of Social Psychology*, Nova York, 1952. Ver também, de Th. Janwitz e R. Schulze, *Neue Richtungen in der Massenkommunikation Forschung, Rundfunk und Fernsehen*, 1960, p. 7, 8 e *passim*. Também, *ibid.*, p. 1-20, e *Unterschwellige Kommunikation*, *ibid.*, 1960, Heft 3/4, p. 283 e 306. (Informação obtida graças à gentileza do sr. René Malamoud.)

[57] O valor da liberdade (para criar algo de útil) é acentuado por Jung em *The Undiscovered Self*, p. 9.

[58] A respeito de figuras religiosas que simbolizam o processo de individuação, ver *Obras Completas*, de Jung, vol. XI, p. 273 e *passim*; e *ibid.*, parte 2 e p. 164.

[59] Jung discute o simbolismo religioso nos sonhos atuais em *Obras Completas*, vol. XII, p. 92. Ver também *ibid.*, p. 28, 269, 207 e outras.

[60] A adição de um quarto elemento à Trindade é examinada por Jung em *Mysterium Coniunctionis*, vol. 2, p. 112, 117, 123; e em *Obras Completas*, vol. VIII, p. 136 e 160-2.

[61] A visão de Black Elk (alce negro) é de *Black Elk Speaks*, org. John G. Neihardt, Nova York, 1932.

[62] A história do festival da águia dos inuítes é de *Die Gabe des Adlers*, de Knud Rasmussen, p. 23 e 29.

[63] Jung discute a reformulação dos elementos mitológicos originais em *Obras Completas*, vol. XI, p. 20, e na Introdução do vol. XII.

[64] O físico W. Pauli descreveu os efeitos das descobertas científicas modernas, como a de Heisenberg, em *Die Philosophische Bedeutwing der Idee der Komplementarität*, "Experientia", vol. VI/2, p. 72; e em *Wahrscheinlichkeit und Physik*, "Dialectica", vol. VIII/2, 1954, p. 117.

O SIMBOLISMO NAS ARTES PLÁSTICAS
Aniela Jaffé

[1] A afirmação de Max Ernst é citada em *Contemporary Sculpture*, de C. Giedion--Welcker, Nova York, 1955.

[2] O estudo de Herbert Kühn a respeito da arte pré-histórica está em seu *Die Felsbilder Europas*, Stuttgart, 1952.

[3] A respeito dos dramas *No*, ver, de D. Seckel, *Einführung in die Kunst Ostasiens*, Munique, 1960, figs. 1 e 16. Quanto à máscara de raposa usada no drama *No*, ver G. Buschan, *Tiere*

in Kult und Aberglauben, Ciba Journal, Basileia, nov. 1942, nº 86.

[4] Sobre os atributos animais de vários deuses, ver G. Buschan, *op. cit.*

[5] Jung trata do simbolismo do unicórnio (um dos símbolos de Cristo) em *Obras Completas*, vol. XII, p. 415.

[6] O nascimento de Buda está no *Lalita Vistera*, do sânscrito, datado de cerca do ano 600 a 1000 da era cristã.

NOTAS

[7] Jung estuda as quatro funções do consciente no vol. VI de *Obras Completas*.

[8] As mandalas do Tibete são discutidas e interpretadas no vol. IX de *Obras Completas*.

[9] A imagem da Virgem no centro de uma árvore circular é o painel central do *Triptyque du Buisson Ardent*, 1476, catedral Saint-Saveur, Aix-en-Provence.

[10] Exemplos de edifícios sagrados baseados na forma da mandala: Borobudur, Java; o Taj Mahal; a mesquita de Omar, em Jerusalém.

Edifícios seculares: Castel del Monte, construído por Frederico II (1194-1250) na Apúlia.

[11] A respeito da mandala na planta de vilas e locais sagrados, ver *Das Heilige und das Profane*, de Mircea Eliade, Hamburgo, 1957.

[12] A teoria de que *quadrata* significa "quadripartita" foi formulada por Franz Altheim, um erudito clássico berlinense. Ver K. Kerenyi, "Introduction to Kerenyi-Jung", *Einführung in das Wesen der Mythologie*, Zurique, p. 20.

[13] A outra teoria, segundo a qual a *urbs quadrata* se refere à quadratura do círculo, é de Kerenyi, *loc. cit.*

[14] Sobre a Cidade Celeste, ver o Apocalipse, XXI.

[15] A citação de Jung é de *Commentary on the Secret of the Golden Flower*, Londres-Nova York, 1956, 10ª ed.

[16] Exemplos da cruz equilateral: crucificação de *Evangelienharmonie*, Viena, Nat. Bib. Cod. 2687 (Otfried von Weissenberg, século IX); cruz Gosforth, século X; cruz Monasterboice, século X; ou a cruz Ruthwell.

[17] O estudo sobre as modificações nos edifícios eclesiásticos está baseado no ensaio de Karl Litz, *Die Mandala, ein Beispiel der Architektursymbolik*, Winterthur, novembro de 1960.

[18] A natureza-morta de Matisse faz parte da Coleção Thompson, Pittsburgh.

[19] O quadro de Kandinsky com bolas ou círculos coloridos chama-se *Blurred White*, 1927, e pertence à Coleção Thompson.

[20] *Event on the Doums*, de Paul Nash, pertence à coleção da sra. C. Neilson. Ver *Meaning and Symbol*, de George W. Digby, Faber & Faber, Londres.

[21] O estudo de Jung a respeito dos discos voadores está em *Flying Saucers: A Modern Myth of Things Seen in the Skies* (publicado no Brasil como *Um mito moderno sobre coisas vistas no céu*. Petrópolis: Vozes, 1991), Londres-Nova York, 1959.

[22] A citação de *Notes sur la peinture d'aujourd'hui* (Paris, 1953), de Bazaine, figura em *Dokumente zum Verständnis der modernen Malerei*, de Walter Hess, Hamburgo, 1958 (Rowohlt), p. 122. Inúmeras citações neste capítulo foram tiradas dessa excelente compilação, a que nos vamos referir daqui em diante como *Dokumente*.

[23] A declaração de Franz Marc está em *Briefe, Aufzeichnungen und Aphorismen*, Berlim, 1920.

[24] A respeito do livro de Kandinsky, ver a sexta edição, Berna, 1959. (Primeira edição, Munique, 1912.) *Dokumente*, p. 80.

[25] Maneirismo e modismo são discutidos por Werner Haftmann em *Glanz und Gefährdung der abstrakten Malerei*, em *Skizzenbuch zur Kultur der Gegenwart*, Munique, 1960, p. 111. Ver também Haftmann, *Die Malerei im. 20. Jahrhundert*, 2ª ed., Munique, 1957; e *A Concise History of Modern Painting* (publicado no Brasil como *Uma história da pintura moderna*. São Paulo: Martins Fontes, 2001), de Herbert Read, Londres, 1959, e outros numerosos estudos individuais.

[26] O ensaio de Kandinsky "Über die Formfrage" está em *Der blaue Reiter*, Munique, 1912. Ver *Dokumente*, p. 87.

[27] Os comentários de Bazaine a respeito do porta-garrafas de Duchamp são de *Dokumente*, p. 122.

[28] A declaração de Joan Miró é de *Joan Miró*, Horizont Collection, Arche Press.

[29] A referência à "obsessão" de Schwitter é de Werner Haftmann, *op. cit.*

[30] A declaração de Kandinsky é de *Selbstbetrachtungen*, Berlim, 1913. *Dokumente*, p. 89.

[31] A citação de Carlo Carrà é de W. Haftmann, *Paul Klee, Wege bildnerischen Denkens*, Munique, 1955, 3ª. ed., p. 71.

[32] Klee, em *Wege des Naturstudiums*, Weimar, Munique, 1923. *Dokumente*, p. 125.

[33] A observação de Bazaine é de *Notes sur la peinture d'aujourd'hui*, Paris, 1953. *Dokumente*, p. 125.

[34] A declaração de De Chirico está em *Sull'Arte Metafisica*, Roma, 1919. *Dokumente*, p. 112.

[35] As citações da *Memorie della mia Vita*, de De Chirico, são de *Dokumente*, p. 112.

[36] A citação de Kandinsky a respeito da morte de Deus está no seu *Ueber das Geistige in der Kunst, op. cit.*

[37] Ver mais particularmente Heinrich Heine, Rimbaud e Mallarmé.

[38] A citação de Jung está em *Obras Completas*, vol. XI, p. 88.

[39] Encontramos *manichini* nas obras de Carlo Carrà, de A. Archipenko (1887-1964) e de Giorgio Morandi (1890-1964).

[40] O comentário sobre Chagall por Herbert Read é do seu *Concise History of Modern Painting* (*Uma história da pintura moderna*), Londres, 1959, p. 124, 126 e 128.

[41] As declarações de André Breton são de *Manifestes du Surrealisme* (publicado no Brasil como *Manifesto do Surrealismo*. Rio de Janeiro: Nau, 2001), 1924-42, Paris, 1946. *Dokumente*, p. 117 e 118.

[42] A citação de Ernst de *Beyond Painting* (Nova York, 1948) é de *Dokumente*, p. 119.

[43] As referências a Hans Arp são baseadas em *Hans Arp*, de Carola Giedion-Welcker, 1957, p. 16.

[44] As referências à *Historie Naturelle* de Ernst estão em *Dokumente*, p. 121.

[45] A respeito dos românticos do século XIX e da "caligrafia da natureza", ver Novalis, *Die Lehrlinge zu Sais*; E.T.A. Hoffmann, *Das Märchen vom Goldnen Topf*; e G.H. von Schubert, *Symbolik des Traumes*.

[46] O comentário de Kassner sobre George Trakl é do *Almanach de la Librairie Flinker*, Paris, 1961.

[47] As declarações de Kandinsky pertencem, respectivamente, a *Rückblicke* (citado por Max Bill na sua "Introduction to Kandinsky's *Über das Geistige*" ..., *op. cit.*); a *Selbstdantellung*, Berlim, 1913 (*Dokumente*, p. 86); e a *Malerei im. 20. Jahrhundert*, de Haftmann.

[48] As declarações de Franz Marc pertencem, respectivamente, a *Briefe, Aufzeichnungen und Aphorismen, op. cit.*; *Dokumenteh*, p. 79; e a Haftmann, *op. cit.*, p. 478.

[49] As declarações de Klee pertencem a *Ueber die moderne Kunst*, Lecture, 1924. *Dokumente*, p. 84.

[50] As declarações de Mondrian pertencem a *Neue Gestaltung*, Munique, 1925. *Dokumente*, p. 100.

[51] As declarações de Kandinsky pertencem, respectivamente, a *Ueber das Geistige...*, *op. cit.*, p. 83; a *Ueber die Formfrage*, Munique, 1912 (*Dokumente*, p. 88); e a *Aufsätze*, 1923-43 (*Dokumente*, p. 91).

[52] A declaração de Franz Marc é citada em *Vom Sinn der Parallele in Kunst und Naturform*, de Georg Schmidt, Basileia, 1960.

[53] As declarações de Klee pertencem, respectivamente, a *Ueber die moderne Kunst, op. cit.* (*Dokumente*, p. 84); a *Tagebücher,* Berlim, 1953 (*Dokumente*, p. 86); a Haftmann, *Paul Klee, op. cit.*, p. 93 e 50; a *Tagebücher* (*Dokumente*, p. 86); e a Haftmann, p. 89.

[54] As referências à pintura de Pollock estão em Haftmann, *Malerei im 20. Jahrhundert*, p. 464.

[55] As declarações de Pollock pertencem a *My Painting Possibilities*, Nova York, 1947. Citadas por Herbert Read, *op. cit.*, p. 267.

[56] A citação de Jung é de *Obras Completas*, vol. IX, p. 173.

[57] A citação de Klee, feita por Read, é de *Concise History...*, *op. cit.*, p. 180.

NOTAS

[58] A declaração de Marc é de *Briefe, Aufzeichnungen und Aphorismen. Dokumente*, p. 79.

[59] O diálogo de Marini é de *Dialogue über Kunst*, de Edouard Roditi, Insel Verlag, 1960 (a conversação é dada aqui de forma bastante abreviada).

[60] As afirmações de Manessier são de W. Haftmann, *op. cit.*, p. 474.

[61] O comentário de Bazaine é de *Notes sur la peinture d'aujourd'hui, op. cit. Dokumente*, p. 126.

[62] As declarações de Klee são de *Paul Klee*, de W. Haftmann, p. 71.

[63] A respeito da arte moderna nas igrejas, ver W. Schmalenbach, *Zur Ausstellung von Alfred Manessier*, Zürich Art Gallery, 1959.

SÍMBOLOS EM UMA ANÁLISE INDIVIDUAL
Jolande Jacobi

[1] O Palácio dos Sonhos: ilustração do século XVI, para a *Odisseia* de Homero, livro XIX. No centro está a deusa do sono segurando um buquê de papoulas. À sua esquerda, a Porta dos Chifres (com a cabeça cornífera de um boi ao alto). Dessa porta, vêm os sonhos verdadeiros. À sua direita, a Porta de Marfim, com uma cabeça de elefante ao alto; dela vêm os sonhos falsos. No topo, à esquerda, a deusa da lua, Diana; à sua direita, a Noite, com seus filhos, o Sono e a Morte.

[2] A importância do primeiro sonho em uma análise está indicada por Jung em *Modern Man in Search of a Soul*, p. 77.

[3] A respeito do Sonho do Oráculo, ver o *I Ching or Book of Changes* (publicado no Brasil como *I Ching: O Livro das Mutações*. São Paulo: Pensamento, 1984), Routledge and Kegan Paul, Londres, 1951, vols. I e II.

[4] O simbolismo das três linhas superiores do sinal Meng — o "portão" — é mencionado no vol. II, p. 299, *op. cit.*, que também declara que esse sinal "...é um desvio, significa pequenas pedras, portas e aberturas... eunucos e guardas, dedos...". Para o sinal Meng, ver também vol. I, p. 20.

[5] Sobre o comentário a respeito do sinal Li, ver *op. cit.*, vol. I, p.178; e uma referência no vol. II, p. 299.

[6] A citação de *I Ching* está no vol. I, p. 23.

[7] A respeito de uma segunda consulta ao *I Ching*, Jung escreve (na sua Introdução à edição inglesa): "Uma repetição da experiência é impossível pela simples razão de que a situação original não pode ser recriada. Portanto, a cada vez haverá sempre uma primeira e única resposta".

[8] O motivo "cidade na montanha" é tratado por K. Kerenyi em *Das Geheimnis der hohen Städte, Europäische Revue*, 1942, números de julho-agosto; e em *Essays on a Science of Mythology*, Bollingen Series XXIII, p. 16.

[9] Observações de Jung a respeito da imagem do número quatro estão em *Obras Completas*, vols. IX, XI, XII e XIV; entretanto, na verdade o problema do quatro e todas as suas consequências estão entremeados de uma maneira constante por toda a sua obra.

[10] O simbolismo do número nove está discutido, entre outras obras, em *Medieval Number Symbolism*, de F.V. Hopper, 1938, p. 138.

[11] Para alguns dos significados simbólicos atribuídos às cartas do baralho, ver *Handwörterbuch des Deutschen Aberglaubens*, vol. IV, p. 1.015, e vol. V, p. 1.110.

[12] A respeito do esquema de uma "viagem marítima noturna", exatamente o gênero desse sonho, ver J. Jacobi, "The Process of Individuation", *Journal of Analytical Psychology*, vol. III, nº 2, 1958, p. 95.

[13] A crença no poder das secreções do corpo humano está analisada em *Origins of Consciousness* (edição alemã), de E. Neumann, p. 39.

CONCLUSÃO
M.-L. von Franz

[1] Os arquétipos como núcleos da psique são discutidos por W. Pauli em *Aufsätze und Vorträge über Physiki und Erkenntnis-theorie*, VerlagVieweg Braunschweig, 1961.

[2] A respeito das forças inibidoras ou inspiradoras dos arquétipos, ver C.G. Jung e W. Pauli, *Naturerklärung und Psyche*, Zurique 1952, p. 163 e *passim*.

[3] A sugestão de Pauli a respeito da biologia está em *Aufsätze und Vorträge, op. cit.*, p. 123.

[4] Para maior explicação a respeito do tempo necessário à mutação, ver Pauli, *op. cit.*, p. 123-5.

[5] A história de Darwin e Wallace pode ser encontrada em *Charles Darwin*, de Henshaw Ward, 1927.

[6] A referência a Descartes está mais amplamente estudada por M.-L. von Franz, em "Der Traum des Descartes", em *Studien des C.G. Jung Instituts*, estudos intitulados "Zeitlose Dokumente der Seele".

[7] A afirmativa de Kepler é discutida por Jung e Pauli em *Naturerklärung und Psyche, op. cit.*, p. 117.

[8] A frase de Heisenberg está citada por Hannah Arendt em *The Human Condition*, Chicago Univ. Press, 1958, p. 26 (publicado no Brasil como *A condição humana*. Rio de Janeiro: Forense Universitária, 2005).

[9] A sugestão de Pauli a respeito de estudos paralelos em psicologia e física está em *Naturerklärung, op. cit.*, p. 163.

[10] A respeito das ideias de Niels Bohr sobre a complementaridade, ver seu *Atomphysik und menschliche Erkenntnis*, Braunschweig, p. 26.

[11] *Momentum* (de uma partícula subatômica) diz-se, em alemão, *Bewegungsgrösse*.

[12] A declaração de Pauli foi citada por Jung em "The Spirit of Psychology", nos *Col. Papers of the Eranos Year Book* de Jos. Campbell, Bollingen Series XXX, 1, Nova York Pantheon Books, 1954, p. 439.

[13] Pauli discute as "possibilidades primárias" em *Vorträge, op. cit.*, p. 125.

[14] A comparação entre os conceitos da microfísica e da psicologia encontra-se também em *Vorträge*. A descrição do inconsciente por paradoxos, p. 115-6; os arquétipos como "possibilidades primárias", p. 115; o inconsciente como um "campo", p. 125.

[15] A citação de Gauss é traduzida do seu *Werke*, vol. X, p. 25, carta a Olbers, e é citada na obra de B.L. van der Waerden, *Einfall und Ueberlegung: Drei kleine Beiträge zur Psychologie des mathematischen Denkens*, Basileia, 1954.

[16] A declaração de Poincaré citada em *ibid.*, p. 2.

[17] A crença de Pauli de que o conceito do inconsciente afetaria toda a ciência natural está em *Vorträge*, p. 125.

[18] A ideia da possível unicidade de todos os fenômenos da vida foi retomada por Pauli, *ibid.*, p. 118.

[19] As ideias de Jung a respeito do *unus mundus* apoiam-se em certas teorias filosóficas da escolástica medieval (John Duns Scotus etc.): *unus mundus* era o conceito total ou arquétipo do mundo no espírito de Deus antes de ele torná-lo realidade.

[20] Para as ideias de Jung sobre a noção de "arranjo sincronizado" incluindo a matéria e a psique, ler "Synchronicity: an Acausal Connecting Principle", *Obras Completas*, vol.VIII.

[21] A citação de Hannah Arendt figura em *The Human Condition* (publicada no Brasil como *A condição humana*. Rio de Janeiro: Forense Universitária, 2016), *op. cit.*, p. 266.

[22] A declaração de B.L. van der Waerden está no seu *Einfall und Ueberlegung, op. cit.*, p. 9.

[23] Para um estudo mais detalhado das "intuições matemáticas primárias", ver Pauli, *Vorträge*, p. 122; ver também Ferd. Conseth, "Les mathématiques et la réalité", 1948.

FONTES ICONOGRÁFICAS

Legenda: C = cima; B = baixo; M = meio; D = direita; E = esquerda

Academia de San Fernando, Madri, **81 (BD)**
© A.D.A.G.P., Paris, **290 (BE), 369 (CE, BD)**
Cortesia de Administrationskanzlei des Naturhistorischen Museums, Viena, **391 (BE)**
Aerofilms and Aero Pictorial, **294 (BE), 329 (ME)**.
Signor Agnelli, **339 (BD)**
Albertina, Viena, **225 (BE)**
Aldus Archives, **169 (BE), 296 (CE)**
Alte Pinakothek, Munique, **111 (BD), 151 (BD), 382 (E)**
American Museum of Natural History, **86 (BE)**
Cortesia do Archbishop of Canterbury and the Trustees da Lambeth Palace Library, **206 (BE)**
Archives Photographiques, Paris, **273 (CD)**
The Art Institute of Chicago, Potter Palmer Collection, **331 (BD)**
Arts Council of Great Britain, **193 (B)**
Ruth Berenson & Norbert Muhlen, *George Grosz 1961*, Arts Inc., Nova York, **386 (B)**
Associated Press, **101 (ME)**
Cortesia de srta. Ruth Bailey, **62 (BE), 68, 266 (CM)**
Collection Frau dra. Lydia Bau, **222 (MD)**
Bayreuther Festspiele, **258 (MD)**
Berlin Staatl. Museen, Antikenabteilung, **61 (BD)**
Bibliothèque de la Bourgeoisie, Berna, **190 (MD)**

Bibliothèque Nationale, Paris, **127 (BD), 144 (MD), 185, 191 (BE), 253 (BD), 287 (BD), 298 (CE), 410 (E)**
Peter Birkhäuser, **189 (CE), 267;** Black Star, **40 (BE), 73 (BD), 153 (BE), 269 (CE), 317 (TD)**
The Blue Angel (diretor: Joseph von Sternberg), Alemanha, 1930, **239 (M)**
Bodleian Library, Oxford, **236/237**
The Bollingen Foundation, Nova York, **44 (BM), 90 (E), 139 (BM)**
British Crown Copyright, **89 (D), 157 (D)**
Cortesia de The Trustees of the British Museum, **21, 44 (BE), 48 (C), 63, 65 (B), 66 (MM),** (Natural History) **83, 137, 139 (BE), 144 (BE), 145 (ME, MM), 151 (C), 162 (BE), 163 (BE, BD), 174, 190 (CD), 191 (BD), 198 (BD), 205 (C), 206 (BD), 212, 219 (BD), 227 (CD), 248 (BE), 251 (MM), 254 (BE), 258 (BD), 260 (CE), 265 (CE), 266 (CE), 278 (BE), 290 (BD), 351 (MM), 373, 283, 300 (BL)**
Shirley Burroughs, **102 (C)**
Cabinet des Médailles, Paris, **186 (BE, BD)**
Cairo Museum, **22 (C)**
Camera Press, **55 (CE), 125 (B), 145 (BD), 260 (BE)**
Jonathan Cape Limited, Londres, de *Angkor Wat*, Malcolm MacDonald, **116 (BD)**
Central Press, **59 (CD)**
W. & R. Chambers Limited, from *Twentieth Century Dictionary*, **53**
Church of England Information Office, **34 (D)**
CIBA Archives, Basileia, **323 (BD)**
Cortesia de Jean Cocteau, **182, 183, 238 (BE)**

Compagnie Aérienne Française, **329 (CE)**

Contemporary Films Ltd., *Ugelsu Monogatari* (diretor: Kenji Mizoguchi), Japão, 1953, **244 (C)** e *Zéro de conduite* (diretor: Jean Vigo), Franfilmdis Production, França, 1933, **152**; Conzett & Huber, Zurique, **28, 222 (BE), 251 (CD), 359, 295**

Cornell University Press, Ítaca, Nova York, **86 (B)**

Crin Blanc (diretor: Albert Lamorisse), França, 1953, **233 (C, ML)**

Daiei Motion Picture Company Ltd., **244 (C)**

Cortesia de Madame Delaunay, **336 (ME)**

Maya Deren, *The Living Gods of Haiti*, **40 (CE, CM, CD)**

Cortesia de Walt Disney Productions, **144 (BD)**

La Dolce Vita (diretor: Federico Fellini), Itália/França, 1959, **222 (BD)**

Cortesia de Madame Trix Dürst-Haass, **357 (CD)**

Collection Dutuit, **327 (E)**

Edimburgo University Library, **155 (BD), 281 (CE)**

Éditions Albert Guillot, Paris, **279 (D)**

Éditions d'Art; Paris, **369 (CD)**

Éditions HoaQui, Paris, **52**

Éditions Houvet, **20**

Education and Television Films Ltd, **146 (E)**

Esquire Magazine © 1963 by Esquire, Inc., **61 (E)**

Faber & Faber Ltd., Londres, *Dance and drama in Bali*, by Beryl de Zoete and Walter Spies, **165**

Jules Feiffer, permission of the artist's agent, **72**

Find Your Man, Warner Bros., 1924, **276 (MD)**

W. Foulsham & Co. Ltd., Londres, **66 (D)**

Cortesia de M.-L. von Franz, **287 (E), 305**

French Government Tourist Office, Londres, **166 (BD), 314 (E), 329 (ME)**

Artist Henrard, Frobenius-Institut an der Johann Wolfgang Goethe-Universität, Frankfurt a.M., **270 (E)**

Gala Film Distributors Ltd., **258 (C)**

Galerie de France, **369 (CE)**

Galerie Stangl, Munique, **354, 355**

Germanisches Nationalmuseum, Nuremberg, **242 (CE)**

German Tourist Information Bureau, Londres, **321 (BD)**

Giraudon, **110 (BD), 127 (D), 133 (E), 146 (BD), 204, 242 (CD), 246 (B), 247 (BD), 287 (D), 291, 299 (E), 303, 341 (CE)**

Godzilla (diretores: Jerry Moore & Ishiro Honda), Japão/EUA, 1955, **119 (D)**

Goethehaus, Frankfurt a.M., **78**

Cortesia de Samuel Goldwyn Pictures Ltd., **81 (D)**

Göteborgs Konstmuseum, **363 (C)**

Granada TV, **230 (D)**

Graphis Press, Zurique, **126, 334 (C)**

Solomon R. Guggenheim Museum, Nova York, **336 (MD)**

© the artist, Hans Haffenrichter, **282**

George G. Harrap, Londres, *Fairy Tales*, Hans Christian Andersen, 1932, **265 (BE)**

By permission of the President and Fellows of Harvard College, **143 (ME)**

William Heinemann Ltd., Londres, *The Twilight of the Gods* by Ernest Gann, **238 (BD)**

Reproduzido com a gentil permissão de Sua Majestade, a rainha, **331 (BE)**

De Conze, *Heroen und Göttergestalten*, **205 (BE)**

Museum Unterlinden, Colmar/foto Hans Hinz, **56 (C)**

Hiroshima mon Amour (diretor: Alain Resnais), França/Japão, 1958-59, **297 (E)**

Ides et Calendes, Neuchâtel, *Faces of Bronze*, foto Pierre Allard & Philippe Luzuy, **90, 239 (BL)**

Imperial War Museum, Londres, **159 (ME)**

Inter Nationes, **66 (E)**

Irish Tourist Board, **281 (MD)**

Erhard Jacoby, **45, 308**

Japan Council against Atomic and Hydrogen Bombs, **129 (B)**

Dr. Emilio Jesi, Milão, **346 (BD)**

The Jewish Institute of History, Varsóvia, **120 (BE)**

Cortesia da família de C.G. Jung, **68**

FONTES ICONOGRÁFICAS

Karsh of Ottawa, frontispício, Keystone, **141 (MD), 207, 230 (B), 281 (CD), 317 (E)**

Christopher Kitson, **116 (CD)**

Kunsthaus, Zurique, **251 (MD)**

Kunsthistorisches Museum, Viena, **32, 251 (ME), 330**

Kunstmuseum, Basileia, **295 (BE), 336 (BD), 350 (CE), 380**

Kunstmuseum, Berna, **357 (E)**

Larousse, Éditeurs, Paris, de *La Mythologite* de Félix Guirand, **155 (C), 238 (MD),** desenhos de I. Bilibin

Lascaux chapelle de la préhistoire, F. Windels, **196**

Leyden University Library, **35 (M)**

Libreria dello Stato, Roma, *La Villa dei Misteri,* prof. Maiuri, **188-9 (C)**

Londres Express, **368**

Longmans, Green & Co. Ltd., Londres, 1922, *Mazes and Labyrinths,* W.H. Matthews, **227 (M)**

Macmillan & Co. Ltd., Londres, *Alice's Adventures in Wonderland* (desenhos de Sir John Tenniel), **65 (C)**

Magnum, **22 (B), 39, 193 (M), 230 (CE), 260 (CMD), 266 (B), 278 (E), 322 (BE), 366**

Mansell Collection, **54, 198 (BE), 254 (BD), 256, 265 (D), 269 (BE), 274, 279 (E), 296 (CD), 323 (MM)**

Marlborough Fine Art Gallery Ltd., Londres, **341 (CD)**

© The Medici Society Ltd., **198 (C)**

The Medium (diretor: Gian-Carlo Menotti), Itália/EUA, 1951, **237 (D)**

Metro-Goldwyn-Mayer Inc., **25, 244 (B)**

Metropolis (diretor: Fritz Lang), Alemanha, 1926, **299 (D)**

Cortesia do Metropolitan Museum of Art, Nova York, **34 (E)** (The Cloisters Collections Purchase), **46 (E)**

Cedido por M. Knoedler & Co., 1918, **155 (BD), 246 (MD)**

Cedido por William Church Osborn, 1949, **313** (Fletcher Fund, 1956)

Modern Times, Charles Chaplin, United Artists Corporation Ltd., **147 (BD)**

The Pierpont Morgan Library, Nova York, **91, 269 (BD)**

Mother Joan of the Angels, Film Polski, 1960 © Contemporary Films Ltd., **224**

Mt. Wilson and Palomar Observatories, **23 (D), 133 (D)**

Prof. Erwin W. Müller, Pennsylvania State University, **23 (E)**

Musée de Cluny, Paris, **303**

Musée Condé, Chantilly, **145 (MD), 246 (BE), 304**

Musée Ensor, Ostend, **408 (D)**

Musée Étrusque de Vatican, **149 (D)**

Musée Fenaille à Rodez, Aveyron, **315 (BM)**

Musée Guimet, Paris, **125 (C), 327 (D)**

Musée Gustave Moreau, Paris, **239 (BD)**

Musée de l'Homme, Paris, **316 (C), 320 (E)**

Musée du Louvre, Paris, **133 (E), 145 (CE), 146 (D), 193 (C), 204, 246 (BD), 247 (D), 299 (E), 376 (B)**

Musée du Petit Palais, Paris, **327 (E)**

Musées de Bordeaux, **156 (E)**

Museo Nazionale, Nápoles, **162 (D)**

Museo del Prado, Madri, **93**

The Museum of Navaho Ceremonial Art Inc., Novo México, **89 (E), 149 (E), 286 (BD)**

Museum für Völkerkunde, Basileia, **166 (E)**

Museum für Völkerkunde, Berlim, **236 (E), 413**

Nasjonalgalleriet, Oslo, **111 (BE)**

The National Gallery of Canada, **55 (TD)**

National Gallery, Londres, **107, 160, 394**

National Museum, Atenas, **96**

The National Museum, Copenhague, **329 (CD)**

© National Periodical Publications Inc., Nova York, **145 (MM)**

National Portrait Gallery, Londres, **254 (C), 276 (MD)**

Dr. Neel & Univ. of Chicago Press, *Human Heredity,* Neel & Schull, © 1954, **35 (B)**

Max Niehans Verlag, Zurique, **141 (CE)**

Newsweek, 421; *The New York Times,* **176 (B)**

Nigeria Magazine, **49**

The Nun's Story (diretor: Fred Zinneman), EUA, 1957-59, **176 (ME)**

NY Carlsberg Glyptotek, Copenhague, **147 (BM)**

Olympic Museum, Atenas, **247 (M)**

Ou *the Bowety* (diretor: Lionel Rogosin), EUA, 1955, **77**

Open Air Museum for Sculpture, Middelheim, Antuérpia, **363 (M)**

Count Don Alfonso Orombelli, Milão, **346 (CE)**

© Daniel O'Shea, **253 (E)**

Palermo Museum, **190 (CE)**

Paris Match, **368**

Passion de Jeanne d'Arc (diretor: Carl Dreyer), França, 1928, **116 (E)**

Paul Popper, **26 (E), 31 (E), 48 (BD), 113 (MME), 176 (MD), 201 (E), 268 (CE), 281 (ME), 320 (BD), 391 (D)**

Pepsi-Cola Company, **59 (E)**

Planet News, **36, 225 (D)**

Le Point Cardinal, Paris, **315 (BD)**

P&O Orient Lines, **199**

Cortesia de H.M. Postmaster-General, **26 (BD)**

Private Collection, Londres, **271 (BE)**

Private Collection, Nova York, **346 (BE)**

Punch, **37 (M)**

Putnam & Co. Ltd., Londres, 1927, com permissão de *The Mind and Face of Bolshevism* de René Fulopp--Muller, **139 (D)**. G.P. Putnam's Sons, Nova York, 1953, & Spring Books Ltd., Londres, de *A Pictorial History of the Silent Screen*, de Daniel Blum, **161**.

Radio Times Hulton Picture Library, **260 (BME), 261 (BD), 296 (BD), 298 (B)**

Rapho, **201 (D)**, (Izis), **220 (E)**

Rathbone Books Ltd., **260 (CME)**

Réalités, **284 (E)**

Ringier-Bilderdienst AG, **294 (D)**

Routledge & Kegan Paul Ltd., Londres, 1951, The Bollingen Series XIX, 2ª ed., Nova York, 1961, & Eugen Diederichs Verlag, Düsseldorf, 1951, *I Ching or Book of Changes*, **399 (E)**

Cortesia da srta. Ariane Rump, **269 (CD)**

Salvat Editores S.A., **375 (E)**

Sandoz Ltd., Basileia, **351 (B)**

Scala, **97, 154, 190 (BE), 205 (BD)**

Slavko, **250 (BE)**

The Son of the Sheik (diretor: George Fitzmaurice), EUA, 1926, **261 (BE)**

Soprintendenza alle Antichità delle Province di Napoli, **363 (B)**

© S.P.A.D.E.M., Paris, 1964, **193 (B), 222 (M), 334 (B), 341 (BE), 357 (E)**

Staaliche Museen, Berlim-Dahlem, **190 (BD)**

Staat Luzern, **253 (BM)**

Staatsgemäldesammlungen, Munique, **145 (CD)**

Städelsches Kunstinstitut, Frankfurt, **247 (E)**

Swedish National Travel Association, **102 (M), 145 (CM), 392**

Tarzan and his Mate (diretor: Cedric Gibbons), EUA, 1934, **260 (T)**

Tate Gallery, Londres, **90 (D), 248 (D), 337 (M), 358 (D), 369 (BD)**

They Came to a City, J.B. Priestley (diretor: Basil Deardon), Grã-Bretanha 1944, **381 (D)**

© 1935 James Thurber, © 1963 Helen Thurber, de *Thurbers Carnival* (originalmente publicado na *New Yorker*), **98 (D)**

© 1933 James Thurber, **37 (B)**

Titanic (diretor: Herbert Selpin), Alemanha, 1943, **159 (D)**

Topix, Londres, **73 (E), 268 (M)**

Toshodaiji Temple, Japão, **234 (E)**

Trianon Press, Jura, França, de the Blake Trust Facsimile of *Songs of Innocence and of Experience*, **295 (C)**

Uni-Dia-Verlag, **19**

USAF Academy, **169 (BD)**

U.S. Coast and Geodetic Survey, **129 (C)**

United States Information Service, Londres, **297 (D)**

Vatican Museum, **166 (CD)**

Verlag Hans Huber, **29**

Verlag Kurt Desch, Munique, **101 (D)**

Victoria and Albert Museum, Londres, **56 (B), 143 (MT, BE), 149 (E), 179, 216, 233 (BD), 266 (CM), 271 (M, BD), 276 (B)**

Ville de Strasbourg, **88**

Volkswagen Ltd., **41**. Collection of Walker Art Center, Minneapolis, **354 (BE)**

FONTES ICONOGRÁFICAS

Wiener Library © Auschwitz Museum, Polônia, **120 (BD)**

Cortesia de The Wellcome Trust, **87, 333 (BE), 393 (E)**

Wide World, **153 (D)**

Gahan Wilson, **57 (E)**

Wuthering Heights (diretor: William Wyler), EUA, 1939, **254 (C)**

Yale University Art Gallery, James Jackson Jarves Collection, **241 (E)**

Zentralbibliothek, Zurique, **337 (B)**

© Sra. Hans Zinsser, de G.F. Kunz, *The Magic of Jewels and Charms*, **277 (M)**

Zentralbibliothek Zurique, **336 (ME)**

FOTÓGRAFOS

Ansel Adams, **278 (E)**

Alinari, **54**

David G. Allen, Bird Photographs Inc., **86 (C)**

Douglas Allen, **298 (ML)**

Werner Bischof, **22 (BE), 366**

Joachim Blauel, **355**

Leonardo Bonzi, **177 (E)**

Édouard Boubat, **284 (E)**

Mike Busselle, **31 (D), 119 (E)**, collages **156 (D, E), 177 (D), 241 (D), 242 (B), 245 (M, B)**, montages **254 (C), 277 (C), 284 (D), 295 (BD)**

Francis Brunel, **323 (M)**

Robert Capa, **260 (MMD), 266 (B)**

Cartier-Bresson, **39, 230 (CE)**

Chuzeville, **376 (B)**

Franco Cianetti, **358 (E)**

Prof. E.J. Cole, **350 (BD)**

J.B. Collins, **40 (MM, MD)**

Ralph Crane, **153 (E)**

N. Elswing, **329 (CE)**

John Freeman, **137, 139 (E), 227 (C), 261 (CE), 265 (CE), 351 (M), 382 (D), 410 (D)**

Ewing Galloway, **104 (E)**

Marcel Gautherot, **285**

Georg Gerster, **143 (D)**

Roger Guillemot, **113**

Ernst Haas, **193 (M)**

Leon Herschtritt, **108**

Hinz, Bâle, **166 (E), 295 (BE), 350 (C)**

Isaac, **40 (BE)**

William Klein, **110 (BE)**

Lavaud, **125 (C), 211, 327 (D)**

Louise Leiris, **355**

dr. Ivar Lissner, **197 (D)**

Sandra Lousada at Whitecross Studio, **234 (MD)**

Kurt & Margot Lubinsky, **197 (E)**

Roger Mayne, **219 (D)**

Don McCullin, **393 (D)**

St. Anthony Messenger, **189 (B)**

Meyer, **32**

John Moore, **90 (D), 322 (M), 341 (BD)**

Jack Nisberg, **346 (CE)**

Michael Peto, **219 (E)**

Axel Poignant, **122, 169 (M), 171, 273 (M)**

Allen C. Reed, **93, 286 (C)**

Sabat, **81 (E)**

Prof. Roger Sauter, **329 (BE)**

Kees Scherer, **40 (BD)**

Émil Schulthess, **269 (CM)**

Carroll Seghers, **127 (TR)**

Brian Shuel, **66 (MD), 169 (BD)**

Dennis Stock, **322 (BE)**

David Swann, **21, 56 (B), 62 (D), 78, 83, 143 (C, MD), 144 (BE), 151 (C, BE), 174, 179, 205 (C), 216, 233 (BD), 248 (BE), 251 (MM), 254 (BE), 266 (CD), 271 (BD, ME), 276 (B), 358 (BD), 416, 417**

Felix Trombe, **316 (D)**

Villani & Figli Frl., **102 (BE)**

Yoshio Watanabe, **314 (D)**

Hans Peter Widmer, **422**